U0226303

全球与区域生态退化治理技术发展状况及其应用评价

甄 霖等 著

本书由以下项目资助
国家重点研发计划项目
"生态技术评价方法、指标体系及全球生态治理技术评价"
（2016YFC0503700）

科学出版社

北 京

内 容 简 介

　　本书针对荒漠化、水土流失、石漠化与退化生态系统等典型退化类型，以全球和我国生态退化诊断—生态退化分布—生态治理技术需求—生态技术评价—生态技术筛选为主线，分三个部分系统分析与评价生态技术特点和应用效果：第一部分综述生态技术评价的总体研究框架，分析生态退化演变过程，建立生态技术识别方法、评价指标与模型方法和集成平台；第二部分应用构建的评价方法和指标与模型，评价我国重大生态工程、国家级重点监测示范区生态技术应用效果，推介适用的技术方案；第三部分刻画全球典型生态退化区生态技术演化特点，对关键技术进行评价，并提出优化方案。

　　本书内容丰富、资料翔实，具有较强的理论性和较高的技术指导性，可为政府管理部门生态保护与恢复政策制定、生态工程布局与实施、生态系统管理与规划制定提供参考，适合恢复生态学、自然资源学、遥感与地理信息系统等专业的研究人员、高等院校师生以及从事生态治理和管理部门及企业的专家学者阅读与参考。

审图号：GS（2022）275 号

图书在版编目（CIP）数据

全球与区域生态退化治理技术发展状况及其应用评价／甄霖等著 . —北京：科学出版社，2022.7
　ISBN 978-7-03-069457-7

Ⅰ. ①全… Ⅱ. ①甄… Ⅲ. ①生态恢复–研究 Ⅳ. ①X171.4

中国版本图书馆 CIP 数据核字（2021）第 145223 号

责任编辑：周　杰　王勤勤／责任校对：樊雅琼
责任印制：吴兆东／封面设计：无极书装

科 学 出 版 社 出版
北京东黄城根北街 16 号
邮政编码：100717
http://www.sciencep.com
北京捷迅佳彩印刷有限公司 印刷
科学出版社发行　各地新华书店经销
*
2022 年 7 月第 一 版　　开本：787×1092　1/16
2022 年 7 月第一次印刷　　印张：27 3/4
字数：650 000
定价：336.00 元
（如有印装质量问题，我社负责调换）

序

20 世纪以来,在全球气候变化和人类活动加剧的双重影响下,联合国千年生态系统服务评估报告表明,全球约 60% 的生态系统处于退化与不可持续状态。联合国防治荒漠化公约(UNCCD)在 2018 年世界防治荒漠化和干旱日发布的评估报告中警示,至 2050 年,土地退化将给全球带来 23 万亿美元的经济损失。面对严峻的生态退化形势,有关国家和国际组织制定了一系列倡议和行动方案,试图遏制不断加速的生态退化,并对已经退化的生态系统进行必要的治理。2015 年,联合国所有会员国一致通过的《2030 年可持续发展议程》确定了 17 项改变世界的可持续发展目标,其中有 5 个与退化土地治理有关。作为其行动方案,UNCCD 明确提出了到 2030 年世界各国要实现土地退化零增长的愿景目标。2019 年,联合国进一步通过了"联合国生态系统恢复十年"(2021~2030 年)决议,强调全球需要加紧努力,解决土地退化、荒漠化、侵蚀和干旱、生物多样性丧失、缺水等全球性的重大生态退化问题。毫无疑问,在推动上述行动计划的过程中,寻求尊重自然规律、环境友好的生态技术,是实现生态恢复目标和联合国可持续发展目标的关键。

作为生态保护和恢复的主要技术手段,生态技术的研发和应用得到了广泛重视。早在 20 世纪上半叶,美国、德国等发达国家就陆续开展了国家尺度的生态保护项目,并提出根据生态退化机理、生物适应性、生态稳定性机制等基本准则,实现土地利用优化管理、退化区综合治理、保护性自然恢复的技术路径。过去 50 年来,针对主要生态退化问题,中国的科学家及有关部门和机构研发出了一系列技术体系及技术模式,对脆弱生态区退化生态系统展开了全面治理和恢复,取得了一系列重要的实践经验和技术成果。然而,目前国内外学术界总体上缺乏针对生态技术应用和评估理论、方法的系统性研究,这在一定程度上阻碍了优良生态技术及模式的提炼、筛选和推广应用,制约了生态保护与退化生态治理研究领域的进步,也不利于生态文明建设的发展以及人类命运共同体理念的普及。

针对上述问题,科学技术部于 2016 年启动了国家重点研发计划项目"生态技术评价方法、指标体系及全球生态治理技术评价"。在项目首席甄霖研究员的组织带领下,来自中国科学院地理科学与资源研究所、中国科学院水利部水土保持研究所、西北农林科技大学、中国水利水电科学研究院、水利部水土保持监测中心和中国科学院西北生态环境资源研究院等多个国家级研究机构的科研人员,联合开展了脆弱生态区生态技术研究和评价的理论、方法论研究及应用示范工作。

经过 5 年的努力，项目组基于专利技术方法绘制了中国和全球主要生态退化类型空间分布图，识别并建立了包括 935 项单项技术、566 项技术模式与国外 793 项应用案例的全球生态技术库和案例库，刻画出了百余年来生态治理从单目标、单工程技术到多目标、多类型技术组合应用的演化规律；研究构建了面向退化问题诊断、当地需求、治理目标、生态文明建设目标和区域可持续发展目标的"五步法"技术需求动态匹配方案，并在国内外 206 个典型生态退化案例区应用示范，形成生态技术需求长清单以及涵盖退化问题、驱动力、治理效果、技术需求、技术推介等内容的"一区一表"，为案例区退化诊断、技术优选和配置全套方案的形成提供了科学依据；建立了从定性到定量多维度利益相关者参与的"三阶段"生态技术评价方法并在国内外典型案例区应用示范；集成生态退化数据库、生态治理技术库、生态技术评价模型库与应用案例库，研发了生态技术评价和优选智能系统，用户可以进行生态退化与治理技术查询、评价、筛选。这些琳琅满目、精彩纷呈的学术成果为总结中国生态治理经验，筛选优良生态技术、提高治理和恢复效果、促进优良技术的输出和引进提供了科学依据，为探索形成中国经验和中国道路提供了范例。

我很高兴地获知，该项目研究成果得到中共中央办公厅、国务院办公厅、水利部以及地方政府的高度重视和采纳，同时形成了国家和行业技术标准、授权专利，这是科研成果服务于社会经济发展的具体体现。

我很高兴地看到，该项目的研究人员将他们多年的研究成果整理出版，使更多从事生态技术研发和应用的各界人士受益，这是一件很有意义的工作。我衷心希望该专著能对促进生态脆弱区生态保护和恢复工作起到应有的推动作用，同时，也预祝该书的著者在今后的研究工作中取得更丰硕的成果。

李文华

中国工程院院士
国际欧亚科学院院士
2022 年 5 月

前　言

　　20 世纪以来，在全球气候变化大背景下，日益增强的人类活动引起全球不同尺度生态系统严重退化，目前生态退化面积已超过全球土地面积的 25%。2018 年《联合国防治荒漠化公约》评估报告中指出，生态退化已给全球带来巨额经济损失和负面社会影响。我国是世界上生态退化问题最为严重的国家之一，其中，水土流失、荒漠化、石漠化是最为典型、影响最为广泛的生态退化问题。面对日趋严重的生态退化问题，我国从 20 世纪 50 年代开始实施生态保护和恢复工程。2000 年以来，国家实施了多项重点生态工程，如退耕还林还草工程、"三北"和长江流域等重点防护林系统建设工程、天然林资源保护工程、野生动植物保护及自然保护区建设工程、速生丰产用材林基地建设工程等，并逐渐显现出引人注目的成效。然而，目前尚缺乏对我国及全球典型脆弱区生态保护和治理技术进行系统梳理、评价与推介，并在此基础上遴选具有区域和退化问题针对性的生态技术。面向这种需求，科学技术部于 2016 年启动了国家重点研发计划项目 "生态技术评价方法、指标体系及全球生态治理技术评价"（2016YFC0503700），项目首席是中国科学院地理科学与资源研究所甄霖研究员。项目分为以下几个课题执行：课题 1 "生态退化分布与相应生态治理技术需求分析"，课题负责人为中国科学院地理科学与资源研究所甄霖研究员；课题 2 "生态技术评价方法、指标与评价模型开发"，课题负责人为中国科学院水利部水土保持研究所王继军研究员；课题 3 "不同类型生态技术识别、演化过程与评价"，课题负责人为西北农林科技大学姜志德教授；课题 4 "近年来国家重大生态工程关键技术评估"，课题负责人为中国水利水电科学研究院刘孝盈教授级高工；课题 5 "生态治理与生态文明建设生态技术筛选、配置与试验示范"，课题负责人为水利部水土保持监测中心张长印教授级高工；课题 6 "生态技术评价平台与集成系统研发"，课题负责人为中国科学院西北生态环境资源研究院马建霞研究员。以上述机构为主的多个国家级研究机构的科研人员，联合开展了脆弱生态区生态技术研究和评价的理论、方法论研究及应用示范工作。经过 5 年的研究，项目取得了一系列成果。本书是该项目研究成果的系统梳理和提炼。

　　本书旨在分析全球生态退化格局及生态技术需求，构建生态技术评价指标体系与方法，刻画典型区域不同时期和发展阶段生态技术产生、发展与演变特征，评价不同类型生态技术以及重大生态工程区和不同生态退化区域的生态技术实施效果，构建生态技术评价平台和集成系统，筛选和推介出满足我国生态文明建设及发展中国家生态治理需求的生态技术。

本书主编单位为中国科学院地理科学与资源研究所，参编单位有中国科学院水利部水土保持研究所、西北农林科技大学、中国水利水电科学研究院、水利部水土保持监测中心和中国科学院西北生态环境资源研究院。全书共 22 章，各章具体分工如下：第 1 章绪论，主要由甄霖、闫慧敏、胡云锋完成；第 2 章生态退化识别与空间分布，主要由胡云锋、韩月琪、张云芝、叶俊志完成；第 3 章生态技术识别方法与关键技术优化方案，主要由彭丽娜、王宝宜完成；第 4 章生态技术评价指标体系与模型，主要由郭满才、骆汉、胡小宁、王继军、谢永生完成；第 5 章重大生态工程关键生态技术挖掘和评价，主要由刘孝盈、朱毕生、齐实、高本虎、陈月红、张鹏完成；第 6 章生态治理试验示范区生态技术筛选、配置与效果监测，主要由张长印、丛佩娟、王海燕、王爱娟、李斌斌、夏积德、李琦完成；第 7 章生态技术评价平台与系统集成，主要由肖玉、谢高地、马建霞完成；第 8 章黄土高原典型水土流失区生态技术评价，主要由王继军、乔梅、温昕、赵小翠、郭满才、谢永生、骆汉、胡小宁完成；第 9 章黄河上中游国家重大生态工程生态技术评价，主要由刘孝盈、朱毕生、丁新辉、马福生、郭米山完成；第 10 章京津风沙源国家重大生态工程生态技术评价，主要由刘孝盈、朱毕生、齐实、宁晨东、朱国平、郭郑曦、王炜炜完成；第 11 章南方石漠化综合治理重大生态工程生态技术评价，主要由刘孝盈、朱毕生、陈月红、张思琪、张科利、纪玉琨完成；第 12 章荒漠化综合治理试验示范区生态技术评价，主要由张长印、丁国栋、张岩、夏积德、王海燕、李琦完成；第 13 章水土流失综合治理试验示范区生态技术评价，主要由张长印、李斌斌、丛佩娟、夏积德完成；第 14 章石漠化综合治理试验示范区生态技术评价，主要由张长印、王爱娟、柯奇画、夏积德完成；第 15 章黄土高原罗玉沟流域水土流失治理技术效果对比分析，主要由罗琦、甄霖、贾蒙蒙等完成；第 16 章三江源退化高寒草地治理技术分析，主要由魏云洁、甄霖、杜秉贞、王爽、罗琦等完成；第 17 章全球典型生态退化治理技术清单分析，主要由马建霞、胡文静、谢珍、陈春、李娜、刘倩汝、张晶完成；第 18 章全球不同退化类型生态技术时空演化特征分析，主要由宁宝英、姜志德、常杲、郝净净完成；第 19 章全球典型生态退化区生态技术评价，主要由甄霖、王爽、魏云洁、罗琦、贾蒙蒙、刘业轩、Chiaka Jeffrey Chiwikem 等完成；第 20 章基于集成系统的全球典型生态退化区生态技术筛选、评价与推介，主要由肖玉、谢高地、甘爽、黄孟冬、刘佳完成；第 21 章全球生态治理技术发展趋势，主要由谢高地、刘婧雅完成；第 22 章全球生态治理组织管理，主要由谢高地、刘婧雅完成。本书由刘婧雅完成第一稿的汇总，刘业轩和王爽参与了书稿整理工作。

全书由甄霖负责整体设计、统稿、文字校对和定稿等工作。刘业轩与甄霖负责协调书稿修改和校对全过程。

在项目执行和本书编写过程中，我们得到了国内外诸多机构的支持与帮助，主要包括中国科学院地理科学与资源研究所、宁夏沙坡头沙漠生态系统国家野外科学观测研究站、宁夏中卫市林业生态建设局和中卫固沙林场、贵州省水土保持监测站、贵州师范大学喀斯特研究院国家喀斯特石漠化防治工程技术研究中心、中国科学院亚热带农业生态研究所环江喀斯特生态系统观测研究站、环江毛南族自治县石漠化综合治理项目管理工作办公室、中国地质调查局岩溶地质研究所、中国科学院安塞水土保持综合试验站、延安市安塞区水土保持工作队、延安市水土保持监测分站、国家林业和草原局中南调查规划设计院、甘肃省治沙研究所、甘肃省林业科学研究院、中国科学院西北生态环境资源研究院、兰州大学西部灾害与环境力学教育部重点实验室、黄河水土保持天水治理监督局、宁夏回族自治区水土保持生态环境监测总站、盐池县水务局水土保持工作站、中国科学院新疆生态与地理研究所、中国科学院中亚生态与环境研究中心阿拉木图分中心等国内机构，以及孟加拉国农业大学、哈萨克斯坦国家地理研究所、哈萨克斯坦赛福林农业技术大学、哈萨克斯坦农业部土壤与农业化学研究所、哈萨克斯坦农业部巴拉耶夫粮食作物科学生产中心、俄罗斯科学院地理研究所、莫斯科罗蒙诺索夫国立大学、俄罗斯地理学会、圣彼得堡国立大学等国外机构。特别是李文华院士在百忙之中为本书作序，在此一并表示衷心感谢！

由于本书涉及多学科知识和技术，限于作者知识水平和实践经验，书中难免存在疏漏与不足之处，恳请广大读者批评指正。

作　者
2022 年 5 月

目　录

第一部分

总　论

第1章 绪 论

1.1 生态退化治理的重要性和目标

1.1.1 生态退化治理的重要性

20 世纪以来，全球范围的人口增长和经济发展带来了严重的生态与环境问题。人类高强度和不合理的土地利用导致全球约43%的陆地生态系统生产力下降，并对生境产生直接影响，加之气候变化的影响，各类生态系统退化过程不断加剧（Daily，1995；Urbanska et al.，1997）。2005 年，联合国千年生态系统评估（Millennium Ecosystem Assessment，MA）首次发布的评估结果表明，全球约60%的生态系统处于退化或者不可持续状态，其中人类干扰活动是主要诱因（MA，2005），荒漠化、水土流失、石漠化等发生生态退化的土地面积已经占到全球土地面积的1/4 以上（Lal et al.，2012）。

生态系统退化过程是在一定的时空背景下（自然干扰或人为干扰或二者的共同作用），生态系统的结构和功能发生位移，导致生态要素和生态系统整体发生不利于生物或人类生存的变化（量变或质变），打破了原有生态系统的平衡状态，造成破坏性波动或恶性循环，具体表现为生态系统基本结构和固有功能的破坏与丧失、生态系统的服务功能和能力下降（荆克晶和鞠美庭，2005）。土地退化是导致生态系统退化的主要因素之一。联合国环境规划署（United Nations Environment Programme，UNEP）2019 年的调查结果显示，全球有29%的土地发生了不同程度的退化，受影响人群达到32 亿人；截至 2015 年，全球土地退化速率约为 $1.2\times10^7 hm^2/a$，导致的损失为每年 6.3 万亿 ~10.6 万亿美元。2013 年 4 月在德国波恩召开的 "联合国防治荒漠化公约"（United Nations Convention to Combat Desertification，UNCCD）第二次科学会议公布的数据显示，土地退化带来的损失已相当于全球农业领域国内生产总值（gross domestic product，GDP）的 5%，全球土地退化导致的直接经济损失差异巨大，非洲地区农业 GDP 的 4% ~12%因土地退化而损失。土地退化导致的社会成本同样令人不安，2013 年全球大约 8.7 亿人处于长期饥饿状态。因此，关注土地退化的经济、社会影响，采取可持续的土地管理措施迫在眉睫。《联合国防治荒漠化公约》秘书处在 2018 年世界防治荒漠化和干旱日发布的评估报告中警示，2018 ~2050 年，土地退化将给全球带来总计 23 万亿美元的经济损失，但如果采取紧急行动，投入 4.6 万亿美元就可以挽回大部分损失；评估报告中的国别概况报告显示，亚洲和非洲因土地退化遭受的损失为全球最高，每年分别达 840 亿美元和 650 亿美元。"全球土地退化态势" 专题报告表明，2000 ~2018 年全球土地退化与改善恢复两大过程在不同区域并行发生，两者总量基本持平，改善恢复的土地面积略大于退化扩展和加重的土地面积（董世魁等，2020），表明全球范围针对生态治理和恢复的努力取得了明显成效。

中国是生态退化最为严重的国家之一，荒漠化、水土流失、石漠化、森林生态系统退化等问题突出（刘国华等，2000），威胁着生态系统功能和人类生计（刘纪远等，2006；甄霖等，2009）。在中国，中度以上脆弱生态区面积约占陆地总面积的55%，荒漠化、水土流失、石漠化等主要集中在西北和西南地区，约占陆地总面积的22%（国家发展和改革委员会，2015）。第五次《中国荒漠化和沙化状况公报》显示，截至2014年，全国荒漠化土地面积为261.16万 km^2，分布在18个省（自治区、直辖市），占我国陆地总面积的27.20%。石漠化主要发生在以云贵高原为中心、北起秦岭山脉南麓、南至广西盆地、西至横断山脉、东抵罗霄山脉西侧的喀斯特岩溶地貌区，涉及黔、滇、桂、湘、鄂、渝、川和粤8个省（自治区、直辖市）、463个县，岩溶面积达45.2万 km^2。《中国水土保持公报（2018年）》显示，2018年，全国水土流失面积达273.69万 km^2，其中水力侵蚀面积为115.09万 km^2，风力侵蚀面积为158.60万 km^2。

针对严峻的生态退化问题，国际组织采取了一系列措施来遏制生态退化的发生并对已经退化的生态系统进行恢复。2019年3月1日，联合国第69次全体会议宣布了"联合国生态系统恢复十年"决议，确定2021~2030年为生态系统恢复十年，旨在大规模恢复退化和被破坏的生态系统，强调必须以生态系统方法综合管理土地、水和生物资源，而且需要加紧努力解决荒漠化、土地退化、侵蚀和干旱、生物多样性丧失、缺水等问题，并将这些问题视为全球可持续发展主要的环境、经济和社会挑战。"联合国生态系统恢复十年"行动计划中，就携手开展生态系统恢复达成部分共识，即在应对气候变化下，保护生物多样性、防治荒漠化、防治土地退化、恢复湿地、可持续管理森林、保护海洋生态系统。"联合国生态系统恢复十年"作为一项全球行动，将为持续恢复生态系统、保证生态系统的健康和可持续发展、增加就业、保障粮食安全和应对气候变化等提供绝佳机遇。在联合国发布的"2030年可持续发展的17个目标"中，有5个与退化土地的治理有关，其中目标15旨在保护、恢复和促进陆地生态系统的可持续利用，可持续管理森林，防治荒漠化及制止和扭转土地退化以及制止生物多样性丧失。作为其行动方案，UNCCD提出到2030年，世界各国要实现土地退化零增长的愿景目标。生态系统恢复对于实现联合国可持续发展目标至关重要，主要会影响气候变化、消除贫穷、粮食安全、水和生物多样性保护等目标的实现。生态系统恢复也是国际环境公约的主要支柱，如湿地、生物多样性、荒漠化和气候变化等联合国公约。

中国生态治理历程与生态问题的出现同经济发展水平密切关联，总体可分为三个时期：1978~2000年，为经济迅速发展时期，但是生态环境问题凸显，表现为农田、森林、草地、湿地生态系统退化；2000~2012年为经济转型时期，重视生态治理和恢复；2012年至今为生态保护优先发展时期，强调社会经济的发展必须要优先考虑生态环境的保护。在不同时期，针对出现的生态问题采取了相应的生态保护和治理举措。面对1997年的干旱和水资源匮乏、1998年的大洪水和1999~2000年的严重沙尘暴，1998年国务院印发了《全国生态环境建设规划》、2000年印发了《全国生态环境保护纲要》（国发〔2000〕38

号），为生态保护和治理奠定了法律基础。2001 年启动了 6 项森林保护项目，包括天然林保护、退耕还林、重点防护林、荒漠化控制、野生动植物保护及自然保护区建设、河岸带绿化等。2000～2010 年开展的生态保护和恢复，使粮食生产、碳调节、水源涵养、洪水调控功能总体提升，栖息地保护功能下降（Ouyang et al.，2016）。党的十八大把生态文明建设写入党的章程，使生态文明建设的战略地位更加明确，使我国的经济社会发展总体布局更加完善。同时，将绿色发展列为"五位一体"宏伟蓝图的重要组成部分，提出"美丽中国建设"等一系列举措，并将生态保护成效作为领导干部绩效考核的重要方面。三北防护林保护、天然林保护、退耕还林还草、京津风沙源治理、国家公园体系建立等重大项目的启动和实施，成为生态保护和生态文明建设目标实现的主要举措。2015 年，我国发布《推动共建丝绸之路经济带和 21 世纪海上丝绸之路的愿景与行动》，明确表示加强生态环境、生物多样性和应对气候变化合作，共建绿色丝绸之路。2016 年，国务院发布的《"十三五"生态环境保护规划》中指出，要贯彻"山水林田湖是一个生命共同体"理念，坚持保护优先、自然恢复为主，推进重点区域和重要生态系统保护与修复。2017 年十九大强调要加大生态系统保护力度，实施重要生态系统保护和修复重大工程。山水林田湖草作为一个生命共同体，是相互依存、相互影响的大系统。在实践中，要加强对生态修复工程方案的指导和必要的审查，在生态修复工程立项审批环节中，应更加重视对生物多样性因素的充分考虑和评估，通过生态修复形成顺应自然的良性循环。2020 年 7 月，自然资源部办公厅、财政部办公厅、生态环境部办公厅联合印发《山水林田湖草生态保护修复工程指南（试行）》，明确指出生态保护修复工程实施范围和期限、工程建设内容及保护修复要求、技术要求，监测评估和适应性管理、工程管理要求等，为有针对性地深入开展生态保护和修复指明了方向。

生态退化治理技术（简称"生态技术"）是实现生态保护和恢复目标的重要技术手段。因此，寻求尊重自然规律、环境友好的生态技术成为实现可持续发展目标、共建人类命运共同体的重要组成部分（UNDP，2015）。总结国内外生态技术及其评价方法，是我国生态建设和全球生态治理亟待开展的重大研究课题。然而，长期以来缺乏对退化区域生态技术的梳理和评估，限制了一些优良技术的广泛应用和推广，使得生态技术应用目前处于管理粗放与无的放矢的局面（Gibbs and Warren，2015），也带来技术研发的重复投资，造成资金的浪费；同时，也造成研究与应用脱节，产业化水平低（资源环境领域技术预测工作研究组，2015）。在生态保护恢复项目实施过程中，缺乏以自然生态系统作为参照系来选择适宜的治理技术（如以本地适宜的生态系统为优先参照标准，优先选择适宜本地的修复措施等），传统的恢复措施存在外来物种入侵（Gann et al.，2019）、树木水分利用率低、干旱地区荒漠化等问题，这些问题均在一定程度上限制了生态保护和恢复的效果。此外，在生态治理总体方案设计和实施中，还往往存在一些不足之处，如生态恢复目标不是很明确，短期目标和长期目标结合不足；管理上急于求成，多部门负责导致的责权利交叉和重复；生态保护和经济发展的不协调；生态恢复效果监测和评估不足；缺少生态恢复的典型案例和模式；自然恢复理念和措施的应用有待加强等。

1.1.2　生态退化治理目标

生态退化治理是保护和恢复生态系统结构和功能的主要举措，生态退化治理目标是恢复生态学中的一个重要命题，关于究竟应该治理什么（对象）、在什么范围（尺度）、如何治理（技术）、治理到什么程度（效果）以及生态治理成效的可持续性等问题，一直受到众多学者的高度关注。Hobbs 和 Norton（1996）认为，退化生态系统恢复的目标包括建立合理的种类组成（物种多度和生物多样性）、结构（尤指植被垂直结构和土壤垂直结构）、格局（生态系统成分的水平安排）、异质性（各组分由多个变量组成）和功能（如水、能量、物质流动等基本生态过程的表现）。生态恢复是一个生态系统返回到近似于受干扰之前的状况，生态系统的结构与功能都得到恢复，也是一个协助生态系统整体性恢复与管理的过程。生态恢复使得生态系统的完整性和健康得到恢复，恢复到历史演替和发展的轨迹。从生态系统恢复的概念范畴来看，生态系统恢复被定义为扭转生态系统退化的过程，如景观、湖泊和海洋，以恢复其生态功能，也就是提高生态系统的生产力和生态系统满足社会需要的能力；或者是改造退化土地，使某一特定生态系统的原始状态及其所有的功能和服务复原的过程（McDonald，2016）。彭少麟（2007）认为，生态恢复应当尽可能地恢复或重建健康生态系统所应当具备的主要特征，如可持续性、稳定性、生产力、营养保持力、完整性以及生物间相互作用等；针对不同退化类型的生态系统，一些基本的恢复目标和要求应当包括实现基底稳定、恢复植被和土壤、提高生物多样性、增强生态系统功能、提高生态效益、构建合理景观等。

生态治理的目的是要仿效一个自然的、功能性的、自我调节的并与其中出现的生态景观相整合的系统。生态原真性是生态治理的公认目标，即生态系统结构/组成的重建、功能提升及其可持续性（Higgs and White，1997）。可持续性是成功恢复的必要条件，有必要对生态功能恢复进行持续的跟踪评价，对生态恢复开展恢复前、恢复初期、恢复进程和恢复后的评价（高吉喜和杨兆平，2015）。因此，生态恢复的最终目标就是重新建立一个完整的功能性系统，这就需要以生态功能为导向，将生态功能恢复作为生态恢复的目标与方向，与此同时，生态恢复目标应当兼顾生态系统功能恢复和区域社会经济可持续发展，也就是在生态系统结构和过程恢复的同时，有机整合区域社会经济、脱贫等现实问题，建立既满足生态保护需求又促进区域社会经济可持续发展的长效生态恢复机制。

生态治理具有时空针对性的特点，因此，目标的确立和实现需要结合治理对象的空间位置及其所处的退化阶段。

生态治理目标的确定具有空间针对性。生态退化及其诱因具有很强的空间异质性，与当地的自然条件和社会经济因素密切相关。在确定生态治理目标时，需要体现局地恢复和整个区域生态恢复之间的关系，将局地恢复与整体区域调控相结合，提升区域整体生态功能和生态系统的生态产品生产能力。同时，需要根据生态功能区划，确定生态功能恢复的目标，以生态适宜性为前提，进行生态恢复规划（高吉喜和杨兆平，2015）。2020 年 8 月，自然资源部办公厅、财政部办公厅、生态环境部办公厅联合印发《山水林田湖草生态保护修复工程指南（试行）》，提出应当区分尺度，明确不同尺度的目标任务，并提出区域（或流域）、生态系统以及场地三级尺度，在不同的尺度上解决不同的问题。具体来说，区域（或流域）尺度（regional scale or watershed scale）对应工程实施范围，应围绕区域主导生态功能提出总体目标，即"从消除生态胁迫影响、优化景观格局、畅通生态网络、提升生态系统质量等方面提出保护修复总体目标，设定实施期限内的生态保护修复具体指标"；生态系统尺度（ecosystem scale）对应保护修复单元，应提出中远期的生态系统恢复引导性指标，即"根据参照生态系统的关键属性，从物理环境、物种组成、生态系统结构、生态系统功能、生态胁迫等方面提出保护修复目标和标准"；场地尺度（site scale）对应子项目，应提出工程实施期限内的约束性指标，即"针对各保护修复单元采取的不同措施，根据生态系统尺度的目标和标准规范，结合工程实际制定具体指标"。不同尺度的总体目标、约束性指标与引导性指标应有效衔接，小尺度的目标须符合大尺度的需求。

生态治理目标具有阶段性。生态退化是生态系统内在物质与能量匹配结构的脆弱性或不稳定性及外在干扰因素共同作用的产物，依据干扰的强度、持续时间和规模，将生态系统退化过程归纳为 5 个过程：突变过程、跃变过程、渐变过程、间断不连续过程和复合退化过程（董世魁等，2020）。根据不同退化过程的特点和诱因，可以确定治理的目标与技术措施，将短期目标和中长期目标相结合。Parker（1997）认为，生态恢复的长期目标应该是生态系统自身可持续性的恢复，但第一个目标仍然是保护自然生态系统；第二个目标是恢复现有的退化生态系统；第三个目标是对现有的生态系统进行合理管理，避免退化；第四个目标是保护区域文化可持续发展；其他目标包括实现景观层次的整合、保持生物多样性及良好的生态环境。根据 Hobbs 和 Harris（2001）的研究，恢复阈值是确定生态治理措施的关键要素，即是否进行修复以及采用生物还是非生物措施进行修复，取决于生态退化程度及其生态系统功能受影响的程度。如果严重退化，需要使用工程措施加以治理；如果退化很轻或没有退化，则需要从生态系统管理的角度加以保护；如果介于二者之间，生物措施的使用更加有利于长期的恢复和功能的维持（图 1-1）（Hobbs and Harris，2001）。《山水林田湖草生态保护修复工程指南（试行）》中要求，根据现状调查、生态问题识别与诊断结果、生态保护修复目标及标准等，对各类型生态保护修复单元分别采取保护保育、自然恢复、辅助再生或生态重建为主的保护修复技术模式。

近年来，"基于自然的恢复"（nature-based restoration）、"基于自然的解决方案"（nature-based solution）等强调和尊重自然恢复的理念得到了国际社会的广泛接受与应用，同时，渐进式生态修复的实践应用迅速展开。渐进式生态修复旨在分阶段、分步骤地采取"环境治理、生态修复、自然恢复"的策略，对受损生态系统进行循序渐进的修复。渐进式生态修复理论的重点在于"对症下药"，因地制宜，选择合适的修复模式和路径，达到恢复生态系统健康和增强生物多样性的目的（刘俊国，2021）。Copeland 等（2021）引入"精准恢复"框架，通过有意地应用特定的技术，针对恢复处理过程中遇到的已知和可变的生态阻碍的影响，来提高恢复的成功率。精准恢复与不考虑对恢复成功有影响的生态阻碍的相对重要性及其时空分布的做法形成对比，可广泛应用于生态恢复领域。

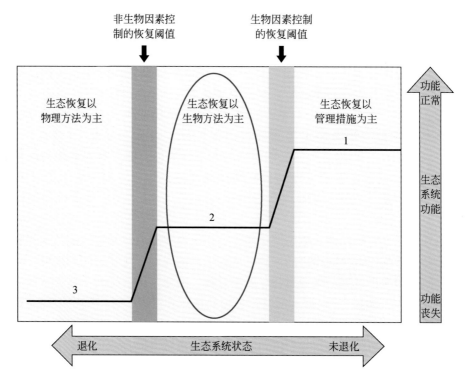

图 1-1　生态恢复阈值及相应的生态技术选择

1.2　生态技术类型和评价

1.2.1　生态技术类型

生态技术是生态治理技术的总称，其主要功能和作用包括（但不局限于）：可以促使生态原真性得到恢复，即生态系统结构恢复、功能提升并具有持续性；能够节约资源和能源、避免或减少环境污染；生态技术应用带来的生态恢复，使区域经济得到发展，公众收入水平提高；公众的社会参与意识和技能得到提高，有利于促进生态文明建设（甄霖等，2019；甄霖和谢永生，2019）。同时，生态技术的特点主要表现为符合生态学原理，适合当地自然环境和地域文化条件，成本低，副作用小，有较强的可持续性，偏自然（自然恢复为主、人工恢复为辅），生态技术常常以单项技术、技术组合和技术模式的形式在生产实践中普遍应用。

从现有研究和实践应用的角度来看，生态技术存在多种多样的类型。针对生态技术具有多目标性的特点，同时从多层次、多功能的特性等方面分析，生态技术是一个内容相对完整、结构相对稳定的技术体系，包括大类、中类、小类和细类 4 个层次，分别代表技术的专业序列、技术功能、技术实现手段、技术表现形式（吕燕和杨发明，1997；李阔和许吟隆，2015）。从恢复生态学、技术经济学、社会学角度来看，生态技术可根据主要的生态退化类型及其诱发生态退化的经济社会学成因进行分类：按照生态技术的作用原理，生态技术可以分为工程技术、生物技术、农耕技术、物理技术、化学技术、管理措施等（张海元，2001；张克斌等，2003；代富强和刘刚才，2011；刘宝元等，2013）；按照技术地位，生态技术可以分为核心技术和配套技术，如草原水土保持技术中的围栏封育和划区轮牧为核心技术，同时配套有草场管理技术措施（何京丽，2013）；按照生态恢复技术方法的性质，则可以将生态技术归纳为三种类型，即物理（非物理）方法、生物方法和管理措施（Hobbs and Harris，2001），这三种类型的具体选择取决于生态退化的原因、类型、阶段和过程。

对于非生物因素包括地形、地貌、化学污染、水肥条件等引起的生态退化，一般可以通过物理方法如地形改造、减污减排、施肥灌水等方法进行恢复；对于生物因素包括物种组成、物种适应、群落结构等引起的生态退化，一般需要通过生物方法进行恢复；对于社会经济因素引起的生态退化（结构功能和景观退化），一般通过管理手段进行有效恢复。另外，依据生态系统的组成要素以及生态恢复类型和对象，恢复生态学综合集成的技术方法包括非生物因素（如土壤、水体、大气）的生态恢复技术，生物因素（如物种、种群和群落）的生态恢复技术，以及生态系统（结构和功能）和景观（包括结构和功能）的规划、设计、组装与管理技术（彭少麟，2007；董世魁等，2020）。

针对主要的生态退化类型、退化程度、退化诱因，按照生态技术的作用原理等，可将现有研究和实际应用中的生态技术分为工程类、生物类、农耕类、其他类四大类。

（1）工程类技术

工程类技术是指在山区、丘陵区、风沙区、水域区，应用工程学原理，防治水土流失、防风固沙和防治水域污染，保护、改良与合理利用水土资源，充分发挥水土资源的经济效益和社会效益，建立良好生态环境的生态技术。工程类技术实际上是不改变立地条件的物理技术，主要包括坡面治理技术、沟道治理技术、山洪及泥石流防治技术、集雨蓄水技术、治沙技术、水体物理修复技术、土壤物理修复技术等。

（2）生物类技术

生物类技术是指通过植被保护、植树种草并结合发展经济植物和畜牧业、水生植物恢复的生态技术。生物类技术通过植被保护和恢复达到控制水土流失、防风固沙、保护和合理利用水土资源、改良土壤和提高土地生产力的目的，主要包括人工造林种草技术、水生生物技术、微生物修复技术等。

（3）农耕类技术

农耕类技术是指通过增加地面粗糙度、改变坡面地形、增加植被和地面覆盖或增强土壤抗蚀力等方法，实现水土保持、防风固沙、改良土壤和水体，提高农业生产水平的技术措施。农耕类技术的应用对象为农田，其目的是保护农业生态与环境，主要包括耕作技术、土壤培肥技术、旱作农业技术等。

（4）其他类技术

其他类技术主要包括化学类技术和管理类技术等。化学类技术是指采用化学原料及其合成物或者通过化学反应的作用，达到防治生态退化的目的。管理类技术是指针对生态退化及其造成的生态危害，以及为解决重大生态危害所采用的一类强制性生态管理技术。化学类技术主要包括化学固定技术、化学改良技术、化学去除技术等；管理类技术主要包括围栏封育技术、养畜技术、生态保护技术、生态开发技术等。

通常情况下，对退化生态系统的治理需要采用不同的技术及组合才能达到预期的效果，生态技术的应用还需要考虑生态治理的阶段和层次，以及生态恢复状况。生态治理过程的每个阶段需要应用不同技术，且各种技术之间存在承接关系，即一种技术的使用一般要以另一种技术的使用为前提，按照生态治理的过程构建生态技术链、采用渐进式治理方式进行技术配置与应用。

从实践应用的角度出发，技术及其配套使用主要表现为单项技术和技术模式的形式。单项技术是指直接作用于生态系统，通过促进生态恢复进而带动区域发展的单一技术，可以从作用原理、作用部位、细目、工艺描述、适用退化类型、适用地域、技术来源等方面加以描述。由于生态退化往往涉及自然、经济、社会领域各个方面，难以应用单项技术予以解决，这就需要研发针对应用对象的治理技术模式。技术模式一般是针对特定地域生态退化问题及其治理的需求而形成的适宜该区域生态、经济、社会文化等背景，能促进生态安全和经济社会健康发展的一系列生态技术有机组合与集成。其主要特点和组成要素包括地域相宜性，具有较高的科技含量、实用价值和推广潜力，比较成熟且具有成功案例支持，具备可重复性和可操作性，技术的使用具有阶段性和层次性。因此，技术模式是科技成果与当地自然、社会经济条件密切结合的产物（王立明和杜纪山，2004），其核心是调整人类生存发展与生态环境之间存在的不合理、不协调的关系（谢永生等，2011）。技术模式可以从技术组成、适用退化类型、技术来源、适用地域、技术应用案例等方面加以描述。

基于技术具有强烈的应用性和明显的经济目的性（虞晓芳等，2018）及其与经济、社会、环境发展相辅相成的密切关系，生态技术的研发和应用也从单一目标为主演化为兼顾生态、经济、民生等多目标的复合模式（Zhen et al.，2017）。例如，沙障是风蚀工程治沙的主要措施之一，从1316年开始在德国使用，由于其成本低、效果好、简单易用等特点，迄今为止，一直在荒漠化防治中广泛应用（宁宝英等，2017），研究同时表明，科技、需求和发展理念是沙障研究的三大驱动因素，环境友好、促进沙区经济产业化是沙障研究的需求和方向。我国自"十五"以来，研发出了214项核心技术，64个技术模式，100多个技术体系（傅伯杰，2013），进行了最佳技术案例的总结和优选工作（Jiang，2008），这些技术成果涵盖了水土流失治理、湿地保育、荒漠化防治、海岸带保护、重大生态工程保护和生态城市建设等多个方面，在全国不同生态类型区域示范推广500余万亩①（科学技术部，2012），这些技术成果从技术层面上解决了脆弱生态区重大生态与环境问题的技术难点，实现了生态与经济相融合的高效性和可持续性，促进了区域生态安全与经济社会可持续发展（陈亚宁，2009）。其中，我国在水土流失治理、土地荒漠化治理以及石漠化治理方面处于国际领先位置，研发出了干旱条件下造林技术、生物篱技术、工程–生物措施

---

① 1亩≈666.67 m²。

相结合的治理模式、节水保土技术等，90%以上已经得到广泛应用。此外，针对区域发展和农民增收的需求，研发出一系列的生态衍生产业，成为带动区域经济增长的新兴产业（资源环境领域技术预测工作研究组，2015）。荒漠化治理技术从 1957 年宁夏沙坡头的"草方格"治沙技术，逐渐发展为近年内蒙古库布齐的综合技术模式，实现了生态保护和社会经济发展的双赢。

1.2.2　生态技术评价

1.2.2.1　生态技术评价目标

针对长期以来生态修复与治理研究工作缺乏实施效果评价、忽视生态技术应用、忽略生态技术地域相宜性和经济可行性三大问题，生态技术评价需要通过分析全球生态退化格局以及生态技术需求，构建生态技术评价指标体系与方法；分析典型生态退化区不同时期和发展阶段生态技术产生、发展与演变特征；评价不同类型生态技术以及重大生态工程区和试验示范区等主要生态治理区域的生态技术配置及其实施效果，筛选满足生态文明建设及发展中国家生态治理需求的生态技术；构建生态技术评价平台和集成系统，推动生态技术发展与创新，为生态建设提供理论与技术服务，为推动生态学科发展和生态文明建设提供科学支撑。

1.2.2.2　生态技术评价的基本步骤

鉴于生态技术的多样性、动态性、时空特异性等特点，目前还没有统一的、公认的评价指标和方法对其加以评价与筛选。但是，在不同的研究领域，已经开展了对技术的评价研究，其中，确定评价步骤、评价指标的遴选原则和指标类型，是技术评价（technology assessment，TA）的基础。生态技术评价由相互关联的五个步骤组成，即技术识别、技术评估、技术优选、技术差距和技术推介（表 1-1）（甄霖等，2019），其中涉及多学科方法，包括文献计量、案例研究、台站观测、实地调研、专家知识等，每个步骤都有其相应的阶段性产出，主要包括技术清单、技术评价结果、优选技术清单、国内外技术差距和地位分析以及技术研发、推广和转让分析报告等。其中，对优选技术中的核心关键技术需要提供详细信息，包括技术的描述、对该技术的掌握程度、技术的拥有方、技术的发展现状等。障碍分析是优选核心技术研发、转化和传播不可或缺的重要环节，需要在深入探究个体障碍的基础上，分析障碍之间的关联性，确定主要的障碍以及可避免的障碍，对主要障碍需要进行进一步的原因分析，找出克服的方法（GRZ，2013）。通过这些步骤推荐出的生态技术，不仅具有科学价值，同时也对解决退化问题具有较强的针对性。

生态技术评价指标选取需要遵循一定的原则，可以从两个层面来考虑：从宏观层面，生态技术评价需要考虑联合国可持续发展目标所涵盖的方面；充分考虑与国家发展目标相关联的中长期经济、环境和社会优先发展领域（UNDP，2010；UNCCD，2016）；对照世界自然保护联盟（International Union for Conservation of Nature，IUCN）濒临灭绝的动物

"红名单",评价生态技术在生物多样性保护中的贡献(IUCN,2015);类似的还要考虑人类活动如人工单一种植引起的生物多样性丧失和生态系统抵御病虫害能力的下降(UNCCD,2017);针对退化问题、退化阶段、驱动要素,同时紧密结合治理目标,确定评价的指标体系。从操作层面,在指标遴选中,需要充分考虑其与所评价技术的相关性、指标的可度量性、数据可获取性、指标值的可对比性,以及指标具有评判阈值或标准、具有可预见性、具有综合性并能涵盖所评价维度的主要特性等重要方面(Zhen et al.,2017)。利益相关者在指标遴选和阈值确定全过程的参与,对于选取一套有效的指标体系起着至关重要的作用(Dale and Beyeler,2001;Zhen and Routray,2003;Zhen et al.,2005,2007)。

表1-1 生态技术评价步骤

步骤	内容	方法	产出	备注
第一步	技术识别	实地调研、文献分析、专家知识	技术清单	应用技术清单模板
第二步	技术评估	多维度评价指标、模型;台站观测	技术评价结果	技术的优劣评价
第三步	技术优选	MCDA、AHP、最小成本法等	优选技术清单	确认优选技术
第四步	技术差距	案例研究;文献计量;国际组织报告	国内外技术差距和地位分析	针对核心关键技术;地位判断:领跑、并跑、跟跑
第五步	技术推介	案例研究;文献计量;国际组织报告	技术研发、推广和转让分析报告	明确地域;障碍分析及消除措施

注:MCDA 多准则决策分析法;AHP 层次分析法;核心关键技术从第三步的优选技术中遴选而来。

国内外对于生态技术评价方法的探索一直在进行。十余年来,在全球生态退化问题日趋严峻的形势下,一些重要国际组织从不同层面提出了技术评价的维度,开展了评价工作。IUCN 出版的技术需求评估指南(IUCN,2015),从技术应用对国家优先发展领域的贡献、技术的温室气体减排潜力(减缓)、技术对减低气候变化脆弱性的贡献潜力(适应),以及投资成本、投资的利润或收回成本的潜力、市场潜力等方面对气候变化的技术进行了评价,被认为是比较全面和客观的技术评价方法体系。之后开展的一系列国别评价,很好地界定和优选了所需技术。例如,赞比亚在 UNEP、全球环境基金(Global Environmental Fund,GEF)等资助下,对水资源、农业和粮食安全两个重要行业的技术需求进行了评估,形成了技术需求清单,并对技术转移转化的障碍和应对措施进行了深入分析(GRZ,2013)。联合国政府间气候变化专门委员会(Intergovernmental Panel on Climate Change,IPCC)进行了国际农业、林业和土地利用减缓气候变化技术评价(IPCC,2014),提出要从技术的减排潜力、技术实施的难易程度、技术的应用阶段等方面对减缓技术进行评价,其中广泛应用了技术指标打分、权重汇总等评价方法,并对相关技术进行评价、排序、优选及核心关键技术的国内外地位和差距分析。《联合国防治荒漠化公约》

明确提出针对荒漠化治理技术,其转让、获取、改造和研发,需要依照各自国家的立法和政策来选择无害环境、经济上可行、社会上可接受的技术,尤其是在顾及知识产权的基础上,获取可实际用来解决当地群众需要的技术及其传统的和当地的技术、知识、诀窍与措施,同时要特别注意这类技术的社会、文化、经济和环境影响(UNCCD,2016)。

技术经济学特别强调技术的经济效果评价,即实现技术方案时的产出与投入比,认为技术和经济在人类进行物质生产、交换活动中始终存在,是不可分割的两个方面,技术具有强烈的应用性和明显的经济目的性,没有应用价值的技术是没有生产力的。同时,任何技术的产生与应用都需要经济的支持,受到经济的制约。经济效果包括可以用经济指标度量的和不能用经济指标度量的产品与服务,包括正效果、负效果、数量指标、质量指标和时间指标;投资回收期法、净值法、内部收益率法等常用于技术经济性评价(虞晓芳等,2018)。成本有效性(cost-effectiveness)是在其应用环境下定义的,即某种目标要以最低的成本完成,或者在一项预算下需要开展尽可能多的活动。成本有效性可以帮助在一定成本条件下识别出能够达成某个环境目标的有价值的技术。这里所说的成本包括建设成本以及运行和维修成本。在技术需求评估中,并不是找出最便宜的技术选项,而是通过效益成本比率的分析找出最合适的技术选项。成本分析是对技术进行优先排序的有效方法,可以在技术评价之后开展(UNDP,2010),因此,成本有效性的评估结果,常常作为技术选择的“一票制”指标应用。生态技术的成本高低,既取决于退化的阶段,也取决于治理的难易程度,如对森林恢复技术成本的评估表明,其成本变化在 300~8890 美元,退化越严重,治理成本越高(Eliott et al.,2013;Appanah,2016;Nawir et al.,2016)。此外,扶贫也被纳入生态治理效果评价的目标范围,因为在全球范围内,居住在退化土地的一般以贫困人口为主(UNDP,2010)。利益相关者的参与在生态治理中起着至关重要的作用,研究表明,缺乏政策革新(如土地确权)和当地民众参与,生态治理工程则不可能成功(Appanah,2016;UNCCD,2017)。

针对典型脆弱生态区退化生态系统治理技术,其评价的方法主要包括建立技术文档、确定评价指标、构建评价方法和模型等方面的内容。

(1)建立技术文档

首先需要对所评价的生态技术本身有全面的了解。主要包括技术定义、技术原理、作用部位、工艺描述、技术标准、实施流程、治理周期、参考成本、技术应用(适用退化类型、应用区域范围、应用案例等)以及技术的研发、使用、成熟等时间节点是长效的还是临时的,等等。由于技术应用以单项技术、技术模式等形式存在,需要研制相应的技术模板或表式结构,对技术的详细情况有简明扼要的刻画,以便研究人员和用户参考使用。

(2)确定评价指标

分层分级建立指标体系,是生态技术评价的基本思路。一般而言,建立三级评价指标可以兼顾不同层面的技术,实现从粗评估到细评估、从广泛评估到深入评估的递进式评估的目的。其中,一级指标应当具有简单易用、省时、成本低、便于比较等特点,可以用于对所有技术的评价,主要指标涵盖技术成熟度、技术有效性、技术相宜性、技术应用难度、技术推广潜力 5 个方面。二级指标是对一级指标的细化,适用于对优选生态技术的评价，每个一级指标下均可建立相应的、最少数量的二级指标。三级指标适用于对优选的核心关键技术进行定量评价，其指标的选择可以根据实际的评估技术设定。在对具体的生态技术进行定量评价时，指标体系中的三级指标选择可以存在差异，但不可以缺项，即每个二级指标下需要有对应的三级指标（Zhen et al.，2017；Luo et al.，2019；乔梅等，2019），以便能够比较全面地描述所评价技术的优劣及具体表现的方面。

（3）构建评价方法和模型

针对建立的评价指标体系，采用"三阶段评价法"（three phase evaluation method，THEM），循序渐进、由定性到定量对生态技术进行评价：第一阶段即定性评价法（快速评估法），是基于全球平均水平对技术本身的一般性评价，是适用于所有生态技术的、针对一级指标的通用评价方法，是创造性地快速了解技术的过程（艾尔·巴比和邱泽奇，2005），通过对设定选项的快速评估，形成优选技术清单；第二阶段即半定量评价法，是在定性评价的基础上，通过赋予每个二级指标分值、不同的利益相关方进行打分，然后计算每项指标的平均得分来对每一项生态技术予以评价，形成优选的核心关键技术清单；第三阶段即定量评价法，主要针对优选的核心关键技术，利用三级指标开展评价，要求对评价技术的实施时间和空间进行确定，有相应生态技术实施后的生态、经济和社会统计或监测数据。最后根据去量纲化的数值（结果值）和指标权重，计算每项技术得分，进而对技术的优劣进行评价，形成可推荐的技术方案。需要注意的是，在THEM中，涉及诸多方法模型的构建和综合应用，同时，需要针对不同退化问题厘定相关的参数、确定模拟方法，并采用大量的实验、观测、调研、遥感等数据来支持分析和评价工作。因此，THEM能够支持定性和定量评价，从而满足不同需求的技术评价（甄霖等，2019）。

1.3 总体技术框架

生态技术评价需要以生态退化诊断—生态退化分布—生态技术需求—生态技术评价—生态技术筛选为主线，以典型生态退化区荒漠化治理技术、水土流失治理技术、石漠化治理技术、退化生态系统治理技术等关键退化生态治理技术为重点，通过挖掘和分析全球典型生态退化区不同发展阶段生态技术产生、发展与演变特征，评价和筛选适宜于生态文明建设需要的生态技术及其重大战略方案。总体技术框架如图1-2所示，涉及的方法、原理、机理、算法、模型等描述如下。

（1）全球生态退化问题识别与空间定位

在集成生态退化关键驱动要素数据集基础上，应用层次分析法、空间聚类法、决策树等经典空间分析方法，识别和划分生态问题潜在区域，继而应用互联网大数据搜索、自然语义解析和空间匹配与定位技术，辨识生态问题现实发生的区域及其影响。在自然语义解析和空间匹配与定位中，基于互联网搜索文本库，检索文本中相关生态问题术语作为特征项集合，利用词频信息对特征项进行加权处理；针对空间定位问题，采用基于快速搜索、模式匹配技术以及统计模型的地名识别；根据统计模型选择概率最大的分词切分，并关联到全球和区域尺度的地名空间数据库，实现地理空间定位。

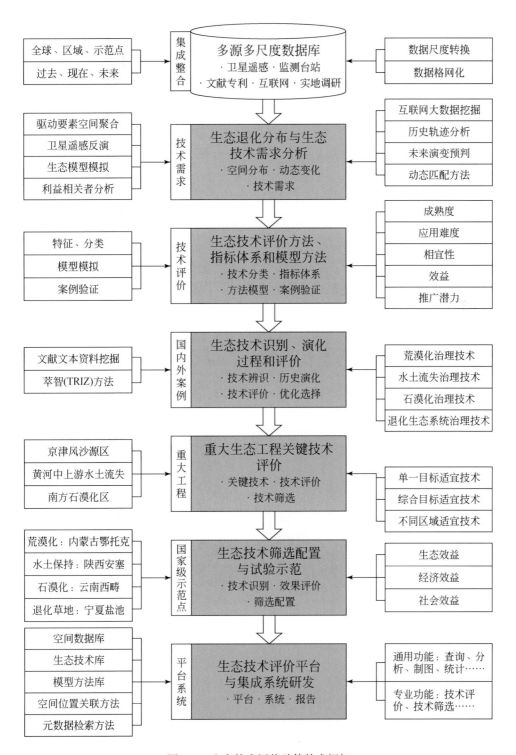

图1-2　生态技术评价总体技术框架

（2）利用多维指标体系框架进行生态技术需求分析

构建综合技术有效性、经济可行性、地域相宜性等多个维度的指标体系框架，构建方法有：①针对生态退化过程遥感特征指标提取，综合运用植被指数算法、植被物候算法等方法；②针对生态退化演变过程时空分析与趋势判断，综合运用决策树、傅里叶变换等技术手段；③针对指标体系构建，综合运用参与式社区评估、利益相关者分析、SWOT模型等方法实现。

（3）基于文献、标准和专利的海量全球生态技术梳理、演化特征与效果分析

元分析（meta-analysis）具体步骤是：①提出研究问题或假设；②制定文献纳入的标准，收集与研究问题相关的文献，并对文献进行质量评价；③数据提取并分类；④选择合适效应值和分析模型并进行计算；⑤将单个研究的效应值进行合并，对比不同方法，讨论异质性和差异的来源及其对效应合并值的影响；⑥对分析结果进行总结和评述；⑦文献存档和整理入库。

（4）生态技术评价指标体系与评价方法建立

通过文献检索与实际考察、调研相结合的方法，掌握生态技术概念和属性以及评价指标与方法模型的种类和效果，分析生态技术态势和实际效果。通过理论分析与实证分析相结合的方法，运用生态学及相关学科的原理与方法，界定生态技术概念和类型，明确生态技术特征，确定合适的评价体系，利用定性分析与定量分析相结合方法，综合生态技术评价的需求，确定评价方法和模型，在示范区进行验证，修改完善后形成可推广的评价方法和模型。

（5）典型生态退化区生态技术挖掘、评价和筛选

基于建立的评价指标和方法模型，对典型生态退化区生态技术进行评价和筛选。首先，利用国内外文献，对比分析不同经济发展阶段生态治理技术的适应性及其实施效果，筛选适合的生态技术；其次，选取近些年我国实施的国家重大工程的典型区，全面评价生态治理工程、交通工程、水利工程关键生态技术，构建适宜未来重要工程的生态技术推荐方案；最后，选取石漠化、荒漠化、水土流失或退化生态系统恢复与治理等试验示范区，分析生态技术配置和实施效果，形成服务于国家生态文明建设、具有地域针对性的生态技术优化配置模式。

（6）空间数据库、生态技术库与模型方法库综合集成

基于元数据实现语义查询与分析，基于空间位置实现空间数据库、生态技术库与模型方法库的相互关联和集成分析，达到生态技术查询筛选的辅助决策目的。基于元模型的系统开发模式针对元模型进行编程，不需要考虑特定业务模型的结构。当系统模型层改变或增加新的模型时，只需改写元模型中相应的元数据或在元模型中添加描述新模型的元数据即可，实现异构数据模型之间的协作与集成。

第2章 生态退化识别与空间分布

准确、快速地识别出关键的生态退化区，是开展生态保护、治理和重建的基础，也是判别生态技术时空针对性、有效性的前提。本章首先回顾生态退化区识别的一般方法；其次运用地图综合（map generalization）方法，编制形成中国和全球主要生态退化类型的空间分布图；再次运用长时序卫星遥感参数的趋势分析方法，对中国和全球主要生态退化区的生态演变态势进行判别分析；最后运用互联网文献大数据分析的方法，建立生态退化研究热度指数模型，分析中国和全球的生态退化研究热点的时空演变特征。

2.1 生态退化识别方法

日益增强的人类活动导致全球约60%的生态系统已经处于退化或者不可持续的状态，荒漠化、水土流失和石漠化等发生生态退化的土地面积已经占到全球土地面积的1/4以上（Reynolds et al.，2007；Johnson et al.，2017）。在辨识全球生态退化分布区和发现生态退化敏感区方面，科学家已经做了大量的研究工作，但是在全球甚至是一个特定的国家和地区至今仍然没有就生态退化的范围、强度、危害等形成明确、广泛、统一的共识。

生态退化区时空分布数据的缺乏，限制了退化区域生态技术效益的评估，也使得生态技术的应用处于管理粗放、无的放矢的局面。快速、准确地识别生态退化的区域和等级，真实、有效地发现民众普遍关心的热点区域，这些现实的需求在理论上、方法上都存在挑战。人们从最早的现场实地考察，到组织大规模的自然资源调查和生态网络监测，20世纪90年代以后广泛使用卫星遥感技术支撑生态退化研究。进入到21世纪10年代，移动互联网、大数据和人工智能等新一代信息技术的发展，为研究全球和区域尺度的生态退化区分布以及热点区域提供了契机。

2.1.1 野外考察方法

野外现场调查、台站观测与原位实验、基于路线考察的大规模调查、基于互联网观测的台站网络监测和梯度控制实验，这些常见于地学野外考察的研究方法、技术是描述与定量刻画生态系统结构、质量和服务功能状态水平及其变化趋势的基本技术支撑。野外考察方法，不仅是早期地学研究的基本方法，即便是到了21世纪，也是科研人员获取地面标志与验证数据，总结研究区和生态演变规律及其经济社会影响感性认识的最可靠的手段。

以中国荒漠化研究为例，1959年中国科学院成立治沙队，围绕"查明沙漠情况，寻找治沙方针，制定治沙规划"的任务，连续三年对我国沙漠戈壁进行了多学科考察，基本查明了我国沙漠戈壁的面积、分布等情况。这一时期的荒漠化研究，其主要技术手段就是运用地面路线调查方法，对综合的自然地理、资源和生态情况进行观测。地面调查通过土壤粒度、土壤有机质含量、土壤含水量、植被盖度、生物量、物种组成等因素的现状及变化来判断荒漠化的程度。

在水土流失考察方面，中华人民共和国成立以来，我国科学工作者曾在水土流失严重的地区组织了多次科学考察活动，尤以 20 世纪 50 年代末的黄土高原土壤侵蚀考察和 80 年代中期的黄土高原综合科学考察活动影响最为深远。2005 年，为了全面推动水土保持领域落实科学发展观，促进我国生态与经济的可持续发展，水利部、中国科学院和中国工程院联合启动了"中国水土流失与生态安全综合科学考察"活动。考察的目的在于客观评价我国的水土流失现状，全面总结我国防治水土流失和生态建设的经验与教训，提出我国主要类型区防治水土流失的目标、标准、技术路线和方法，明确需要解决的重大科学与技术问题，进一步唤起全社会保护水土资源、维护生态安全的意识，为国家生态建设宏观决策提供科学依据。

2.1.2　卫星遥感方法

卫星遥感对地观测技术的出现和发展为生态退化监测评估提供了全新的视角、数据源和研究方法（刘纪远，1997；Collado et al.，2002；胡云锋等，2012；Ng et al.，2017；Meyer et al.，2017；Tsalyuk et al.，2017；邵全琴等，2017；Liao et al.，2018）。科研人员最早将 MSS、TM/ETM+等多光谱、中低分辨率卫星遥感影像用于生态监测与评估研究，近年来，包括 MODIS、SPOT、GF 等新型高光谱影像、超光谱影像、高空间分辨率影像数据、雷达数据等越来越多地被应用于生态监测与评估研究中。

在生态退化研究中，研究者通常基于多期卫星遥感监测数据，通过分类后比较以及景观格局变化对比的方法来揭示生态系统结构变化的过程，通过生态参数反演和模型模拟的方法来表达生态系统健康状况、生态系统服务和功能的变化趋势。除了对陆地表层植被覆盖类型、植被长势和绿度指数以及植被净初级生产力（net primary productivity，NPP）指标开展监测，对其变化趋势开展评价之外，植被之下的土壤状况，如土壤含水量、地表温度、土壤有机质含量等表征土壤状况的指标也是开展生态系统退化监测和生态退化治理与效应评估的重要依据。

以中国荒漠化研究为例，1994～1996 年，国家林业局组织技术人员，采用地面调查与遥感影像核对的方法，在全国范围内进行了沙漠、戈壁及沙化土地普查。研究人员首次全面系统地查清了我国的沙漠、戈壁及沙化土地面积、分布现状和发展趋势，为防沙治沙和防治荒漠化提供了非常有用的信息。

以中国喀斯特石漠化研究为例，通过构建喀斯特典型地物光谱数据库，分析喀斯特典型地物光谱特征差异规律，由此提取基岩裸露率、干枯植被盖度、土被覆盖等地表覆盖信息，进而可以构建喀斯特石漠化综合指数（karst rocky desertification synthesis index，KRDSI）（Tong et al.，2017；Zhang et al.，2017）。与传统常用的遥感方法（植被指数和混合光谱分析）相比，KRDSI 能够直接准确地提取基岩裸露率、干枯植被盖度、土被覆盖等非绿色植被覆盖信息。因此，利用高光谱遥感图像（如 EO-1 Hyperion），结合植被指数和 KRDSI 可以直接、快速、准确地提取石漠化信息。

2.1.3　新技术、新方法

进入到 21 世纪，特别是在过去十年里，随着信息技术的快速发展，以无人机、移动智能终端、大数据、物联网等为代表的新技术、新方法在科学研究和社会生活中广泛渗透。这些新技术、新方法在生态退化监测和治理中同样有着重要的应用。

基于新一代中小型民用无人机平台，可以全方位、多视角、高时效地获取特定区域内的地表扰动范围、生态状况和各类生态保护措施等重要信息要素，达到"天地一体、上下协同"的监管目标，同时节约人工调查的人力物力。由于无人机遥感具有能够快速响应应用需求、操作简单方便、使用成本低廉，且能够获取高分辨率遥感影像等诸多优点，无人机已经被应用于资源环境监测、灾害评估、生态监测和评估等许多方面（Lu and He，2017；Hunt and Daughtry，2018；Manfreda et al.，2018；花蕊等，2019）。在国际上，科研人员利用无人机遥感平台，搭载普通光学相机、多光谱相机、激光雷达相机等传感器，实现了对地面植被覆盖、植被健康状况、土壤水分以及生态系统结构组分的精细测绘，对生态系统演变过程的高时空分辨率动态监测。

由于智能手机、以 iPad 为代表的新型移动智能终端的迅速发展，加上以 Google、百度、Amazon、阿里巴巴等为代表的国内外云地图、云计算、云存储服务的成熟和商业化，4G、5G 等移动通信网络的大面积覆盖和快速普及，移动智能终端对于地学研究的支撑作用越来越深入（胡云锋等，2017；Bianchi et al.，2017；Zhao et al.，2018；Kondo et al.，2019）。在生态环境调查中，整合移动智能终端、移动 GIS 以及云存储、云计算的优势，研发野外调查移动数据采集 APP 系统，可以实现野外调查数据的数字采集、智能校验、实时上传与有效管理，弥补传统的土地资源调查方法流程烦琐、内外业分离、协同采集能力较差等缺点，极大简化了地学野外调查的工作程序，规范了考察的技术流程，提高了工作效率。

互联网大数据，包括数字科学研究文献库［如中国知网（Chinese National Knowledge Infrastructure，CNKI）、Web of Science（WOS）］、数字化传统媒体和自媒体（如传统的新闻媒体、互联网论坛、微博、Twitter、Facebook 等）、商业网站基于位置的服务（location based service，LBS）数据（如签到、点评等）等，在研究中可以获得传统的考察、观测、统计、实验、反演和模拟等方法所无法获得的新型、海量的大数据。对于这些新型、海量的大数据，需要使用全新的理念、方法来获取、处理和分析（刘丽香等，2017；Kamilaris et al.，2017）。人们广泛地收集、整理和存储各种与生态环境相关的数据，利用分布式数据库、云计算、人工智能、认知计算等技术在大数据处理方面的优势，结合各种算法库、模型库、知识库和机器学习方法来分析这些数据，实现数据与模型的融合，最终挖掘到隐藏在海量数据背后的各种信息、过程和规律。

2.1.4　国内外现状和进展总结

虽然中国以及全世界各地的研究人员、研究机构在本国或者在全球尺度上针对荒漠化、水土流失、石漠化等主要生态退化过程开展了不同空间尺度、不同主题方向的研究，但总的来看，目前还缺乏一个对中国和全球生态退化空间分布格局的总体的、全局性的认识和研究框架。绘制中国和全球主要生态退化类型的空间分布地图，掌握21世纪以来各个重点退化区内生态变化的基本态势，这不仅是生态地理学研究的重要主题，同时也是中国和世界各国开展工程建设生态影响评估的重要基础。在绘制生态退化空间分布地图的基础上，进一步探讨全球生态退化与多学科综合制图、生态退化与生态治理的时空耦合关系，这是改进和完善全球生态退化治理的前提条件。然而，既有的研究在上述两方面所取得的进展并不十分令人满意。

首先，在主要生态退化过程的时空分布格局及其演变态势的认识方面，各国科学家应用卫星遥感方法，在中国国家尺度上针对单一的生态退化过程的研究已经取得了很好的进展（胡良军等，2000；陈文倩等，2018；吴林霖等，2019；刘英等，2019）。然而，在全球尺度上，过去20年来全球科学家对于生态退化的空间制图研究并没有取得实质性进步。来自土壤学、风沙学、水土保持学、岩溶学、农业等多种学科的科研人员分别绘制了本专业的土地退化图（de Jong et al.，2011；Hartmann and Moosdorf，2012；牛铮等，2018；Chen et al.，2019），但是很少有综合多个学科，特别是将土地退化与植被退化相结合起来、针对生态单元变化态势的综合制图研究。在应用多学科专业知识集成与制图方面，其难点和突破点在于一张图的综合集成、多退化类型的重叠判别。结合长时序卫星遥感产品分析，如何将植被态势、土地变化向生态退化类型转变也仍有待探究。

其次，在生态退化区与科学研究关注区、生态退化重点治理区的空间匹配和相互关系的研究领域，目前生态学界的相关研究总体上是偏少的，甚至可以说是缺乏的。已有的研究中，绝大多数是针对生态退化及其影响的刻画和描述，少量是针对生态退化治理工程的成效分析，尽管大多数生态学研究都会对生态研究的前沿方向进行综述，对热点地区进行快速追踪分析，但对生态退化研究热点的分析多是描述性的、非空间化的。对生态退化现状与相关科学研究关注热点的空间匹配，以及退化态势与研究关注及治理的综合联系，目前绝大多数研究者都没有注意到，或者是缺乏相应的技术手段开展这种耦合匹配分析。

事实上，在互联网大数据技术研究地理生态学领域，已经有研究人员提出应用互联网爬虫技术开展生态监测与评估的设想（Galaz et al.，2010）。考虑到在科学研究中，众多知识库平台已经继承了海量的科技论文，从这些科技论文中提取特定主题的地理空间信息，从而分析特定自然和生态过程的空间分布规律、时间演化特征并最终形成制图成果，这是将大数据技术与专业研究相结合的重要研究方向（甄霖等，2019）。在这方面，胡云锋等利用CNKI、WOS等知识引擎，研制了中国和全球尺度的石漠化、荒漠化研究热点地图（Hu et al.，2017，2018；胡云锋等，2018，2019）。在互联网大数据生态监测评估和制图研究领域，一个研究难点是需要解决各种地名信息的自动化提取和空间匹配、基于位置的自然地理和生态环境问题建模分析，以及针对时空分析结果的知识凝练和实践应用。

2.1.5　生态退化空间分布研究技术和方法

针对上述问题，特别是考虑到中国和全球生态退化研究中基础数据丰富、互联网大数据方法日益突出的现实，本研究聚焦于荒漠化、水土流失、石漠化等主要生态退化类型，依据国内权威部门、国际权威机构所编制和发布的多源、多尺度的生态退化基础数据集成果，结合 21 世纪以来的长时序卫星遥感影像、陆地生态系统地表关键参数数据集，应用多源数据整合与融合、地图综合、遥感生态参数趋势分析、互联网文献大数据采集和建模分析等创新方法，开展了中国和全球尺度的生态退化空间分布、变化态势和研究热点研究。

　　本研究首先收集和整理了中国国家尺度、全球尺度上由国内权威部门、国际权威机构研制和发布的荒漠化、石漠化、水土流失、土壤侵蚀、地形坡度、沙漠与戈壁分布、数字高程模型（digital elevation model，DEM）等各类综合或专题地图和数据。在此基础上，通过地图综合方法，实现了多源、多尺度数据在主题、属性、等级、尺度、维度上的整合和融合，编制形成了中国和全球两个尺度的生态退化区空间分布图。在生态退化区空间分布制图基础上，进一步应用长时序的卫星遥感生态参数趋势分析方法，总结得到了不同生态退化区域内的演变态势。鉴于地图综合方法、长时序卫星遥感参数趋势分析方法仅能得到生态退化区的空间位置、演变趋势，但无法得到现实世界对各地区、各阶段生态退化态势的关注程度，因此本研究又进一步应用互联网大数据方法，建立了基于科研文献大数据的"研究热度指数"模型，由此分析了主要生态退化研究的时空演变规律。

　　本研究试图回答以下三个科学问题：

　　1）在中国和全球不同尺度上，荒漠化、水土流失和石漠化等主要生态退化有着怎样的空间分异规律？

　　2）21 世纪以来，中国和全球各主要生态退化类型区有着怎样的生态演变态势？

　　3）中国和全球科学家对哪些地区的生态退化和治理过程更感兴趣？

2.2　主要生态退化类型的空间分布格局

　　掌握荒漠化、水土流失、石漠化、草地退化等主要生态系统退化的地理空间分布规律，是开展生态退化演变趋势、动态过程、驱动机制研究的基础，也是应用生态技术开展针对性治理的前提。在中国国家尺度以及全球尺度上，梳理和分析主要生态退化类型及其强度等级的空间分异规律，需要有权威的数据支撑和知识依据。为此，本研究在广泛收集权威部门、权威机构发布的专题地图数据集、数据库基础上，应用地图综合方法，实现了主要生态退化类型空间分布制图的目的。

2.2.1　基本流程

　　地图综合是根据地图用途、制图区域地理特点和比例尺等条件，通过科学的抽象和概括完成制图综合任务。地图综合的基本依据是综合编图规范和专家的经验积累的总结。

　　本研究运用国内外权威的互联网搜索引擎，搜索和下载得到中国和全球尺度上关于荒漠化、水土流失、石漠化等主要生态退化研究成果（地图、数据集、资料、文献），由此形成相应的空间数据库（矢量、栅格）、图片库和文献库。对数据库中的高分辨率图片成果，开展空间地理纠正和空间化（矢量化、栅格化）；对重要文献信息进行空间点位标识；而后运用空间代数方法，将多源、多尺度生态退化相关数据库进行叠置分析，并辅以生态地理背景知识综合分析，最终获得基于既有多语种文献、地图、数据和资料，融会广泛共识的中国和全球两个尺度的生态退化区空间分布图。

2.2.2 基础数据

在中国尺度的研究中，研究主要利用以下专题数据库：中国土壤侵蚀空间分布（1995年），中国沙漠、戈壁和绿洲分布（2010 年），岩溶地区石漠化土地状况分布（2018 年）（表2-1）。其中的中国土壤侵蚀空间分布是依据中华人民共和国行业标准《土壤侵蚀分类分级标准》（SL 190—2007）的总体要求编制而成。土壤侵蚀制图的内容涉及侵蚀营力、方式、形态及下垫面条件等因素，首先确定土壤侵蚀类型，然后在侵蚀类型的基础上确定土壤侵蚀强度。

表 2-1 中国主要生态退化研究基础数据

名称	编制年份	地图编制基本方法	发布单位	下载地址
中国土壤侵蚀空间分布	1995	依据中华人民共和国行业标准《土壤侵蚀分类分级标准》（SL 190—2007）的总体要求编制而成。土壤侵蚀制图的内容涉及侵蚀营力、方式、形态及下垫面条件等因素，首先确定土壤侵蚀类型，然后在侵蚀类型的基础上确定土壤侵蚀强度	水利部、中国科学院遥感应用研究所	http：//www. resdc. cn/doi/doi. aspx？doiid＝47
中国沙漠、戈壁和绿洲分布	2010	中国地图出版社，刘明光著	《中国自然地理图集（第三版）》	http：//www. osgeo. cn/map/md4e9
岩溶地区石漠化土地状况分布	2018	全国岩溶地区第三次石漠化监测工作成果。采用地面调查与遥感技术相结合，以地面调查为主的技术路线，取得了客观、可靠的监测数据	国家林业和草原局	http：//www. forestry. gov. cn/main/138/20181214/161609114737455. html

在全球尺度研究中，研究主要利用以下专题数据库：全球生态退化程度数据集（Land Degradation Severity）、世界喀斯特岩溶地图（World Karst Aquifer Map）、MODIS 植被指数产品（表2-2）。其中，全球生态退化程度数据集来自 1991 年联合国人类活动引起的土壤退化全球评估（Global Assessment of Human-Induced Soil Degradation，GLASOD）项目发布的全球第一份土壤退化评估报告。该数据集是由世界各国科学家在统一的准则指导下，参考卫星遥感所得的归一化植被指数（normalized differential vegetation index，NDVI）指标，主要根据专家自身经验和知识，对各种地理单元的属性（退化类型、范围、程度、比率和主要原因等）进行判别，并最终形成全球制图成果（Oldeman，1992）。世界喀斯特岩溶地图是以 Hartmann 和 Moosdorf（2012）研制的全球数字岩性图为依据，在全球水文地质测绘和评估计划（World-wide Hydrogeological Mapping and Assessment Programme，WHYMAP）

框架下编制的。

表 2-2　全球主要生态退化研究基础数据

名称	比例尺或分辨率	数据格式/年份	数据来源	下载地址
全球生态退化程度数据集	1 : 10 000 000	矢量/1991	联合国环境规划署（United Nations Environment Programme，UNEP）	https：//fesec-cesj. opendata. arc-gis. com/datasets/land－degradation-severity-2
世界喀斯特岩溶地图	1 : 4 000 000	矢量/2017	基于全球水文地质测绘和评估计划（WHYMAP-https：//www. whymap. org/whymap/EN/Home/whymap_node. html）项目编制	https：//produktcenter. bgr. de/terraCatalog/Detail Result. do? fileIdentifier＝473d851c-4694-4050-a37f-ee421170eca8
MODIS 植被指数产品	1000m	栅格/2000～2015	美国国家航空航天局（National Aeronautics and Space Administration，NASA）	https：//ladsweb. modaps. eosdis. nasa. gov/

2.2.3　中国主要生态退化类型的空间分布

根据如表 2-1 所示的专题数据集开展地图综合后，可以得到中国主要生态退化类型和等级的空间分布地图（图 2-1）。

中国荒漠化区主要分布在西北部干旱、半干旱和干旱的半湿润地区，不包括沙漠、戈壁、绿洲等区域。荒漠化总面积达 210.50 万 km²，占我国总面积①的 21.93%。

详细的空间统计表明（图 2-1 和表 2-3），轻度荒漠化最多，占我国总面积的 13.42%，主要分布于内蒙古呼伦贝尔草原、科尔沁草原、锡林郭勒草原、浑善达克沙地及青海金银滩草原和新疆阿尔金草原等地。其次是重度荒漠化，占我国总面积的 5.64%，主要分布于塔里木河流域、天山山脉、祁连山区、毛乌素沙漠及阴山北部等地。中度荒漠化占比最少，约为 2.88%，主要分布于祁连山区、天山山脉、毛乌素沙漠和阴山山脉等地。

从行政区划角度来看，内蒙古、新疆、青海、甘肃和陕西五省（自治区）重度荒漠化面积约为 52.7 万 km²，占全国重度荒漠化总面积的 97.4%；内蒙古、新疆和青海三省（自治区）中度荒漠化面积约为 25.5 万 km²，占全国中度荒漠化面积的 92.4%；内蒙古、新疆、青海、西藏、宁夏、黑龙江和吉林七省（自治区）轻度荒漠化面积约为 112.6 万 km²，占全国轻度荒漠化总面积的 87.42%。

中国水土流失区主要分布在我国中部、西南部以及东北部等地区，是分布范围最广、区域面积最大的一种生态退化类型。水土流失总面积达 294.62 万 km²，占我国总面积的 30.70%。

---

① 因遥感提取误差，我国总面积以 959.7 万 km² 计算。

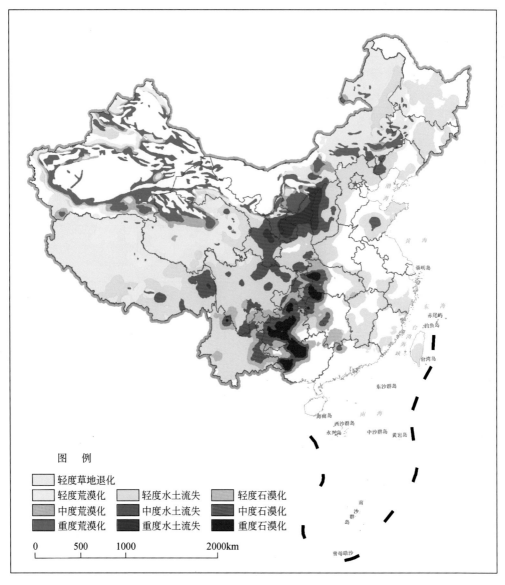

图2-1 中国主要生态退化类型和等级的空间分布

表2-3 中国不同程度荒漠化土地面积统计

类型	荒漠化面积/万 km²	占我国总面积的比例/%	主要分布区域
重度	54.10	5.64	新疆、青海、甘肃、内蒙古、陕西等
中度	27.60	2.88	新疆、青海、内蒙古等
轻度	128.80	13.42	新疆、青海、西藏、宁夏、内蒙古、黑龙江、吉林等
合计	210.50	21.93	—

详细的空间统计表明（图2-1和表2-4），轻度水土流失面积最多，占我国总面积的24.75%，主要分布于大兴安岭、小兴安岭、长白山山区、燕山—太行山地区、四川盆地、横断山脉、大别山区、云贵高原、武陵山区等地。中度水土流失面积占我国总面积的4.67%，主要分布于太行山脉、秦岭、横断山脉、泰山等地。重度水土流失面积约占我国总面积的1.28%，集中于黄土高原区域。

表2-4 中国不同程度水土流失土地面积统计

类型	水土流失面积/万 km²	占我国总面积的比例/%	主要分布区域
重度	12.32	1.28	宁夏、甘肃、山西、陕西
中度	44.79	4.67	宁夏、甘肃、山西、陕西、四川
轻度	237.51	24.75	河北、山东、山西、陕西、四川、云南、江西
合计	294.62	30.70	—

从行政区划角度来看，轻度水土流失几乎在中国所有省份均有分布，其中河北、山东、山西、陕西、四川、云南、江西七省轻度水土流失面积为105.68万 km²，占全国轻度水土流失总面积的44.49%；宁夏、甘肃、山西、陕西、四川五省（自治区）中度水土流失面积为28.63万 km²，占全国中度水土流失总面积的63.92%；宁夏、甘肃、山西、陕西四省（自治区）重度水土流失面积达11.31万 km²，占全国重度水土流失总面积的91.80%。

受到喀斯特岩溶地质背景条件和降水条件制约，中国石漠化区主要分布在西南地区。石漠化总面积达68.87万 km²，占我国总面积的7.18%。

详细的空间统计表明（图2-1和表2-5），轻度石漠化面积最多，占我国总面积的3.67%，主要分布于横断山脉、云贵高原、南岭、雪峰山以及长江流域等地；中度石漠化占我国总面积的2.30%，主要分布于云贵高原、雪峰山、巫山、横断山脉等地；重度石漠化面积约占我国总面积的1.20%，主要分布于云贵高原、珠江上游、巫山等地。

表2-5 中国不同程度石漠化土地面积统计

类型	石漠化面积/万 km²	占我国总面积的比例/%	主要分布区域
重度	11.50	1.20	贵州、广西、湖北
中度	22.11	2.30	贵州、广西、湖北、湖南
轻度	35.26	3.67	贵州、广西、湖北、湖南、重庆、云南
合计	68.87	7.18	—

从行政区划角度来看，石漠化区集中分布在我国西南各省（自治区、直辖市），其中贵州、广西、湖北、湖南、重庆、云南六省（自治区、直辖市）轻度石漠化面积为29.68万 km²，占全国轻度石漠化总面积的84.17%；贵州、广西、湖北、湖南四省（自

治区）中度石漠化面积为 14.82 万 km², 占全国中度石漠化总面积的 67.03%；贵州、广西、湖北三省（自治区）重度荒漠化面积达 10.56 万 km², 占全国重度荒漠化总面积的 91.83%。

2.2.4 全球主要生态退化类型的空间分布

根据如表 2-2 所示的专题数据集开展地图综合后，可以得到全球主要生态退化类型和等级的空间分布地图（图 2-2）。

除南极洲外，荒漠化在全球各大洲均有分布，总面积达到 2474.08 万 km²。全球尺度上，荒漠化较为严重的区域主要有非洲撒哈拉沙漠南北两侧、埃塞俄比亚高原、欧洲黑海和里海沿岸、大高加索山脉、亚洲阿拉伯高原、伊朗高原、印度河流域、天山山脉、阿尔泰山脉、蒙古高原等地，大洋洲大分水岭西南部，北美洲美国大平原、落基山脉附近，南美洲安第斯山脉、拉普拉塔平原等地。

详细的空间统计表明（表 2-6），重度荒漠化面积达 184.90 万 km², 占全球荒漠化总面积的 7.47%，主要分布在非洲撒哈拉沙漠东南部，南亚印度河流域，东亚天山山脉、阿尔泰山脉以及黄土高原，北美洲落基山脉附近等地。中度荒漠化面积达 1471.51 万 km²，占全球荒漠化总面积的 59.48%，主要分布在非洲撒哈拉沙漠南北两侧、亚洲阿拉伯高原北部、蒙古高原，欧洲黑海和里海沿岸、大高加索山脉北部，北美洲美国大平原，南美洲巴塔哥尼亚高原等地。轻度荒漠化面积达 817.67 万 km²，占全球荒漠化总面积的 33.05%，主要分布在非洲埃塞俄比亚高原，亚洲伊朗高原中部、大兴安岭地区，大洋洲大分水岭西南部，南美洲拉普拉塔平原等地。

表 2-6 全球不同程度荒漠化土地面积统计

程度	荒漠化面积/万 km²	占全球荒漠化总面积的比例/%
轻度	817.67	33.05
中度	1471.51	59.48
重度	184.90	7.47
合计	2474.08	100.00

水土流失是仅次于荒漠化的另一种全球尺度的严重的生态退化类型，总面积达到 2052.16 万 km²（图 2-2）。全球尺度上，水土流失严重的区域主要有西亚阿拉伯半岛南部、托罗斯山脉，南亚德干高原，东南亚湄公河流域，东亚横断山脉、云贵高原，非洲埃塞俄比亚高原、南非高原南部、东非高原、马达加斯加岛，欧洲地中海沿岸，北美洲美国大平原、墨西哥高原，南美洲巴西高原、托坎廷斯河流域，大洋洲墨累河流域等地。

详细的空间统计表明（表 2-7），重度水土流失面积达 23.55 万 km²，占全球水土流失总面积的 1.15%，主要分布在中国黄土高原以及埃塞俄比亚高原北部等地。中度水土流失

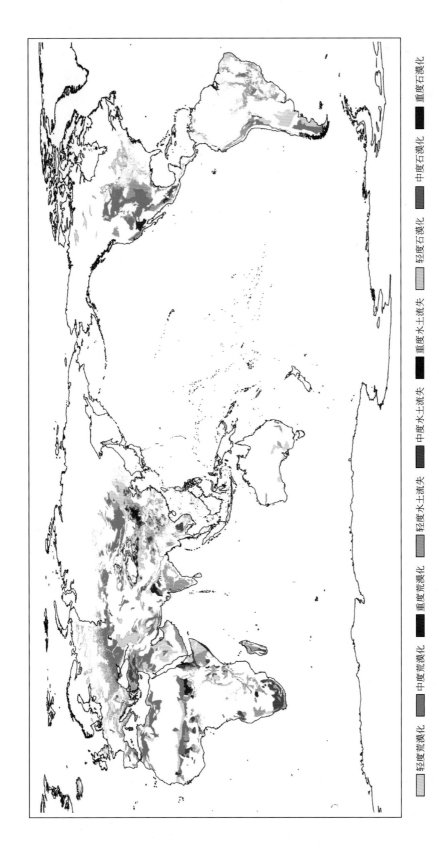

图2-2　全球主要生态退化类型和等级的空间分布

面积达 379.14 万 km²，占全球水土流失总面积的 18.47%，主要分布在非洲南非、埃塞俄比亚、安哥拉、马达加斯加、尼日利亚以及肯尼亚，亚洲土耳其、印度、泰国、中国，北美洲墨西哥，南美洲智利等地。轻度水土流失面积达 1649.47 万 km²，占全球水土流失总面积的 80.38%，主要分布在非洲纳米比亚、马达加斯加、苏丹、摩洛哥，欧洲西班牙、意大利、乌克兰，亚洲也门、伊朗、伊拉克、阿富汗、蒙古国、中国、缅甸，大洋洲澳大利亚墨累河流域，北美洲美国大平原、落基山脉、墨西哥高原，南美洲秘鲁、巴西等地。

表 2-7　全球不同程度水土流失土地面积统计

程度	水土流失面积/万 km²	占全球水土流失总面积的比例/%
轻度	1649.47	80.38
中度	379.14	18.47
重度	23.55	1.15
合计	2052.16	100.00

受到喀斯特岩溶地质背景条件和降水条件制约，相对荒漠化、水土流失来说，石漠化地区的范围明显受限、土地面积要小得多，总面积达到 150.92 万 km²（图 2-2）。全球尺度上，石漠化严重的地区主要有非洲加纳、尼日利亚、南非、马达加斯加，亚洲土耳其、中国西南部、印度恒河平原、克什米尔地区，欧洲意大利南部、西班牙北部、黑山、斯洛文尼亚，北美洲密西西比河流域南端、墨西哥湾沿岸等地。

详细的空间统计表明（表 2-8），重度石漠化面积达 5.17 万 km²，占全球石漠化总面积的 3.43%，主要分布在中国贵阳市、毕节市、河池市、百色市以及埃塞俄比亚的少量土地上。中度石漠化面积达 50.95 万 km²，占全球石漠化总面积的 33.76%，主要分布在黑山、尼日利亚、南非、土耳其、墨西哥以及中国云贵高原周围等地。轻度石漠化面积达 94.80 万 km²，占全球石漠化总面积的 62.81%，主要分布在缅甸、印度、意大利、西班牙、美国、巴西以及中国云贵高原等地，且中国西南地区石漠化较为聚集分布。

表 2-8　全球不同程度石漠化土地面积统计

程度	石漠化面积/万 km²	占全球石漠化总面积的比例/%
轻度	94.80	62.81
中度	50.95	33.76
重度	5.17	3.43
合计	150.92	100.00

2.3 主要生态退化区的演变态势

中国和全球主要生态退化区的空间分布图刻画了近现代以来气候与人类活动影响下，各地区生态系统总体上的脆弱性、敏感性。随着全球气候变化的区域响应以及日益加剧的人类活动，特别是中国进入 21 世纪以来大规模生态保护、治理和生态重建工程的实施，上述生态退化区的生态演变趋势将可能发生重大变化。如何监测和评价这些变化态势，是未来确定生态退化治理区位置、评估生态治理成效的关键所在。

2.3.1 数据与方法

生态退化态势分析是在明确中国和全球主要生态退化类型空间分布的基础上，基于卫星遥感反演得到的、能够代表地表植被覆盖程度和健康状况的 NDVI 指标，开展长时序（2000～2015 年）变化趋势的分析；进一步根据其变化趋势，得到中国和全球尺度上主要生态退化类型区的演变态势图。

本研究中，用于分析生态退化区生态系统时序变化的基础数据是 MODIS NDVI 产品（MOD13A3）。该数据集来源于 NASA。MODIS NDVI 产品由大气校正后的双向地表反射率反演得到，该产品有效地描述了全球范围内的植被状态和过程（Huete et al.，1999）。本研究中，作者使用了 2000～2015 年、空间分辨率为 1km 的 MOD13A3 月数据，并应用年内最大值合成法得到年度 NDVI 产品。

常用的趋势分析是针对逐像素的 NDVI 开展基于最小二乘法的线性回归分析，根据研究期内 NDVI 变化的斜率来判断生态演变的方向和变化的剧烈程度。与简单的比较两个时间剖面 NDVI 差异的方法相比，基于斜率的趋势分析法可以消除特定年份的个体效应，客观反映长期陆地表观植被覆盖状况演化的方向和程度。趋势分析中变化斜率可表示为

$$\text{Slope} = \frac{n \times \sum_{i=1}^{n} i \times Y_i - \sum_{i=1}^{n} i \sum_{i=1}^{n} Y_i}{n \times \sum_{i=1}^{n} i^2 - \left(\sum_{i=1}^{n} i\right)^2} \tag{2-1}$$

式中，Slope 为变化斜率，Slope 为正，意味着 NDVI 上升、植被盖度提高，陆地生态系统状况处于改善过程中，Slope 为负，意味着 NDVI 下降、植被盖度降低，陆地生态系统状况处于退化过程中；Y_i 为第 i 年的 NDVI 值；n 为监测时段的年数（本研究中，$n=16$）。为了保障趋势分析结果的有效性，还对结果进行了 P 值（$P<0.05$）统计显著性检验。

2.3.2 中国主要生态退化区的演变态势

综合陆地生态系统 NDVI 变化趋势分析及中国主要生态退化空间分布图，可得 2000～2015 年中国不同生态退化区的以下演变态势（图 2-3 和表 2-9）。

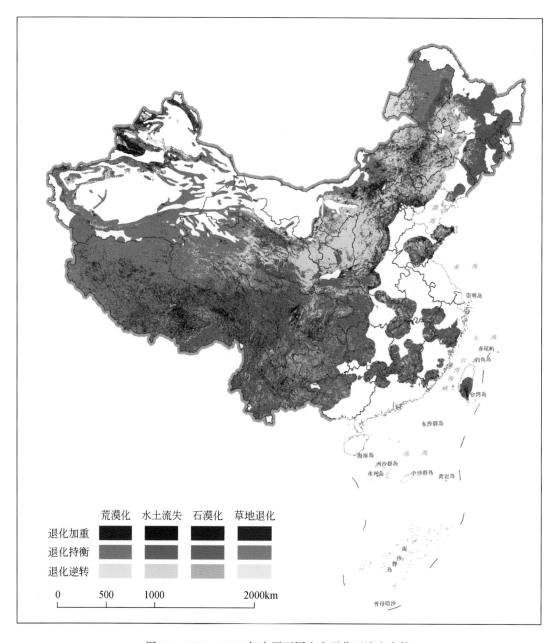

图 2-3 2000～2015 年中国不同生态退化区演变态势

表 2-9 2000～2015 年中国不同生态退化区演变态势的面积统计

退化类型	统计类型	退化加重	退化持衡	退化逆转	合计
荒漠化	面积/万 km²	22.91	136.23	48.78	207.92
	占荒漠化面积的比例/%	11.02	65.52	23.46	100.00

续表

退化类型	统计类型	退化加重	退化持衡	退化逆转	合计
水土流失	面积/万 km²	31.34	168.79	70.95	271.08
	占水土流失面积的比例/%	11.56	62.27	26.17	100.00
石漠化	面积/万 km²	3.53	42.35	12.72	58.60
	占石漠化面积的比例/%	6.02	72.27	21.71	100.00
草地退化	面积/万 km²	14.03	66.21	4.92	85.16
	占退化草地面积的比例/%	16.47	77.75	5.78	100.00
合计	面积/万 km²	71.81	413.58	137.37	622.76
	占全部退化面积的比例/%	11.53	66.41	22.06	100.00

1）我国大部分退化地区呈现退化持衡趋势，约占全部退化区面积的66.41%。

2）约有11.53%的生态退化区发生退化加重，其中荒漠化退化加重区主要分布在新疆北部阿尔泰山及天山地区、内蒙古东部浑善达克沙地、科尔沁沙地等地；水土流失加重区主要分布在天山南麓及横断山脉等地；草地退化加重区主要分布在西藏西北部及青海东南部等地；石漠化退化加重不明显。

3）约有22.06%的生态退化区发生退化逆转，其中荒漠化退化逆转区主要分布在内蒙古西北部呼伦贝尔、科尔沁及中部阴山南麓地区，青海东部等地；水土流失退化逆转区主要分布在黄土高原、辽河流域及秦巴山区等地；石漠化退化逆转区主要分布在云贵高原等地；草地退化逆转不明显。

2.3.3　全球主要生态退化区的演变态势

综合陆地生态系统 NDVI 变化趋势分析及全球主要生态退化空间分布图，可得 2000～2015 年全球不同生态退化区的以下演变态势（图 2-4 和表 2-10）。

表 2-10　2000～2015 年全球不同生态退化区演变态势的面积统计

退化类型	统计类型	退化加重	退化持衡	退化逆转	合计
荒漠化	面积/万 km²	178.95	471.63	125.76	776.34
	占荒漠化面积的比例/%	23.05	60.75	16.20	100.00
水土流失	面积/万 km²	154.24	389.53	138.11	681.88
	占水土流失面积的比例/%	22.62	57.13	20.25	100.00
石漠化	面积/万 km²	8.94	31.52	11.62	52.08
	占石漠化面积的比例/%	17.17	60.52	22.31	100.00
合计	面积/万 km²	342.13	892.68	275.49	1510.30
	占全部退化面积的比例/%	22.65	59.11	18.24	100.00

1）全球大部分退化地区呈现退化持衡趋势，约占全球退化区面积的59.11%。

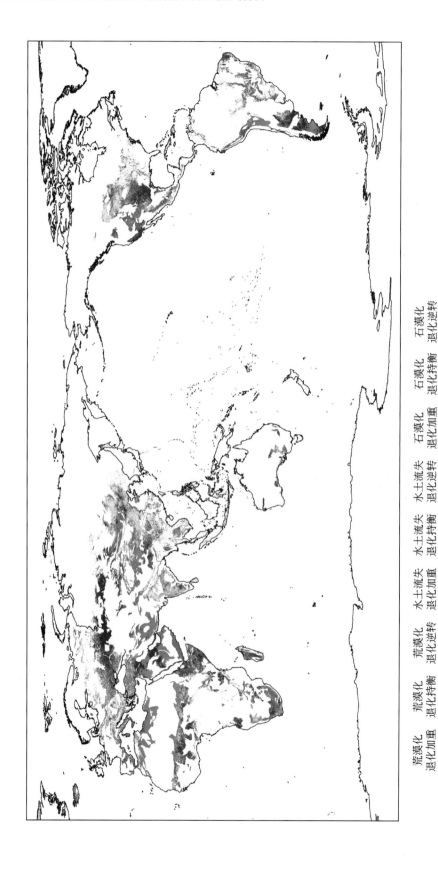

图2-4　2000~2015年全球不同生态退化区演变态势

荒漠化
退化加重

荒漠化
退化持衡

荒漠化
退化逆转

水土流失
退化加重

水土流失
退化持衡

水土流失
退化逆转

石漠化
退化加重

石漠化
退化持衡

石漠化
退化逆转

2）全球约有 22.65% 的退化区处于退化加重态势，其中荒漠化退化加重区主要分布在美国中部落基山脉南部、南美洲南端巴塔哥尼亚高原、阿拉伯半岛中部以及俄罗斯南部等地；水土流失退化加重区主要分布在非洲中部、东北部亚丁湾沿岸南部等地；石漠化退化加重区主要分布在小亚细亚半岛南部。

3）全球约有 18.24% 的退化区处于退化逆转态势，其中荒漠化退化逆转区主要分布在美国北部、印度半岛北部及蒙古国北部部分地区；水土流失退化逆转区主要分布在墨西哥东海岸、欧洲地中海沿岸及小亚细亚半岛、印度半岛西部、蒙古国东部及中国黄土高原等地；石漠化退化逆转区主要分布在中国西南部云贵高原等地。

2.4　生态退化研究热点区的时空演变

进入 21 世纪以来，随着信息技术的进一步发展，大数据快速成为科学研究、商业运行和社会管治中极其基础、极其重要的信息资源，在此过程中形成和正在探索的大数据方法也成为新时代数据智能的支撑技术与方法。在生态退化与治理研究中，面向互联网文献大数据开展专题检索、数据抓取和模型分析，可以评估中国和全球的科研工作者是如何看待各自区域上的生态退化问题；在此基础上，面向互联网其他大数据，包括公共媒体大数据、自媒体大数据、商业网站 LBS 大数据等开展数据检索、抓取和建模分析，也可以有效凝练不同人群和机构对于生态退化与治理的经验和建议。

2.4.1　数据与方法

在针对中国的生态退化研究热点研究中，以 CNKI 旗下的中国学术期刊网络出版总库（China Academic Journal Network Publishing Database，CAJD）为数据搜索引擎。CAJD 收录了中文科技领域自 1915 年至今出版的期刊，部分期刊回溯至创刊。本研究中，通过文献检索、文本抽取、中文分词、地名实体词识别、地名标准化等步骤，获取了 1980～2017 年中国荒漠化、水土流失、石漠化等生态退化研究文献数据（表 2-11）。

表 2-11　基于 CNKI 中文学术期刊的生态退化研究文献检索关键词

目标	关键词	文献库	时间	成果数量
荒漠化	荒漠化/沙漠化/风力侵蚀/风蚀	CNKI	1980～2017 年	43 985 篇
水土流失	水土流失/水力侵蚀/水蚀	CNKI	1980～2017 年	145 669 篇
石漠化	石漠化/岩溶退化/喀斯特退化	CNKI	1980～2017 年	4 791 篇

在针对全球的生态退化研究热点的研究中，则以全球最权威的 WOS 为数据搜索引擎。本研究中，通过文献检索、文本抽取、地名实体词识别、地名标准化等步骤，获取了 1980～2017 年全球荒漠化、水土流失、石漠化等生态退化研究文献数据（表 2-12）。

表 2-12　基于 WOS 文献库的生态退化研究文献检索关键词

目标	关键词	文献库	时间	成果数量
荒漠化	desertification	WOS	1980～2017 年	4 013 篇
水土流失	soil erosion	WOS	1980～2017 年	21 128 篇
石漠化	karst	WOS	1980～2017 年	10 660 篇

在科研文献大数据抓取过程中，一个重要的环节是识别文献中的地名实体词。地名实体词的识别依赖于斯坦福自然语言处理（Natural Language Processing，NLP）团队提供的斯坦福命名实体识别（Named Entity Recognition，NER）模块。斯坦福 NER 模块通过特征提取器标记文本中的命名实体，如人名、组织和位置，并提供了多语言应用程序接口（application programming interface，API）。识别得到地名关键字之后，就可以统计得到这些不同地名出现的频次数量。

得到科研文献中任意地名出现的频次数量后，根据它们出现的频次数（称为地名"绝对热度"）进行分级分析。以荒漠化研究热点计算为例，荒漠化研究论文中出现的地名越多，其荒漠化研究热度越高。这种做法在研究区面积较小时是可行的。但是，在全球尺度、国家尺度上，由于不同国家、不同地区的经济社会和科学技术发展存在严重的地区分异（即所谓的"数字鸿沟"），上述做法会导致热度评价结果出现严重偏差。例如，在全球尺度上，经济社会发展程度较高的欧美地区，科研人员数量多、部署的科研项目多、产出的论文成果也多，而在相对比较落后的非洲地区，科研人员数量比较少，论文产出也就比较少。

除了以地名出现的绝对数量，即所谓的"绝对热度"为依据进行分析外，另一种思路则是测量某一特定生态退化问题在全部研究论文中的比率（称为"相对热度"），即在某一特定的生态退化类型研究论文所出现的频次数与该地点在全部领域科学研究论文中出现总频次数的比值来衡量。这种方法在一定程度上消除了地名绝对热度衡量方法中"数字鸿沟"导致的认知偏差，但同时也存在指示间接、区分度不够、灵敏性不足的问题。

针对上述问题，本研究建立了一个全面考虑"绝对热度"和"相对热度"的综合热度指数模型。综合热度指数模型既要避免区域发展过程中客观存在的"数字鸿沟"所导致的问题，也要避免考虑比值化后区分度下降、灵敏性降低的问题，具体计算公式如下：

$$Q = N_{ed} \times \frac{N_{ed}}{N_{all}} \tag{2-2}$$

$$Q^* = \frac{Q - \min(Q)}{\max(Q) - \min(Q)} \tag{2-3}$$

式中，Q 为生态退化综合热度指数；N_{ed} 为某地名单元在生态退化主题检索中出现的总次数，即该地名单元的生态退化绝对热度；N_{all} 为不限定主题检索后，该地名单元在全部文本中出现的次数；$\frac{N_{ed}}{N_{all}}$ 为该地名单元的生态退化相对热度；Q^* 为标准化后的生态退化综合热度指数，Q^* 数值在 0～1，$\max(Q)$ 为 Q 的最大值，$\min(Q)$ 为 Q 的最小值。

2.4.2　中国主要生态退化研究热点的时空演变

　　1980～2017 年中国荒漠化研究热点空间分布如图 2-5 所示。中国的荒漠化相关研究主要集中在北部和西部地区，其中以内蒙古西部以及宁夏盐池县最多，其次是内蒙古东部、

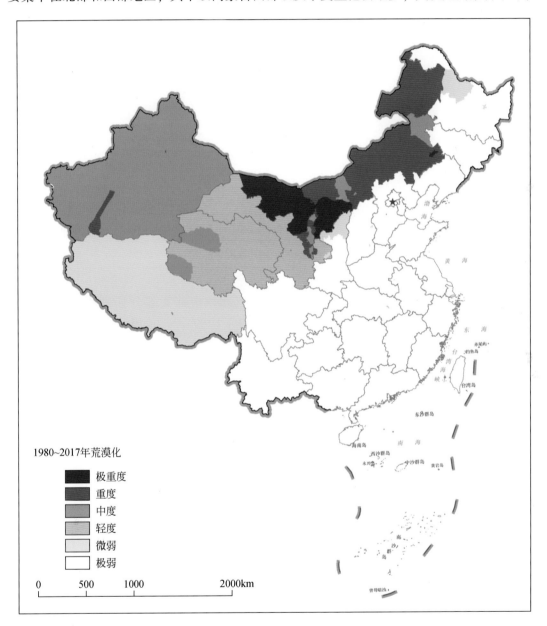

图 2-5　1980～2017 年中国荒漠化研究热点空间分布

宁夏及新疆大部分区域、青海格尔木市以及内蒙古东部兴安盟和中部包头市，再次是青海大部分区域及甘肃，西藏、黑龙江黑河市、陕西榆林市和甘肃宁县也有少量相关研究（表2-13）。

表 2-13　1980～2017 年中国荒漠化研究热点空间统计

程度	研究热点面积/万 km²	占中国总面积的比例/%	主要分布区域
极重度	33.58	3.50	内蒙古阿拉善盟、鄂尔多斯市、通辽市科尔沁区，宁夏吴忠市盐池县
重度	81.42	8.48	内蒙古大部分区域，新疆和田地区策勒县，宁夏石嘴山市及吴忠市等
中度	181.91	18.95	新疆大部分区域，青海海西蒙古族藏族自治州格尔木市，内蒙古兴安盟和包头市
轻度	99.89	10.41	青海大部分区域，甘肃
微弱	131.96	13.75	西藏，黑龙江黑河市，陕西榆林市，甘肃庆阳市宁县
极弱	430.94	44.90	中国东部和南部大部分区域

从时间动态演变上看，1980 年以来，中国东部和南部大部分县市的荒漠化研究热度均处于微弱状态，且热度无明显变化。1980～1989 年，荒漠化研究热点主要分布在新疆、内蒙古、青海、甘肃、宁夏和黑龙江及陕西榆林市；1990～1999 年，荒漠化研究热点主要分布在新疆、内蒙古、青海、甘肃、宁夏、西藏及陕西榆林市和黑龙江嫩江县①等地，西藏各县市成为新的研究热点区域，而黑龙江大部分县市的研究热度下降；2000～2009 年，巴丹吉林沙漠、腾格里沙漠、毛乌素沙漠仍保持较高的研究热度，内蒙古呼伦贝尔大草原、塔里木盆地、柴达木盆地和宁夏盐池县研究热度上升，黑龙江黑河市成为新的研究热点，与此同时，锡林郭勒草原、塔里木盆地、柴达木盆地等地研究热度下降；2010 年以后，西藏、宁夏大部分区域及陕西榆林市热度保持不变，内蒙古、新疆大部分区域、甘肃及青海局部研究热度下降，宁夏盐池县依旧保持较高的研究热度。

1980～2017 年中国水土流失研究热点空间分布如图2-6 所示。水土流失研究热点区域主要分布在黄土高原及云贵高原，涉及陕西、宁夏、内蒙古、甘肃、贵州等省（自治区）。此外，在黑龙江大兴安岭北部、内蒙古东部的西辽河流域也有轻微的研究热度（表2-14）。

---

① 2019 年撤嫩江县设立嫩江市。

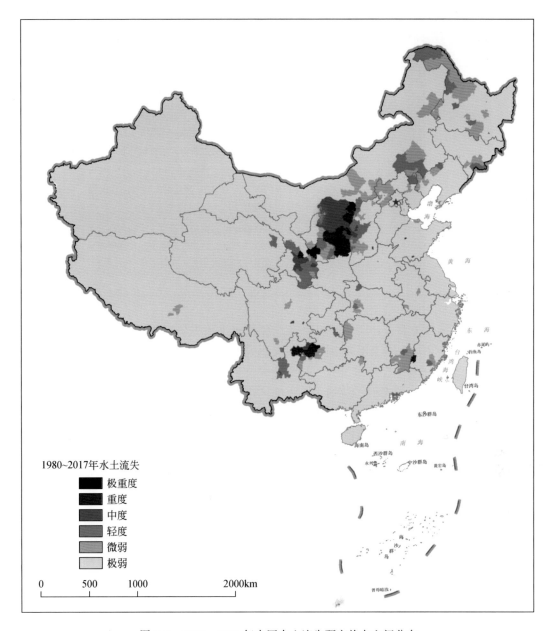

图 2-6　1980 ~ 2017 年中国水土流失研究热点空间分布

表 2-14　1980 ~ 2017 年中国水土流失研究热点空间统计

程度	研究热点 面积/万 km²	占我国总面积的 比例/%	主要分布区域
极重度	2.43	0.26	宁夏固原市，陕西延安市安塞区，内蒙古鄂尔多斯市准格尔旗，贵州毕节市金沙县

程度	研究热点面积/万 km²	占我国总面积的比例/%	主要分布区域
重度	9.73	1.01	甘肃定西市安定区,陕西延安市和榆林市神木市、府谷县,贵州毕节市,福建龙岩市长汀县
中度	12.59	1.31	内蒙古鄂尔多斯市,甘肃定西市各区县、天水市清水县,陕西榆林市榆阳区、子洲县,山西吕梁市中阳县、方山县,云南昆明市西山区,贵州毕节市七星关区
轻度	27.23	2.84	甘肃兰州市、陇南市、天水市,山西吕梁市、太原市,内蒙古克什克腾旗、翁牛特旗、敖汉旗,云南昆明市,青海西宁市
微弱	47.42	4.94	江西赣州市,贵州贵阳市,湖南湘西土家族苗族自治州,山西临汾市,内蒙古赤峰市、乌兰察布市、呼伦贝尔市,黑龙江黑河市、大兴安岭地区
极弱	860.30	89.64	其他县(区、市)

从时间动态演变上看,1980~2017年各个年代水土流失研究热度空间分布格局的时间变化过程表明,1980~1989年,我国水土流失研究的热点集中分布在黄土高原区;1990~1999年,黄土高原研究热度持续上升,与此同时,贵州西部、内蒙古东部也逐步成为研究热点;2000~2009年,学者们关注的水土流失区进一步扩大,内蒙古中部鄂尔多斯、乌兰察布,黑龙江大兴安岭北部的部分县(区、市)也逐步成为水土流失研究热点区域;2010年后,水土流失研究热点区域有所收缩,学者们的研究热点区域重新回到黄土高原及云贵高原。

1980~2017年中国石漠化研究热点空间分布如图2-7所示。我国石漠化研究热点区主要分布在贵州、云南和广西三省(自治区),尤其以贵州毕节市、六盘水市、贵阳市、安顺市、黔西南布依族苗族自治州、黔南布依族苗族自治州、黔东南苗族侗族自治州,广西河池市、百色市、南宁市、桂林市及云南昭通市等地的石漠化研究成果最为丰富。此外,在贵州遵义市及铜仁市、湖南湘西土家族苗族自治州、云南昆明市、曲靖市和红河哈尼族彝族自治州以及文山壮族苗族自治州等地也有相关文献研究存在(表2-15)。

从时间动态演变上看,1980~2017年各个年代石漠化研究热度空间分布格局的时间变化过程表明,1980~1989年,我国石漠化研究的热点集中分布在西南喀斯特地区;1990~1999年,西南喀斯特地区研究热度持续上升,与此同时,湖南湘西土家族苗族自治州,广西百色市、柳州市、贵港市、南宁市,重庆,黑龙江黑河市、大兴安岭地区等地也逐步成为研究热点;2000~2009年,学者们关注的石漠化区域有所收缩,回归到云贵高原;进入2010年后,石漠化研究热点区域与上一阶段基本保持一致,仍集中于云贵高原地区。

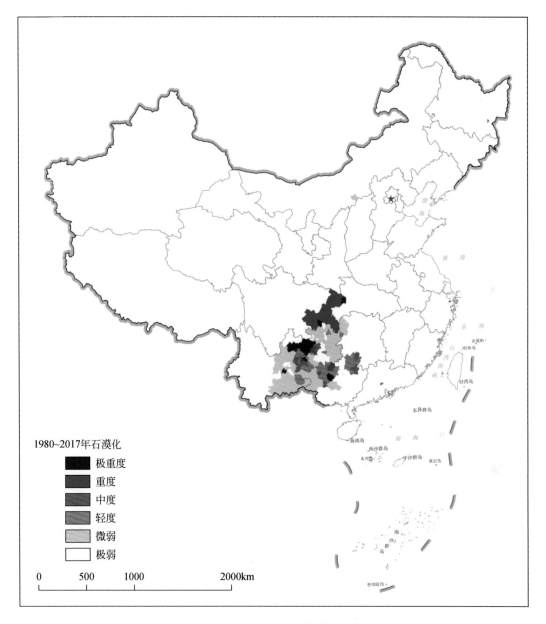

图 2-7 1980～2017 年中国石漠化研究热点空间分布

表 2-15 1980～2017 年中国石漠化研究热点空间统计

程度	研究热点 面积/万 km²	占我国总面积的 比例/%	主要分布区域
极重度	4.22	0.44	贵州毕节市和安顺市关岭布依族苗族自治县、普定县，重庆南川区、巫山县，云南昆明市石林彝族自治县，广西河池市都安瑶族自治县

程度	研究热点面积/万 km²	占我国总面积的比例/%	主要分布区域
重度	8.91	0.93	重庆市大部分县域，贵州贵阳市花溪区、云岩区、修文县、清镇市和黔西南布依族苗族自治州晴隆县，广西河池市环江毛南族自治县
中度	2.95	0.31	贵州贵阳市北部和东部县域，六盘水市盘州市，黔西南布依族苗族自治州贞丰县、兴仁市；广西桂林市全州县、恭城瑶族自治县、阳朔县、平乐县，百色市平果县*，河池市凤山县
轻度	7.52	0.78	贵州六盘水市北部县域，黔西南布依族苗族自治州普安县、安龙县、册亨县、望谟县，安顺市镇宁布依族苗族自治县等；广西河池市大部分县域，桂林市大部分县域；云南文山壮族苗族自治州广南县；湖南湘西土家族苗族自治州凤凰县；广东广州市白云区
微弱	24.12	2.51	贵州遵义市大部分县域、铜仁市大部分县域、黔东南苗族侗族自治州大部分县域等，广西百色市、南宁市东北部县域，云南昆明市、红河哈尼族彝族自治州、曲靖市大部分县域、文山壮族苗族自治州大部分县域
极弱	911.98	95.03	其他县（区、市）

* 2019 年撤平果县设立平果市。

2.4.3 全球主要生态退化研究热点的时空演变

全球荒漠化研究热点主要出现在北美洲科迪勒拉山系南段及墨西哥高原和阿巴拉契亚山脉，南美洲西部桑盖火山及阿空加瓜山附近，非洲北部乍得盆地、东部东非高原以及南部隆达高原等地，欧洲地中海沿岸部分地区，中东伊朗高原，以及东亚蒙古国及中国北方地区等。从时间动态演变上看（图2-8）：①全球荒漠化研究热点在不同时间段上有明显差异，热点区域范围大体呈现逐渐扩张的发展趋势。荒漠化研究的扩张主要受生态退化加剧与人类对荒漠化的日益重视所驱动，研究热度范围呈扩张趋势。②1990年以前，荒漠化研究主要集中在美国西南部的科迪勒拉山系南段、印度西南部的塔尔沙漠、亚洲地中海沿岸部分区域、非洲乍得盆地和东非高原及德拉肯斯山脉等地区。③1991～2000年，研究热点逐渐开始向全球扩张，非洲及美国依旧是热点区域，此同时期研究热点的范围进一步扩大。在欧洲西南部和东南部地区、东亚蒙古国西部和东南部区域以及中国北方地区、南美洲秘鲁境内的安第斯山脉等地区，都有比较明显的荒漠化研究热点出现。④进入21世纪后，全球荒漠化研究热点进一步扩张，此前非洲、美国及欧洲南部依旧是荒漠化研究热点区域。东亚荒漠化研究扩张明显，研究热点范围进一步扩大，其中中国和蒙古国扩张最为明显，印度半岛、阿拉伯半岛、伊朗高原等地区也有明显的荒漠化研究热点出现。

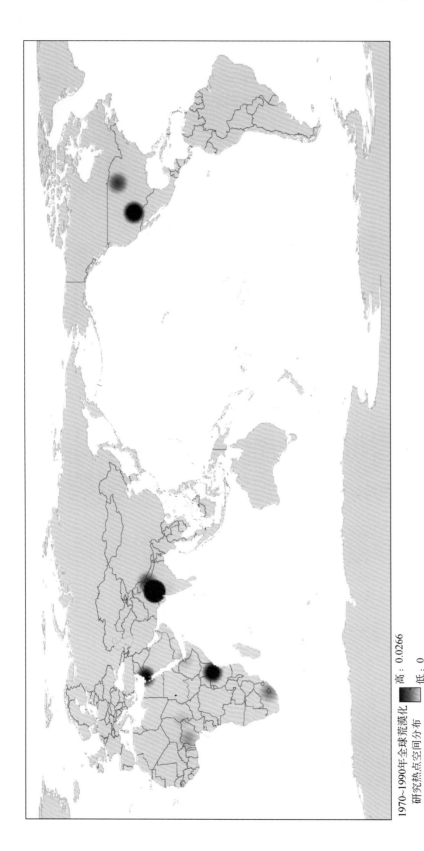

1970~1990年全球荒漠化
研究热点空间分布

高: 0.0266

低: 0

(a)1970~1990年

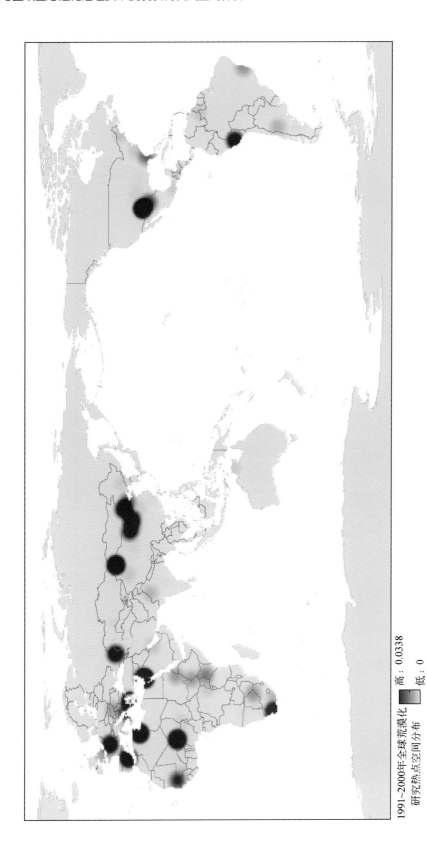

1991~2000年全球荒漠化
研究热点空间分布

高：0.0338

低：0

(b)1991~2000年

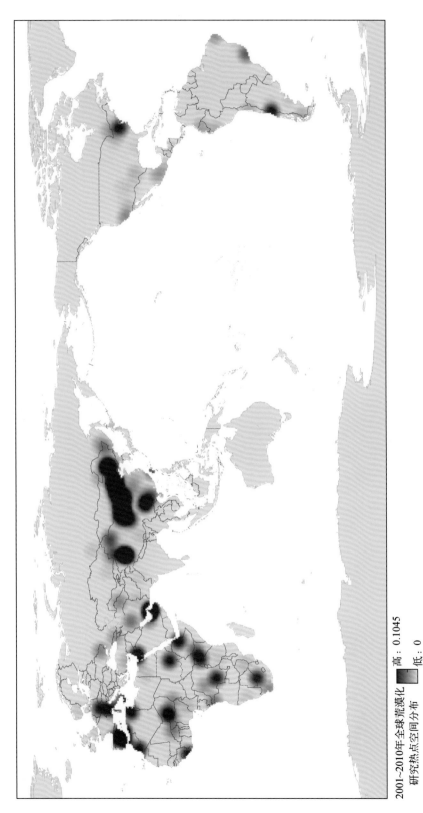

2001~2010年全球荒漠化
研究热点空间分布

高：0.1045

低：0

(c)2001~2010年

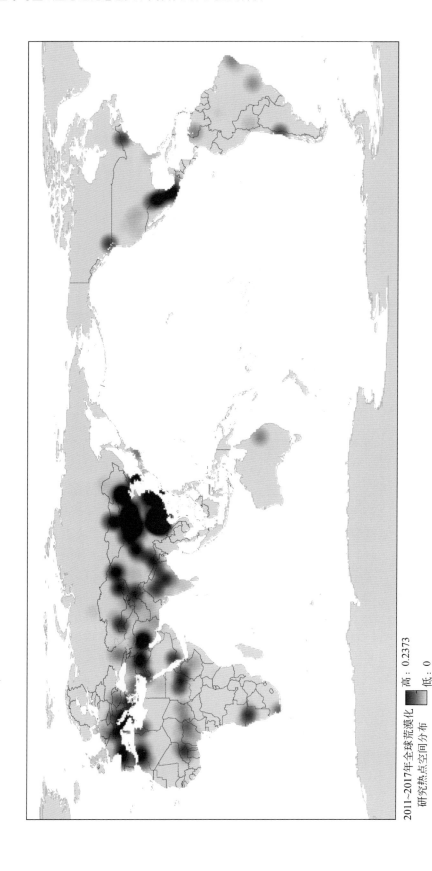

2011~2017年全球荒漠化
研究热点空间分布

高：0.2373

低：0

(d)2011~2017年

图2-8　1970~2017年全球荒漠化研究热点空间分布

全球水土流失研究热点主要出现在北美洲东部大平原地区，南美洲西北角海岸地区，非洲东部维多利亚湖沿岸，欧洲大西洋、地中海、黑海沿岸大部分国家及地区，中东波斯湾沿岸、东亚中国东南大部、东南亚部分岛国，以及大洋洲澳大利亚东海岸等地。从时间动态演变上看（图 2-9）：①全球水土流失研究热点在不同时间段上有明显差异，热点区域范围在东亚地区大体呈现持续扩张的发展趋势，原因可能为受人类活动及生态退化影响，水土流失加剧，研究热度上升；在其他大洲大体呈现先扩张后收缩的发展态势，原因可能为部分水土流失研究热点区域通过多年研究及治理生态环境好转，研究热度降低。②1990 年以前，水土流失研究主要集中在非洲埃及部分区域以及埃塞俄比亚高原、亚洲印度西北部、北美洲美国西部等地。③1991~2000 年，研究热点逐渐开始向全球扩张，欧洲及美国成为热点区域。欧洲波罗的海沿岸、地中海沿岸、阿拉伯半岛红海沿岸以及波斯湾沿岸，都有比较明显的热点出现。中国和俄罗斯以及非洲南部地区也开始出现水土流失相关研究。④进入 21 世纪后，研究热点进一步扩张，除美国和西欧依旧是水土流失的研究热点区域外，东亚地区出现的水土流失研究明显增多，南美西海岸，非洲东部的亚丁湾、维多利亚湖周边以及南部的德拉肯斯山脉，澳大利亚东南部、东南亚大部以及南亚西部水土流失研究热度都有不同程度的下降。

全球喀斯特石漠化研究热点主要分布在东亚云贵高原，北美美国密西西比河流域以及落基山脉、阿巴拉契亚山脉附近，西欧地中海沿岸如法国、意大利、西班牙、斯洛文尼亚、克罗地亚等地。此外，非洲埃塞俄比亚高原、大洋洲澳大利亚大分水岭以及南美洲圭亚那高原等地也存在少部分研究热点区域。从时间动态演变上看（图 2-10）：①全球喀斯特石漠化研究热点在不同时间段上有一定差异，热点区域范围大体呈现先扩张后收缩的发展趋势，原因可能为部分喀斯特研究热点区域通过多年研究及治理生态环境好转，研究热度降低。②1990 年以前，喀斯特石漠化研究主要集中在欧洲西部如斯洛文尼亚、克罗地亚、瑞士、比利时以及德国西部、法国东北部、英国南部、瑞典南部等地区，北美洲中部如加拿大地盾、美国密西西比河流域以及落基山脉等地，南美洲北部圭亚那高原如委内瑞拉等地。③1991~2000 年，研究热点逐渐开始向全球扩张，欧洲及美洲等地依旧是热点区域，但是热点区域范围逐渐扩大。欧洲波罗的海沿岸、地中海沿岸如西班牙、意大利、土耳其等国家，非洲直布罗陀海峡沿岸、索马里半岛如摩洛哥及埃塞俄比亚等地，印度半岛、中南半岛，以及中国东部及西南部，澳大利亚东南部，墨西哥东部等地都有比较明显的热点出现。④进入 21 世纪后，研究热点区域范围一定程度收缩，除西欧地中海、波罗的海沿岸以及北美阿巴拉契亚山脉仍然保持喀斯特石漠化研究热点区域以外，东亚云贵高原研究热度小范围内上升。此前研究热点区域如非洲埃塞俄比亚高原、南美洲圭亚那高原以及澳大利亚大分水岭等地研究热度明显降低。

1980~1990年全球水土流失
研究热点空间分布

高：0.0266
低：0

(a)1980~1990年

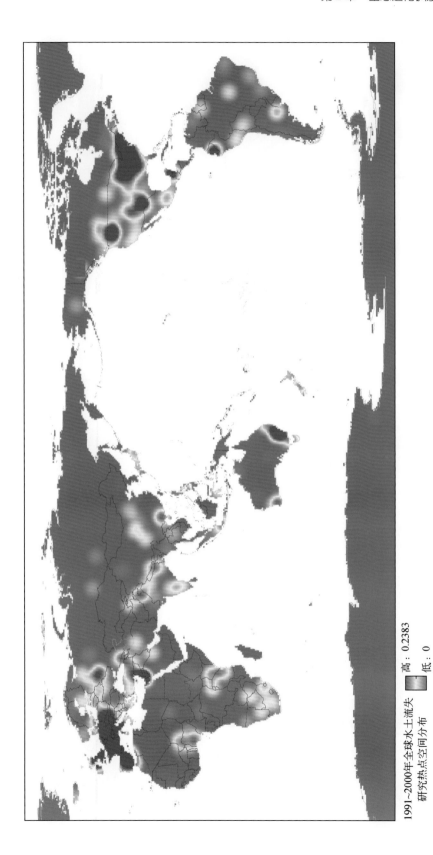

1991~2000年全球水土流失
研究热点空间分布

高：0.2383

低：0

(b)1991~2000年

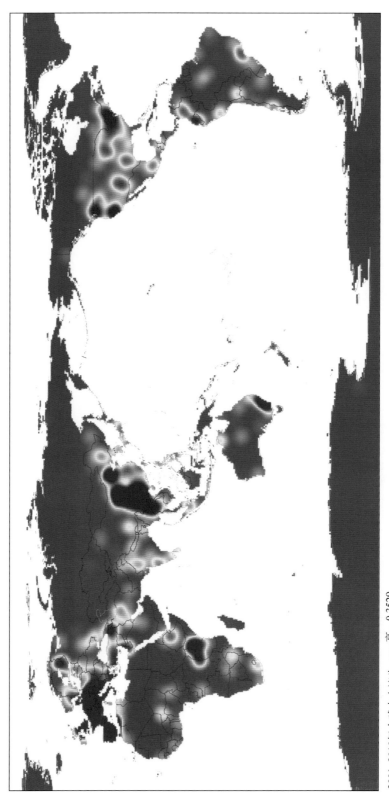

2001~2010年全球水土流失
研究热点空间分布

高: 0.3529
低: 0

(c)2001~2010年

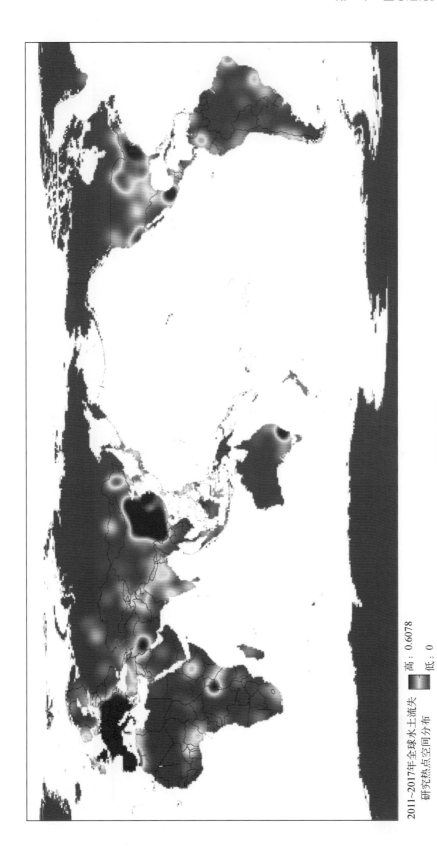

(d)2011~2017年

图2-9　1980~2017年全球水土流失研究热点空间分布

2011~2017年全球水土流失
研究热点空间分布　　高：0.6078
　　　　　　　　　　　　低：0

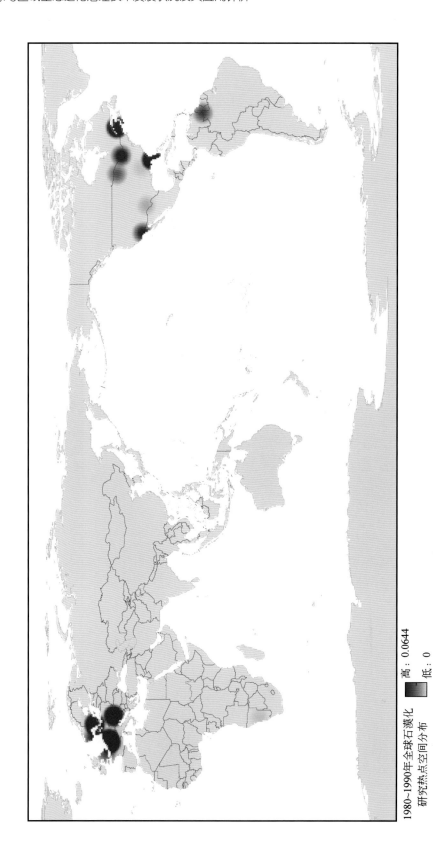

1980~1990年全球石漠化
研究热点空间分布

高：0.0644

低：0

(a)1980~1990年

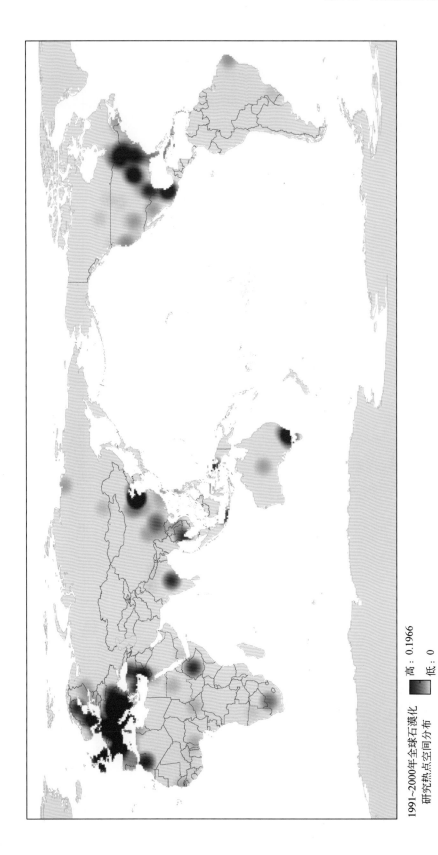

1991~2000年全球石漠化
研究热点空间分布

高：0.1966

低：0

(b)1991~2000年

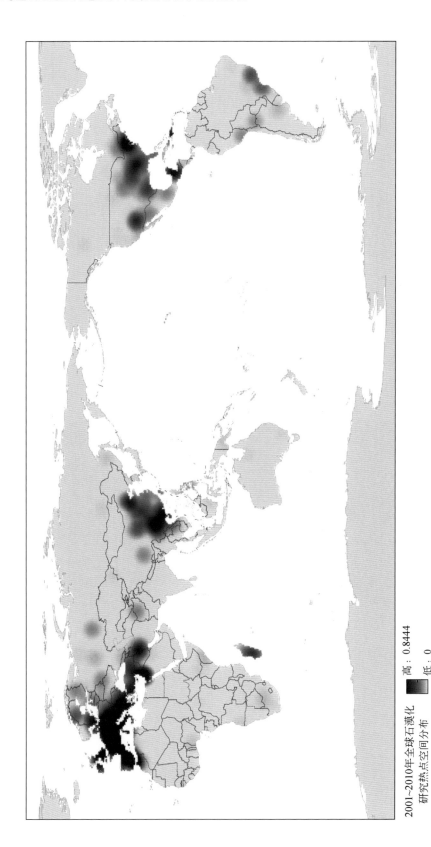

2001~2010年全球石漠化
研究热点空间分布

高：0.8444
低：0

(c)2001~2010年

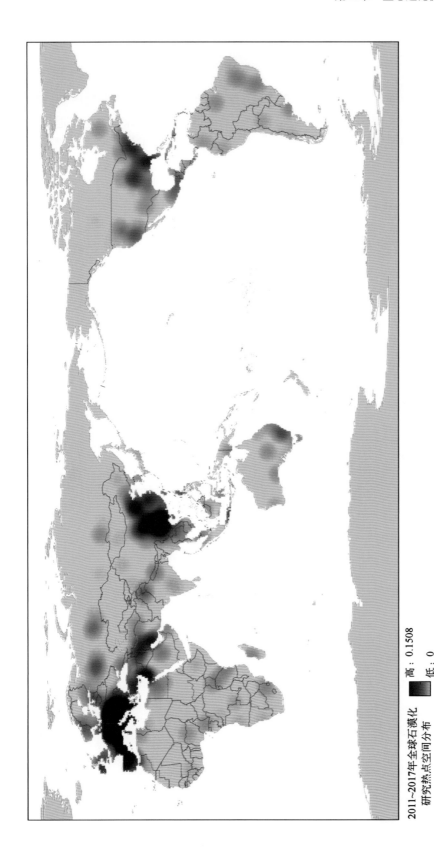

2011~2017年全球石漠化
研究热点空间分布

高：0.1508

低：0

(d)2011~2017年

图2-10　1980~2017年全球石漠化研究热点空间分布

2.5 主 要 结 论

本章应用多源数据集成融合和地图综合方法、长时序卫星遥感参数产品趋势分析方法、互联网文献大数据采集和研究热度分析方法，针对中国和全球主要生态退化的空间分布格局、退化区演变态势、退化研究热点的时空演变规律开展了研究；系统刻画了中国和全球主要生态退化区的时空分布格局，分析了 2000 年以来中国和全球主要生态退化区演变态势，创新拓展了人们对于不同地区、不同生态退化类型研究热点的时空分布与演变规律的认识；实现了从单一退化过程分析到综合生态退化类型时空动态集成研究的转换，以及"空间分布—演变态势—研究热点"的贯通研究，为全球生态退化研究、生态退化治理等研究提供了可资参考的基础底图、专题地图和研究范式，具有重要的理论意义与应用价值。

第 3 章 生态技术识别方法与关键技术优化方案

3.1 重要性和目标

3.1.1 重要性

生态技术识别方法与关键技术优化方案为生态技术演化规律、关键技术评价等研究提供方法理论依据，为关键技术的预见、选择和优化集成研究提供前置工具。

目前学术界对于生态技术识别与优化缺乏系统性的理论和普遍适用的方法论指导，与此同时，在生态系统退化面临的严峻现实背景下以及中国生态文明建设的战略发展要求下，对生态技术识别与优化的方法论研究刻不容缓，对推动生态技术的研发创新至关重要。

生态技术演化特征及其发展规律、关键技术的选择及未来创新预见所依据的重要理论前提是生态技术既不是僵化静止的，也不是随机出现的，其产生、发展和退出与生态治理（修复）需求的变化密不可分，且与社会经济总体发展水平、政策制度环境和科技发展态势之间有着千丝万缕的联系。因此，在生态文明建设背景下，综合生态技术发展的市场需求、区域差异、技术水平、重要程度等各种因素的关键技术优化方案的构建，对于我国关键生态治理技术优化选择及生态问题有效治理等方面都发挥着重要的作用，为保障国家生态安全，改善环境质量，推动我国生态文明顺利建设保驾护航。

生态技术属于交叉学科的综合技术，对生态技术进行识别与优化研究，对促进学科交叉、拓展研究领域、挖掘研究深度具有重要的意义。

3.1.2 目标

生态技术的识别可以分为远景生态技术识别和近景生态技术识别，近景识别和远景识别是一对具有不同时空尺度类视觉化的信息捕捉、提取和表达的抽象概念。远景生态技术识别要回答的是"某项技术是否为生态技术""属于哪一类生态技术"等涉及属性归类等问题。近景生态技术识别则要回答的问题更加细致，如"该项生态技术的特征、缺陷、创新点、功效和实用场景是什么""该项生态技术的演变规律""该项生态技术是否为关键技术""该项生态技术的未来预见"等涉及技术性质类、演变类、功效类、创新类、实践类、集成类和预见类等问题。生态技术识别的重点目标是识别出"关键技术"（在本研究中将关键技术定义为"核心技术"、"共性技术"和"替代技术"）。

通过综合运用以上生态技术的识别方法体系，能够系统性地梳理出现有生态技术。与此同时，根据生态文明建设及生态修复战略的总要求，结合我国不同生态治理区域的技术需求，对现有技术的合理认识与改进，预见并筛选出优先发展的技术领域，组合形成具有中国特色的生态治理体系，将在很大程度上影响着我国生态治理的效果及在脆弱生态区生态治理中的应用与推广。因此，构建科学合理的生态技术优化方案将对我国未来生态技术发展方向有着重大影响。

基于以上分析，本章的研究目的具体如下：

1）通过清晰界定生态技术的识别概念，系统构建基于专家、案例和应用现场等非可检索性数据的生态技术识别方法，以及基于文献、专利和网站新闻等可检索性数据的生态技术识别方法，为后续生态技术演化规律、评价、预见和集成研究提供理论基础。

2）借鉴技术预见及关键技术选择相关理论，梳理我国生态技术预见及优化选择方法体系。

3）综合我国生态技术发展的市场需求、区域差异、技术水平、重要程度等各种因素，构建科学合理的关键技术动态优化方案，这将有利于缓解我国生态退化趋势、促进不同类型生态技术的科学选择和应用。

3.2　研究思路和技术框架

本章的总体技术框架是围绕从面向过去的（已有的）技术的识别到面向未来的（尚未出现的）技术的优化，详细如图 3-1 所示。

生态技术的识别方法为实现两个基本目标。首先，从诸多技术中识别出生态技术（即区分和辨别生态技术和非生态技术），识别标准是基于生态技术的分类思路和分类体系。其次，从生态技术中识别出关键技术（即区分和辨别关键技术和非关键技术）。两个目标本质上都是面向过去的（已有的）技术进行的识别活动。识别的载体可分为可检索性的数据库（如直接从论文文献数据库、技术专利数据库或网站媒体新闻中获取可分析的案例文本）和非可检索性的数据库（如通过访谈、问卷调研等手段从专家学者口述中获得可识别信息，并加工整理成可分析的案例文本；或是通过实地调查、参与式观察等综合性手段从生态技术的应用现场获取识别信息，并通过加工整理后期合成可分析的案例文本）。生态技术的识别与其他非生态技术的识别在方法层面上最大的区别是对生态的技术要素特征和技术的生态要素特征的双重性甄别。

关键技术优化方案本质上是从方法论层面讨论基于未来时空发展维度的技术预见方法、基于现实生态治理维度的优化选择方法和基于生态战略实施维度的动态调控方法。主要回答三个核心问题，即"为什么要优化"、"怎么优化"和"优化结果"。其中"怎么优化"（即方法层面的问题）是本章重点阐述的问题。想要回答好"怎么优化"，首先要对"为什么要优化"进行深入思考，构建科学的优化因果价值链。其次要对"优化结果"进行合理预期，并对其在信度、效度和完整性方面进行科学评价。因此，本章对关键技术优化方案的叙述将采用因果穿插的方式，以期对"怎么优化"进行清晰阐释。

通过运用一系列生态技术的识别方法，为未来关键技术选择优化提供现成的技术组合清单工具，针对生态治理与修复对象的现状、问题和难点，将生态技术优化选择的目的和意义落实到生态技术的实践应用与生态退化问题的解决层面。关键技术优化是基于国家生态文明建设战略、结合现实治理需求、展望未来颠覆性科技预见，以期勾勒未来生态技术发展趋势蓝图，推动中国生态技术实现从跟跑到并跑再到领跑的转变。因此，面向未来的生态技术优化方案的构建不仅为现有生态技术研发提供了发展方向指南，还为中国生态文明建设指明了一条清晰的发展道路，进一步推动中国生态技术在基础科学、技术科学和工程科学等研究的协同发展。

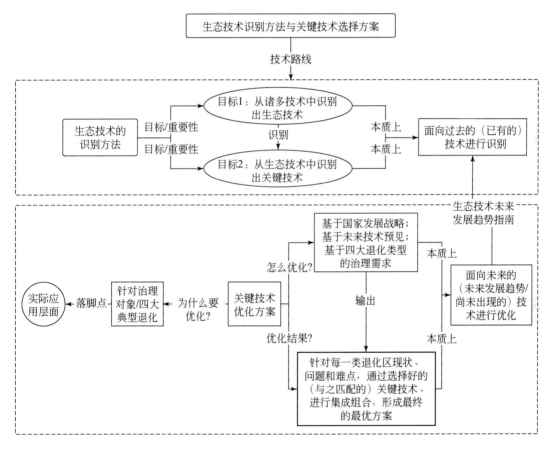

图 3-1　生态技术识别与关键技术优化方案的研究思路框架

3.3　生态技术识别方法

　　识别有"区分"和"判别"之意，是指对表征事物或现象的各种形式的（数值的、文字的和逻辑关系的）信息进行处理和分析，以对事物或现象进行描述、辨认、分类和解释的过程。对生态技术进行近景识别和远景识别，构成全景识别，能够展示生态技术的全貌特征。

本研究中的"识别"是要通过一些方法，成功判别"A 是否为生态技术"和"A 是否为解决生态退化问题的关键技术"，除此之外，对于"生态技术细节"的"识别"同样也是本研究的重点。"识别"的过程是对于识别方法论的研究。"识别"的依据就是本研究中识别对象的特征。总而言之，识别的本质是从过去的（已有的）技术中识别出生态技术和关键技术，从而达到更好地解决生态退化问题的目的。

生态技术的识别方法主要基于两大类数据，即可检索性和非可检索性数据。可检索性数据主要包括期刊（会议）文献、专著（研究报告）文献、学位文献、专利和网络新闻等数据；非可检索性数据主要包括专家和应用现场等数据。基于可检索性数据和非可检索性数据的生态技术识别的方法理论基础如图 3-2 所示。两类识别方法本质上都是基于案例文本的研究与分析进行识别，其识别方法上的差别主要体现在信息载体类型（是否网络数据库）和案例文本生成的直接性以及数字算法运用（是否可进行数字化处理）等方面，可检索性数据是通过网络数据库对数据进行检索、提取、筛选和清洗，直接生成符合识别要求的案例文本；而非可检索性数据则需要通过一系列质性方法等间接性方式生成案例文本，在此基础上进行识别。因此，本节将重点介绍基于文献、专利和应用现场的生态技术识别方法，并对其他类别（基于网站新闻和专家）的生态技术识别方法进行简要介绍。以上识别方法能够为后续生态技术演化规律、评价、预见和集成研究提供基础理论研究基础。

3.3.1 基于文献的生态技术识别方法

基于文献的生态技术识别方法包括期刊文献、专著（研究报告）文献、学位文献等的生态技术识别方法。

（1）基于期刊文献的生态技术识别方法

基于期刊文献的生态技术识别方法主要分为三个步骤。

步骤一：典型生态技术期刊文献的剖析。选取生态技术研究领域的小样本量典型期刊文献进行分析，剖析期刊文献文本的内容，挖掘生态治理/修复领域所包含的生态技术要素（李晓曼等，2020）。解析生态技术要素的特征信息如位置、语义等，标记生态技术要素的特征信息。

步骤二：生态技术特征识别。选取合适的方法识别特征信息，为自动化识别生态技术要素奠定基础。

步骤三：基于生态技术特征的生态技术要素识别框架。选取一篇典型期刊文献中生态技术描述性文本数据，判断每一种生态技术要素都有其对应的领域关键词以及每一个领域关键词都可划分为某一种生态技术要素。

如果否，则返回步骤二。这是由于步骤一中生态技术特征选取不足，生态技术要素未识别全面，需要补充生态该技术要素的特征信息。该方法是一个动态的要素识别过程，可以适应不同的学科领域（阮光册和夏磊，2019）。基于期刊文献的生态技术识别方法流程如图 3-3 所示。

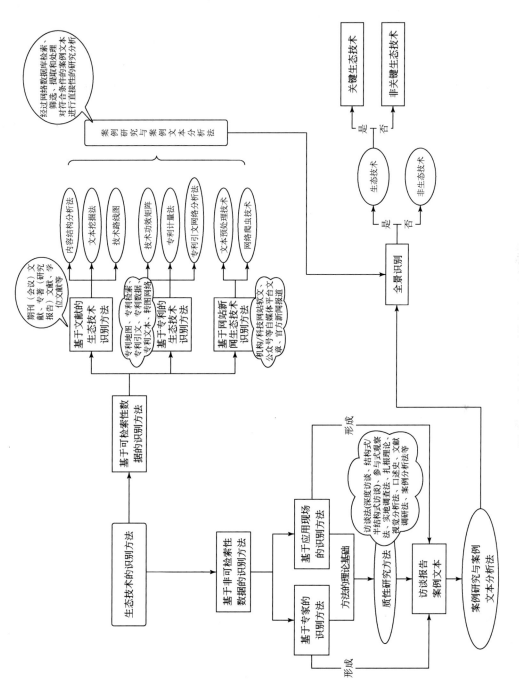

图3-2   生态技术识别的方法理论基础

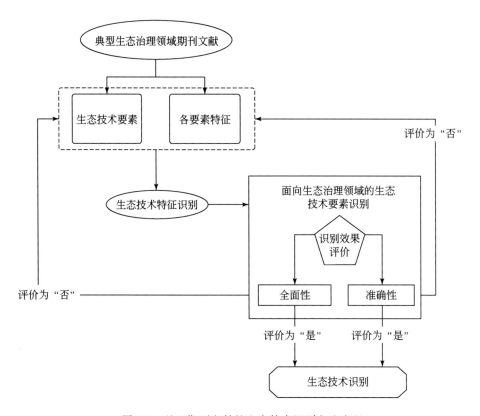

图 3-3　基于期刊文献的生态技术识别方法流程

　　在方法应用方面,以荒漠化治理的生物土壤结皮技术为例,其文献数据来源于 WOS 核心合集。首先采用高级检索功能,将文献发表时间定为所有年份 (1985 ~ 2020 年)。其次根据荒漠化土壤结皮相关领域关键词确定检索式,最终检索式为 AB = [(crust * OR lichen * OR cyanobacteria * OR algae * OR moss *) AND (desert * OR arid * OR semi - arid *)],检索文献数量为 1515 篇。导出全记录文本,通过阅读 TI 和 AB 字段对 1515 篇文献进行逐条确认、清洗和筛选,得到符合条件的文献共 498 篇。再次从摘要及题目中,共提取文中涉及的技术 35 个、功效关键词 20 个,构建技术功效矩阵,生成技术功效图,得到生态技术要素及其要素特征,经过比对分析得到"是生态技术"的远景识别结果。最后从正文中提取关于技术的显性及隐性特征词,采用多次分别计数的方式来计算技术数量,依据计算结果,构建不同国家的技术发展路线图,完成近景识别,并对识别效果的全面性和准确性检验。

　　(2) 基于专著(研究报告)文献的生态技术识别方法

　　专著(研究报告)文献往往篇幅较长,故所需的识别信息基本都隐藏于作者、工作单位、标题、目录和引言之中。基于专著(研究报告)文献的生态技术识别方法步骤如下:首先对专著(研究报告)的作者和其工作单位进行网络检索,该步骤能够帮助我们对"是否生态领域"等基础性问题进行判别。其次对专著(研究报告)的标题进行文本拆解，基于 SAO 结构语义（Yang et al.，2017），名词短语 S 作为技术关键词、动词 A 作为关联关系词、名词或形容词 O 作为技术关键词（侯剑华和王东毅，2020）。是否涉及 "技术""治理案例""治理历程""治理手段""生态退化区域""生态退化类型" 等关键词。再次通过目录进行判别，寻找和搜索 "生态技术、方法、手段、途径、措施、策略" 等与技术相近词汇，对该项文本进行精准定位。最后回到案例研究法和文本挖掘法，对生态技术信息进行提取和判别。

（3）基于学位文献的生态技术识别方法

基于学位文献的生态技术识别方法步骤如下：

第一步确定研究领域。通过作者所就读的学校和专业方向及标题等显性信息可以直接进行判别，从专业角度识别的显性信息有水土保持专业、生态治理专业、资源与环境保护、植物保护等。针对学位文献标题中含有 "治理""修复""保护""治水" 等专业词汇，将其纳入下一阶段筛选范畴。对于研究领域的选择，还要识别出该学位文献论述的 "是否基础研究"、"是否技术科学研究" 及 "是否工程科学研究"。

第二步确定学位文献的研究尺度和研究方向。往往不受地域、国别和区域等时空限制，其原则是以专业类别为研究落脚点。

第三步确定治理的退化类型，基于上述步骤在显性信息充分利用的情况下，将重点和中心放在摘要、关键词和目录上，对生态技术进行初步远景识别定位，一般而言，作者将主要研究内容和核心关键点都在摘要和关键词中体现。

第四步识别治理的生态技术，通过目录和文本结构分析，形成关于生态技术的功能、用途、应用范围和应用效果等技术特征元素识别清单，然后与生态技术的 "水、土、植、被" 分类体系进行勾连，增强对生态技术识别的信度和效度。

3.3.2　基于专利的生态技术识别方法

（1）基于专利的生态技术识别思路

生态技术专利信息是指生态技术领域内发明创造的内容，也是某一特定生态技术解决方案、技术分布（领域、地域、主体）和技术主题等。生态技术专利信息可分为外在显性信息和内在隐性信息。生态技术专利的外在显性信息反映在专利文献扉页的著书目录内，生态技术专利的内在隐性信息包含在专利概括、权利要求项和技术说明书中。基于此设计了专利生态技术的全景识别思路，具体如图 3-4 所示。

生态技术专利信息的识别是指将个别或大量专利中潜在的生态技术信息，通过加工、组合、统计或数据文本处理的方式从专利文献中识别出来（赵阳和文庭孝，2018）。综上所述，基于专利文献的生态技术（全景）识别思路如图 3-5 所示。

针对生态技术的特点，基于专利分析的方法对生态技术进行识别一般要经过专利数据检索、筛选和整理，技术基础性功效识别，技术应用范围识别和技术生态效益识别四个关键环节。故本章构建了生态技术识别与关键技术识别的一般性方法流程（杨艳萍等，2016），如图 3-6 所示。

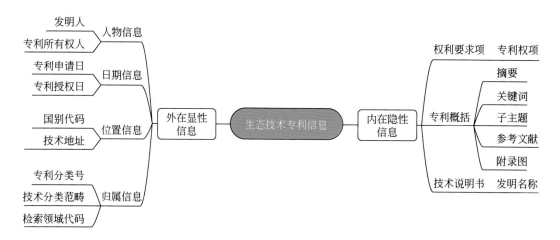

图 3-4　生态技术专利信息的识别元素分类项

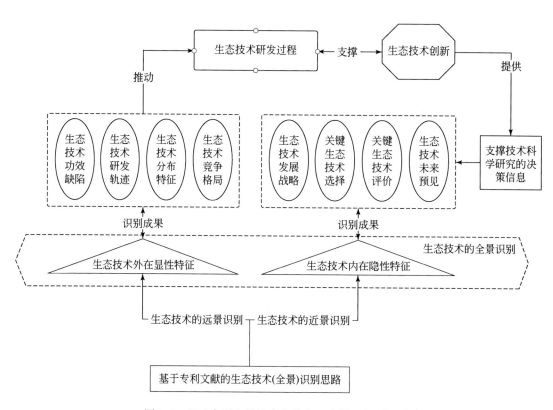

图 3-5　基于专利文献的生态技术（全景）识别思路

　　基于上述识别流程，下面以土地盐碱化治理为例。基于德温特专利数据库（DII）1971～2017 年的专利运用检索式：主题（salin * soil）OR（salin * land）OR（alkali * land）OR（alkali * soil）进行检索，得到 3440 个盐碱地（saline and alkali land）治理和改

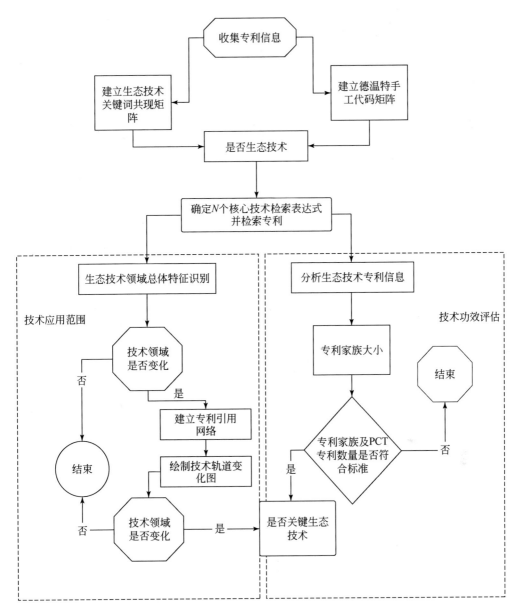

图 3-6　基于专利文献的一般性生态技术识别方法流程

PCT 指专利合作条约（patent cooperation treaty）

良专利，对其进行有效性或重复性等清洗得到 2208 条有效专利数据，结合上述方法识别出全球盐碱化治理技术，以检验生态技术识别方法的可行性和有效性，并为以后的技术演变、评价、选择和应用提供基础。具体步骤如下，首先对 Excel 清洗出的以土地盐碱化为主题进行检索得到的 2208 个有效专利数据放入 CiteSpace 中进行格式转换，转为 WOS 格式。然后将 WOS 格式的数据导入 BibExcel 中构建共现矩阵，包括关键词共现矩阵（表 3-1）和德温特手工代码（DC）共现矩阵（表 3-2），利用矩阵生成共现网络。最后将共现网络导入 Pajek 中进行可视化，并利用社会网络的 *K*-核分析进行分类，最终实现对土地盐碱地治理和改良的关键技术进行识别。

表 3-1　盐碱化关键技术分类的关键词含义、权重中心度及其德温特分类

序号	DC	出现频次	权重中心度	技术领域
1	p13	672	0.3834	种植耐盐碱植物技术
2	c04	668	0.5334	化肥施用技术
3	d16	416	0.4464	利用微生物发酵改良土壤
4	a97	303	0.3692	化学改良剂
5	a88	154	0.1072	工程排灌系统

表 3-2　盐碱地治理和改良技术的德温特手工代码共现矩阵

DC	c05-b02c	c05-c05	a12-w04b	d05-a04	c04-d02	c10-a13c	…
c05-b02c	274	151	94	84	84	50	
c05-c05	151	281	104	83	90	42	
a12-w04b	94	104	211	77	52	51	
d05-a04	84	83	77	223	84	79	
c04-d02	84	90	52	84	180	43	
c10-a13c	50	42	51	79	43	142	
…							

除此之外，基于专利文献的生态技术识别方法研究，还可从专利文献识别的结构入手，分解为基于专利检索、专利引文、专利地图、专利网络、专利数据、专利文本的生态技术识别方法研究。例如，基于专利检索的生态技术识别方法首先通过 SAO 语义（主谓宾）查询、国际专利分类（international patent classification，IPC）索引词汇法和词频分析法等手段，从技术主题出发进行高精度的检索识别。其次通过关键词检索出相关生态技术专利文献和相关参考文献，再通过案例研究法进行下一步识别，该方法的难点在于过于依赖专用术语和专家提出的领域关键词检索策略（肖沪卫等，2015）。

（2）基于专利引文的生态技术识别方法

专利间的引文关系能自然生成专利引文网络和引文链，实质上展示了专利技术间的流动关系。专利的引文指标包括被引频次、综合影响力指数、自引/他引率（祁延莉和李婧，2014）、技术循环周期（吴菲菲等，2016）和吸收扩散指数（Kim et al., 2016）等（图 3-7）。以上指标能够对生态技术专利簇，从专利质量、专利价值、技术容量、技术原创性、技术应用广度等多个维度进行全景识别。

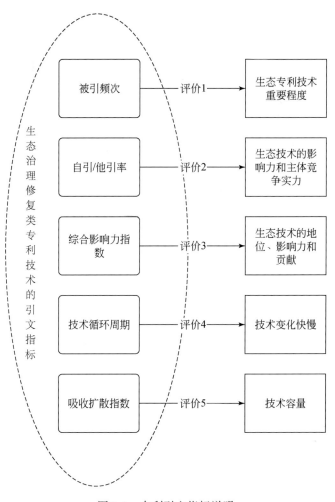

图 3-7　专利引文指标说明

（3）基于专利地图的生态技术识别方法

专利地图可分为专利管理地图、专利所有权地图和专利技术地图（肖沪卫和顾震宇副，2011），专利地图实质上是将大量专利技术信息运用统计分析技术，经过整理和归纳以数据形式绘制成的可解读、可识别、可挖掘的图表，其具有地图的指向功能性（左良军，2017）。专利技术地图具体包括技术生命周期图、技术功效矩阵图、技术合作关系图、技术分布趋势图和技术演变轨迹图等，详细如图 3-8 所示。

（4）基于专利文本的生态技术识别方法

基于专利文本的生态技术识别方法的理论基础是通过信息检索、数据挖掘、自然语言处理及机器学习等知识和技术对非结构化的专利文本，如主题名、摘要、关键词、权利要求等信息，经过专利技术特征提取、专利文本分类、专利技术主题识别、分类与聚类等技术处理，从而远景识别得到"是否生态技术"结果，以技术主题的形式进行呈现，然后再通过论述分析法和文本挖掘技术等近景识别手段，得到"是否关键技术"的结果（娄岩

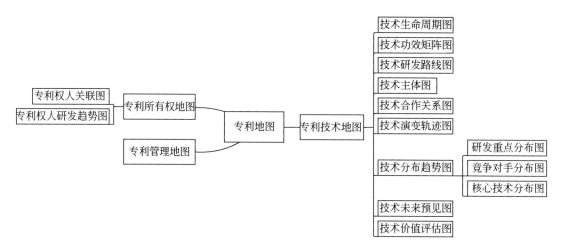

图 3-8　专利地图三级分类

等，2014）。具体识别方法流程如图 3-9 所示。

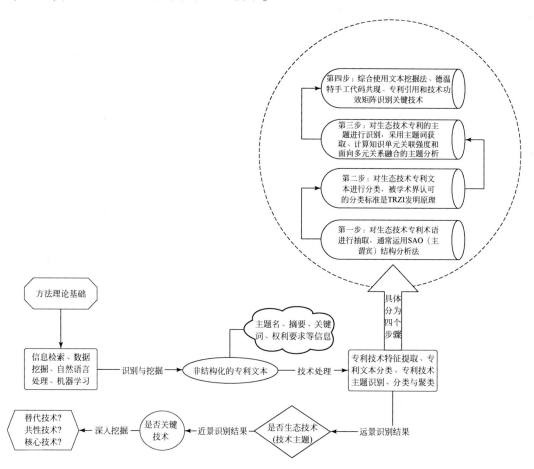

图 3-9　基于专利文本的生态技术识别方法流程

3.3.3　基于应用现场的生态技术识别方法

基于生态治理试验点、示范区或实践区的识别，学术界普遍采用质性研究方法，由于生态技术的应用现场是在动态化和复杂化情景下交织呈现的，识别结果往往有着较高的不确定性和风险性，研究者置身于其中，识别生态技术并非易事，故选择质性研究方法和地方性知识为生态技术的全景识别奠定理论基础（克利福德·格尔兹，1999）。

质性研究方法是指以研究者本人作为研究工具，在自然情境下，采用多种资料收集方法（应用现场识别方法所涉及的质性研究方法是参与式观察法、深度访谈法、半结构式访谈法、田野调查、口述史和扎根理论），对研究现象进行深入的整体性探究，从原始资料中形成结论和理论，通过与研究对象互动，对其行为和意义建构获得解释性理解的综合方法。

在生态治理实践中，生态技术往往藏匿于生态治理应用现场。若想达到本研究中识别的目标，了解生态技术全貌，则需要完成从远景识别向近景识别的过渡。值得注意的是，基于应用现场的识别难点在于对人为干预的管理技术（如对山林进行封禁，改变耕作方式和年限等）无法通过具体工程装置进行直接识别，但这种人为干预的管理技术也同样应当列入生态技术行列。

（1）基于应用现场的生态技术远景识别方法

生态技术远景识别的目标是回答"某项技术是否为生态技术""属于哪一类生态技术"等涉及属性归类的问题，故而灵活运用多种质性研究方法，对生态技术进行综合性识别。

当识别者进入生态技术的应用情景时，首先要对生态治理试验点（示范点）的诸多情景构造元素（即由诸多个小场景组成）进行初步印象识别。可能看到的场景有生态治理工程基础设施、生态治理监测站、生态居民区、技术治理工作站、道路交通、生态治理工程标语、巡逻/施工人员、生态工程建筑、自然地貌等。其次要对所见的场景进行分类和筛选。对场景分类的标准可依据感官属性，将每个场景按照视觉识别和访谈识别进行归类。视觉识别包括颜色识别、形状识别、现象识别和范围识别，故而可将工程设施场景、自然地貌场景、工程标语场景等归入其中。通过视觉识别将生态治理工程基础设施样态（形状）、自然地貌（高山草甸/喀斯特地貌/平原/山地/丘陵/梯田）、土地颜色、坡度坡向等基本场景元素与生态退化/脆弱性类型进行勾连，便能够识别出本地区的生态退化类型，其次能够通过工程设施大致识别出治理内容和生态治理技术所属大类。例如，宁夏黄土高原丘陵区的鱼鳞坑技术是一种水土保持造林整地方法，在较陡的梁峁坡面和支离破碎的沟坡上沿等高线自上而下地挖半月形坑，呈品形排列，形如鱼鳞，故称鱼鳞坑。为减少水土流失，在山坡上挖掘有一定蓄水容量、交错排列、类似鱼鳞状的半圆形或月牙形土坑，坑内蓄水，植树造林。又如，陕西安塞区南沟生态治理点的淤地坝技术是指在黄土高原水土流失地区各级沟道中，以拦泥淤地为目的而修建的坝型建筑物，根据集流面积、库容大小、流域水文条件等决定工程结构。控制流域面积较大的大型淤地坝由坝体、泄水洞和溢洪道三部分组成。因此，我们能够借助地形地势和地貌的远景识别、治理工程设施的形状和构造元素及其集成的远景识别、工程标语的远景识别等视觉识别技术，通过分析某项技术在治理土壤、水、植被等方面的目的和功效，实现对"是否生态技术"的准确判别。

（2）基于应用现场的生态技术近景识别方法

通过深度访谈、口述史和扎根理论等方法，在时间充裕情况下实现对生态技术的近景识别。深度访谈是指对技术应用场景中的人物场景（如现场的技术专家、当地居民、巡逻人员等）进行半结构式访谈或非结构式深度访谈。该方式往往最具高效性和直接性，能够在视觉识别结果基础上实现对生态技术细节的识别和把握，同时对生态治理区域的关键技术识别得到精准的检验。口述史是通过拥有本地生活经验、在年龄结构层面偏大的居民或者拥有丰富生态治理经验的技术专家或巡检工作人员展开的。口述史主要针对某生态治理区域的治理情况、技术应用难度、技术效益、技术特色、技术功效和发展历程进行史料记录与整理。扎根理论是一种自下而上建立实质理论的方法，即在系统性收集资料的基础上寻找反映事物现象本质的核心概念，通过这些概念之间的联系建构相关的社会理论。扎根理论一定要有经验证据的支持，但是它的主要特点不在于其经验性，而在于它从经验事实中抽象出了新的概念和思想。通过田野调查和参与式观察法，形成可靠的扎根理论的文本，通过对扎根理论的原始经验资料分析，最终实现对生态治理技术的隐藏信息的判别。深度访谈的提纲内容可以参考表3-3。

表3-3　基于应用现场的生态技术识别访谈提纲

访谈对象	访谈提纲
本地居民	是否为当地居民
	居住年限
	本地存在生态环境问题和现状
	本地生态治理工程是什么
	采用哪些技术、手段和方法来防治或治理生态环境
	是否参与过当地的治理
	生态环境保护意识如何
	当地生态治理技术种类
	是否能识别生态技术及识别方法
	该技术对生态治理效果如何
	该技术对本地社会经济发展
	与生态技术关联的经济产业

访谈对象	访谈提纲
现场技术 专家	该试验点主要治理的问题是什么
	该区域主要采用哪些技术
	该技术的功能有哪些
	治理当中技术的应用难点在哪里
	该技术的作用机理是什么
	该技术的使用效果
	技术的创新点在哪里
	该技术的未来的发展趋势
	该技术的缺陷和未来需求
	未来生态的技术研发的重点
	该试验点负责机构和相关知名专家
	如何识别生态技术
	哪些技术是关键技术
	生态技术的先进性、成熟度如何
现场巡护 人员	您参与过哪些治理工程
	试验区有哪些生态技术
	生态技术的使用年限
	该生态技术的主要功效
	该技术是否对环境产生二次污染
	您认为该技术治理效果如何
	生态技术种类和功能
	您如何识别生态技术，方法是什么

通过对生态治理技术应用现场灵活采用多种质性研究方法，能够形成三种案例文本类型，即技术基础研究型、技术应用研究型和生态治理工程型，在此基础上运用案例研究法，从案例中识别出生态技术。例如，基于技术应用研究型案例识别方法首先对生态技术应用案例的论述结构进行分析，通过篇名和主题关键词进行第一轮检索。其次是通过全文和机构进行复轮检索。针对"治理问题"+"治理地域"+"方法 or 技术 or 手段"等主题关键词进行归纳分类。再次通过案例中描述的技术应用场景、应用效果、实施难度和技术功效等文本词汇或段落进行分析。若涉及治理"沙、土、石"、治理"植被、草地和生物""治水、节水和水利"等工程设施、装置及配套性技术方法，则可以对"是否生态技术"和"技术功效"进行远景识别。最后依据技术应用研究型案例的特点，围绕"技术推广"、"实施过程"和"应用结果"进行案例分解、推理和归纳，从案例文本中尽可能地识别归纳出技术功能、应用效果、创新点、发展历程和未来趋势等信息，构建三级的"分类树"，再与生态技术分类体系进行耦合对比，此外还可按技术在时空序列的发展轨迹，绘制技术轨迹图。

3.3.4 基于其他类来源的识别方法

（1）基于网站新闻的生态技术识别方法

近年来，科学网站、科技媒体等网络平台已经成为人们获取科学信息和追踪、识别科学研究进展的主要途径（周群等，2018）。基于网站新闻数据的研究前沿识别方法与流程如图 3-10 和图 3-11 所示。

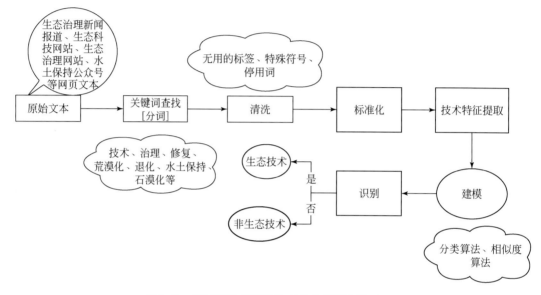

图 3-10　基于媒体报道的生态技术识别方法（一）

基于网站新闻的生态技术识别的第一种方法是基于文本预处理技术的原理，针对生态治理新闻报道、生态科技网站、生态治理网站、水土保持公众号等网页文本的识别手段（姚占雷和许鑫，2011）。首先基于关键词查找（Ctrl+F）和分词方法进行过滤与定位，可能涉及的关键词有技术、治理、修复、荒漠化、退化、水土保持、石漠化等。其次对无用的标签、特殊符号和停用词进行清洗，形成标准化文本，以此对识别目标（即生态技术）的特征进行提取。再次通过基于分类算法和相似度算法进行建模（李姝等，2021）。最后根据建模的算法结果识别该技术是否是生态技术。

基于网站新闻的生态技术识别的第二种方法是以生态修复/治理研究前沿或某生态技术领域最新文献簇作为知识基础，借助科技网站、新闻报道和相关公众号自媒体平台的及时快速的新闻敏感性优势识别其施引文献，通过解读科技媒体的新闻报道、研究进展评论和观点文章等文本内容，捕捉在该知识基础上的新发现和新突破。识别方法流程可划为三个阶段：

第一阶段是以生态修复/治理研究前沿或某生态技术领域最新文献簇作为知识基础及施引文献获取。

第二阶段是科技网站、新闻报道、公众号自媒体平台信息源的选择和新闻报道采集。

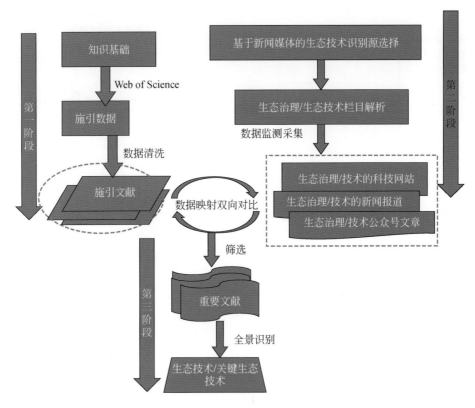

图 3-11　基于媒体报道的生态技术识别方法（二）

第三阶段是经数据映射双向比对后获取一系列重要文献，由专家判读或文本挖掘实现对生态技术全景识别。

（2）基于专家的生态技术识别方法

基于专家的生态技术识别方法主要采用深度访谈法和理论编码法。基于专家的生态技术识别方法具体可包括基于专家访谈、专家会议、专家讲座的生态技术识别方法。基于专家的生态技术识别方法之访谈法操作流程如图 3-12 所示。

A. 基于专家访谈的生态技术识别方法

基于专家访谈的生态技术识别方法包括基于技术研发专家、基础科研专家、技术应用专家等的识别方法，下面针对基于基础科研专家的生态技术识别方法进行举例。当访谈对象是基础科研专家时，同样需要搜集关于专家的个人基本信息，把握专家的科研背景、经历和成果，围绕生态治理问题、治理原理、技术作用机理和技术前沿研究进行深度访谈，深度访谈所涉及的技术问题，可以围绕专家近期研发项目成果和开展相关水土保持方面的研究，对某一生态技术的远景识别方法是针对专家领域的水土保持基础科学研究的成果进行提问，朝着解决生态退化问题的技术、手段和方法等方面进行引导。可涉及的问题见表 3-4。

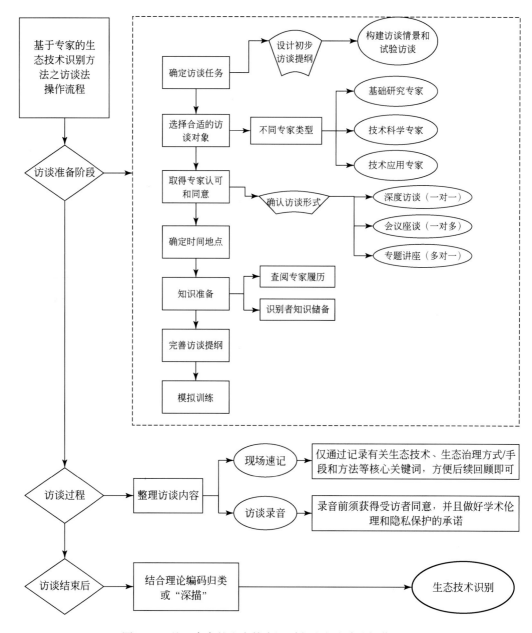

图 3-12　基于专家的生态技术识别方法之访谈法操作流程

表 3-4　基于基础科研专家的访谈提纲

访谈问题	问题说明
生态技术的通用性	技术的普遍运用程度
生态技术的重要性	技术的地位和竞争力
生态技术的可靠性	技术的稳定性或适应性

续表

访谈问题	问题说明
生态技术成熟度	技术的成熟和完善程度
生态技术的开放性	为相关技术提供基础技术支持的能力
生态技术的扩展能力	技术的后续改进能力
生态技术的配套能力	所需配套设施易达到能力
生态技术的易掌控程度	容易操作使用和掌握的程度
生态技术对生态效益的影响	对生态环境的有益影响
生态技术对资源利用科学性	对自然社会资源利用的科学性
生态技术的实用程度	技术效果的显著性
生态技术的先进程度	与国内外技术对比的优势
生态技术的需求符合度	与当地生态需求符合程度
生态技术的易推广或采纳程度	此技术的接纳程度
生态技术的成本效益率	技术产生的效益与成本比率

B. 基于专家会议的生态技术识别方法

专家会议区别于专家访谈，是识别研究者面对多位专家的情景，根据访谈对象人数的多少，访谈可分为个别访谈法和团体访谈法。团体访谈法指研究者同时对一群研究对象进行访谈，其中焦点团体访谈法是最常用的访谈法，简称焦点访谈法。焦点访谈法也称焦点小组座谈会，是收集信息和资料的一种重要方法，是通过召集一组与研究主题有关的同类人员对某一研究议题进行讨论，得出深入结论的定性研究方法。基于专家会议的生态技术识别方法操作流程如图 3-13 所示。

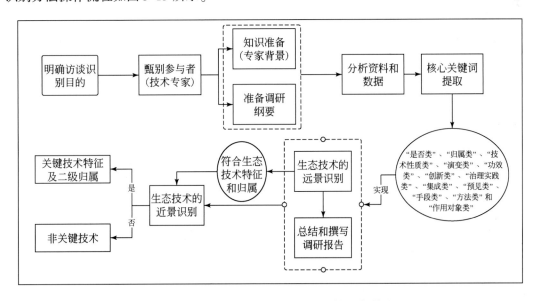

图 3-13　基于专家会议的生态技术识别方法操作流程

C. 基于专家讲座的生态技术识别方法

基于专家讲座的生态技术识别方法步骤如下：首先要对识别目标进行清晰定位，对专家讲座主题和专家类型进行合理化选择。一般而言，涉及生态技术讲座的主题关键词有"水土保持科技"、"作用对象+修复/治理/恢复技术"、"治理区域+方案"、"生态退化类型+案例"和"生态治理科技成果"等。其次要围绕讲座主题和识别目标进行知识储备，并提前设计好提问纲要和生态技术的思考点。对照专家讲座 PPT 大纲和细节点展开记录。再次在讲座举办方和专家许可的情况下进行讲座录制或会后索要 PPT 讲演文本，形成讲座资料，以便进行深入识别与挖掘。然而基于线上专家讲座的生态技术识别相比较线下专家讲座的生态技术识别缺乏灵活性，识别的信息载体来源于专家的 PPT 演讲文本和口述。最后通过文本挖掘法、案例研究法对生态技术进行全景识别。

3.4 关键技术优化方案

3.4.1 关键技术预见的方法

技术预见的方法多种多样，不同的技术预见目标或者不同的技术预见主体可能会选择不同的技术预见方法或是若干个技术预见方法的组合。常见的技术预见方法包括德尔菲法（Delphi method）、情景分析法、相关树法、趋势外推法、技术投资组合法、专利分析法、交叉影响矩阵法等。日本曾经对 247 个研究机构所用的预见方法进行了一次调查（图 3-14），结果发现德尔菲法、情景分析法和相关树法是进行长期预见的主要方法，非常适合技术预见。但是这三种方法的应用程度却不高，主要是由于这三种方法需要耗费大量的时间和经费；专利分析法也是一个非常有效和易操作的方法，但预测的时间较短（5 年内），仅适用于短期预测；网络技术法、交叉影响矩阵法及模型模拟法应用程度较差；而形态模仿法、技术投资组合法和趋势外推法操作可行性不够高。

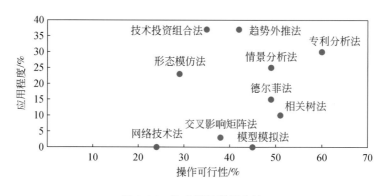

图 3-14　技术预见常用方法

通过对国内外各种技术预见方法进行系统分析研究，提出技术预见组合法，即对技术预见主流方法——德尔菲法本身进行改进的同时，采用引文分析法、专利分析法、TRIZ

分析法和社会经济需求调查分析法，这五种方法协同工作进行技术预见（图 3-15 和图 3-16）。这五种方法的综合运用能够弥补德尔菲法的不足，同时兼顾主观标准和客观标准，结合定性与定量方法，并将技术预见的核心领域从技术向科学、社会领域拓展，从主要关注工程技术向全面考察基础研究、应用研究与社会经济需求的相关领域拓展，进而提高技术预见的准确性和针对性。

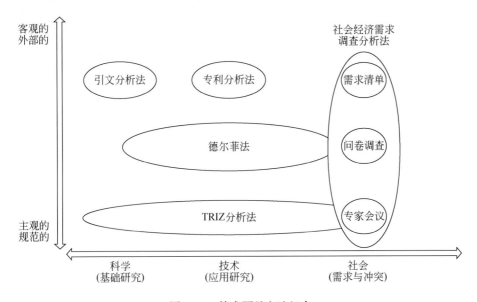

图 3-15　技术预见方法组合

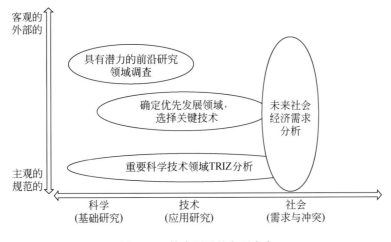

图 3-16　技术预见的主要内容

（1）专利分析法

主要包括专利引文分析和专利技术功效图分析。其中，专利引文分析是通过若干引文分析指标（如平均专利被引次数、技术强度、现代影响指数等）进行专利引用的跨国、跨部门、高被引等分析，凸显未来生态治理技术的重视程度并预见；专利技术功效图（图3-17）分析则通过对专利布局的挖掘，对生态治理技术的创新路径、机会发现、跨领域技术借鉴（图3-18）提供依据和手段。

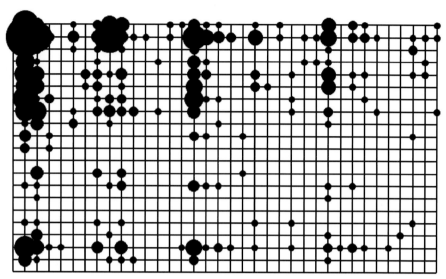

图 3-17　水土流失治理中覆盖专利技术功效图

　　图 3-17 是基于德温特专利数据库检索得到的水土流失治理中覆盖专利技术功效图，由图 3-17 可以看出，根据气泡数量，覆盖方面的技术主要为秸秆残茬覆盖、作物覆盖、免耕、草本植物覆盖、免耕覆盖，其实现的技术功效也相对较多，而黄麻覆盖、垃圾覆盖、蓝藻菌覆盖等特殊材料的覆盖技术，除免耕外的其他耕作技术，具有亲环境性能的可生物降解的覆盖膜的研究相对较少。根据气泡大小，发现主要技术功效集中于土壤侵蚀、土壤水分等土壤基本性质的改善，而覆盖技术作为农田水土流失治理的主要技术，在"促进作物生长"、"增产"和"增加收入"等与农民息息相关的功效方面有所欠缺。根据气泡疏密程度，秸秆残茬覆盖和免耕文献数量多并且实现了较多的技术功效，是目前较为成熟的农田水土流失治理技术。其中"减少土壤侵蚀"、"提高保水能力"和"增产"是秸秆残茬覆盖的主要技术功效，"减少土壤侵蚀"和"提高土壤肥力"是免耕的主要技术功效，而"提高植物抗蚀性"、"控制杂草"、"减少劳动力"和"增加收入"是秸秆残茬覆盖和免耕共有的技术功效稀疏区，可能是未来需要重点研发的方向。由此，在关键技术预见中，结合实施区域当地社会、经济、环境等因素，如针对陕西安塞区南沟地区经济相对落后、地面在 25° 以上坡度面积占区域 50% 等因素，选取经济林地面的生物覆盖、可降解

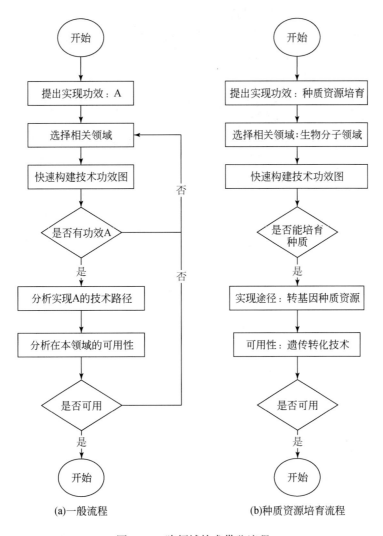

(a)一般流程　　　　　　　　　(b)种质资源培育流程

图 3-18　跨领域技术借鉴流程

覆盖膜及免耕覆盖等单项技术或组合技术作为该地区关键技术的未来预见，该类技术不仅能够极大地减缓安塞区南沟地表径流因地面坡度过大而加剧水土流失的状况，还能达到增加收入、控制杂草等目的。

图 3-18 为种质资源培育技术的跨领域技术借鉴流程，其目标功效为种质资源培育，通过对科技领域的了解，提出生物分子领域中的转基因分子技术，可以加快种质资源培育进程，也可以极大地缓解我国种质资源匮乏的现状，对草地退化治理及荒漠化等生态问题的解决提供有效方案。因此，在草地种质资源培育技术方面，选取转基因分子技术作为关键技术的未来预见。

（2）TRIZ 分析法

通过专利信息检索出与技术领域相关的技术信息，并加以整理分析，形成可供分析解读的图表，即专利地图，进而把握技术的历史变动趋势，明确技术的密集程度，寻求技术空白点。TRIZ 理论是基于大量的专利知识分析而总结出来的一种解决发明问题的工具，把握技术内在发展规律（图 3-19）。因此，在总结前人研究技术预见模式的基础上，提出了基于专利地图和 TRIZ 的生态技术预见模式，其预测基本思想如图 3-20 所示，生态技术预见流程如图 3-21 所示。

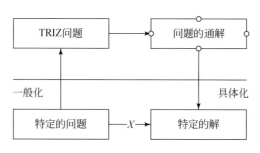

图 3-19　TRIZ 求解过程

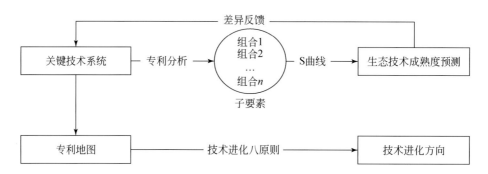

图 3-20　基于专利地图和 TRIZ 的生态技术预测基本思想

预测基本思想如下：首先，结合统计方法并运用专利分析软件对生态技术专利进行统计分析，提取出关键技术特征，进而对关键技术特征进行聚类得到要素，确定技术组成的子要素组合；其次，运用 TRIZ 理论中的技术成熟度预测模型对现有技术系统及其各个子要素进行成熟度预测，分析各个子要素的发展程度，并对现有技术系统进行反馈，得出各个子要素与系统发展所处阶段差异，为下一步的技术进化预测奠定坚实的基础；最后，在上述分析的基础上，构建现有技术系统和各个子要素的专利地图，结合 TRIZ 的技术进化八法则（即完备性、能量传递、动态性进化、提高理想度、子系统不均衡进化、向超系统进化、微观进化、协调性）对生态技术发展方向给出建议。

根据图 3-21 的流程，以云南西畴石漠化治理为例进行植被恢复技术的预见。基于对云南西畴生态治理现状的了解，云南西畴石漠化程度严重，地理环境和自然条件复杂，经济尚不发达，"缺水、缺土、缺肥"成为云南西畴石漠化环境的核心问题（田富华，2010）。同时由于西畴地形以山地为主，植被因水土等生长条件贫瘠难以立地，进而无法遏制当地水土流失及石漠化问题。因此，利用植被恢复技术的现状分析及德温特专利数据

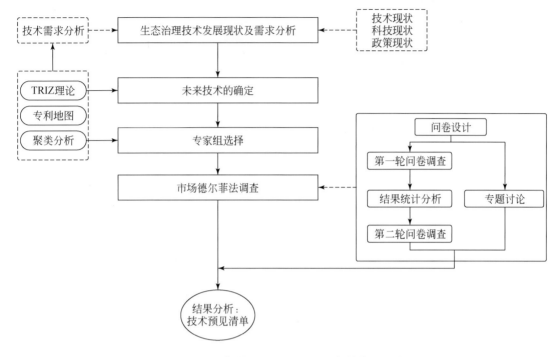

图 3-21　基于专利地图和 TRIZ 的生态技术预见流程

库共现词频分析，并借鉴 TRIZ 理论技术进化的 S 曲线预测各子技术的发展成熟度，初步确立了人工土壤结皮+人工造林、人工植被毯及封山育林+人工促进天然更新等未来关键技术；再利用专利地图对植被恢复技术未来预见进行可视化选择，结合我国生态文明建设"近自然恢复"的治理要求和发展重点，并通过两轮专家咨询，最终确立了云南西畴植被恢复的未来关键技术，即封山育林、人工促进天然更新。

（3）引文分析法

引文分析主要包括科学引文分析及共引分析。科学引文分析利用各种数学及统计学的方法和比较、归纳、抽象、概括等逻辑方法，对科学期刊、论文、著者等各种分析对象的引用与被引用现象进行分析，常用的测度指标有引文率、引证系数（引证率）、被引证系数（被引证率）等；共引分析主要是统计两两分析对象之间的共引强度，以此反映对象之间错综复杂的关系及特点，常以"科学知识图谱"呈现，如退化草地修复技术专利引用关系图谱（图 3-22）。

例如，在德温特专利数据库检索退化草地修复技术申请的专利，对数据进行清洗、标引，专利由于引用关系构成了一张错综复杂的网络图。该网络图由于专利的相互引证形成了若干子图，每个子图表示一个技术发展路径（图 3-22）。

为进一步分析，将错综复杂的网络图按照时间进行阶段划分，并将退化草地修复技术萌芽期的最大发展路径提取出来，可以得到两个关键专利，即 WO9522903-A1 和 WO9522904-A。其中，1995 年的 WO9522903-A1 是使用一种异氮卓类药物的杀虫剂，广

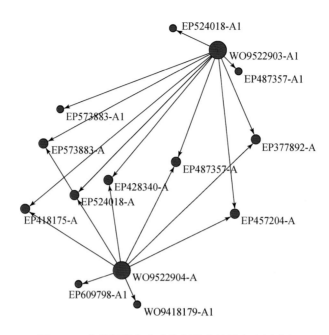

图 3-22　萌芽期退化草地修复技术的最大发展路径

文献种类标识代码 A 后加注一位阿拉伯数字表示附有检索报告的欧洲专利申请说明书。WO9418179-A 为新型除草苯甲酰异噁唑衍生物；WO9522903-A 为使用异噁唑衍生物抑制害虫；WO9522904-A 为使用新型或已知的异噁唑衍生物抑制节肢动物、线虫、蠕虫和原生动物等害虫；EP377892-A 为新型 3（2H）-哒嗪酮衍生物；EP418175-A 为新型取代的苯基羰基异噁唑衍生物；EP428340-A 为具有杀线虫活性的新型异噁唑衍生物；EP457204-A 为拟除虫菊酯 3-异噁唑基苄基酯；EP487357-A 为用作除草剂的新型 4-苯甲酰基异噁唑衍生物；EP524018-A 为新型 5-芳基异噁唑衍生物；EP573883-A 为抑制人和动物体内寄生虫的异噁唑衍生物；EP609798-A 为新型 4-苯甲酰基-5-（环）烷基异噁唑衍生物

泛应用于杀死草地的害虫，保护草场，属于虫害防治技术。1995 年的 WO9522904-A 是使用新的或已知的异噁唑衍生物控制害虫，如节肢动物、线虫、蠕虫和原生动物。两个关键专利都引用了欧洲专利组织的一系列专利，这些专利都属于农业领域的杀虫剂专利。由于关键专利都属于 20 世纪 90 年代，可以断定草地虫害防治技术是这一阶段退化草地修复的关键技术。同时在近期的发展专利中，可以发现除了使用化学及其衍生物产品进行草地有害生物防治外，生物防治也逐渐成为主流技术。因此，本研究选取生物防治及二次污染小的防治技术作为关键技术的未来预见。

（4）社会经济需求调查分析法

社会经济需求调查主要包括三个阶段：首先，是形成候选需求目录清单阶段。①通过文献等相关资料研究形成技术需求目录框架。这个阶段主要研究科学发展计划、科技白皮书、政府工作报告等。②访谈重要利益相关群体。选择知识界、产业界的代表进行访谈，充实框架内容。③通过线上或（和）线下开展专项调查，形成需求目录清单初稿。依托互联网或其他公众平台开展专项调查，广泛征求民众意见，同时成立知识界、公众、商业界高层管理人员三个社会利益群体代表组成的专题专家组，依托这三个专题专家组，广泛征求三个社会利益群体的意见。其次，是确定需求目录阶段。由于上一阶段收集的信息相当庞杂,大量信息相同,网上调查时采用层次分析法,将收集到的信息聚类并加权重。通过三个专题专家组的讨论,形成了具有层次结构的、有权重支撑的目录清单。最后,是开展需求清单与科技事务关联分析阶段。根据需求清单提出未来社会将面临的挑战,为技术预见进行协同、相互印证、相互支持的基础。基本调查分析法的需求分析案例包括本研究2018 年 4~6 月开展的黄土高原水土保持技术评估与需求分析机构问卷调查(魏云洁等,2019),以及 2018 年 6 月在纸坊沟和南沟两个流域内分别选取纸坊沟、峙崾崄、大南沟和杏树窑 4 个自然村开展的实地调研和农户问卷调查。专家和农户问卷数据用于评估黄土高原主要水土保持技术、识别技术需求、确定技术相宜性和可行性分析指标。

2017 年 1 月~2018 年 4 月,经过 5 轮专家讨论和文献分析确定技术评估的 5 个维度,利用生态技术评价指标体系对黄土高原 12 项水土保持技术进行专家评分(胡小宁等,2018)。根据当地社会经济可行性、环境承载力及技术立地适宜性等方面的因素,确定了适合陕西安塞区水土流失治理技术的需求目录清单(表 3-5),并将人工造林种草、天然封育等作为安塞区南沟未来关键技术。

表 3-5　陕西安塞区水土流失治理技术的需求目录清单

技术类型	技术名称	存在的问题	技术需求
工程	梯田(坡面)	旧梯田不便于机械操作,遇暴雨易被冲毁;缺少护坎措施;缺少排水设施	梯田加固维护;隔坡梯田;植被缓冲带
		新梯田缺少熟土覆盖;缺少排水设施	机整宽幅梯田及配套设施
	水平沟堑地(坡面)	生土,通风条件差,作物或苗木生长慢	表土保存回填
	鱼鳞坑整地(坡面)	蓄水量有限;经果林管理不便	干旱陡坡造林
	淤地坝(沟道)	旧坝,缺少监测评价	淤地坝风险评价和预警
		新坝;坡面植被恢复好,坝地形成速度慢	治沟造地
	治沟造地(沟道)	缺少配套措施或施工未达到设计标准	生土快速熟化
	谷坊(沟道)	土谷坊抗冲蚀能力差,易被冲毁	谷坊修复
		浆砌石谷坊投资大,排水孔布设不便	石柳谷坊
	集雨水窖(小型水利工程)	干砌石和浆砌石水窖体积小(2~6m³),仅够果树施药用,无法灌溉,受地质条件影响大,成本高,易干裂,渗漏水,水质差	旧水窖修缮;新材料水窖
生物	人工造林种草	树种单一(病虫害);高耗水树种引起土壤干层;高陡边坡无法回复植被;道路边坡绿化耗水量大	水保林树种筛选;径流林业技术
		—	林分改良,密度调控,补植补播
		—	植物护坡
	天然封育	缺少管理措施,自然演替 3~5 年后重新退化	人工干预封育
	地埂植物带	与梯田作物争水肥,经济效益低	经济灌木或草种筛选

技术类型	技术名称	存在的问题	技术需求
农耕	等高沟垄耕作	机械化程度低	机整宽幅梯田高效农业
	保护性耕作	为追求短期收益而较少轮作、较多病虫害，影响产量	轮作休耕
		大部分果树未行间种草	草种筛选
		缺少配套措施或施工未达到设计标准	滴灌、防雹网、地膜

（5）市场德尔菲法

市场德尔菲法（图3-23），是在大规模德尔菲法的基础上改进，问卷设计上除了具有一般大规模德尔菲法中应有的基本要素外，还包括研发主体构成方式、投资主体构成方式、风险投资模式、市场赢利能力等要素。与此同时，也更加强调产业专家的意见，不再是单一的专家意见。

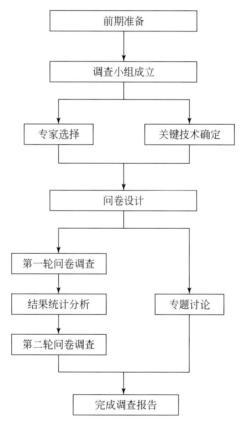

图 3-23　市场德尔菲法的运行步骤

生态技术的市场德尔菲法具体实施程序如下：①成立德尔菲调查小组和确定生态技术/子技术调查领域。调查领域是技术预见委员会在广泛征求专家组意见后，依据国内外生态技术发展现状和社会、经济发展需求确定。②建立备选技术清单，首先进行生态技术领域/子领域内相关的科技、经济等发展的趋势研究及社会对技术领域的需求分析，然后按确定的技术预见领域，组织产业界专家小组会议，发掘出社会与产业界需求的通用新技术。产业界专家在回答问卷时，要从地区需求和技术实现的可行性来考虑。③设计指标和问卷。市场德尔菲法问卷调查的核心是技术清单与指标体系。在指标体系设计方面，根据社会需求突出重点，还要分层设计，便于统计分析。指标包括专家熟悉程度、技术推动重要性（可行性）、市场拉动重要性（吸引力）、实用化时间、国际比较、发展技术途径、政府作用、产业化前景、研发主体构成方式、风险投资模式、市场赢利能力。④实施调查。调查方式采用两轮制。调查对象为相关技术领域内专家，一般最终选定的专家群就结构而言，学术界、产业界及政府部门维持在 1∶1∶1 左右，同样要注意年龄与性别的合理构成。预见清单与调查问卷确定后，对选定的专家组织两轮调查。调查前首先征询专家意见，对愿意参与技术预测活动的专家发出第一轮问卷。第一轮问卷回收后，统计分析整理，再反馈给专家。在进行第二轮问卷调查之前，那些在第一次问卷调查中无反馈信息的入选专家将被排除。⑤数据处理与统计分析。针对专家所属领域不同及不同的技术类型采用不同的加权方法，以需求定位的市场德尔菲法的问卷处理突出产业界的期望。⑥确定优先领域和关键技术清单，提交预见报告。对调查问卷结果进行结构性分析，确定关键技术清单，提交调查报告与技术预见报告。

3.4.2　关键技术选择的方法

（1）基于市场需求的生态治理关键技术选择方法

在生态治理关键技术选择方法融合技术差距、技术重要性的基础上，加入了市场需求拉动的生态治理技术选择因素。下面讨论不考虑资源约束情况下的生态治理关键技术选择模型。

目标函数：
$$P = \{ P_i \mid C_i \geq \alpha \} \tag{3-1}$$

约束条件：
$$\begin{cases} C_i = W X^{\mathrm{T}} = \sum_{j=1}^{3} W_j X_{ij} (j=1,2,3)(i=1,2,3,\cdots,n) \\ W = (W_1, W_2, W_3) = (W_{\text{市场需求}}, W_{\text{技术差距}}, W_{\text{发展重要性}}) \\ X = (X_{j1}, X_{j2}, X_{j3}) = (X_{i\text{市场需求}}, X_{i\text{技术差距}}, X_{i\text{发展重要性}}) \end{cases} \tag{3-2}$$

式中，$X_{\text{需求情况}} = (X_{\text{需求大}}, X_{\text{需求中}}, X_{\text{需求小}})$；$X_{\text{技术差距}} = (X_{\text{显著落后}}, X_{\text{比较落后}}, X_{\text{稍微落后}}, X_{\text{同等水平}}, X_{\text{领先水平}})$；$X_{\text{发展重要性}} = (X_{\text{强}}, X_{\text{较强}}, X_{\text{一般}}, X_{\text{较差}}, X_{\text{差}})$；$P$ 表示 3.4.1 节预见的生态治理技术清单，C_i 表示第 i 项技术总得分；α 表示生态治理关键技术选择的得分阈值；W_j 表示第 j 个指标的权重；X_{ij} 表示第 i 项技术关于第 j 个指标的得分。

根据相关研究文献，将权重系数和价值得分系数分别设为（郭卫东，2007）：

$W_i = (W_1, W_2, W_3) = (W_{\text{需求情况}}, W_{\text{技术差距}}, W_{\text{发展重要性}}) = (0.3, 0.3, 0.4)$；

$X_{\text{需求情况}} = (X_{\text{需求大}}, X_{\text{需求中}}, X_{\text{需求小}}) = (1, 0.6, 0.3)$

$X_{\text{技术差距}} = (X_{\text{显著落后}}, X_{\text{比较落后}}, X_{\text{稍微落后}}, X_{\text{同等水平}}, X_{\text{领先水平}}) = (1, 0.8, 0.5, 0.2, 0)$

$$X_{发展重要性} = \left(X_强,\ X_{较强},\ X_{一般},\ X_{较差},\ X_差\right) = \left(1,\ 0.8,\ 0.5,\ 0.2,\ 0\right)$$

上面建立的生态治理关键技术选择模型是一个评分模型,通过计算各项技术的得分并排序,在考虑现有资源约束的条件下或者不考虑资源约束的条件下选择生态治理关键技术群。

考虑到实际情况和讨论的简化,选择不考虑资源约束的选择模型。以固沙技术为例,具体的选择模型计算结果见表3-6。

表3-6　固沙技术选择模型总得分计算结果

固沙技术	市场需求	与技术强国的技术差距	发展重要性	技术总得分
权重系数 W_j	0.3	0.3	0.4	—
草方格	中	领先水平	较强	0.80
化学固沙剂	中	同等水平	较差	0.50
生物类高分子固沙剂	大	稍微落后	强	0.85
人工生物土壤结皮	大	同等水平	强	0.94
植物沙障	大	稍微落后	强	0.85
有机肥土壤改良剂	中	同等水平	一般	0.62
微生物菌肥改良剂	大	比较落后	较强	0.68
沙区资源利用技术	大	稍微落后	强	0.85

注:市场需求、与技术强国的差距、发展重要性三栏结果是基于大量文献资料分析打分所得。

根据不考虑资源约束的选择模型,被选择关键技术集合 $P = \{P_i | C_i \geqslant \alpha\}$,在此综合多位专家调查结果,确定国家关键技术选择的得分阈值 $\alpha = 0.85$ 作为关键技术群的判断标准。因此,根据前面固沙技术选择模型得分计算结果,得出4项关键固沙技术,即生物类高分子固沙剂、人工生物土壤结皮、植物沙障、沙区资源利用技术。

（2）生态技术关键选择的三维度综合指数方法

关键技术选择指标体系存在以下共性考虑:技术影响方面,关注技术对经济、社会、安全的影响,侧重从宏观层面设计指标;技术自身特性方面,侧重技术的成熟度、实现时间、应用潜力等;技术发展的支撑因素方面,关注技术发展条件和制约因素,如政策、人才、资金等。基于以上分析,构建我国生态治理关键技术选择的指标体系（表3-7）。

表3-7　我国生态治理关键技术选择的指标体系

一级指标	指标属性	二级指标	三级指标	指标说明
战略性	定性	技术本身所处阶段	—	选择专家认为处于开发成功与实际应用阶段的技术
前瞻性	定性	技术本身预计实现时间	—	选择专家认为预计未来10~15年实现的技术
成熟度	定量	研发水平	先进性	根据专家对技术国际领先、接近国际和落后国际的判断计算
			完整性	根据专家对技术要素完整性的判断计算
			稳定性	根据专家对技术功效发挥稳定性的判断计算

续表

一级指标	指标属性	二级指标	三级指标	指标说明
重要性	定量	综合重要程度	经济效益	根据专家对技术经济增长贡献的重要性判断计算
			生态效益	根据专家对技术生态环境改善的重要性判断计算
			社会效益	根据专家对技术社会发展贡献的重要性判断计算
可行性	定量	实现可行性	法规/政策可行性	根据专家对法规/政策可行性认同度计算
			经济发展需求可行性	根据专家对经济发展需求可行性认同度计算
			人力资本可行性	根据专家对人力资本可行性认同度计算
			使用成本投入	根据专家对技术成本投入可行性认同度计算

考虑到生态治理关键技术选择的目标，先对德尔菲问卷调查结果进行一致性检验，确保统计的稳健性，其次从战略性和前瞻性出发对生态治理关键技术开展定性筛选，最后依据重要性、成熟度、可行性等原则开展定量筛选，具体如下：①检验阶段，利用变异系数法和 Kendall 系数法对德尔菲调查结果进行一致性检验；②定性筛选阶段，从技术阶段与预计实现时间两个指标考虑，选取处于开发成功和实际应用阶段并且预计未来 10~15 年实现的技术，从而形成备选技术集；③定量筛选阶段，以研发水平、综合重要程度和实现可行性三个指标构建关键技术选择的综合指数，从而筛选出关键技术（图 3-24）。

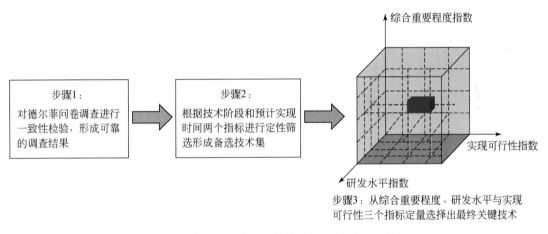

图 3-24　生态技术关键选择过程及决策矩阵 3D 结构

3.4.3　关键技术优化的动态方法框架

通过对生态技术预见和关键技术选择的理论与方法研究，提出了生态治理关键技术优化的动态方法框架（图 3-25），不仅包括对未来生态治理技术发展进行定期预见与选择（一般为 5 年），还包括对关键技术进行实时的跟踪和监测，通过知识图谱、数据挖掘、信息萃取、知识发现、数据可视化技术等信息科学前沿技术，预测、识别、发现具有潜力的新技术，如颠覆式技术，从而为我国处于并跑或跟跑的生态治理技术进行自主创新、实现技术跨越提供战略性支持。

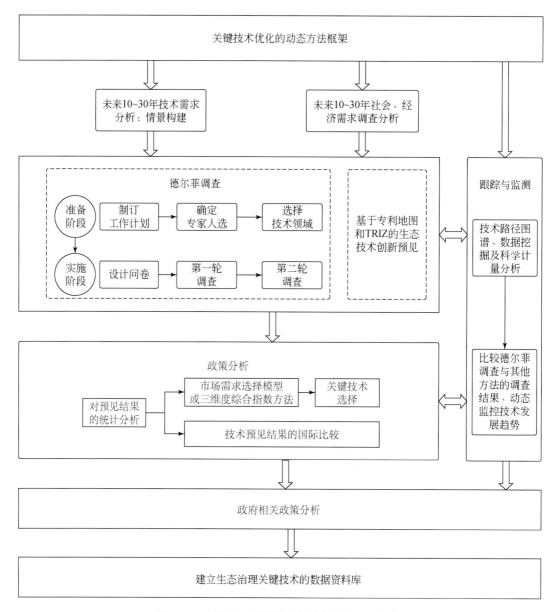

图 3-25　生态治理关键技术优化的动态方法框架

第4章 生态技术评价指标体系与模型

4.1 重要性和目标

4.1.1 研究意义

现代技术是人类适应和改造自然最重要的手段，它在几百年内为人类创造出了辉煌的文明（马佳泰，2014）。自工业革命以来，大量技术被应用于生产、生活中，为解放生产力做出了巨大的贡献。然而人类利用技术在发挥创造性的同时，也对生态系统显示出强大的破坏力。这种破坏作用对生态系统所产生的累积负效应日渐突出，全球约60%的生态系统处于退化或者不可持续状态（Millennium Ecosystem Assessment，2005；UNEP，2014），荒漠化、水土流失、石漠化等退化土地已经至少占全球土地面积的1/4。而我国是一个开发历史悠久，人口众多的国家，生态环境的恶化更为显著，中度以上脆弱生态区已占陆地面积的55%，主要集中在西北和西南地区的荒漠化、水土流失、石漠化等面积也已占国土面积的22%左右。环境危机加深，资源匮乏加剧，严重制约了经济和社会发展。人们意识到在生态环境趋于崩溃的情形下追求经济利益极不现实，这使得人类开始反思并变革传统的技术实践方式，为修复破碎的生态环境、构建绿色的生产发展方式，生态技术的概念应运而生。生态技术以受损自然生态学过程及其恢复机制为理论依据逐步发展而来，经历了生态退化问题形成机制研究、退化过程监测方法研究、治理与修复技术研究等阶段（Cairns，1980）。寻求尊重自然规律、环境友好的生态治理技术成为实现可持续发展目标的重要内容（UNDP，2015）。世界上多数国家启动了诸多生态治理项目，积累了大批生态技术，既有以单一目标为主的生态治理技术，如湿地恢复生态技术（Mitsch，2005；Mitsch and Day，2006），也有兼顾生态、经济、民生等多目标的复合生态治理技术，如流域恢复生态技术（Boesch，2006）。我国自"十五"计划开始，已研发了水土流失综合治理、喀斯特地区石漠化治理等面向不同类型的生态综合整治关键技术214项，集成了综合治理模式64项以及生态治理技术体系100多项（傅伯杰，2013；Liu et al.，2015）。然而，技术的参差不齐，加之特定的生态技术及其组合在适用成本、适用范围、技术扩散等方面的差异，使得很多生态技术的实施并未达到预期效果，甚至造成了负面效应。这就急需对生态技术进行分类挖掘，构建起生态技术评价指标体系，从地域、经济社会适宜性和实施效果等方面对其进行评价。

　　技术评价这一专门术语是 1966 年美国人 Philip Yeager 第一次使用的，是指对技术与主体之间价值关系的全面认识，是对技术功能及其效应的综合估价活动，它是从社会、经济、环境等多维视野，对技术分析比较和综合判断的认识过程（沈滢，2007）。技术评价早期的发展中心是在美国，尤其是 1972 年，美国技术评价办公室（OTA）创立，它是技术评价的第一个机构。在美国技术评价理论和实践的影响下，20 世纪 80 年代欧洲一些国家（如丹麦、荷兰等）的技术评价活动也开始活跃起来。1995 年 OTA 被关闭，技术评价中心开始由美国转移到欧洲。在我国，技术评价被引入和传播是从 20 世纪 80 年代中期开始的，那时称为技术评估。多年来，我国学者和政府管理部门对技术评价理论方法进行了很多有益的探索与研究。早在 20 世纪 80 年代末 90 年代初，黄擎明（1990）在国家自然科学基金的支持下，将"技术评估的理论、方法与实践"作为专题进行了研究。我国国家自然科学基金委员会管理科学部在 2001 年公布的《管理科学"十五"优先资助领域论证报告》中把技术评价管理作为重要的资助领域之一。建立合理的技术评价指标体系是科学评价技术的基础。经过多年研究实践，国内外学者在指标筛选的方法和理论上都进行了积极有效的探索，实现了从单因素、单目标评价到多因素、多功能、多指标的综合评价，评价指标体系的建立日渐科学和客观（王珠娜等，2007）。技术评价已经受到政府、企业和社会各界的关注，并且陆续引入各类科技活动和管理活动之中。Chou 等（2007）运用模糊理论对我国台湾水库流域的河流堤防生态技术进行了评价，确定了在河流堤防方面可以作为优先参考的生态技术。Piñeiro 等（2013）对 14 个国家退化旱地的生态治理技术进行了综合对比分析和评价，并给出了相应的建议，使各种生态治理技术能够最大限度地发挥其正面作用。然而，这些研究更多地局限于对某个地区某种生态技术的评价，对于世界范围内多种生态技术综合评价指标体系构建、多种生态技术评价的研究还处于非常薄弱且分散的状态，尚未形成有效的、可供大家使用的、合理的生态技术评价指标体系、评价方法及评价模型。

　　因此，针对长期以来生态治理技术研究工作缺乏实施效果评价、忽视生态治理技术应用、忽略生态治理技术地域和经济适宜性，缺乏科学合理的指标体系和方法模型等问题，开展生态治理技术评价研究工作，依据生态治理技术属性及特征，构建生态治理技术评价指标体系，建立适应于生态治理技术群、多源数据、多时空尺度数据、截面数据的评价方法，选择或研究生态治理技术评价模型，可为生态治理技术评估提供科学依据和关键技术支撑。这对于推动生态经济学、水土保持学等学科的发展，稳固生态工程治理成果，促进区域生态文明建设具有重要的现实意义。

4.1.2　研究目标

　　针对生态治理技术评价、集成及推广中缺乏有效的评价指标体系、评价方法以及评价模型的现实，通过对生态技术研究成果的检索、典型流域（区域）生态技术实施过程与效果的考察，依据生态技术属性及特征，构建评价指标体系，确定生态治理技术评价方法，研发评价模型，为生态治理技术评价提供科学依据。

4.2　研究思路和技术方案

4.2.1　研究内容

（1）生态治理技术评价指标体系构建

在对已有评价指标分析的基础上，重点开展生态治理技术产生的生态经济社会学基础及驱动要素分析，制定评价指标选择的原则和依据；挖掘与筛选生态治理技术相关评价指标，构建生态治理技术分类评价指标体系，为生态治理技术评估提供科学依据和关键技术支撑。

（2）生态治理技术评价方法研究

通过对现有一般评价方法、评价模型的检索，分析生态治理评价方法、评价模型的演变趋势，结合生态治理技术的特殊性，建立适用于生态治理技术群、多源数据、多时空尺度数据、截面数据的评价方法，选择或研究生态治理技术评价模型。

4.2.2　研究方法

1）通过文献检索与实地考察、调研相结合的方法，进行数据收集。运用生态学、水土保持学、生态经济学等相关理论以及指标鉴别力分析法、相关性分析法、主成分分析法、变异系数法、极小广义方差法、神经网络法、灰关联聚类法等方法对评价指标进行辨识和筛选。通过指标体系结构的优化，建立起生态治理技术评价指标体系。

2）在对已有生态治理技术评价方法与评价模型检索、分析、筛选的基础上，明确主要类型生态治理技术评价方法与评价模型的特点；依据生态脆弱区生态治理技术需求特点以及生态文明建设要求，选择或研究生态治理技术评价方法和评价模型。

4.2.3　研究思路

（1）构建生态治理技术评价指标体系

在生态技术分类的基础上，结合生态治理技术产生的生态经济社会学基础及驱动要素分析，确定生态治理技术表征及其评价指标选择的原则和依据。从生态治理技术的成熟度、实施效果、适应性和推广前景等方面对生态治理技术评价指标进行挖掘（图4-1）。

（2）构建生态治理技术评价方法

通过对现有一般评价方法、评价模型的检索，结合生态治理技术的特殊性，构建生态治理技术评价方法。然后在以功能模块为评价单元的基础上，选择或研究生态治理技术评价模型（图4-2）。

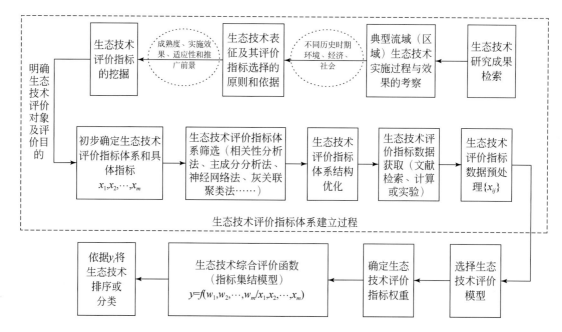

图 4-1　生态治理技术评价指标体系构建

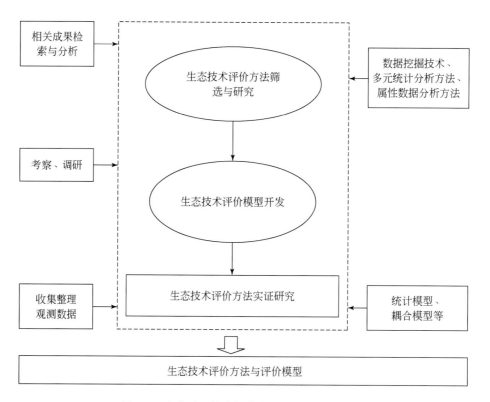

图 4-2　生态治理技术评价方法与评价模型构建

4.2.4　研究方案

在生态技术分类的基础上，同时对相关研究成果进行检索、分析，筛选可能表征生态治理技术的相关指标，然后分析这些指标产生的背景、被相关指标替代的可行性，运用生态学、水土保持学、生态经济学等相关理论对这些指标进一步辨识，拟从生态治理技术的成熟度、实施效果、适应性和推广前景等方面确定生态治理技术评价指标，形成生态治理技术评价指标体系。

4.3　生态技术评价指标体系

指标体系指的是若干个相互联系的统计指标所组成的有机体。指标体系的构建是进行预测或评价研究的前提和基础，它是将抽象的研究对象按照其本质属性和特征某一方面的标识分解成具有行为化、可操作化的结构（陈建宏和杨彦柱，2013）。生态治理技术评价指标体系是对生态治理技术本身及其在生态建设、经济发展、社会进步中的影响、作用进行统计、分析、评价的依据。在不同地域、不同时期和发展阶段生态治理技术的产生、发展和演变各不相同。运用生态治理技术评价指标体系，可以反映不同类型生态治理技术的关键环节和主要方面，为更深层次地认识生态治理技术及其实施后的结果提供基础，为政府部门制定重大生态工程决策和计划以及不同生态退化区域的生态治理技术的推广提供依据，推动生态治理技术发展与创新，为我国和发展中国家提供生态建设理论与技术服务，为推动生态学科发展和我国生态文明建设提供科学支撑。

4.3.1　指标体系构建依据

从生态问题产生的社会学背景看，生态问题的出现既有内部因素又有外部因素。内部因素是生态问题产生的本质，即人类对于利益最大化的追求促使其产生对自然资源掠夺、自然环境破坏的不当行为。外部因素主要是用于约束和引导人类行为的政策、法律、法规的缺失或力度不足。因此解决生态问题需从修复人的不当行为造成的不良结果和调控人的不当行为产生的诱因两个方面着手，前者需要依赖于生态工程的实施，后者需要采取一系列配套的规制措施和政策鼓励纠正、消除不良诱因。因此，生态治理技术评价既要考虑工程的纯粹的技术问题又必须将政策支持体系纳入进来，既要考虑阶段性的成果又要考虑长期效益。具体包括六大方面问题：①技术和经验、配套的管理模式的储备；②生态治理技术的成本可行性；③生态治理技术实施的综合效益；④生态治理技术取得成果的稳定性；⑤生态治理技术的推广性；⑥生态治理技术的政策、法律、法规搭配及有效性。

4.3.2　指标体系构建原则

典型代表性评价指标的选取直接关系到评价结果的科学性和准确性。目前生态治理技术评价指标体系尚未形成一个公认的评价指标筛选原则，典型代表性评价指标应能充分反映生态治理技术的本质属性、与周围环境的相宜性及实施后对生态、经济、社会等的作用和影响，能为技术进一步使用、管理、维护等提供科学翔实的参考数据等。生态治理技术评价指标体系的构建应以生态治理技术为核心，遵循科学性、系统性、层次性、独立性和可行性原则。

一、科学性。生态治理技术在各个方面的应用不是随意使用或堆砌的，它们之间相对独立，又相互联系，可以集成和组合。因而，生态治理技术评价指标体系的构建要充分考虑各类生态治理技术的特征和作用，科学地组合并构建指标体系，使其能科学地反映评价对象的内涵及本质。

二、系统性。生态治理技术评价指标体系作为一个统一整体，必须能够全面涉及各个方面，具有较强的涵盖性和完整性。一方面，便于具体操作者对生态治理技术类别有全面的认识；另一方面，为生态治理技术的选取和综合应用提供基础。

三、层次性。生态治理技术数量多，项目繁杂，如何清晰地将各类技术梳理，是生态治理技术评价指标体系必须解决的问题。指标体系内部应具有较强的逻辑性，层次分明，结构清晰，确保在实际应用中能够准确、快捷地选取评价指标。

四、独立性。生态治理技术评价指标繁多，为了避免指标的重复、交叉和评价分析造成的误差，在指标的选择上应保持不相互重叠、不存在运算或因果关系。

五、可行性。生态治理技术评价指标体系构建的最终目的是为生态治理技术的选择提供支撑，因而指标体系应符合实际，具有较强的实用性和可操作性。生态治理技术评价指标体系应尽可能采用现有适用范围广、普遍被采纳、可操作性强的指标，便于操作应用。

4.3.3 指标体系构建思路

科学的指标体系应根据不同的研究目的要求和研究对象所具有的特征加以科学分类和有机结合。生态治理技术评价不是一个或少数几个指标所能反映和涵盖的，只有把众多指标结合起来作为一个有机整体，组成一个指标体系，才能进行科学、全面的评价。

构建生态治理技术评价指标体系的基本思路是：从可持续发展的角度出发，运用系统论的观点和系统分析的方法，立足客观现实，尊重科学规律，力求全面概况和充分体现生态治理技术本身及其综合影响；在指标选择上，绝对指标与相对指标、总量指标与人均指标相互兼顾；在科学、全面、合理的前提下，力求实际应用过程中方便、简洁、可行。

4.3.4 生态技术评价指标的挖掘与筛选

指标的挖掘与筛选是一项复杂的系统工程，要求评价者对评价系统有充分的认识及多方面的知识。指标选择的原则只是给出了指标取舍的基本标准，在具体筛选指标时，既要注意已有研究成果中的优良指标，也要根据评价对象的结构、功能及区域特性，提出反映其本质内涵的指标，最后根据有关专家意见，对评价指标进行必要的修正。

4.3.4.1　评价指标的理论初选

评价指标的理论初选方法主要有实地调查分析法、频度分析法和理论分析法。

1）实地调查分析法选取指标。实地调查分析法选取指标是通过对典型生态治理技术实施案例点的实地调查，总结分析生态治理技术实施前后对当地各方面的影响，进而选择出部分评价指标。

2）频度分析法选取指标。频度分析法选取指标是从国内外相关的生态治理技术评价文献中选出使用频度高，具有典型性、针对性的指标。

3）理论分析法选取指标。理论分析法选取指标是在对生态治理技术的含义、特点、作用和意义等进行分析、比较、综合的基础上，选择适合评价目标要求和针对性强的指标。

4.3.4.2　评价指标的专家筛选

在理论初选的基础上，采用专家评分法来筛选出生态治理技术评价指标。专家评分法是由同行专家对指标进行定量评分，通过计算比较，从中选择具有共识的、评分较高的指标。

将理论初选的指标设计成调查表，邀请林业、农业、生态、水利等相关专业的专家学者根据指标的重要程度，对指标以"非常不重要 1 分、不重要 2 分、一般 3 分、重要 4 分、非常重要 5 分"进行打分。

统计整理分析专家对每个指标的打分，计算出每个指标的算术平均值（M_j）来分析专家意见的集中程度。专家意见集中度越高，说明该项指标越重要。

假设 x_{ij} 表示第 i 个专家、第 j 个指标的打分，共有 n 个专家、m 个指标，则第 j 个指标的算术平均值为

$$M_j = \frac{1}{n}\sum_{i=1}^{n} x_{ij} \tag{4-1}$$

计算出每个指标的变异系数（V_j）来分析专家意见的离散程度。变异系数越小，该指标的专家意见离散度就越低，说明在该指标上专家意见分歧不大。

第 j 个指标的变异系数为

$$V_j = \frac{S_j}{M_j} \tag{4-2}$$

式中，S_j 表示第 j 个指标的标准差：

$$S_j = \sqrt{\frac{1}{n-1}\sum_{i=1}^{n}(x_{ij}-M_j)} \tag{4-3}$$

计算 Kendall 一致性系数来分析专家对全部指标的意见协调度。专家意见协调度是指专家组中各位专家彼此间对各项指标给出的评价意见是否存在较大分歧。

Kendall 一致性系数 W 的计算公式为

$$W = \frac{\sum\limits_{j=1}^{m} \left[R_j - \frac{n(m+1)}{2} \right]^2}{\frac{n^2 m(m^2-1)}{12}} \tag{4-4}$$

式中，n 表示专家数；m 表示指标数；R_j 表示第 j 个指标的秩的和。W 的取值范围为 $0 \sim 1$。一般来说，W 的取值越接近 1，表明各专家评价之间的一致程度越高；W 的取值越接近 0，表明各专家评价之间的一致程度越低。

4.3.4.3 评价指标

根据上述指标体系的筛选原则和方法，同时结合生态治理技术的背景特征、解决的主要问题等方面，对指标进行相近性归类后，从目标层和指标层两个层次来构建指标体系。目标层是指通过多级指标层的评价后，最终得到的结论。指标层设置为三级，其中一级、二级指标为控制性指标，三级指标为建议性指标，针对不同类型的生态治理技术而设置。

（1）目标层

目标层是生态治理技术的适宜效果，指通过多级指标层的评价后，最终得到该项技术是否适合在当地使用（表 4-1）。

表 4-1 生态技术评价的目标层及其量化标准

指标名称	量化标准
生态治理技术适宜效果	评分标准：1-技术不成熟、难应用、效益差、不适合当地使用、难推广；2-技术成熟、难应用、效益差、适合当地使用、难推广；3-技术成熟、方便使用、效益差、适合当地使用、难推广；4-技术成熟、方便使用、效益较好、适合当地使用、较容易推广；5-技术成熟、方便使用、效益好、适合当地使用、容易推广

（2）指标层

A. 一级指标

一级指标用于快速评估过程，具有简单易用、省时、成本低、便于比较等特点，可以用于对所有技术的评价。每个一级指标给出 5 个量化标准，通过专家选择，快速判定生态治理技术的优劣。一级指标包括技术成熟度、技术应用难度、技术相宜性、技术效益、技术推广潜力 5 个方面（表 4-2）。

表 4-2 生态技术评价一级指标说明及其量化标准

指标名称	指标说明及量化标准
技术成熟度	对技术体系完整性、稳定性和先进性的度量。 评分标准：1-较为简单的技术或技术集成，组成不完整，不稳定；2-较为简单的技术或技术集成，组成完整，不稳定；3-较为简单的技术或技术集成，组成完整，稳定发挥作用；4-国内领先技术或技术集成，组成完整，能够有效发挥作用；5-国际领先技术或技术集成，组成完整，能够长期稳定发挥作用

指标名称	指标说明及量化标准
技术应用难度	技术应用过程中对使用者技能素质的要求及技术应用的成本。 评分标准：1-技能要求高，应用成本高；2-技能要求高，应用成本适中；3-技能要求适中，应用成本适中；4-技能要求适中，应用成本低；5-技能要求低，应用成本低
技术相宜性	与实施区域发展目标、立地条件、经济需求、政策法律配套的一致程度。 评分标准：1-完全不适合；2-较不适合；3-一般；4-较适合；5-非常适合
技术效益	生态治理技术实施后对生态、经济和社会带来的促进作用。 评分标准：1-效果不明显；2-效果一般；3-效果较好；4-效果良好；5-效果非常好
技术推广潜力	在未来发展过程中该项技术持续使用的可能性大小。 评分标准：1-小；2-较小；3-中等；4-较大；5-大

B. 二级指标

二级指标是对一级指标的细化，即给出评价指标的量化标准，赋予每个二级指标 1~5 分的分值，对每个分值给予特别的含义。采用选定的方法（如机器学习法等）赋予每个二级指标一个有特定意义的分值，即对各项指标打分（0~5）并赋予权重（0~10），计算每项指标的平均得分，利用加权平均计算得到某项生态治理技术的得分，通过得分高低来评价生态治理技术的优劣。

二级指标体系中二级指标共 14 个，分别为技术完整性、技术稳定性、技术先进性、技能水平需求层次、技术应用成本、目标适宜性、立地适宜性、经济发展适宜性、政策法律适宜性、生态效益、经济效益、社会效益、技术与未来发展关联度和技术可替代性（表 4-3）。

表 4-3　生态技术评价二级指标说明及其量化标准

指标名称	指标说明及量化标准
技术完整性	技术的体系、标准和工艺是否完整。 评分标准：1-技术要素不完整，不能有效发挥作用；2-技术要素较为完整，不能有效发挥作用；3-技术要素较为完整，能够发挥作用；4-技术要素完整，配置较为合理，能够发挥作用；5-技术要素完整，配置合理，能够有效发挥作用
技术稳定性	技术是否可以长效发挥作用。 评分标准：1-不稳定；2-较不稳定；3-一般；4-较稳定；5-稳定
技术先进性	技术所处水平层次。 评分标准：1-简单集成；2-区域先进；3-国内先进；4-洲际先进；5-全球先进
技能水平需求层次	技术应用过程中对劳动力文化程度与能力的要求状况。 评分标准：1-技能要求低，可以独立完成；2-技能要求适中，可以独立完成；3-技能要求适中，协作要求适中；4-技能要求高，协作要求适中；5-技能要求高，协作要求高
技术应用成本	技术研发或购置费用的高低和技术应用导致生产力损失的多少。 评分标准：1-完全不能接受；2-可以考虑；3-不完全接受；4-能接受；5-完全乐意

指标名称	指标说明及量化标准
目标适宜性	满足生态治理技术设定的自然、经济、社会目标的实现程度。 评分标准：1-几乎未达到目标；2-少数目标达到；3-部分目标达到；4-基本目标达到；5-完全达到目标
立地适宜性	生态治理技术应用需要的立地条件与实施区域立地条件的适合程度。 评分标准：1-完全不适合；2-较不适合；3-一般；4-较适合；5-非常适合
经济发展适宜性	生态治理技术应用可能带来的经济变化与实施区域经济发展需求的适合程度。 评分标准：1-完全不适合；2-较不适合；3-一般；4-较适合；5-非常适合
政策法律适宜性	生态治理技术应用需要的政策法律条件与实施区域政策法律的配套程度。 评分标准：1-几乎不配套；2-少数配套；3-部分配套；4-基本配套；5-完全配套
生态效益	生态治理技术实施对生态环境改善的贡献。 评分标准：1-效果不明显；2-效果一般；3-效果较好；4-效果良好；5-效果非常好
经济效益	技术实施对经济增长的贡献。 评分标准：1-效果不明显；2-效果一般；3-效果较好；4-效果良好；5-效果非常好
社会效益	技术实施对社会公共利益和社会发展方面的贡献。 评分标准：1-效果不明显；2-效果一般；3-效果较好；4-效果良好；5-效果非常好
技术与未来发展关联度	技术与未来发展趋势的相关程度。 评分标准：1-小；2-较小；3-中等；4-较大；5-大
技术可替代性	技术是否可以被其他技术所替代。 评分标准：1-非常容易被替代；2-比较容易被替代；3-容易被替代；4-不容易被替代；5-不能被替代

C. 三级指标

对于典型、重要、有代表性的生态治理技术，需要利用三级指标对其进行评估。三级指标也是实际用于评价的最低一层指标。运用三级指标要求对评价技术的实施时间和空间进行确定，有相应的生态治理技术实施后的生态、经济和社会统计或监测数据。针对不同的生态治理技术进行评价时，指标体系中的三级指标选择可以存在差异，但不可以缺项，即每个二级指标下面需要有对应的三级指标。

三级指标是分类评价指标。根据我国生态退化的主要类型（刘国华等，2000），共给出38个生态技术三级评价指标（表4-4）。

综合以上所述的三个级别的指标，得到生态技术评价指标体系，见表4-5。

表4-4　生态技术评价三级指标说明及其量化标准

指标名称	指标说明及量化标准
技术结构	构成技术要素的完整性。 评分标准：1-无主体技术；2-只有主体技术；3-有主体技术并且有配套技术；4-有主体技术并且配套技术较为齐全；5-有主体技术并且有完整的配套技术

续表

指标名称	指标说明及量化标准
技术体系	各种技术之间相互作用、相互联系，按一定目的、一定结构方式组成的技术整体的完整性。 评分标准：1-无主体技术或者有主体技术但无配套技术；2-主体技术和配套技术匹配不合理；3-主体技术和配套技术能够一起协作；4-主体技术和配套技术匹配合理；5-主体技术和配套技术的匹配度达到最佳
技术弹性	劳动力技能人员改变后技术稳定性的改变程度。 评分标准：1-几乎都发生改变；2-少数不变；3-部分不变；4-大部分不变；5-不变
可使用年限	同一背景下，技术在实际使用过程中能够稳定发挥功能的有效使用时间。 评分标准：1-一次性使用；2-规划时间的25%；3-规划时间的50%；4-规划时间的75%；5-达到规划时间，甚至超出规划时间
创新度	技术的创新程度。 评分标准：1-几乎无创新；2-少数创新；3-部分创新；4-大部分创新；5-完全创新
领先度	技术的领先程度。 评分标准：1-简单集成；2-区域领先；3-国内领先；4-洲际领先；5-全球领先
劳动力文化程度	技术实施需要的劳动力的文化程度。 评分标准：1-大学及以上；2-高中；3-初中；4-小学；5-文盲
劳动力配合程度	技术实施需要的劳动力的配合程度。 评分标准：1-需要人员相互协作；2-多数人合作；3-少数人配合；4-2个人配合；5-可以独立完成
技术研发或购置费用	研发或购置此项技术所需费用。 评分标准：1-≥100万元；2-≥10万元且<100万元；3-≥5万元且<10万元；4-≥1万元且<5万元；5-<1万元
机会成本	技术应用导致生产力的损失。 评分标准：1-≥1万元；2-≥0.5万元且<1万元；3-≥0.3万元且<0.5万元；4-≥0.05万元且<0.3万元；5-<0.05万元
生态目标的有效实现程度	满足生态治理技术设定的生态目标的实现程度。 评分标准：1-几乎未达到目标；2-少数目标达到；3-部分目标达到；4-基本目标达到；5-完全达到目标
经济目标的有效实现程度	满足生态治理技术设定的经济目标的实现程度。 评分标准：1-几乎未达到目标；2-少数目标达到；3-部分目标达到；4-基本目标达到；5-完全达到目标
社会目标的有效实现程度	满足生态治理技术设定的社会目标的实现程度。 评分标准：1-几乎未达到目标；2-少数目标达到；3-部分目标达到；4-基本目标达到；5-完全达到目标
地形条件适宜度	生态治理技术使用需要的地形条件与实施区域地形条件的适合程度。 评分标准：1-完全不适合；2-较不适合；3-一般；4-较适合；5-非常适合
气候条件适宜度	生态治理技术使用需要的气候条件与实施区域气候条件的适合程度。 评分标准：1-完全不适合；2-较不适合；3-一般；4-较适合；5-非常适合
土壤条件适宜度	生态治理技术使用需要的土壤条件与实施区域气候条件的适合程度。 评分标准：1-完全不适合；2-较不适合；3-一般；4-较适合；5-非常适合

指标名称	指标说明及量化标准
水资源条件适宜度	生态治理技术使用需要的水资源条件与实施区域气候条件的适合程度。 评分标准：1-完全不适合；2-较不适合；3-一般；4-较适合；5-非常适合
技术与产业关联程度	生态治理技术与实施区域产业发展的关联程度。 评分标准：1-无关联；2-关联度差；3-关联度一般；4-关联度好；5-促进产业迅速发展
技术经济发展耦合协调度	生态治理技术与实施区域经济发展的相互协调程度。 评分标准：1-阻碍经济发展；2-经济发展速度不变；3-减慢经济发展增速；4-加快经济发展增速；5-使得经济发展飞速发展
政策配套程度	生态治理技术得到相应的政策支持的程度。 评分标准：1-几乎不配套；2-少数配套；3-部分配套；4-基本配套；5-完全配套
法律配套程度	生态治理技术得到相应的法律支持的程度。 评分标准：1-几乎不配套；2-少数配套；3-部分配套；4-基本配套；5-完全配套
土壤侵蚀模数	单位面积土壤及土壤母质在单位时间内侵蚀量的大小，是表征土壤侵蚀强度的指标，用以反映某区域单位时间内侵蚀强度的大小［单位：$t/(km^2 \cdot a)$］。 评分标准：1-比使用该技术前减少程度介于［0，20%）；2-比使用该技术前减少程度介于［20%，40%）；3-比使用该技术前减少程度介于［40%，60%）；4-比使用该技术前减少程度介于［60%，80%）；5-比使用该技术前减少程度介于［80%，100%］
水土流失治理度	某区域范围某时段内，水土流失治理面积除以原水土流失面积。水土流失治理度=治理后的水土流失面积/治理前的水土流失面积×100%。 评分标准：1-［0，20%）；2-［20%，40%）；3-［40%，60%）；4-［60%，80%）；5-［80%，100%］
固沙面积比率	实施治沙技术前后沙地面积变化速度，即治理前后沙地变化面积与治理时间之比。 评分标准：1-比使用该技术前增加程度介于［0，20%）；2-比使用该技术前增加程度介于［20%，40%）；3-比使用该技术前增加程度介于［40%，60%）；4-比使用该技术前增加程度介于［60%，80%）；5-比使用该技术前增加程度介于［80%，100%］
起沙风速	当风力逐渐增大到某一临界值以后，地表沙粒开始脱离静止状态而进入运动，使沙粒开始运动的临界风速称为"起动风速"。测定方法：利用野外移动式风洞试验装置测定（单位：m/s）。 评分标准：1-比使用该技术前提高程度介于［0，20%）；2-比使用该技术前提高程度介于［20%，40%）；3-比使用该技术前提高程度介于［40%，60%）；4-比使用该技术前提高程度介于［60%，80%）；5-比使用该技术前提高程度介于［80%，100%］
石漠化面积比率	某一时段某一行政区域内石漠化面积与行政区面积的比例。石漠化面积比率=石漠化面积/行政区面积×100%。 评分标准：1-比使用该技术前减少程度介于［0，20%）；2-比使用该技术前减少程度介于［20%，40%）；3-比使用该技术前减少程度介于［40%，60%）；4-比使用该技术前减少程度介于［60%，80%）；5-比使用该技术前减少程度介于［80%，100%］

指标名称	指标说明及量化标准
基岩裸露率	作为表征石漠化强度的主要因子，采用模仿 NDVI 提出的归一化岩石指数（NDRI）和基于 NDRI 像元二分模型提取基岩裸露率的 TM 波段运算方法，自动提取基岩裸露信息，其计算公式为 NDRI =（SWIR−R）/（SWIR+R） Fr =（NDRI−$NDRI_{min}$）/（$NDRI_{max}$−$NDRI_{min}$） 式中，SWIR 为短波红外波段（TM 影像第五波段）；R 为影像的红光波段；NDRI 为归一化岩石指数；n 为基岩裸露率；$NDRI_{max}$ 为归一化岩石指数的最大值；$NDRI_{min}$ 为归一化岩石指数的最小值。 评分标准：1-比使用该技术前减少程度介于［0，20%）；2-比使用该技术前减少程度介于［20%，40%）；3-比使用该技术前减少程度介于［40%，60%）；4-比使用该技术前减少程度介于［60%，80%）；5-比使用该技术前减少程度介于［80%，100%］
林草覆盖率	以行政区域为单位，乔木林、灌木林与草地等林草植被面积之和占区域土地面积的百分比。 评分标准：1-比使用该技术前增加程度介于［0，20%）；2-比使用该技术前增加程度介于［20%，40%）；3-比使用该技术前增加程度介于［40%，60%）；4-比使用该技术前增加程度介于［60%，80%）；5-比使用该技术前增加程度介于［80%，100%］
生物多样性指数	实施生态治理技术对实施区域生物多样性造成的影响，主要用生物多样性指数表征。 评分标准：1-比使用该技术前增加程度介于［0，20%）；2-比使用该技术前增加程度介于［20%，40%）；3-比使用该技术前增加程度介于［40%，60%）；4-比使用该技术前增加程度介于［60%，80%）；5-比使用该技术前增加程度介于［80%，100%］
人均纯收入	当地居民当年从各个来源渠道得到的总收入，相应地扣除获得收入所发生的费用后的收入总和（单位：元）。 评分标准：1-［0，3000）；2-［3000，6000）；3-［6000，9000）；4-［9000，12 000）；5-≥12 000
粮食单产	在粮食作物实际占用的耕地面积上，平均每亩耕地全年的粮食产量（单位：kg/亩）。 评分标准：1-［0，150）；2-［150，300）；3-［300，450）；4-［450，600）；5-≥600
土地生产力	土地在一定条件下可能达到的生产水平。 评分标准：1-不适宜；2-勉强适宜；3-中等偏下适宜；4-适宜；5-高度适宜
农户技术应用和发展理念	生态治理技术实施后农户在技术应用和生产经营理念方面的变化。 评分标准：1-基本无变化；2-部分发生变化；3-总体上有所变化；4-发生较大变化；5-发生很大变化
辐射带动程度	生态治理技术的实施带动周围乡村经济、文化、教育、科技发展的程度。 评分标准：1-小；2-较小；3-中等；4-较大；5-大
生态建设需求度	未来该区域的生态建设对该项生态治理技术的需求程度。 评分标准：1-小；2-较小；3-中等；4-较大；5-大
经济/社会发展需求度	未来该区域的经济/社会发展对该项生态治理技术的需求程度。 评分标准：1-小；2-较小；3-中等；4-较大；5-大
优势度	该项生态治理技术相对其他技术的优势程度。 评分标准：1-低；2-较低；3-中等；4-较高；5-高
劳动力持续使用惯性	劳动力持续使用该项生态治理技术的惯性。 评分标准：1-放弃；2-部分放弃；3-有放弃的念头；4-继续使用；5-动员其他人员使用

表 4-5 生态技术评价指标体系

目标层	一级指标	二级指标	指标层（三级指标）			
			水土保持技术	荒漠化治理技术	石漠化治理技术	退化生态系统治理技术
生态治理技术的适宜性及效果	技术成熟度	技术完整性	技术结构	技术结构	技术结构	技术结构
			技术体系	技术体系	技术体系	技术体系
		技术稳定性	技术弹性	技术弹性	技术弹性	技术弹性
			可使用年限	可使用年限	可使用年限	可使用年限
		技术先进性	创新度	创新度	创新度	创新度
			领先度	领先度	领先度	领先度
	技术应用难度	技能水平需求层次	劳动力文化程度	劳动力文化程度	劳动力文化程度	劳动力文化程度
			劳动力配合程度	劳动力配合程度	劳动力配合程度	劳动力配合程度
		技术应用成本	技术研发或购置费用	技术研发或购置费用	技术研发或购置费用	技术研发或购置费用
			机会成本	机会成本	机会成本	机会成本
	技术相宜性	目标适宜性	生态目标的有效实现程度	生态目标的有效实现程度	生态目标的有效实现程度	生态目标的有效实现程度
			经济目标的有效实现程度	经济目标的有效实现程度	经济目标的有效实现程度	经济目标的有效实现程度
			社会目标的有效实现程度	社会目标的有效实现程度	社会目标的有效实现程度	社会目标的有效实现程度
		立地适宜性	地形条件适宜度	土壤条件适宜度	地形条件适宜度	地形条件适宜度
			气候条件适宜度	气候条件适宜度	水资源条件适宜度	土壤条件适宜度
		经济发展适宜性	技术与产业关联度	技术与产业关联程度	技术与产业关联程度	技术与产业关联度
			技术与经济发展耦合协调度	技术与经济发展耦合协调度	技术与经济发展耦合协调度	技术与经济发展耦合协调度
		政策法律适宜性	政策配套程度	政策配套程度	政策配套程度	政策配套程度
			法律配套程度	法律配套程度	法律配套程度	法律配套程度
	技术效益	生态效益	土壤侵蚀模数	固沙面积比率	石漠化面积比率	林草覆盖率
			水土流失治理度	起沙风速	基岩裸露率	生物多样性指数
		经济效益	人均纯收入	人均纯收入	人均纯收入	人均纯收入
			粮食单产	土地生产力	土地生产力	土地生产力
		社会效益	农户技术应用利用程度	农户技术应用利用程度	农户应用技术和利用程度	农户技术应用和发展程度
			辐射带动程度	辐射带动程度	辐射带动程度	辐射带动程度
	技术推广潜力	技术与未来发展关联性	生态建设需求度	生态建设需求度	生态建设需求度	生态建设需求度
			经济/社会发展需求度	经济/社会发展需求度	经济/社会发展需求度	经济/社会发展需求度
		技术可替代性	优势度	优势度	优势度	优势度
			劳动力持续使用惯性	劳动力持续使用惯性	劳动力持续使用惯性	劳动力持续使用惯性

4.4　生态技术评价方法和模型

生态系统的退化和不可持续状态严重威胁着生态功能的提升与人类生计的改善。为了应对这些问题，世界上多数国家启动了诸多生态治理项目，积累了大批生态技术。特定的生态技术及其组合有其使用的适宜性，即用于不同的生态系统恢复工程，可能会起到正向或反向的作用。因此，对应用于不同生态系统恢复工程中的生态技术及其组合进行评价是十分重要和必要的。对生态技术及其组合进行评价，可以梳理出适用于特定生态工程的有利技术，可以在某项生态工程实施前选择、组合和优化适宜的生态技术，可以在引进国外先进生态技术前对其适宜性进行预测分析，可以在对外输出我国优良生态技术时提供依据和支撑。

长期以来生态技术研究工作缺乏科学合理的指标体系和方法、模型对生态技术及其组合实施全方位的效果评价、优选和推荐（甄霖等，2016；Zhen et al.，2017）。现阶段国内外的研究大多聚焦于对生态工程或生态技术的实施效果进行评价。美国农业部建立了基于Web 的分布式地球流域农业研究数据系统，用于对国内重大生态工程实施后生态保护效果的评估和后续工程的管理、优化（Euliss et al.，2011）。欧盟基于多目标决策分析方法建立了沙漠化防治工程措施有效性的评价模型，对全球 12 个国家治理措施的有效性进行了综合评价，并建立了沙漠化治理的长期跟踪评估网站（Rojo et al.，2012）。刘国彬等（2017）利用土壤侵蚀模型、熵权法等多种模型，对黄土高原的水土保持等一系列重点生态工程的实施成效进行了综合分析和评估，并提出了工程后续建设的对策和建议。肖庆业（2016）利用多种统计分析方法对中国南方 10 个典型县的退耕护岸林工程效益进行了评价分析，为完善相关政策提供了依据。李世东等（2017）运用层次分析法构建了美丽生态指数，对全球各个国家的生态治理恢复建设的措施、目标、布局等进行了综合评价。

上述模型虽然能够很好地对生态工程或生态技术的实施效果进行评价，但不能够对生态技术本身的属性、技术本身与实施效果的耦合关系进行全面评价。目前大多数实施效果评价模型对生态技术的筛选和推荐具有一定的片面性，且上述评价方法和模型大部分为主观评价方法和模型，评价指标的选择及其权重的设置容易受到人为因素的干扰，更为客观的评价方法和模型仍有待于发掘与研究。

本研究在梳理可用于生态技术评价的方法和模型的基础上，依据设立的指标体系，建立生态技术评价方法和模型。

4.4.1　评价方法和模型综述

围绕生态技术评价问题，可用的评价方法和模型主要有德尔菲法、综合指数法（专家评价法、距离评价法、熵权法、变异系数法、相关系数法、层次分析法）、灰色关联度法、模糊综合评价法、机器学习法、回归分析法等。

评价模型的核心要素是指标和权重。建立评价模型的过程就是构造指标体系和权重的过程，一般的做法是专家根据指标的重要程度给出权重，对指标值进行加权平均后，得到评价得分，德尔菲法、综合指数法、灰色关联度法和模糊综合评价法等都是这种思路。该类型方法有三个缺点：一是，不能进行指标的选择，也就是不能排除指标之间的共线性，不能降低模型的复杂度。二是，模型的所得结果不一定符合现实。生态技术使用后，其到底是否适合当地的实际需要，是有客观的结果的，通过该类型方法构建的评价模型未必得到与客观实际相一致的结论。三是，生态技术库中所收集的技术，其使用后的效果是已知的，该类型方法只用到了指标值和专家给出的权重，并没有用到实际效果值，也就是没有充分利用数据信息，造成数据浪费。该类型方法适合于没有任何先验知识的评价问题，对于有先验知识的评价问题并不适合。

生态技术评价问题属于有先验知识的评价问题，即生态技术使用后会有相关专家结合实际状况对该生态技术进行适合与否的判断，其模型的构建过程是有监督学习过程。有监督学习方法一般包括统计分析法和机器学习法两大类。统计分析法和机器学习法相比较，后者预测精度较高，但稳健性差，且建模过程基本上是一个"黑箱"，模型的解释性不强，前者在模型稳健性和可解释性上有很大的优势。

因此，在进行生态技术的全面评价时，可以采用统计分析方法中最常用的回归模型。回归模型的一般形式为

$$y = \beta_0 + \beta_1 x_1 + \beta_2 x_2 + \cdots + \beta_m x_m + \varepsilon \tag{4-5}$$

式中，y 为因变量（待预测变量）；x_1，x_2，$\cdots$，x_m 为自变量（指标）；β_0，β_1，β_2，$\cdots$，β_m 为回归系数（权重）；ε 为回归误差；m 为自变量的个数。标准化的回归系数可以反映指标对因变量的重要程度。

如果因变量为百分制评价得分变量，可以建立 Logistic 回归模型：

$$\lg \frac{p}{1-p} = \eta(x) = \beta_0 + \beta_1 x_1 + \beta_2 x_2 + \cdots + \beta_m x_m + \varepsilon \tag{4-6}$$

式中，p 为待评估对象被评价为"满分"的概率，概率值介于 0~1，可以将其转化为得分值。

式（4-6）可以改写为

$$p = \frac{e^{\beta_0 + \beta_1 x_1 + \beta_2 x_2 + \cdots + \beta_m x_m + \varepsilon}}{1 + e^{\beta_0 + \beta_1 x_1 + \beta_2 x_2 + \cdots + \beta_m x_m + \varepsilon}} \tag{4-7}$$

式（4-7）可以看作评价得分关于 m 个指标的非线性回归，且 $0 \leq p \leq 1$。

上述评价方法各有自身的优缺点，但并不是互斥的，可以将多种评价方法组合在一起使用，综合利用不同方法的优点，能够取得更好的效果。

4.4.2　评价方法和模型设计

4.4.2.1　生态技术评价的指导思想

对特定的生态技术进行评价是生态技术应用和推广的基础，然而由于生态技术本身千差万别、应用推广的自然环境多样、人文社会背景各不相同，如何建立一个方便实用的通用评价方法是生态技术评价的难点。

　　生态技术评价首先需要建立能够全面、客观反映生态技术本身属性以及社会经济环境变异又容易获得的指标体系；其次评价方法的选取既依赖于评价指标体系，又依赖于评价目的。如果是评价目标之间的优劣比较，那么只需要选取各评价对象指标方差较大的指标，即对方差较大的指标赋予较大的权重构建综合指数。如果是对评价对象的适应性进行估计，那么就需要选取反映生态技术本身属性以及应用的环境变量的所有重要指标进行赋权。本研究属于后者。

　　虽然生态技术本身千差万别、应用推广的自然环境多样、人文社会背景各不相同，但人们利用生态技术的目的是一致的，旨在修复人为或自然破坏的生态环境，达到人与自然的和谐，为人类谋福祉，因此，生态技术评价的指导思想是：基于生态技术本身的技术体系模块、实施的条件保障模块、实施的效果模块，采用模块化评价方法分别进行评价，最后构建综合评价指数。按照模块化评价构建的综合评价体系，既可以对构成生态技术的各个要素进行评价，又可以进行综合评价。每个模块又由若干个子模块构成，每个子模块又有若干更低一级的模块。本研究构建的评价体系由三级模块构成，三级模块是最基本的不可以再分的基础模块，由若干可观测变量决定。在统计学上各级模块称为潜变量，也称为主成分，不能直接观测，它们是若干可观测变量的线性函数。各观测变量既有数量属性的变量，也有属性变量，对数量属性的变量直接纳入模块评价，对属性变量要先进行量化。由于各观测变量是随机变量，各个模块及综合指数也是随机变量，按照随机变量的取值范围对生态技术进行综合评价。

4.4.2.2　指标体系

　　现有生态技术可以分为石漠化治理技术、荒漠化治理技术、水土保持技术和退化生态系统治理技术四类。四类生态技术的评价问题既有共性也有其特殊性。一级、二级指标为控制性指标，为建立公用的评价模块服务，所有类型的生态技术评价使用共同的一级、二级指标；三级指标为建议性指标，根据评价对象的异质性而设置，不同技术可以选用合适的三级指标对该技术进行评价，目的在于反映区域共性与特殊性的统一，同时置于控制性指标之下。这样既可体现区域差异，又可建立公共评价平台。

　　生态技术评价的指标体系是建立评价模型的基础和依据。遵循科学性、系统性、层次性、独立性和可行性原则，确立了三级指标体系（表 4-6，量化标准见表 4-1 ~ 表 4-4）。其中一级、二级指标为四类生态技术共用的指标，三级指标是针对水土保持技术设立的指标（在后续的模型建立过程中，三级指标及其权重基于水土保持技术，石漠化治理技术、荒漠化治理技术、退化生态系统治理技术的三级指标和权重的确定可以按照相同的办法确立），具有特殊性，其余三种生态技术可以与之不同。

　　总指标（y）为待评价的生态技术的评价得分值，评价结果为一个介于 0 ~ 5 的得分，得分越高，说明该技术越优秀。

　　x_i（i 为一级指标的编号，$i=1$, 2, 3, 4, 5）为评价某生态技术所使用的一级指标。一级指标具有简单易用、省时、成本低、便于比较等特点，用于快速评估过程。一级指标都是综合指标，包括 5 个方面（表 4-6）。一级指标是对生态技术某方面效果的定性描述，每个指标给出若干评估选项，通过专家选择，可以快速判定生态治理技术的优劣。

表4-6 水土保持技术评价指标体系

总指标	一级指标	二级指标	三级指标
生态技术适宜效果（y）	技术成熟度（x_1）	技术完整性（x_{11}）	技术结构（x_{111}）
			技术体系（x_{112}）
		技术稳定性（x_{12}）	技术弹性（x_{121}）
			可使用年限（x_{122}）
		技术先进性（x_{13}）	创新度（x_{131}）
			领先度（x_{132}）
	技术应用难度（x_2）	技能水平需求层次（x_{21}）	劳动力文化程度（x_{211}）
			劳动力配合程度（x_{212}）
		技术应用成本（x_{22}）	技术研发或购置费用（x_{221}）
			机会成本（x_{222}）
	技术相宜性（x_3）	目标适宜性（x_{31}）	生态目标的有效实现程度（x_{311}）
			经济目标的有效实现程度（x_{312}）
			社会目标的有效实现程度（x_{313}）
		立地适宜性（x_{32}）	地形条件适宜度（x_{321}）
			气候条件适宜度（x_{322}）
		经济发展适宜性（x_{33}）	技术与产业关联程度（x_{331}）
			技术经济发展耦合协调度（x_{332}）
		政策法律适宜性（x_{34}）	政策配套程度（x_{341}）
			法律配套程度（x_{342}）
	技术效益（x_4）	生态效益（x_{41}）	土壤侵蚀模数（x_{411}）
			水土流失治理度（x_{412}）
		经济效益（x_{42}）	人均纯收入（x_{421}）
			粮食单产（x_{422}）
		社会效益（x_{43}）	农户技术应用和发展理念（x_{431}）
			辐射带动程度（x_{432}）
	技术推广潜力（x_5）	技术与未来发展关联度（x_{51}）	生态建设需求度（x_{511}）
			经济/社会发展需求度（x_{512}）
		技术可替代性（x_{52}）	优势度（x_{521}）
			劳动力持续使用惯性（x_{522}）

x_{ij}（j为第i个一级指标下二级指标的编号）为评价某生态技术所使用的二级指标。二级指标是对一级指标的细化，对生态技术的实施效果有更加细致的描述。二级指标包括一级指标体系下5类共14个指标（表4-6），既有对生态技术的定性描述，也有定量描述。因此通过二级指标，可以对生态技术进行半定性半定量评价。

x_{ijk}（k为第i个一级指标的第j个二级指标下三级指标的编号）为评价某生态技术所

使用的三级指标。三级指标是对二级指标的深化。三级指标是定量评价指标，也是实际用于评价的最低一层指标。每个二级指标下面可以对应一个或者多个三级指标。针对不同的生态技术，指标体系中三级指标的选择可以根据实际的评估技术设定。在对具体的生态退化治理技术进行定量评价时，指标体系中的三指标选择可以存在差异，但不可以缺项，即每个二级指标下面需要有对应的三级指标。现在指标体系共有三级指标 29 个（表 4-6）。通过三级指标，可以对生态技术进行完全的定量评价。

4.4.2.3 生态技术评价方法

评价模型的核心要素是指标和权重。建立评价模型的过程就是构造指标体系和权重的过程。在指标体系确定后，权重的确立一般有两种方法：一种是专家权重打分法，另一种是统计学习（或机器学习）法。专家权重打分法的缺点是权重值容易受个人主观影响，但该方法简单、直接，尤其是通过增加专家人数的办法，可以降低主观性对权重的影响。统计学习法的优点是不容易受人为主观影响，但容易删除方差较小的指标，造成重要变量的遗漏，同时专家打分法得到的权重容易受样本的影响，不同的样本得出的权重可能会有差别。

在四类生态技术评价问题中，起控制性作用的一级、二级指标是不变的，变化的是三级指标。因此，作为生态技术评价问题，一级、二级指标的权重应该保持不变，三级指标由于指标的选取不同，其权重是可以变化的。故本评价问题中，总指标和一级指标的评价使用层次分析法，二级指标的评价使用回归分析法。该做法既克服了全部用层次分析法主观性太强的缺点，也能够保证不同类型生态技术共有的一级、二级指标不会发生遗漏，并且权重保持一致。

在生态技术评价模型中，根据评价对象和评价依据的不同，可以分别建立如表 4-7 所示的评价模型。

表 4-7　生态技术评价模型

模型	评价对象	评价依据
1	生态技术评价得分	一级指标
2	生态技术评价得分	二级指标
3	生态技术评价得分	三级指标
4	一级指标	二级指标
5	一级指标	三级指标
6	二级指标	三级指标

根据建立的评价指标体系，采用三阶段评价法对生态技术进行评价，评价流程如图 4-3 所示。

三个阶段的评价呈循序渐进、由粗评估和广泛评估到精细和深入评估、由定性评价到定量评价等特点。在三阶段评价法的构架下，按照"总指标和一级指标的评价使用层次分析法，二级指标的评价使用回归分析法"的思路，生态技术评价模型由以下阶段构成。

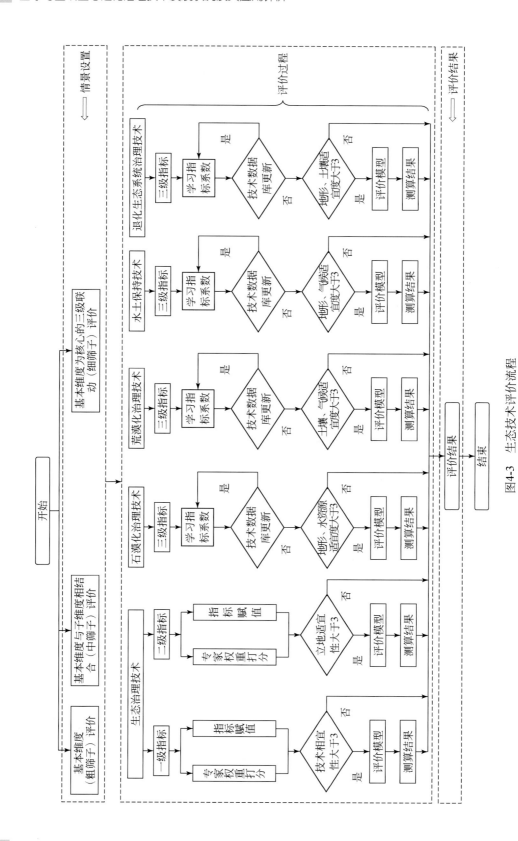

图4-3　生态技术评价流程

第一阶段：基本维度（粗筛子）评价。

该阶段采用国际学术界和决策者通常使用的定性快速评估法，通过实地调查或查阅文献资料，在短期内快速了解和评价生态治理技术状况。基本维度评价法不是一种资料收集的方法论，而是一个创造性的快速了解过程。基本维度评价法使用指标体系中的一级指标，给予每个一级指标若干简明的评估标准，对生态治理技术做出快速评估。该阶段采取层次分析法确定一级指标的权重，面对新技术或已有技术的创新性使用需要进行评价时，根据其一级指标的得分，可以直接通过模型进行评价。该阶段建立的是生态技术评价模型（表4-7）中的模型1，其形式为

$$y = \sum_{i=1}^{5} \beta_i x_i \tag{4-8}$$

式中，y 为总指标，表示待评价生态技术的得分（得分取值为 $0 \sim 5$ 分）；$x_1 \sim x_5$ 分别为技术成熟度、技术应用难度、技术相宜性、技术效益和技术推广潜力一级指标；$\beta_1 \sim \beta_5$ 为层次分析法得出的权重。

基本维度评价法是基于全球平均水平对技术本身的一般评价，是适用于所有的生态治理技术的通用评价方法，不同的利益相关方（如技术研发人员、技术推广公司、技术应用企业、管理人员、当地群众、研究人员等）都可以利用该评价方法对每一项生态治理技术予以评价，比较不同生态治理技术之间的优劣。

第二阶段：基本维度与子维度相结合（中筛子）评价。

基本维度与子维度相结合评价使用指标体系中的二级指标。二级指标是对一级指标的细化，其中既有综合指标，也包含客观指标。综合指标需要专家评委给出评价得分，客观指标需要得到具体观测值。该阶段采用层次分析法确定二级指标的权重，面对新技术或已有技术的创新性使用需要进行评价时，可以根据二级指标得分情况，预判得出各一级指标的得分，也可以估计出最终得分。该阶段建立的是生态技术评价模型（表4-7）中的模型2和模型4。

模型2的形式为

$$y = \sum_{i=1}^{5} \left(\beta_i \sum_{j=1}^{n_i} \beta_{ij} x_{ij} \right) \tag{4-9}$$

式中，下标 i 和 j 分别是一级指标和二级指标的索引号，$i = 1, 2, \cdots, 5$，$j = 1, 2, \cdots, n_i$，n_i 表征第 i 个一级指标下二级指标的个数，如第1个一级指标"技术成熟度"下有3个二级指标，则 $n_1 = 3$；x_{ij} 为第 i 个一级指标下的第 j 个二级指标；β_i、β_{ij} 为层次分析法得出的权重。

模型4由5个模型组成，其形式为

$$x_i = \sum_{j=1}^{n_i} \beta_{ij} x_{ij} \tag{4-10}$$

式中，x_i 为第 i 个一级指标。根据式（4-10）得到5个一级指标的评价模型。

与基本维度评价法相比，基本维度与子维度相结合的评价法是更加细致的生态技术评价方法，是一种生态技术的普适性评价方法。由于加入了客观指标，基本维度与子维度相结合评价法比基本维度评价法在一定程度上，排除了一些人为的主观因素，评价结果具备

了一定的客观性。

第三阶段：基本维度为核心的三级联动（细筛子）评价。

基本维度为核心的三级联动评价法需要利用三级指标，指标必须为客观指标，不能包括综合指标。该阶段建立的是生态技术评价模型（表 4-7）中的模型 3、模型 5、模型 6。利用客观指标是为了避免综合指标评估时带来的主观性。根据现有生态技术评价数据，可以通过回归分析法，学习建立生态技术定量评价模型。新技术或已有技术的创新性使用需要进行评价时，可以根据其三级指标的得分，利用定量评价模型，预估得出其二级指标、一级指标和生态技术的最终得分。

模型 3 的形式为

$$y = \sum_{i=1}^{5}\left\{\beta_i \sum \sum_{j=1}^{n_i}\left[5\beta_{ij} \times \frac{\exp\left\{\sum_{k=1}^{n_{ij}}(\beta_{ij0}+\beta_{ijk}x_{ijk})\right\}}{1+\exp\left\{\sum_{k=1}^{n_{ij}}(\beta_{ij0}+\beta_{ijk}x_{ijk})\right\}}\right]\right\} \tag{4-11}$$

式中，下标 k 是三级指标的索引号，$k=1,2,\cdots,n_{ij}$，n_{ij} 为第 i 个一级指标下第 j 个二级指标下三级指标的个数，如第 4 个一级指标"技术效益"下第 2 个二级指标"经济效益"下有 2 个三级指标，则 $n_{42}=2$；x_{ijk} 为第 i 个一级指标下第 j 个二级指标下的第 k 个三级指标；β_{ijk} 为回归系数。

式（4-11）是综合运用 Logistic 回归分析法和层次分析法建立的三级指标对生态技术的评价模型，即表 4-7 中的模型 3。模型 3 的形式也可以直接是生态技术评价得分关于三级指标的非线性回归：

$$y = 5 \times \frac{\exp\left\{\sum_{i=1}^{5}\sum_{j=1}^{n_i}\sum_{k=1}^{n_{ij}}\beta_{ijk}x_{ijk}\right\}}{1+\exp\left\{\sum_{i=1}^{5}\sum_{j=1}^{n_i}\sum_{k=1}^{n_{ij}}\beta_{ijk}x_{ijk}\right\}} \tag{4-12}$$

模型 5 由 5 个模型构成，形式如下：

$$x_i = \sum_{j=1}^{n_i}\left[5\beta_{ij} \times \frac{\exp\left\{\sum_{k=1}^{n_{ij}}(\beta_{ij0}+\beta_{ijk}x_{ijk})\right\}}{1+\exp\left\{\sum_{k=1}^{n_{ij}}(\beta_{ij0}+\beta_{ijk}x_{ijk})\right\}}\right] \tag{4-13}$$

根据式（4-13）得到 5 个一级指标的评价模型。模型 6 由 14 个模型构成，形式如下：

$$x_{ij} = 5 \times \frac{\exp\left\{\sum_{k=1}^{n_{ij}}(\beta_{ij0}+\beta_{ijk}x_{ijk})\right\}}{1+\exp\left\{\sum_{k=1}^{n_{ij}}(\beta_{ij0}+\beta_{ijk}x_{ijk})\right\}} \tag{4-14}$$

根据式（4-14）得到 14 个二级指标的评价模型。

按照模块化评价构建的综合评价体系，既可以对构成生态技术的各个要素进行评价，又可以对生态技术进行综合评价。每个模块又由若干个子模块构成，每个子模块又有若干更低一级的模块。式（4-8）~式（4-14）正是体现了模块化评价的思路。本研究构建的评价体系由三级模块构成：对总指标的评价就是计算得出生态技术的综合评价得分值 y，对应于模块化系统的零级模块；对一级指标的评价就是计算得出一级指标得分值 x_i，对应于模块化系统的一级模块；对二级指标的评价就是计算得出二级指标得分值 x_{ij}，对应于模块化系统的二级模块；三级指标值 x_{ijk} 对应于模块化系统的三级模块，三级模块是最基本的不可以再分的基础模块，由若干可观测变量决定；零级模块、一级模块、二级模块、三级模块之间分别为父模块、子模块，由低级的子模块可以对高级的父模块进行评价，即如果要得到某个指标的得分值，只需要代入对应的父模块、子模块，便可得出该指标的得分值。

三阶段评价法体现了模块化评价思想。不同阶段的评价模型可以完成不同模块的评价目标。随着对生态技术认识的不断深入和对其数据资料掌握的不断丰富，评价由第一阶段进入第三阶段，不但实现了对生态技术的综合评价，也对构成生态技术的各个要素进行了全面评价。

4.4.2.4　生态技术评价模型

（1）基于一级、二级指标生态技术评价模型——层次分析模型

为了得到一级指标和二级指标的权重，向石漠化治理技术、荒漠化治理技术、水土保持技术和退化生态系统治理技术四个领域的相关专家发放调查问卷，根据层次分析法计算得出指标的权重。

将层次分析法获得的权重代入式（4-8），得到总指标的评价模型为

$$y = 0.2241\, x_1 + 0.1499\, x_2 + 0.2983\, x_3 + 0.2292\, x_4 + 0.0985\, x_5 \qquad (4\text{-}15)$$

因此，对生态技术影响最大的一级指标为技术相宜性，之后依次为技术效益、技术成熟度、技术应用难度和技术推广潜力。

将层次分析法获得的权重代入式（4-10），得到 5 个一级指标的评价模型为

$$x_1 = 0.3665\, x_{11} + 0.3944\, x_{12} + 0.2391\, x_{13} \qquad (4\text{-}16)$$

$$x_2 = 0.4818\, x_{21} + 0.5182\, x_{22} \qquad (4\text{-}17)$$

$$x_3 = 0.2821\, x_{31} + 0.3649\, x_{32} + 0.1847\, x_{33} + 0.1683\, x_{34} \qquad (4\text{-}18)$$

$$x_4 = 0.4232\, x_{41} + 0.3591\, x_{42} + 0.2177\, x_{43} \qquad (4\text{-}19)$$

$$x_5 = 0.6578\, x_{51} + 0.3422\, x_{52} \qquad (4\text{-}20)$$

一级指标技术成熟度下属的二级指标对其影响由大到小分别为技术稳定性、技术完整性、技术先进性；一级指标技术应用难度下属的二级指标对其影响由大到小分别为技术应用成本、技能水平需求层次；一级指标技术相宜性下属的二级指标对其影响由大到小分别为立地适宜性、目标适宜性、经济发展适宜性、政策法律适宜性；一级指标技术效益下属的二级指标对其影响由大到小分别为生态效益、经济效益、社会效益；一级指标技术推广潜力下属的二级指标对其影响由大到小分别为技术与未来发展关联度、技术可替代性。

将层次分析法获得的权重代入式（4-9），得到由二级指标直接评价总指标的层次分析模型为

$$
\begin{aligned}
y =\ & 0.0821\, x_{11} + 0.0884\, x_{12} + 0.0536\, x_{13} + 0.0722\, x_{21} + 0.0777\, x_{22} + 0.0842\, x_{31} + 0.1088\, x_{32} \\
& + 0.0551\, x_{33} + 0.0502\, x_{34} + 0.0970\, x_{41} + 0.0823\, x_{42} + 0.0499\, x_{43} + 0.0648\, x_{51} \\
& + 0.0337\, x_{52} \qquad\qquad (4\text{-}21)
\end{aligned}
$$

因此，二级指标对生态技术的影响程度由大到小依次为立地适宜性、生态效益、技术稳定性、目标适宜性、经济效益、技术完整性、技术应用成本、技能水平需求层次、技术与未来发展关联度、经济发展适宜性、技术先进性、政策法律适宜性、社会效益、技术可替代性。

（2）基于三级指标水土保持技术评价模型——Logistic 回归模型

一级、二级指标为水土保持技术、石漠化治理技术、荒漠化治理技术、退化生态系统治理技术四类生态技术共用的指标，其权重保持不变；本书中三级指标是针对水土保持技术设立的指标，下面的模型建立过程中，三级指标及其权重基于水土保持技术，其他三类生态技术的三级指标和权重的确定可以按照相同的办法确立。

为了获得三级指标对二级指标的 Logistic 回归模型，需要对水土保持技术进行调查。本书以对黄土高原水土流失区的水土保持技术的调研为基础建立模型。

根据问卷调查获得的 87 份样本数据，建立二级指标关于三级指标的 Logistic 回归模型。87 份样本数据中，米脂县高西沟小流域的数据用来进行模型验证，不参与建立模型。在其他 86 份样本数据中通过随机抽样的方式选取 60 份数据组成训练集、26 份数据组成测试集，用来建立模型。

式（4-3）中因变量取值介于 0~1，因此在建立回归模型前，需要将二级指标的得分值分别除以 5，使二级指标得分值标准化到 0~1。

根据式（4-14），利用 SPSS 21 进行非线性回归，得到 14 个二级指标的评价模型，回归系数值和训练集、测试集的 R^2 见表4-8。

表 4-8　Logistic 模型参数估计值

因变量	回归系数				训练集 R^2	测试集 R^2
	β_{ij0}	β_{ij1}	β_{ij2}	β_{ij3}		
x_{11}	−2.52	0.529	0.453	—	0.984	0.848
x_{12}	−2.852	0.567	0.529	—	0.959	0.951
x_{13}	−2.2	0.475	0.405	—	0.991	0.989
x_{21}	−3.978	0.707	0.725	—	0.915	0.826
x_{22}	−5.807	0.871	0.763	—	0.786	0.847
x_{31}	−2.828	0.39	0.382	0.311	0.963	0.774
x_{32}	−8.174	1.147	1.173	—	0.908	0.832
x_{33}	−2.368	0.516	0.427	—	0.983	0.985
x_{34}	−2.599	0.523	0.475	—	0.975	0.979
x_{41}	−7.384	1.1	1.052	—	0.908	0.881
x_{42}	−2.413	0.503	0.452	—	0.976	0.964
x_{43}	−2.242	0.452	0.462	—	0.988	0.986
x_{51}	−3.566	0.673	0.586	—	0.957	0.968
x_{52}	−2.489	0.613	0.37	—	0.972	0.962

注：表中"—"表示不存在该系数。

14 个二级指标的评价模型具体形式如下：

$$x_{11} = 5 \times \frac{\exp\{-2.52+0.529\,x_{111}+0.453\,x_{112}\}}{1+\exp\{-2.52+0.529\,x_{111}+0.453\,x_{112}\}} \tag{4-22}$$

$$x_{12} = 5 \times \frac{\exp\{-2.852+0.567\,x_{121}+0.529\,x_{122}\}}{1+\exp\{-2.852+0.567\,x_{121}+0.529\,x_{122}\}} \tag{4-23}$$

$$x_{13} = 5 \times \frac{\exp\{-2.2+0.475\,x_{131}+0.405\,x_{132}\}}{1+\exp\{-2.2+0.475\,x_{131}+0.405\,x_{132}\}} \tag{4-24}$$

$$x_{21} = 5 \times \frac{\exp\{-3.978+0.707\,x_{211}+0.725\,x_{212}\}}{1+\exp\{-3.978+0.707\,x_{211}+0.725\,x_{212}\}} \tag{4-25}$$

$$x_{22} = 5 \times \frac{\exp\{-5.807+0.871\,x_{221}+0.763\,x_{222}\}}{1+\exp\{-5.807+0.871\,x_{221}+0.763\,x_{222}\}} \tag{4-26}$$

$$x_{31} = 5 \times \frac{\exp\{-2.828+0.39\,x_{311}+0.382\,x_{312}+0.311\,x_{313}\}}{1+\exp\{-2.828+0.39\,x_{311}+0.382\,x_{312}+0.311\,x_{313}\}} \tag{4-27}$$

$$x_{32} = 5 \times \frac{\exp\{-8.174+1.147\,x_{321}+1.173\,x_{322}\}}{1+\exp\{-8.174+1.147\,x_{321}+1.173\,x_{322}\}} \tag{4-28}$$

$$x_{33} = 5 \times \frac{\exp\{-2.368+0.516\,x_{331}+0.427\,x_{332}\}}{1+\exp\{-2.368+0.516\,x_{331}+0.427\,x_{332}\}} \tag{4-29}$$

$$x_{34} = 5 \times \frac{\exp\{-2.599+0.523\,x_{341}+0.475\,x_{342}\}}{1+\exp\{-2.599+0.523\,x_{341}+0.475\,x_{342}\}} \tag{4-30}$$

$$x_{41} = 5 \times \frac{\exp\{-7.384+1.1\,x_{411}+1.052\,x_{412}\}}{1+\exp\{-7.384+1.1\,x_{411}+1.052\,x_{412}\}} \tag{4-31}$$

$$x_{42} = 5 \times \frac{\exp\{-2.413+0.503\,x_{421}+0.452\,x_{422}\}}{1+\exp\{-2.413+0.503\,x_{421}+0.452\,x_{422}\}} \tag{4-32}$$

$$x_{43} = 5 \times \frac{\exp\{-2.242+0.452\,x_{431}+0.462\,x_{432}\}}{1+\exp\{-2.242+0.452\,x_{431}+0.462\,x_{432}\}} \tag{4-33}$$

$$x_{51} = 5 \times \frac{\exp\{-3.566+0.673\,x_{511}+0.586\,x_{512}\}}{1+\exp\{-3.566+0.673\,x_{511}+0.586\,x_{512}\}} \tag{4-34}$$

$$x_{52} = 5 \times \frac{\exp\{-2.489+0.613\,x_{521}+0.37\,x_{522}\}}{1+\exp\{-2.489+0.613\,x_{521}+0.37\,x_{522}\}} \tag{4-35}$$

式（4-13）的 5 个一级指标的评价模型为

$$\begin{aligned} x_1 = 1.8325 \times &\frac{\exp\{-2.52+0.529\,x_{111}+0.453\,x_{112}\}}{1+\exp\{-2.52+0.529\,x_{111}+0.453\,x_{112}\}} + 1.972 \\ \times &\frac{\exp\{-2.852+0.567\,x_{121}+0.529\,x_{122}\}}{1+\exp\{-2.852+0.567\,x_{121}+0.529\,x_{122}\}} + 1.1955 \\ \times &\frac{\exp\{-2.2+0.475\,x_{131}+0.405\,x_{132}\}}{1+\exp\{-2.2+0.475\,x_{131}+0.405\,x_{132}\}} \end{aligned} \tag{4-36}$$

$$\begin{aligned} x_2 = 2.409 \times &\frac{\exp\{-3.978+0.707\,x_{211}+0.725\,x_{212}\}}{1+\exp\{-3.978+0.707\,x_{211}+0.725\,x_{212}\}} + 2.591 \\ \times &\frac{\exp\{-5.807+0.871\,x_{221}+0.763\,x_{222}\}}{1+\exp\{-5.807+0.871\,x_{221}+0.763\,x_{222}\}} \end{aligned} \tag{4-37}$$

$$x_3 = 1.4105 \times \frac{\exp\{-2.828+0.39\,x_{311}+0.382\,x_{312}+0.311\,x_{313}\}}{1+\exp\{-2.828+0.39\,x_{311}+0.382\,x_{312}+0.311\,x_{313}\}}+1.8245$$

$$\times \frac{\exp\{-8.174+1.147\,x_{321}+1.173\,x_{322}\}}{1+\exp\{-8.174+1.147\,x_{321}+1.173\,x_{322}\}}+0.9235$$

$$\times \frac{\exp\{-2.368+0.516\,x_{331}+0.427\,x_{332}\}}{1+\exp\{-2.368+0.516\,x_{331}+0.427\,x_{332}\}}+0.8415$$

$$\times \frac{\exp\{-2.599+0.523\,x_{341}+0.475\,x_{342}\}}{1+\exp\{-2.599+0.523\,x_{341}+0.475\,x_{342}\}} \tag{4-38}$$

$$x_4 = 2.116 \times \frac{\exp\{-7.384+1.1\,x_{411}+1.052\,x_{412}\}}{1+\exp\{-7.384+1.1\,x_{411}+1.052\,x_{412}\}}+1.7955$$

$$\times \frac{\exp\{-2.413+0.503\,x_{421}+0.452\,x_{422}\}}{1+\exp\{-2.413+0.503\,x_{421}+0.452\,x_{422}\}}+1.0885$$

$$\times \frac{\exp\{-2.242+0.452\,x_{431}+0.462\,x_{432}\}}{1+\exp\{-2.242+0.452\,x_{431}+0.462\,x_{432}\}} \tag{4-39}$$

$$x_5 = 3.289 \times \frac{\exp\{-3.566+0.673\,x_{511}+0.586\,x_{512}\}}{1+\exp\{-3.566+0.673\,x_{511}+0.586\,x_{512}\}}+1.711$$

$$\times \frac{\exp\{-2.489+0.613\,x_{521}+0.37\,x_{522}\}}{1+\exp\{-2.489+0.613\,x_{521}+0.37\,x_{522}\}} \tag{4-40}$$

根据三级指标的值对生态技术进行评价，式（4-11）的具体表达式为

$$y = 0.4105 \times \frac{\exp\{-2.52+0.529\,x_{111}+0.453\,x_{112}\}}{1+\exp\{-2.52+0.529\,x_{111}+0.453\,x_{112}\}}+0.442$$

$$\times \frac{\exp\{-2.852+0.567\,x_{121}+0.529\,x_{122}\}}{1+\exp\{-2.852+0.567\,x_{121}+0.529\,x_{122}\}}+0.268$$

$$\times \frac{\exp\{-2.2+0.475\,x_{131}+0.405\,x_{132}\}}{1+\exp\{-2.2+0.475\,x_{131}+0.405\,x_{132}\}}+0.361$$

$$\times \frac{\exp\{-3.978+0.707\,x_{211}+0.725\,x_{212}\}}{1+\exp\{-3.978+0.707\,x_{211}+0.725\,x_{212}\}}+0.3885$$

$$\times \frac{\exp\{-5.807+0.871\,x_{221}+0.763\,x_{222}\}}{1+\exp\{-5.807+0.871\,x_{221}+0.763\,x_{222}\}}+0.421$$

$$\times \frac{\exp\{-2.828+0.39\,x_{311}+0.382\,x_{312}+0.311\,x_{313}\}}{1+\exp\{-2.828+0.39\,x_{311}+0.382\,x_{312}+0.311\,x_{313}\}}+0.544$$

$$\times \frac{\exp\{-8.174+1.147\,x_{321}+1.173\,x_{322}\}}{1+\exp\{-8.174+1.147\,x_{321}+1.173\,x_{322}\}}+0.2755$$

$$\times \frac{\exp\{-2.368+0.516\,x_{331}+0.427\,x_{332}\}}{1+\exp\{-2.368+0.516\,x_{331}+0.427\,x_{332}\}}+0.251$$

$$\times \frac{\exp\{-2.599+0.523\,x_{341}+0.475\,x_{342}\}}{1+\exp\{-2.599+0.523\,x_{341}+0.475\,x_{342}\}}+0.485$$

$$\times \frac{\exp\{-7.384+1.1\,x_{411}+1.052\,x_{412}\}}{1+\exp\{-7.384+1.1\,x_{411}+1.052\,x_{412}\}}+0.4115$$

$$\times \frac{\exp\{-2.413+0.503\,x_{421}+0.452\,x_{422}\}}{1+\exp\{-2.413+0.503\,x_{421}+0.452\,x_{422}\}}+0.2495$$

$$\times \frac{\exp\{-2.242+0.452\,x_{431}+0.462\,x_{432}\}}{1+\exp\{-2.242+0.452\,x_{431}+0.462\,x_{432}\}}+0.324$$

$$\times \frac{\exp\{-3.566+0.673\,x_{511}+0.586\,x_{512}\}}{1+\exp\{-3.566+0.673\,x_{511}+0.586\,x_{512}\}}+0.1685$$

$$\times \frac{\exp\{-2.489+0.613\,x_{521}+0.37\,x_{522}\}}{1+\exp\{-2.489+0.613\,x_{521}+0.37\,x_{522}\}} \tag{4-41}$$

根据式（4-12）也可以建立三级指标关于生态技术评价得分的评价模型，利用调查所得的数据，利用式（4-14）的训练集和测试集的处理方法，得

$$y=5\times\frac{e^{\Omega}}{1+e^{\Omega}} \tag{4-42}$$

其中：

$$\begin{aligned}
\Omega=&-3.194+0.057\,x_{111}+0.044\,x_{112}+0.073\,x_{121}+0.034\,x_{122}+0.023\,x_{131}+0.037\,x_{132}\\
&+0.03\,x_{211}+0.055\,x_{212}+0.021\,x_{221}+0.023\,x_{222}+0.041\,x_{311}+0.025\,x_{312}\\
&+0.037\,x_{313}+0.069\,x_{321}+0.072\,x_{322}+0.043\,x_{331}+0.027\,x_{332}+0.001\,x_{341}\\
&+0.032\,x_{342}+0.089\,x_{411}+0.05\,x_{412}+0.067\,x_{421}+0.042\,x_{422}+0.01\,x_{431}\\
&+0.024\,x_{432}+0.054\,x_{511}+0.039\,x_{512}+0.036\,x_{521}+0.006\,x_{522} \tag{4-43}
\end{aligned}$$

建立式（4-43）的训练集、测试集的 R^2 分别为 0.986、0.889。

4.4.3　结论与建议

科学、合理的生态治理技术评价指标体系可以为政府各决策部门在生态文明建设过程中进行定性、定量评价生态技术提供有效工具，为引导生态文明建设朝着正确方向发展提供参考。本研究从技术成熟度、技术应用难度、技术相宜性、技术效益、技术推广潜力五个维度出发，结合生态治理技术的背景特征、解决的主要问题等，通过综合比选、专家小组讨论、德尔菲法意见征询等方法，初步建立了一套生态技术评价指标体系。本指标体系既可以用于简单易用的快速评估，又可以用于全面细致的准确评估；既可以针对评价对象的同质性进行评估，又可以针对评价对象的异质性进行评估，因此指标选择既要涵盖生态治理技术的各个方面，又要精简，尽量选择公认可用的指标来确保其可获取性。为实现指标体系构建目标，研究过程尽量选取最具代表性的目标性指标，实施过程指标尽量不纳入本指标体系。不同类型生态退化区在生态治理技术应用过程中，应从各自的实际情况出发，按照生态治理技术本身的特性与要求，科学合理地选择符合本地特征的生态治理技术评价指标体系。

针对生态技术研究中缺乏科学、合理、全面的评价方法和模型的问题，在对常用评价模型梳理的基础上，构建了能够揭示生态技术本身属性、生态技术的应用效果、技术本身属性与实施效果耦合关系的评价模型。

1）根据人们对生态技术认识程度的不同和掌握数据资料详略的不同，本研究采用三阶段评价法。每个阶段通过建立不同情境下的回归模型，揭示不同指标系统下生态技术要

素之间的关系，实现模块化评估思路，进而得到生态技术评价的综合值。

2）本研究确立的评价模型，总指标和一级指标的评价使用层次分析法，二级指标的评价使用回归分析法。这样既克服了全部用层次分析法主观性太强的缺点，也能够保证不同类型生态技术共有的一级、二级指标不会发生遗漏，并且权重保持一致。该生态技术评价方法和模型以客观指标数据为基础，可以减少人为主观因素的干扰，得到客观公允的评价结果，从而为生态技术的"引进来"和"走出去"提供科学依据。

3）本研究建立的生态技术评价方法和模型不仅可以对现有实施的生态技术进行评价，而且对新技术或已有技术的创新性使用也可以进行评价，只需将三级指标（全部为客观指标）值代入模型中，就可以得出对二级指标、一级指标的全面评价，从而得到生态技术的最终评价的综合得分值。

第 5 章　重大生态工程关键生态技术挖掘和评价

5.1　重要性和目标

中国是世界上生态问题较为突出的国家之一，尤其是北方土石山区土壤侵蚀、京津风沙源区沙漠化、南方喀斯特区石漠化、黄土高原水土流失等问题。从 20 世纪 50 年代起，我国就开始实施生态保护工程，主要开展水土流失、荒漠化、石漠化和土壤侵蚀相关的机理与防治研究。以科研项目的五年计划为期限进行统计发现，截至目前，我国已形成大量的针对不同类型区的生态治理技术以及由各种技术集成的治理模式，进而形成针对不同生态问题的治理技术体系。针对生态治理技术及其集成效果进行评价是技术优选和推荐工作的基础，影响着生态工程治理的效果及生态技术的推广。然而，长期以来，由于缺少完善的生态监测系统和长期的观测数据，缺乏生态治理技术实施效果评价，指标体系和评价模型不够科学，极大地限制了生态治理技术在生态脆弱区的推广和应用。因此，亟须对我国已开展的生态治理工程进行梳理，筛选出优良生态治理技术，一方面可以吸取失败教训，总结成功经验，将综合评价值高的生态治理技术应用在未来生态治理工程中；另一方面借鉴国外先进生态技术，同时把推广潜力大的生态技术介绍到"一带一路"沿线国家的生态治理工程中，为全球生态环境管理事业贡献中国智慧。

本研究通过分类梳理我国不同区域生态治理工程及其运用的关键生态治理技术，以构建生态治理技术评价指标体系与创新生态治理技术评价方法研究为基础，对京津风沙源国家重大生态工程、黄河上中游水土保持重点防治工程、南方石漠化综合治理重大生态工程等典型生态工程关键生态技术进行评估，分析比较不同区域生态工程使用的技术或技术群的成熟度、应用难度、适用情况、生态效益、经济效益、社会效益、推广潜力等。生态治理技术评价的主要步骤如下：首先，根据获取的数据情况灵活选用评价方法；其次，采用专家调查法和文献荟萃分析法筛选对应一级、二级框架指标的三级评价指标；再次，根据被评价对象相关数据获取情况采用主客观赋权相结合的方法确定评价指标的权重；最后，根据最终评价结果提出具有前瞻性和实用性的适合不同区域生态退化的生态治理技术。

我国在水土流失治理、荒漠化治理和石漠化治理方面做了大量工作，取得了举世瞩目的成就，许多重大生态治理工程都对改善生态环境和改善人民生活及促进当地经济发挥了重要作用，很多重要的生态技术和技术模式都将对发展中国家和"一带一路"沿线国家有重要的参考价值与分享意义。有效地评价这些生态技术和模式无疑将对我国未来重大生态工程建设和生态文明建设具有积极的指导意义，也对提升我国生态治理国际影响和话语权有重要作用。

5.2 重大生态工程背景和实施状况

5.2.1 黄河上中游国家重大生态工程

黄河上中游地区约占到整体流域面积的97%，其生态环境质量直接决定了黄河流域的环境状况。其中黄河河源至内蒙古自治区托克托县的河口镇为上游，河道长3471.6km，流域面积42.8万km²，占全流域面积的53.8%。河口镇至桃花峪为中游，河道长1206km，流域面积34.4万km²；占全流域面积的43.3%，落差890m，平均比降7.4‰。

黄河上中游国家重大生态工程包括国家水土保持重点建设工程、沙棘资源建设工程、退耕还林还草工程。

(1) 国家水土保持重点建设工程

国家水土保持重点建设工程原名"全国八大片重点治理区水土保持工程"，该工程于1983年开始实施，是我国第一个由国家安排专项资金、有计划、有步骤开展水土流失综合治理的水土保持重点工程。其中黄河上中游的西北黄土高原地区是该工程的重点地区。其主要建设内容是坡面以坡改梯为重点，配套坡面水系，辅以林草措施；沟壑开展沟道之力，兴修谷坊等措施，防止沟头前进，沟底下切和沟岸扩张；开展封山禁牧，恢复植被；兴修雨水集流工程，有效利用水资源。

(2) 沙棘资源建设工程

水利部沙棘开发管理中心（以下简称"沙棘中心"）从1998年开始在砒砂岩区实施沙棘生态减沙工程，通过中央财政立项，由沙棘中心作为项目法人，先后组织实施了晋陕蒙砒砂岩区沙棘生态减沙工程、晋陕蒙砒砂岩区窟野河流域沙棘生态减沙工程，目前正在实施十大孔兑沙棘生态减沙工程。截至2017年底，累计投入中央财政预算资金5.9亿元，加上地方配套和群众投劳约2.3亿元，人工种植沙棘近700万亩，已形成了世界上规模最大的沙棘资源基地，极大地推动了当地水土保持生态建设。

(3) 退耕还林还草工程

1998年特大洪灾后，党中央、国务院将"封山植树，退耕还林"作为灾后重建、整治江湖的重要措施。1999年起，按照"退耕还林（草）、封山绿化、以粮代赈、个体承包"的政策措施，四川、陕西、甘肃三省率先开展退耕还林还草试点，2002年在全国范围内全面启动退耕还林还草工程。截至2020年，中央财政累计投入5353亿元，在25个省（自治区、直辖市）2435个县实施退耕还林还草5.22亿亩（其中退耕地还林还草2.13亿亩），占同期全国重点工程造林总面积的40%，有4100万农户1.58亿农民直接受益，工程建设取得了巨大成效，每年产生的综合效益达2.41万亿元，为建设生态文明和美丽中国做出了突出贡献。

5.2.2　京津风沙源国家重大生态工程

华北地区连续发生的多次沙尘暴、扬沙或浮尘天气，严重影响着首都及周边地区的生态环境和社会环境，对现代城市发展及人们的生活造成了恶劣的影响。党中央、国务院对此给予高度重视，十五届五中全会提出"加强生态建设，遏制生态恶化，抓紧环京津生态圈工程建设"的方针。为有效减轻沙尘危害、遏制风沙蔓延，2000 年 6 月，国家紧急启动"京津风沙源治理工程"，采取荒山荒地荒沙营造林、退耕还林、草地治理、禁牧舍饲、小流域综合治理和生态移民等措施对重点风沙源区进行集中治理。

根据《京津风沙源治理工程规划（2001—2010 年）》，京津风沙源治理一期工程实施时间为 2001～2012 年，包含北京、河北、天津、山西和内蒙古 5 省（自治区、直辖市）在内的 75 个县（旗、市、区），国家累计投入资金 479 亿元。截至 2011 年底，工程形成了 4 条大型防护林带，累计完成营造林 752.6 万 hm²（其中退耕还林 109.47 万 hm²），草地治理 933.3 万 hm²，暖棚建设 1100 万 m²，饲料机械购置 12.7 万套，小流域综合治理 1.54 万 hm²，节水灌溉和水源工程共 21.3 万处，生态移民 18 万人。为进一步减少京津地区沙尘危害，提高工程区经济社会可持续发展能力，构建我国北方绿色生态屏障，在巩固一期工程建设成果基础上，实施京津风沙源治理二期工程。

2012 年 9 月，国务院常务会议讨论通过了《京津风沙源治理二期工程规划（2013—2022 年）》，决定实施京津风沙源治理二期工程，工程区范围由北京、天津、河北、山西、内蒙古 5 个省（自治区、直辖市）的 75 个县（旗、市、区）扩大至包括陕西在内的 6 个省（自治区、直辖市）的 138 个县（旗、市、区）。二期工程规划包含七大任务：①加强林草植被保护，提高现有植被质量。规划公益林管护 730.36 万 hm²、禁牧 2016.87 万 hm²、围栏封育 356.05 万 hm²。②加强林草植被建设，增加植被覆盖率。规划人工造林 289.73 万 hm²、飞播造林 67.79 万 hm²、飞播牧草 79.15 万 hm²、封山（沙）育林育草 229.16 万 hm²。③为加强重点区域沙化土地治理，遏制局部区域流沙侵蚀，规划工程固沙 37.15 万 hm²。④合理利用水土资源，提高水土保持能力和水资源利用率，规划小流域综合治理 2.11 万 hm²、水源工程 10.36 万处、节水灌溉工程 6.01 万处。⑤合理开发利用草地资源，促进畜牧业健康发展。规划人工饲草基地 68.13 万 hm²、草种基地 6.25 万 hm²、配套建设暖棚 2135 万 hm²、青贮窖 1223 万 hm²、贮草棚 236 万 hm²，购置饲料机械 60.72 万台（套）。⑥降低区域生态压力。规划易地搬迁 37.04 万人。⑦加强保障体系建设，提高工程建设水平。

工程建设目标明确，即到 2022 年，一期工程建设成果开始步入良性循环，二期工程区内可治理的沙化土地得到基本治理，沙化土地扩展的趋势得到根本遏制；京津地区的沙尘天气明显减少，风沙危害明显减轻；工程区生态环境明显改善，可持续发展能力进一步提高；林草植被质量提高，生态系统稳定性增强，基本建成京津及华北北部地区的绿色生态屏障。

5.2.3 南方石漠化综合治理重大生态工程

石漠化是在岩溶地区生态系统脆弱性与人类不合理经济活动相互作用下造成的地表呈现类似于荒漠景观的演变过程或结果，是岩溶生态系统极端退化的表现形式。目前，我国70%以上的石漠化灾害分布在以贵州高原为中心的贵州、云南、广西、重庆、四川、湖南、湖北和广东8个省（自治区、直辖市），石漠化带来的水土流失加剧、旱涝灾害频发、土壤肥力下降、生物多样性降低甚至丧失等生态问题，成为制约我国西南岩溶地区社会经济发展的关键因素。

我国西南岩溶地区石漠化治理始于20世纪80年代，国家"八七"扶贫攻坚计划、退耕还林工程、"长防"和"长治"工程、"珠治"试点工程、世界粮食计划、世界银行贷款项目和澳大利亚援助计划、新西兰援助计划等一系列国内国际生态治理工程，为石漠化治理积累了宝贵的经验（袁道先，2003）。

"九五"以来，针对西南喀斯特地区植被退化、水土流失、石漠化等问题，在科学技术部等部门和地方政府的科研项目支持下，开展了一系列水土流失治理、石漠化治理、水资源利用、植被恢复与重建等方面的科技攻关项目，研究成果和治理成效显著，有效支撑了我国西南喀斯特地区的可持续发展。2000年，党中央、国务院将"推进西南岩溶地区石漠化综合整治"列入我国"十五"政府工作计划，自此石漠化治理工作上升到国家层面；之后的"十一五""十二五""十三五"都将石漠化综合治理作为我国重点区域生态修复的主要内容（表5-1）。

表 5-1　我国喀斯特石漠化治理阶段进展

时期	问题/需求	机理/机制	技术/模式
"九五"	石漠化发生背景不清	喀斯特二元三维水文地质结构特征	水文地质条件评价、喀斯特生态脆弱性识别技术
"十五"	石漠化分级分类不清，加快小流域石漠化治理	石漠化退化机制、喀斯特物种适生性	适生植物筛选、速生植物栽培、山地生态农业等技术
"十一五"	石漠化治理缺乏系统性、实施县域石漠化治理试点工程	人工诱导植被恢复机制、水土流失机理	生物与工程措施配套的植被恢复、坡耕地治理、土壤漏失通道封堵等技术
"十二五"	实现石漠化"净减少"拐点，全面推进综合治理	土壤流失/漏失机理、喀斯特生境植物适应机制	表层水调蓄、土壤漏失阻控、植被群落优化配置等适应性技术、生态衍生产业培育
"十三五"	治理技术与模式缺乏可持续性、生态功能亟待提升	生态服务功能形成与提升机理、产业化形成机制	治理技术与模式的集成、生态衍生产业的规模化与集约化示范

《岩溶地区石漠化综合治理工程"十三五"建设规划》还推出200个石漠化治理的重

点县（区、市），以贵州、云南、广西、湖南、湖北和重庆等地为主，石漠化土地面积 9.98 万 km²，占全国石漠化面积的 83.2%；涉及人口 10 222 万人，占全国石漠化区域人口的 45%。

5.3　研究思路和技术方案

重大生态工程关键生态技术挖掘和评价工作总体技术框架如图 5-1 所示。广泛搜集我国重大生态工程立项、规划、设计、建设和实施效果等资料，形成研究基础。针对京津风沙源国家重大生态工程、黄河上中游国家重大生态工程、南方石漠化综合治理工程开展生态技术详查，梳理重大生态工程关键技术体系，形成荒漠化、水土流失、石漠化治理关键生态技术评估报告，建立生态技术数据库及背景参数库。从单一目标、不同综合目标、不同区域三个层次进行生态技术筛选和推荐，供决策部门参考。

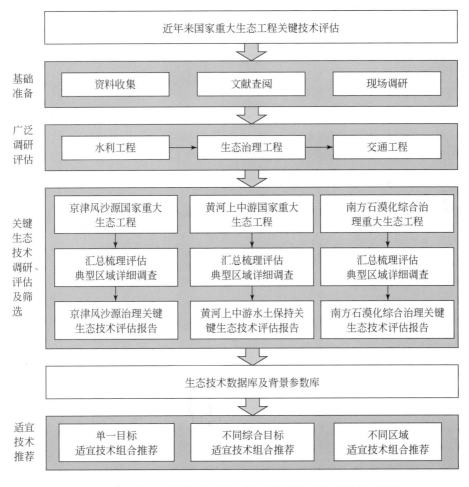

图 5-1　重大生态工程关键生态技术挖掘和评价工作总体技术框架

第6章 生态治理试验示范区生态技术筛选、配置与效果监测

6.1 研究背景及内容

6.1.1 目的意义

通过挖掘分析具有地域针对性的生态技术，凝练提出石漠化、荒漠化、水土流失或退化生态系统等生态治理技术及其配置模式，为脆弱生态系统的生态治理提供技术借鉴和支撑。

通过对国内外现有生态治理技术的收集整理，梳理出一批经济、适用、高效、易于推广、简便操作的石漠化、荒漠化、水土流失或退化生态系统等的生态治理技术及其配置模式，建立脆弱生态区生态治理技术清单，有效降低脆弱区生态治理的人员素质、技术水平、管理水平的壁垒，提高脆弱区生态治理的效率。

形成的成果为生态治理技术清单，针对特定区域特征和生态退化类型，从生态治理技术清单中快速筛选出适宜的生态治理技术及其配置模式，可有效减少脆弱区实施生态治理项目的前期调查、技术识别与筛选的时间和人力成本，降低生态治理效果的不确定性，对提高脆弱区生态治理效率、加快生态文明建设进度具有重要意义。

6.1.2 研究目标

针对典型区域典型生态退化类型，挖掘具有地域针对性的生态技术；结合试验示范区，分析评价不同区域类型生态技术配置模式、适用条件、实施效果，建立生态技术筛选技术和方法体系，提出基于生态文明建设和生态治理需求的、具有地域针对性的生态治理和生态技术集群。

6.1.3 研究内容

主要针对我国典型生态退化类型，筛选识别生态技术，结合3个试验示范区生态重建，开展生态治理技术组合实施效果评价，根据评价结果筛选适合我国生态文明建设和全球生态治理需求的生态技术体系。在此基础上，针对目前石漠化、荒漠化、水土流失、退化生态系统等典型生态退化类型恢复与重建提出对策建议。

（1）地域针对性生态技术识别和挖掘

根据不同区域特点和不同退化类型，在全国重点监测示范区的基础上，分析评价石漠化、荒漠化、水土流失、退化生态系统等不同生态退化类型成因和特点，找出生态治理技术类型，分析这些技术配置的生态环境与经济社会背景，甄别、筛选、总结提炼出生态技术集群的技术和方法体系。

（2）典型区域生态治理技术组合实施效果监测、评价和示范

全面收集整理资料，分析我国不同生态退化类型生态治理试验示范区生态建设情况，包括基本建设、分布、数量、面积、技术配置、监测数据等情况；制定典型生态退化类型如石漠化、荒漠化、水土流失等退化生态系统治理等试验示范区选择的原则，包括其生态退化类型典型性、生态技术配置代表性、实施效果评价数据资料连续性等；选择3个国家级重点监测示范区，开展生态治理技术实施效果的综合监测，使用建立的评价体系，对其技术组合及其配置进行评价、示范。

（3）不同生态退化区生态治理技术配置

基于确定的典型生态退化区生态技术需求，结合对国内重点示范区生态技术的评价，推荐适宜我国生态文明建设需求，适用于不同条件的生态技术配置模式或生态技术群；提出生态治理与恢复技术的适用范围、筛选原则与方法、措施体系布设的原则、目标与方法、实施效果评价方法等。

6.2　试验示范区及其生态治理情况

6.2.1　示范区选取

（1）示范区选取原则

根据石漠化、荒漠化、水土流失、退化生态系统分布区域特征，以及典型生态退化类型治理需求，构建典型试验示范区选择原则，主要包括：①典型性原则。生态退化类型应包括石漠化、荒漠化、水土流失等退化生态系统，每个试验示范区所在区域比较典型，能够反映该类退化生态系统和所处区域的基本特征。②代表性原则。生态技术配置模式应从上述地域针对性识别中筛选提炼，选择能够反映当前该类生态退化系统治理的比较普遍适用的配置模式。③连续性原则。有关试验示范区自然生态本底值和生态治理情况的数据资料比较齐全，具有较长序列，能够反映治理前与治理后的差别，突出治理。

（2）示范区选取的基本要求

1）有较好的治理基础，或者有较好的治理前景，或者两个条件都具备。

2）有较多的治理开发资料和素材，或者有治理开发的"故事"，便于总结分析。

3）属于山、水、田、林、路综合治理与开发，各种水土保持生态治理技术措施尽可能全面。

（3）不同示范区选取的具体要求

1）荒漠化治理示范区：应包括封禁、补植、治沙、小型水利灌溉设施，以及村庄（农牧民住户）、农田等。从卫星照片观察，县城西部降水较少，为荒漠景观；东部降水相对较多，为沙漠化区域。鄂托克旗西部的都斯兔河流域曾经是黄河中游重点治理支流，因此建议在鄂托克旗西部选点。

2）水土流失综合治理示范区：应包括沟道治理的淤地坝技术措施、坡面治理的林草技术措施和梁峁治理的梯田果园等技术措施。安塞区是农业为主的区域，同时又与宝塔区相邻，治理开发、发展新经济的前景应该考虑，以使将来总结分析内容丰富，既下接地气，又上联国家大政方针。安塞区全境为黄土丘陵区，根据要求可以在全区范围内选择示范点。

3）石漠化综合治理示范区：结合农业综合开发建设，具体选择条件包括封山育林、造林种草、棚圈建设、青贮窖、坡耕地治理、田间生产道路、引水渠、排水渠、蓄水池、沉沙池等治理技术措施，以及村庄农户。从卫星照片观察，西畴县主要为石灰岩的喀斯特地形，可以根据需要在该县选择示范区。

6.2.2　示范区选取考察

（1）安塞区

2016 年 12 月 8～11 日，对陕西省安塞区示范区的选择进行了考察，一致认为：①南沟村示范区水土保持技术措施配置较全面。该示范区农业技术较现代化，是精准扶贫的重点村，有大量资金投入，进行了移民搬迁，集中建村。以公司加农户方式经营现代化的农业和农村旅游业，符合当前国家对农村产业结构调整、农业土地流转、农民脱贫致富的政策方针。因此认为，以南沟村为示范区，可以总结出符合我国当前生态治理和农村经济发展的经验，总结发掘出符合要求的、较为完善和系统的生态技术识别、挖掘与平均方法，总结出符合水土流失地区水土保持生态治理技术配置模式。②中国科学院水利部水土保持研究所的径流观测数据可以借用到坡面治理技术措施分析中。③纸坊沟是黄土高原水土流失区治理的老典型，积累了大量的数据，也形成了很多研究成果，建议可以单独或者与南沟村典型合并，总结分析形成水土流失区成果。

（2）西畴县

2017 年 1 月 17～20 日，对云南省西畴县示范区的选择进行了考察，一致认为：①总体上，罗汉冲治理区治理技术措施比较全面，配置较合理，可以和邻近的多依坪治理区结合研究。②多依坪治理区距离罗汉冲不远，治理程度较高，而且将在这里建设"西畴精神"展览馆，可以选定多依坪+罗汉冲为示范区。③喀斯特岩溶地区岩层裂隙发达，降水形成的地表水渗漏很快，传统意义上"水冲土跑"式的水土流失不明显，设置径流小区观测可能难以获得科学合理的数据。因此需要对喀斯特岩溶地区的生态治理监测指标进行研究，以科学合理地界定该地区的水土流失，考核生态治理技术的效果。

（3）鄂托克旗

2017 年 3 月 5~8 日，对内蒙古自治区鄂托克旗示范区的选择进行了考察，一致认为：①考察的三个示范区采取的生态治理技术各有特点，可综合使用，使研究内容更充实丰富。②2006 年，鄂托克旗曾在三个示范区开展了较为系统的水土保持监测，可以以该监测为基础，延长监测时间，增加监测内容。

6.2.3　示范区选取结果

在前期综合分析筛选的基础上，经过实地考察论证，确定了研究的示范区。

1）水土流失综合治理示范区：位于陕西省安塞区，是中国科学院中国生态系统研究网络生态站点。

2）石漠化综合治理示范区：位于云南省西畴县，是国家农业综合开发项目区。

3）荒漠化治理示范区：位于内蒙古自治区鄂托克旗，是国家水土保持重点工程项目县。

6.2.4　不同类型区生态治理情况

6.2.4.1　水土流失综合治理区治理情况

我国水土流失生态治理工作可以划分成三个重要治理阶段。

（1）探索与发展阶段（1950~1980 年）

1950~1963 年，中华人民共和国成立初期，国家百业待兴，整治山河，解决革命老区群众的基本生活，根治黄河水患，成为国家政治经济生活中的一件大事。这一阶段没有形成综合性的治理方案与模式，治理理论基础薄弱，技术与模式简单，黄土高原治理的方式以一家一户分散单项治理为主，主要治理模式为坡耕地培地埂、软地埂与坡式梯田沟洫建设模式；沟冲防治与柳篱挂淤模式；塬面缓坡上修软埝，改变塬面径流通径，遏制沟头逆源侵蚀的固塬模式。同时，开展局部性的爆破法筑坝修梯田，水土流失治理模式尚处于初步探索阶段，且只具备解决单一水土流失与生态建设问题关键技术及集成。

这一阶段探索了许多有效的小流域治理方法。20 世纪 50 年代初，在黄土高原地区，以支毛沟为单元，利用工程与生物措施相结合的方法对小流域进行整治，形成了小流域综合治理的雏形。1956 年黄河水利委员会肯定并推广了"以支毛沟为单元综合治理"模式。20 世纪 60 年代，水土保持工作以基本农田建设为主要内容，把水、坝、滩地和梯田确定为治理目标，但治理措施的配置比较分散。到 20 世纪 70 年代中期，通过总结正反两方面的经验教训，逐步认识到应以小流域为单元进行综合整治，且只具备解决单一水土流失与生态建设问题关键技术及集成。

1964~1978 年，各地以改土为中心的坡改梯技术得到发展，形成了从规划、设计到施工等一套治理技术与建设模式，同时期淤地坝建设也在黄土高原大规模开展试验和建设，形成了水坠坝筑坝、爆破法筑坝、冲土水枪等技术为主体的淤地坝建设模式，并逐步认识到水土流失需要进行综合治理和开始探索小流域综合治理。总之，这一阶段形成了以坡改梯为主的坡面水土流失工程治理模式、以沟道拦沙淤地为主的淤地坝工程治理模式及以坡面植树种草为主的坡面生物防治模式。

（2）小流域综合治理阶段（1981~2000年）

进入20世纪80年代后，水土保持工作得到恢复和加强。1991年《中华人民共和国水土保持法》正式颁布实施，水土保持工作由此进入依法防治的新阶段。水土流失防治过程取得了明显效益。90年代中期的遥感普查表明，全国水土流失面积 $3.56 \times 10^6 \text{km}^2$，约占国土总面积的37.1%。与80年代中期相比，水土流失总面积减少了 $1.10 \times 10^5 \text{km}^2$，但风蚀面积有所增加。然而，随着国家工作重心向经济建设的转移和改革开放政策的实行，全国各地开展了大规模的工程建设和矿产资源开发，产生了新的水土流失。据1996年普查统计，黄土高原地区因大规模的矿产资源开发及基本建设等，新增人为水土流失面积2.82万 km^2，超过同期已治理的水土流失面积。1997年中央开始实施退耕还林还草试点工程，经过数年的试点示范，有效提高了退耕区域的林草植被覆盖率。我国水土流失状况总体上得到了一定改善。1998年全国水土保持综合治理面积首次突破5.00万 km^2。实施退耕还林还草工程后，黄土高原地区植被覆盖率增加5.6%；长江上游及西南诸河区，治理区林草覆盖率由治理前的35%提高到56%，局部地区生态环境面貌显著改观，部分支流的河流输沙量呈下降趋势。

这一阶段黄土高原形成了以小流域为单元的水土流失综合治理模式，并开始注重流域内水土流失治理与经济开发的结合，初步形成了较为系统的小流域综合治理理论及较为完整的从规划、设计到施工等一套治理技术与建设模式。因而，水土流失治理模式从单项治理工程，如单一治坡为主的坡耕地改造工程、坡面植树造林工程和治沟为主的淤地坝工程，发展成为沟坡兼治、生态建设与经济发展兼顾的小流域综合治理模式。在土地使用制度上出现了户包治理小流域，形成了多样化投入与治理的水土流失治理模式，这一阶段的模式基本具备协调和支撑特定下垫面及特定生物气候类型区的小流域水土流失、产业布局与经济社会持续发展的综合性特点。水利部把"小流域综合治理"作为一条重要经验进行推广，并制定了《水土保持小流域治理办法（草案）》，我国的水土保持工作从此进入到以小流域为单元的综合治理新阶段。与此同时，国家确定在黄河、长江等六大流域及水土流失严重的八片区开展小流域综合治理试点工作。到20世纪80年代末，小流域综合治理已经成为我国治理水土流失与发展农村生产的主要形式。

以小流域为单元的水土流失综合治理模式得到了广泛的应用和发展，但随着经济发展和研究工作的深入，以强化生态建设和水土流失治理为主要目标的小流域综合治理模式，在理论上已不能满足水土流失治理与区域经济社会和农业持续发展的需要，针对此种现象，中国科学院水利部水土保持研究所依据安塞试验区的研究工作，提出了水土保持型生态农业发展模式，其生态恢复与经济社会协调发展的三阶段划分等理论受到广泛重视和应用，也成为指导黄土高原生态建设与水土流失治理的理论基础，该模式具备协调区域生态经济持续发展，满足大、中尺度流域水土流失区的生态安全和社会进步需求的特点。

（3）生态修复为主的规模治理阶段（2001 年至今）

21 世纪初期以来，贯彻国家提出的建设生态文明要求，在国务院批复的《黄河流域综合规划 2012—2030 年》中水土保持规划的指导思想是：以科学发展观为指导，根据民生水利和可持续发展治水新思路，贯彻维持黄河健康生命的治黄新理念，考虑黄河流域自然环境特征和经济社会发展需要，以维护生态环境，改善群众生产、生活条件和减少入黄泥沙为总体目标，贯彻"防治结合、保护优先、强化治理"的基本思路，按照"全面规划、统筹兼顾、标本兼治、综合治理"的原则，根据黄河流域安塞区水土流失的特点，结合当地经济社会发展和治黄要求，因地制宜、分区防治、突出重点，提高经济社会和生态环境的可持续发展能力，有效减少入黄泥沙，实现人与自然和谐相处。遵循这一指导思想，规划重视林草措施，兼顾经济效益，在各项治理措施中，基本农田的比例减少到 15% 以下，各项林草措施的比例之和超过 85%，体现了"绿水青山就是金山银山"的生态文明理念。

进入 21 世纪以来，安塞区水土流失治理模式与国家重大工程投入直接相关，形成了以恢复生态为主的大封育小治理的治理模式、以遏制水土流失和建设基本农田为目标的坝系农业建设模式、以适应现代农业发展需求，保障退耕成果为目标的高标准的坡改梯治理模式；注重市场对区域经济发展和生态建设的牵动作用，推动水土流失治理与区域产业结构调整和优势农产品的发展相结合，提出黄土高原未来推动该区经济社会生态持续发展的商品型生态农业发展模式，该模式具备了协调区域生态经济持续发展，满足大、中尺度流域水土流失区的生态安全和社会进步需求，适宜于国家经济社会发展战略布局的综合型发展模式的特点。

1999 年朱镕基总理在陕西延安等地考察时着重讲了"退耕还林、封山绿化、以粮代赈、个体承包"等方面的措施。随后，四川、陕西、甘肃率先启动退耕还林试点示范工程。2000 年又启动了 17 个省（自治区、直辖市）的 188 个县，2001 年退耕还林增加到 20 个省（自治区、直辖市）的 224 个县。退耕还林试点工程累计完成任务 187.9 万 hm^2，其中退耕还林还草 101.1 万 hm^2，宜林荒山荒地造林 86.8 万 hm^2。2002 年在前期试点的基础上，党中央、国务院高瞻远瞩，果断作出了全面启动退耕还林工程的决定，为实现生态环境的可持续发展奠定了坚实的基础。

退耕还林作为一项新兴事业，是一项以生态效益为主，兼顾经济效益和社会效益的创新工程。在退耕还林中大力推广先进、适用、高效的科学技术，成为当前急需的紧迫任务。因此，建立一套切实可行的具有创新性的退耕还林类型及模式尤为重要，主要分为生态保护型、生态经济型、生态旅游型。

2006 年，生态清洁小流域治理是在传统小流域综合治理的基础上，将水资源保护、面源污染治理、农村垃圾及污水处理等结合在一起的一种新型小流域综合治理模式。生态清洁小流域治理工作逐步走向规范化、标准化，并取得初步成果，建设理念和技术路线日臻成熟。

6.2.4.2　石漠化区综合治理情况

近 30 年来，随着经济社会发展和科技进步，我国喀斯特地区石漠化治理的目标在适时而变，治理模式也不断演进。根据其治理目标和特点，将我国石漠化治理历程概括为解决温饱问题阶段、开发性治理阶段、保护性综合治理阶段和高质量生态建设阶段四个阶段。

(1) 解决温饱问题阶段（1989～1991 年）

以坡改梯为主，开展了耕地建设治理，其特点是以传统的单纯防护性治理为主发展农业经济。这一阶段启动的主要生态建设工程有长江上游水土流失重点防治工程（起始于 1989 年）、长江防护林工程（起始于 1989 年）。

(2) 开发性治理阶段（1992～1999 年）

以坡改梯为主，同时采用自然修复、人工种植林草等措施，遏制石漠化加剧趋势。从解决温饱向发展经济转变，以经济效益为中心，提出治理与开发相结合、小流域治理同区域经济发展相结合、发展水土保持特色产业和农产品。这一阶段的治理出现了治理效益偏低、措施配置不合理、工程质量不高、管理跟不上、经济效益不明显、群众参与治理开发的积极性不高等矛盾和问题。这一阶段启动的主要生态建设工程有长江上中游水土保持重点防治工程（起始于 1994 年）、珠江防护林工程（起始于 1996 年）、国家"八七"扶贫攻坚计划（起始于 1994 年）。

(3) 保护性综合治理阶段（2000～2018 年）

以逆转石漠化发展趋势、增加群众收入、建设社会主义新农村为目标，充分发挥生态自我修复能力，使水土资源得到高效可持续利用。除了一系列林业生态治理工程外，国家林业和草原局大力支持地方通过发展生态产业、林业产业推动地方经济发展和农民增收致富。国务院批复的《岩溶地区石漠化综合治理规划大纲（2006—2015)》提出强化林草植被的保护和恢复，适度开展坡改梯的治理理念。2008 年以后，将治石与治贫相结合，引进先进科技成果和技术，实现了经济和生态双赢，改善了农业生产条件。综合治理以水系配套、坡耕地治理、建设经果林和人畜饮水工程为重点，结合自然修复，推进陡坡耕地退耕，加强水电、矿产资源开发的水土保持监督管理，实现水土资源的合理有效使用和保护，改善了生产生活条件和生态环境，提高了农业综合生产能力和农民收入，促进了当地经济社会可持续发展。这一阶段启动的主要生态建设工程有天然林保护工程（起始于 2000 年）、退耕还林工程（起始于 2000 年）、珠江上游南北盘江石灰岩地区水土保持综合治理试点工程（起始于 2003 年）、岩溶地区石漠化综合治理工程（起始于 2008 年）、坡耕地水土流失综合治理试点工程（起始于 2010 年）以及异地扶贫搬迁工程（起始于 2001 年）。

(4) 高质量生态建设阶段（2019 年至今）

以高质量生态建设保障高质量发展，是新时代石漠化治理和美丽中国建设的主题。在石漠化地区开展高质量的生态建设工作，要以保护和恢复林草植被、促进绿色增长、助力群众增收为目标，牢固树立和贯彻落实绿色发展理念，依靠科技，依靠改革，创新思路，强化措施，加大石漠化防治力度，提升治理成效。具体就是要把国土绿化与精准扶贫和乡村振兴紧密结合起来，大力发展特色经济林、林下经济、生态旅游等绿色产业，促进三次产业深度融合，实现生态与经济双赢。新时代在石漠化地区进行高质量的生态建设，不仅能让石漠变少，还能让村庄变美，矿山新生，产业升级，经济更"绿"，中国更美！

自 1989 年以来，中国就西南岩溶区石漠化相关问题开展了诸多工作，先后实施了一批林业重点生态工程、异地扶贫搬迁工程、坡耕地水土流失综合治理试点工程、石漠化综合治理工程等一系列国家重大工程，从不同角度对岩溶地区的石漠化及水土流失进行了治理。这些生态建设工程是西南岩溶区水土流失和石漠化防治措施得以实施与推广的重要载体，有效控制了西南岩溶区水土流失和石漠化的发展。

为了掌握岩溶地区石漠化状况和治理情况，国家林业行政主管部门曾采用地面调查与遥感技术相结合、以地面调查为主的技术方法，分别于 2005 年、2011 年和 2016 年在全国开展过三次石漠化监测工作，监测结果显示，石漠化面积持续减少、程度持续减轻，水土流失减弱，林草植被结构改善，区域经济发展加快。

6.2.4.3　荒漠化区治理情况

（1）起步阶段（1949~1965 年）

中华人民共和国成立初期，百废待兴，在制定国民经济发展计划时，中央政府已经注意到荒漠化危害问题，开始着手治理风沙。1949 年中华人民共和国第一届中央政府成立林垦部，并在石家庄成立了冀西沙荒造林局，直属林垦部。1950 年，国务院成立治沙领导小组，同年，在陕西榆林成立陕北防沙造林林场，直属西北林业局，并在河北、豫东、东北西部、西北等地着手建设大型防护林。同时，中央政府颁布了一系列政策法令，1950 年中央人民政府颁布《中华人民共和国土地改革法》，1951 年政务院发布《关于一九五一年农林生产的决定》，1953 年政务院发布《关于发动群众开展造林、育林、让林工作的指示》，1957 年国务院颁发《中华人民共和国水土保持暂行纲要》。20 世纪 50 年代末期，我国防沙治沙的研究进入第一个高潮。1958 年，在陕西榆林、甘肃民勤等沙区进行了首次飞播造林种草试验，同年在内蒙古呼和浩特召开了"内蒙古及西北六省（区）治沙规划会议"。1959 年 3 月中国科学院治沙队成立，同年在内蒙古及西北六省（自治区）建立了 6 个治沙综合试验站，在我国西北沙区初步形成了定点试验研究布局。

（2）停滞阶段（1966~1970 年）

这一阶段在当时极"左"的思想引导下，推行"以粮为纲""牧民不吃亏心粮"等政策，全国各地大规模开垦荒地，大片毁林、毁草开荒造田，我国森林和草原生态状况急剧恶化。据内蒙古、新疆、青海、黑龙江等 10 省（自治区）不完全统计，近 20 多年来草地被开垦 6.8 万 km^2。在 20 世纪 80 年代以前，我国北方曾出现 3 次大规模开荒，开垦草地 6.67 万 km^2 以上。

（3）恢复和发展阶段（1971~1990 年）

1978 年 11 月 25 日，国务院批复《关于在西北、华北、东北风沙危害和水土流失重点地区建设大型防护林的规划》，三北防护林体系建设工程覆盖我国北方 13 个省（自治区、直辖市）的 551 个县（旗、市）。1978 年工程开始启动，建设期限共 73 年，分 3 个阶段，共规划了 8 期工程，工程规划造林总任务 3508.3 万 hm^2，任务完成后，三北地区的森林覆盖率提高到 15%，增加 10 个百分点；水土流失得到控制，沙地得到治理开发，沙化面积不再扩大。20 世纪 80 年代，我国的发展战略转移到以经济、社会与环境保护协调发展为目标的可持续发展战略上来，并明确提出环境保护是我国的一项基本国策。我国政府先后颁布了《中华人民共和国森林法》《中华人民共和国野生动物保护法》《中华人民共和国土地管理法》《中华人民共和国环境保护法》等一系列法律和法规，有力保护了荒漠化地区的自然资源，巩固了生态建设工程的治理成果。1981 年，第五届全国人民代表大会第四次会议通过《关于开展全民义务植树运动的决议》，标志着我国荒漠化防治进入恢复和发展阶段。

（4）工程化和国际化阶段（1991～2000 年）

20 世纪末的 10 年，我国荒漠化防治进入一个崭新阶段。1991 年国务院批准了《1991—2000 年全国治沙工程规划要点》，我国开始将荒漠化防治作为专项工程来实施。1991 年 8 月成立全国治沙工作协调小组。1993 年 9 月国务院召开全国治沙工作协调小组会议，并将全国治沙工作协调小组更名为中国防治荒漠化协调小组，下设办公室，并对协调小组成员进行了调整充实，新增外交部为成员单位。1994 年 9 月成立由 16 位专家组成的中国防治荒漠化协调小组高级专家顾问组。1994 年 10 月中国政府签署了《联合国防治荒漠化公约》，标志着我国荒漠化防治工作已进入和国际接轨，讲规模、求效益，稳步发展的新阶段。

（5）快速发展阶段（2001 年至今）

2000 年春天，我国华北地区连续发生了十多次沙尘暴或浮尘天气，引起党中央、国务院对我国荒漠化问题的高度关注。2000 年下半年我国紧急启动京津风沙源治理工程。2001 年启动实施以防沙治沙为主攻方向的三北防护林体系建设四期工程。这两大工程覆盖了我国 85% 的荒漠化土地，构成了 21 世纪我国荒漠化防治的主体骨架。同时我国林业内部也酝酿着一场深刻的变革，林业生产力布局进行了一场前所未有的战略性结构调整。六大林业重点工程的实施必将全面推进我国荒漠化防治步伐，实现荒漠化治理的新跨越，荒漠化治理开始步入快速发展的轨道。

6.3 研究思路和技术方案

6.3.1 技术路线

本研究依据生态学、水土保持学和植被生态学等多学科理论知识，兼顾对不同区域不同退化类型的分析，基于现有的生态监测网络和示范区，找出针对水土流失防治、石漠化治理、荒漠化防治和退化生态系统治理等生态问题的生态技术；选择具有地域和退化问题针对性的 3 个示范区，对其生态技术的配置和效果进行评价，推荐适宜的生态技术。采用高分辨率遥感影像等当前先进的生态监测技术采集相关指标，应用判别分析、聚类分析和模糊数学等分析方法，并结合专家经验，构建生态治理技术应用效果模型，筛选出较为成功的生态治理技术，在此基础上集成、凝练提出基于生态文明建设需求的生态治理技术群，结合试点实证研究，提出生态文明建设需求和发展中国家生态治理的生态技术推荐指南，如图 6-1 所示。

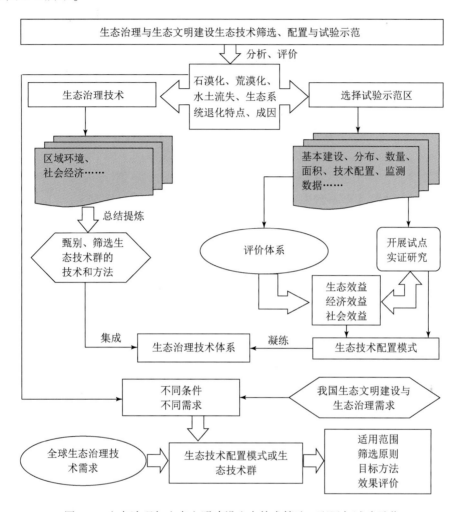

图 6-1 生态治理与生态文明建设生态技术筛选、配置与试验示范

6.3.2 技术方案

6.3.2.1 地域针对性生态技术识别和挖掘

（1）地域针对性辨识

分析石漠化、荒漠化、水土流失、退化生态系统等典型生态退化类型的主要分布区域、特征、形成原因以及发展趋势。

（2）全国生态建设情况梳理

查阅文献资料以及水利、林业等部门生态修复工程统计资料（其中水利为1980~2015年，其他行业为2000~2015年数据），整理分析近年来国家投资实施的石漠化、荒漠化、水土流失等退化生态系统治理情况，主要包括基本建设、分布、数量、面积、技术配置、监测数据等资料。

（3）生态技术识别

针对典型生态退化类型的主要分布区域，结合全国生态建设重点工程的实施经验，通过实地踏勘调研、面上数据整理分析（水土保持监测数据、全国水土流失普查数据），采用数学模型及统计分析等方法，初步筛选梳理出生态效益显著、兼顾经济效益和社会效益的生态治理技术及其配置模式。

（4）技术群识别技术与方法构建

分析典型地域针对性生态技术与配置模式形成的生态环境与经济社会背景、原因，同时根据实施过程中积累的经验，研究建立生态技术的地域适用性评价指标和判别方法，提炼形成甄别、筛选生态技术群的技术和方法体系。

6.3.2.2 实施效果跟踪监测

采用定点监测与遥感监测相结合的方法，开展跟踪监测。监测指标应包括反映生态建设前期投入、基础效果、治理效果、建设管理到建设后期的成果成效等相关指标。

建立监测指标体系：根据石漠化、荒漠化、水土流失、退化生态系统的特征，以及生态治理需求，确定跟踪监测的主要指标，建立监测指标体系。

布设监测小区：根据监测目标要求和技术规范，确定监测小区。

数据采集：水土流失数据应每旬采集1次，并在降水前后各采集1次。其他类型根据相关技术规范确定数据采集频次。

6.3.2.3 不同生态退化区生态治理技术配置

（1）技术配置模式

根据对不同生态技术配置的评价结果，结合我国生态文明建设需求，总结提出适用于不同经济条件及区域环境下的生态技术配置模式或生态技术群。

（2）评价方法

采用判别分析、聚类分析和模糊数学等方法，结合专家经验，筛选和界定出生态技术配置模式的主要指标与标准、适用范围、实施效果评价方法。

第7章 生态技术评价平台与系统集成

7.1 重要性和目标

全球荒漠化、水土流失、石漠化等土地退化问题日益严峻。中国同样面临着威胁生态系统功能和人类生计的生态退化问题，包括荒漠化、水土流失、石漠化和生态系统退化（Lal，2003；Defries et al.，2012）。生态技术在减轻土地退化、促进退化土地的恢复和管理方面发挥着重要作用。20世纪50年代，针对典型生态脆弱地区（包括长江上游和黄河上游）的问题，我国通过研究、试验和示范开始进行西部喀斯特地区、干旱沙漠地区和典型沿海地区退化生态系统的恢复与重建关键技术及模式研究。随着三江源生态治理、石漠化治理、京津风沙源治理、退耕还林（草）和天然林保护工程等重大生态工程的实施，中国积累了大量生态治理模式：三江源人工草地恢复与生态畜牧业模式、固原生态管理模式、花江石漠化防治模式等（彭晚霞等，2008；程国栋，2012；高吉喜，2014；马玉寿等，2016）。

20世纪初，为了实现土地利用的最佳管理、退化地区的综合管理和以保护为导向的自然恢复（Williams，2015），美国和德国启动了许多生态保护计划（Nearing et al.，1989；Heberer et al.，2012），并建立了生态退化治理、生物相容性（Weeks et al.，2011）和生态稳定性（Bullock et al.，2011）的基本机制（Jacobs et al.，2012）。在欧洲，有苏格兰的松树恢复计划（Zerbe，2002）、法国的河流生态系统恢复计划（Pedersen et al.，2007）和瑞典的季节性淹没草地恢复计划（Gurkan et al.，2006）。20世纪30年代，美国根据治理退化景观的经验，开始研究恢复受损土地的生物潜力和生态完整性，以抑制大规模土地开发造成的水土流失和其他生态问题。此后，美国采取了一系列政策措施，并进行了涉及河流、洪泛平原和城市的大量生态重建项目，为全球贡献了多种生态管理模式和技术（李洪远和马春，2010）。其中，最具影响力的项目包括土地休耕保护计划（Conservation Reserve Program）（Seefeldt et al.，2010）、环境质量激励计划（Environmental Quality Incentives Program）（Field et al.，2009）、保护支持计划（Conservation Security Program）（Lenihan and Brasier，2010）以及大量的河道、冲积平原和城市的生态重建工程。

WOCAT（World Overview of Conservation Approaches and Technologies，世界水土保持方法和技术纵览）在1992年由世界水土保持学会发起，由瑞士伯尔尼大学环境与发展中心（Centre for Development and Environment，CDE）、联合国粮食及农业组织（Food and Agriculture Organization of the United Nations，FAO）、国际土壤资料与信息中心（International Soil Reference and Information Centre，ISRIC）等机构或组织管理（杨学震和

聂碧娟，2000）。目前，WOCAT 提供全球 245 项可持续土地管理技术和 8 项方法数据库的查询与检索。这些技术与方法有经纬度坐标，可定位到 Google Earth 以便查询与显示。由中国科学院牵头的科学数据中心负责大量科学数据的共享（http：//www.csdb.cn/），其中"中国生态系统评估与生态安全数据库"（包括我国水土流失、风蚀、石漠化、土地沙化等生态环境问题空间分布数据、生态区划数据）、"黄土高原水土保持专业数据库"和"南方喀斯特石漠化专业数据库"提供针对特定生态退化问题的专业数据，可以为生态治理技术评价提供很好的数据支撑。

这些数据库对收集与整理现有生态技术有很大帮助。除了已有个别专题数据库的生态治理技术以外，还有大量的生态治理技术分散在不同的文献、标准、专利等中。这些生态治理技术缺乏系统汇总整理和科学评价，更没有统一的平台对不同地区面临生态退化问题以及已有生态治理技术进行集成，阻碍了生态治理技术推广应用。因此，本书将构建生态技术评价平台与集成系统，整合全球与国内生态退化问题、生态技术查询、生态技术评价以及生态技术筛选功能，为解决区域生态退化问题提供查询、评价与筛选工具，为实现区域可持续发展提供决策依据。

7.2　研究思路和技术方案

本研究集成已有研究成果，补充收集全球生态环境基础数据以及生态技术的文献、标准和专利等资料，构建全球生态技术评价空间与属性数据库、全球生态技术评价模型库和全球生态治理技术库。

研究首先制定生态技术评价平台与集成系统的研发标准规范，明确生态技术评价平台与集成系统的业务需求、功能需求和性能需求，在此基础上对生态技术评价平台与集成系统进行总体设计，包括系统总体结构设计、系统功能模块设计和数据库逻辑结构设计。运用软件技术和 GIS 技术编写代码，实现生态技术评价平台与集成系统的功能需求。将生态技术评价平台与集成系统和数据库集成，实现全球和中国生态退化查询、生态技术评价和生态技术筛选的可视化（图 7-1）。

在生态技术评价平台与集成系统研发过程中，需要按照以下步骤开展工作。

1）制定生态技术评价平台与集成系统研发标准规范和需求调查分析：参照已有系统研发标准规范，制定生态技术评价平台与集成系统的研发标准规范。明确生态技术评价平台与集成系统需求，包括系统的业务需求、功能需求和性能需求。

2）生态技术评价平台与集成系统总体设计和详细设计：在系统需求调查分析的基础上，对生态技术评价平台与集成系统进行总体设计，包括系统总体结构设计、系统功能模块设计和数据库逻辑结构设计。通过征询相关专家的意见，不断修正生态技术评价平台与集成系统的总体设计方案，制定生态技术评价平台与集成系统详细设计方案，包括系统功能模块设计、系统软硬件环境设计和数据库物理结构设计。

3）生态技术评价平台与集成系统开发：在征询相关专家意见的基础上，对详细设计方案进行修正。然后遵照系统开发规范，运用软件技术和 GIS 技术编写代码，实现生态技

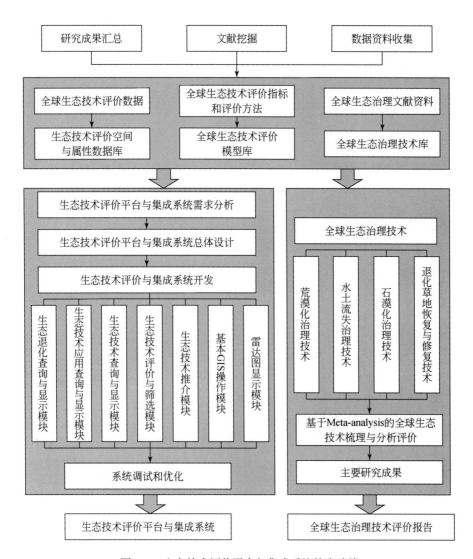

图 7-1　生态技术评价平台与集成系统技术路线

术评价平台与集成系统的功能需求。将生态技术评价平台与集成系统和数据库集成，实现全球和中国生态退化查询、生态技术评价与生态技术筛选的可视化。

4）生态技术评价平台与集成系统调试、运行和发布：对生态技术评价平台与集成系统进行调试，包括内部和外部调试，并在小范围内进行试运行，不断调整和优化系统功能。然后搭建生态技术评价平台与集成系统软硬件平台，优化系统性能。最后向政府部门和相关机构分发生态技术评价平台与集成系统光盘，促进研究成果可视化与应用。

7.3 生态技术评价平台与集成系统关键要素和主体功能

7.3.1 关键技术

信息集成是本研究的关键技术，包括生态治理技术信息、生态技术评价模型、生态技术评价参数信息与地理信息之间的集成。其中，生态治理技术信息来自不同专题生态技术库、文献、专利、标准等。不同来源的生态治理技术信息集成主要是对不同时间、不同存储格式的信息进行集成，建立集各类生态治理技术信息于一体的综合视图。生态治理技术信息、生态技术评价模型和生态技术评价参数信息的集成，主要是针对特定生态治理技术调用相关模型，引用不同的评价参数对生态治理技术进行评价。而生态治理技术信息和地理信息之间的集成主要实现生态治理技术信息与以各级统计地理单元为主的地理信息相结合，实现生态治理技术信息的空间可视化、空间查询与分析。

（1）信息异构问题

信息集成的主要难点在于信息在各个层次上的异构性，区域功能信息与地理信息集成也不例外。信息系统的异构性分为四个层次：系统、语法、结构和语义（Sheth，1999）。系统级的异构主要包括硬件、操作系统和网络环境的差异；语法级的异构是指数据类型、数据格式的不统一；结构级的异构侧重数据模型、数据结构的差别；语义级的异构则是指在一定领域内专用的词汇、概念无法共享和交流（Bishr，1997）。随着信息技术的发展，各类硬件、网络设备已基本实现标准化，系统级的异构逐渐消失。因此，对于信息集成而言，主要面临语法、结构和语义层次的异构问题。语法异构和结构异构都属于技术实现的范畴，可以统一视为技术异构问题，因此可以将生态治理技术信息与地理信息集成中的异构问题概括为技术异构和语义异构两个方面。

生态治理技术信息与地理信息集成首先面临技术异构问题。生态治理技术信息多以文字描述与评估数据为载体，地理信息的通常形式是各类 GIS 软件格式的空间数据。二者分属于不同的学科领域，在数据组织方式、存储结构、业务内涵上都存在较大差异。按照传统的信息集成方式，需要将生态治理技术信息导入空间数据存储环境之中，作为空间数据的属性，以字段的形式存储在空间数据表中，但这种集成方式存在更新难度大和效率低的问题。因此，生态治理技术信息与地理信息集成应采用逻辑统一、物理分离的方式，保持二者的自治性。

生态治理技术信息与地理信息集成中的语义异构主要存在于不同类别的生态治理技术信息数据之间。由于缺少统一规划和相应的标准规范，各类生态治理技术信息通常各自定义自身的业务术语和命名方法，其结果必然是语义的混乱，可能存在"同名异义"和"异名同义"、无法体现数据之间的隐含关系以及相同指标在不同级别计量单位不同等问题（肖玉等，2009）。

（2）元数据与元模型

生态治理技术信息与地理信息集成既要充分兼容主流的信息技术标准，又要满足生态治理技术信息和地理信息特性的要求。因此，本研究设计的集成模式以元数据仓储为核心，并在此基础之上建立元数据引擎，实现对元数据和异构数据源的访问与集成。

元数据是描述信息资源或数据等对象的数据，其使用目的在于识别资源、评价资源、追踪资源在使用过程中的变化，实现信息资源的有效发现、查找、一体化组织和对使用资源的有效管理（张敏和张晓林，2000）。元数据是对数据的抽象，这种抽象在一定程度上消除了数据在格式、位置方面的差异，为发现和定位信息资源，实现数据的共享和互操作提供了基础。同时，元数据以结构化的方式描述信息资源所蕴含的语义和知识，为语义管理与知识发现提供了可能。元数据可分为技术元数据（technical metadata）和业务元数据（business metadata）（Marco and Jennings，2004）。技术元数据也称结构元数据（structural metadata），提供描述数据库组织、结构方面的信息，如数据库名、数据库模式、数据表名、数据类型等；业务元数据也称语义元数据（semantic metadata），提供关于概念定义、数据分类、语义关系等信息。

元模型是关于模型的模型，是关于如何建立模型、模型的语义或模型之间如何集成和互操作等信息的描述，是对某一特定领域建模环境的规范定义，它定义了该领域的语法和语义，能够表示该领域内的所有或全部系统（黄善琦和夏榆滨，2006）。通过对不同业务领域异构数据模型的抽象描述，可以在不同的数据模型间架起沟通的纽带。建立元模型的活动被称为元建模（metamodeling），它和一般的建模很相似，都是对特定信息和对象建立模型，不同之处在于元建模的对象本身也是模型。

元模型作为定义建模语言和描述模型扩充的基础规范，已经得到了有效的应用。各标准化组织纷纷结合其应用领域，制定自己的元数据、元模型标准（何克清等，2005）。OMG（object management group，对象管理组）推出的 CWM（common warehouse metamodel，公共仓库元模型）、MOF（meta object facility，元对象设施）、UML（unified modeling language，统一建模语言）为元模型的研究提供了技术基础。元模型通过元层次上的互操作性特点对软件工程特别是异构复杂信息资源的集成具有重要作用。由于元数据由技术元数据和业务元数据构成，描述元数据的元模型也包括技术元模型和业务元模型。

（3）信息集成模式

当前最具代表性信息集成模式主要有数据转换模式、联邦式数据库（federated database）模式、数据仓库模式（data warehouse）和中介器（mediator）模式。其中，中介器模式最早由 Wiederhold（1992）提出，经过逐步发展与完善，已成为应用最为广泛的数据集成模式。中介器模式最主要的组成部分是中介器和与每个数据源相对应的包装器。中介器位于异构数据源和应用层之间，向下协调各数据源，向上为访问集成数据的应用提供统一数据模式和数据访问的通用接口（肖万贤和刘江宁，2004）。基于元数据的信息集成模式具备中介器模式的所有优点，同时有两点重要改进：①在中介器模式中，为了实现异构数据源向全局数据模式的映射，需要为每一数据源单独定制一个包装器，存在实现烦琐、工作重复的问题。采用元数据对各数据源进行建模，可以形成适用于各类数据源的统一模式，各数据源之间的所有差异性全部以元数据条目的形式存储于元数据仓储中，新增一种类型的数据源时，只需在元数据仓储中增加该数据源相关的元数据条目就可以方便地扩展，而不需要针对每一数据源进行单独的定制工作，真正达到数据源"即插即用"的效果。②业务元数据可以有效地对系统语义建模，改进了中介器模式语义处理能力不足的弱点。

7.3.2 生态技术评价平台与集成系统结构

基于元模型的统计地理信息集成模式由 4 个逻辑层次构成：数据源层、元数据仓储层、服务层和应用层。

（1）数据源层

数据源层是指需要集成的空间数据库和生态技术数据库、生态技术评价模型库、生态技术评价参数库等异构属性数据库。不同类别属性数据采用的数据库管理软件可能各不相同，如 Oracle、SQL Server、DB2 等。但由于关系型数据库是当前最主流的数据库管理系统，各类数据都是基于关系型数据库存储和管理的。同时，以大型关系型数据库管理空间数据是地理信息系统当前发展的方向和趋势（Groot and McLaughlin，2000），基于关系型数据库的空间数据库技术，对于多用户、大数据量的地理信息系统应用有着较大优势，也有利于与各类属性数据集成。目前，地理信息基于关系型数据库的存储和管理技术已经成熟，可以通过空间数据库引擎实现空间信息的访问与各类操作。成熟的空间数据库引擎主要有 ESRI 的 SDE、Oracle 的 Oracle Spatial、SuperMap 的 SDX+。

（2）元数据仓储层

元数据仓储层是整个集成模式的核心所在，包含存储于元数据仓储中的业务元数据与技术元数据。元模型表征了生态技术与空间地理信息集成最本质的业务特征和技术规范，即业务元模型与技术元模型。元模型被映射到元数据仓储中固化下来，形成业务元数据与技术元数据的物理存储模式。业务元数据抽象了生态技术地理信息集成的业务规则，是集成系统实现阶段重要的知识库和集成规则指南。技术元数据则主要面向数据模式异构问题，技术元数据物理存储表结构可以表达各类技术异构性，所有的异构对象都将成为元数据仓储中的条目，异构对象的新增和变更都将演变为对元数据条目的新增和变更，而不会对系统结构造成任何影响，具有很强的灵活性。

（3）服务层

服务层包括元数据引擎与空间数据库引擎两部分，元数据引擎与元数据仓储打交道，负责元数据的获取及对异构数据源的处理，空间数据库引擎负责对空间数据库的操作。服务层封装了对元数据仓储的所有访问操作，并以接口的方式对外提供服务。元数据引擎以类库的形式存在，是完全面向对象的，可以通过对象实例提供的方法和属性方便地实现对元数据仓储的访问与对异构数据源的操作。同时，也可以根据应用系统的实际需要，将类库进一步包装成 Web Services 等形式的接口，类库的底层性和原子性使得这一包装过程简单易行。元数据引擎是元数据仓储唯一的对外接口，使得各类应用系统以标准统一的方式实现对元数据的操作，保证了元数据仓储的安全。同时，由于元数据引擎屏蔽了一切复杂的异构数据访问操作，应用系统可以透明地实现访问而不必关心诸如事务处理、并发控制等细节问题，极大地降低了应用系统开发成本。例如，从文献获得的生态技术和从专利获得的生态技术数据表结构、字段名称、单位等都存在差异，通过在元数据引擎中设计技术元数据获取算法，获取数据的数据源名、数据库名、表名，然后根据语义元数据算法获取属性字段对应的指标、阈值、计量单位等，异构数据源查询处理算法将提供数据查询接口，并将查询的数据按照某种算法进行合并，最终合并成统一查询结果返回给用户。

（4）应用层

应用层是指生态技术评价平台与集成系统为用户提供生态退化和生态技术查询、评价、筛选等功能，主要包括数据管理、模型库管理、生态退化查询与显示、生态技术查询与显示、生态技术评价、统计图表制作、专题图制作以及电子地图操作等功能（图7-2）。

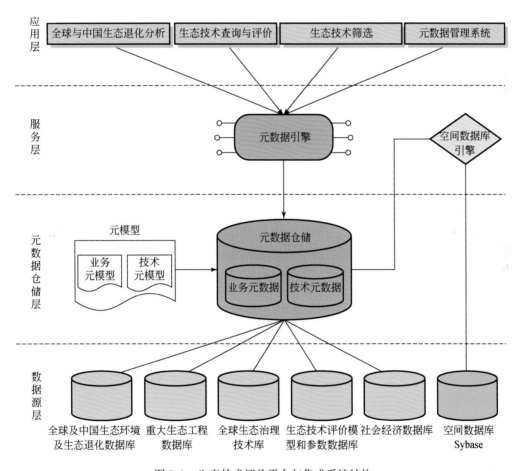

图 7-2　生态技术评价平台与集成系统结构

7.3.3　主要功能

生态技术评价平台与集成系统主要提供 8 项功能，满足用户进行生态退化问题及其对应生态技术的管理、查询、评价与筛选等需要（图7-3）。

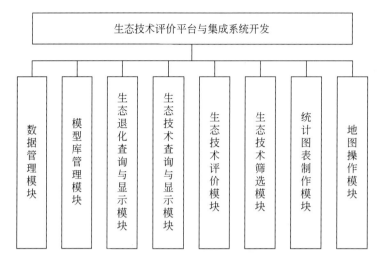

图7-3　生态技术评价平台与集成系统功能模块

1）数据管理模块：提供针对数据的导入、设置、编辑、导出等操作。

2）模型库管理模块：实现对生态技术评价模型库的维护，主要包括新建模型、编辑模型、删除模型三类操作。

3）生态退化查询与显示模块：提供全球和典型区生态退化问题图形及属性双向查询与显示。

4）生态技术查询与显示模块：提供基于属性数据的生态技术查询与显示（例如，针对特定生态退化问题、行政区或满足生态技术属性）以及基于空间位置的生态技术查询与显示（例如，基于空间数据矢量边界或自定义空间范围）。

5）生态技术评价模块：基于简单模型计算生态技术评价指标，大型模型计算需要在系统外进行，以及按照指标权重与汇总方法计算单项生态技术的评价结果。

6）生态技术筛选模块：基于属性或空间位置设置特定条件进行生态技术评价与筛选。

7）统计图表制作模块：以统计图表的方式实现生态退化问题、生态技术评价与筛选结果的可视化。

8）地图操作模块：提供常用的电子地图操作功能，方便进行地图显示对象和显示状态的控制，具备选择、缩放、平移、图层控制、测量距离或面积、地图输出等功能。

第二部分

中国生态治理技术评价的典型案例

第8章 黄土高原典型水土流失区生态技术评价

8.1 工程区概况

纸坊沟流域（36°51′30″N，109°19′30″E）地处黄土高原中心，隶属于陕西省延安市安塞区，流域面积 8.27km²，沟壑密度 8.1km/km²（卢宗凡，1997）。流域内有纸坊沟、寺嵋岘和瓦树塌 3 个自然村。

8.1.1 自然概况

纸坊沟是延河支流杏子河下游的一级支沟，属于黄土高原丘陵沟壑区第二副区，在地形及侵蚀的影响下，流域内地形破碎，梁脊起伏明显，其地形特点在陕北黄土高原丘陵沟壑区极具代表性。纸坊沟流域属于暖温带半干旱气候区，年平均气温 8.8℃，降水年际变化率大，枯水年只有 300mm 左右，丰水年可达 700mm 以上，年均降水量 500mm，年内分布不均，7~9 月降水量占全年降水量的 61.1%，多暴雨，冻害、雹灾频发（张婷，2007；李芬，2008）。

纸坊沟流域在 1938 年曾为次生林区，随着人口的急剧增加，1958 年开始，乱砍滥伐等不合理的农业经济活动使植被受到严重破坏，天然森林已基本绝迹。1973 年，对该流域水土流失开展有序治理，以造林种草为主。近几年纸坊沟流域通过种植山地苹果、山杏等经济树种，很大程度促进了农业发展。随着林地及果园面积增加，流域内的生态系统基本已经进入良性循环阶段（王继军，2008）。截至 2017 年，纸坊沟流域林草覆盖率已达到 58.8%，农地面积 75.12hm²，林地面积 248.6hm²，果园面积 59.2hm²，牧地面积 99hm²。

8.1.2 社会概况

据资料显示，1938 年流域内仅有 24 户 94 人，人口密度为 11.4 人/km²。随后人口迅速增长，到 1958 年，流域内人口有 221 人。2017 年的人口情况见表 8-1，纸坊沟、寺嵋岘和瓦树塌 3 个自然村共有 124 户 586 人，人口密度为 70.8 人/km²。从性别角度看，586 人中男女分别有 285 人和 301 人。

表 8-1　2017 年纸坊沟流域人口情况

村名	户数	人口			劳力人数	文化程度			入学率/%
		小计	男	女		高中人数	小学人数	在校学生人数	
纸坊沟	50	231	111	120	77	4	10	20	90
寺崾岘	58	263	131	132	97	1	24	30	95
瓦树塌	16	92	43	49	30	1	6	7	93

8.1.3　经济概况

2017 年,流域人均基本农田 0.127hm^2,农林牧纯收入 214 万元,占总收入的 56%,人均纯收入 6418.94 元。以农业种植为主,其中现有农地面积 75.12hm^2,主要种植的粮食作物有玉米、洋芋及豆子等,以苹果和大棚为主导产业。

8.2　水土保持技术筛选与评价

8.2.1　水土保持技术的筛选

(1) 水土保持技术的界定与特征

水土保持技术是指在水土流失地区,运用水土保持学原理及生态经济学、社会学等相关学科理论,以水土保持为目的,同时优化水土资源配置、协调发展农业生态资源与产业而采取的一系列技术的总称,包括水土保持工程技术、水土保持农耕技术和水土保持生物技术。

水土保持技术的核心目的是蓄水、保土。《中国水利百科全书》中水土流失是指在水力、风力、重力等外营力作用下,水土资源和土地生产力的破坏和损失(陈渠昌和张如生,2007)。在土壤疏松、地表覆盖较少的山坡地易发生水土流失,且大多数水土流失地区的经济条件相对较差,人们为了满足薪柴需求以及粮食需求,大量开荒、毁林,导致山坡地表裸露,本身疏松的土壤其固持能力更低,外力夷平作用也相对减弱,这必然导致水土流失,土壤的保水保肥能力被严重破坏,从而严重影响土地生产力。水土流失在危害水土资源安全的同时也在其他方面带来严重危害,如农业、航运、铁路等各行业的正常运行以及发展均受到不同程度的影响。作为农业生产基础的水土资源,同样是人类赖以生存的必备要素,作为一切生物生存的基础,水土资源不可再生,在生态文明建设的要求下,必须有效保护水土资源,因此,水土保持技术的核心是蓄水、保土。

水土保持技术要依附于特定的物质载体。技术是一种知识、经验及手段的积累。技术是由人操纵和使用的工具,其本身是不负荷价值的,只是技术应用才负荷价值(王礼先,2004),水土保持技术亦是知识、经验、技巧和手段,应当将其置于水土流失治理的条件下，以保持水土为目的，运用水土保持工程技术指导修筑梯田、鱼鳞坑等；水土保持农耕技术指导实施草、粮带状间轮作、深翻耕等；水土保持生物技术指导植树造林、生物结皮培育等，只有将水土保持技术运用到具体的措施中，才具有保持水土的价值。

水土保持技术为涉及多学科的综合性技术。自然因素及不合理的人类活动是水土流失的重要影响因素。复杂多样的影响因素制约着人们对水土流失规律的认知（李锐锋和刘带，2007）。水土保持技术涉及多学科，并且在多学科的相互协调下，能够更加全面的认知水土流失规律。同时，在注重单项技术时，由单项技术组成的技术体系不容忽视，通过技术群以及技术体系中单项技术之间的互补，使得整体效益大于单项技术的效益之和。

水土保持技术具有自然、经济、社会三大属性。不同时期社会经济生态矛盾不同，水土保持技术的结构和性能也有一定的差异，水土保持技术在防治水土流失的前提下更倾向于解决当时主要社会经济矛盾。造林种草技术在固土保肥方面的效益得到了广泛认可，除此之外，在固碳制氧、涵养水源、增加收入、释放劳动力及调整产业结构等方面均有作用。水土保持技术在保持水土与生态建设中有效应用，在水土保持与生态建设领域取得了较大成果，有效减轻了水土流失并改善了生态环境和农业生产条件，从而有效提升了区域的经济水平。

（2）水土保持技术的研究过程

水土流失治理是水土保持技术的应用过程，不同时期水土保持技术的演变过程及配置体系不同，明确其演变趋势和配置体系对水土保持技术体系评估有重要意义，可为本区域未来水土保持技术选择提供依据。参考王继军（2008，2009）的研究结果，将纸坊沟流域水土流失治理划分为三个时期：1973~1983 年（时段 I）、1984~1998 年（时段 II）、1999~2015 年（时段 III），明确各时期水土保持技术产生背景、实施过程以及演变趋势，分析水土保持技术体系的异同，形成不同的水土保持技术体系。

1973~1983 年（时段 I），处于生态系统不稳定恢复时期。流域内水土流失治理以水土保持农耕技术为主，辅以水土保持工程技术+少量水土保持生物技术。该时段流域内水土流失治理理论基础弱，自然、经济等条件限制农业、经济发展。自 1973 年开始，纸坊沟流域水土流失开展有序治理，以建设高标准农田为主，发展农业，实行山水林田湖综合治理。治理目标为：以控制 25°以上坡地水土流失为主，提高粮食产量，解决燃料问题。修建高标准基本农田，采取垄沟与水平沟种植方式，以提高产量，减少坡面径流；部分沟道修柳谷坊、淤地坝，防治沟头冲刷；少数坡地开始退耕还林。但 1981 年实行家庭联产承包责任制后，人们急切追求生活水平提升，出现开荒风，林地再次遭到破坏，耕垦指数从 1975 年的 42.90%扩大到 20 世纪 80 年代 47.90%（西北水土保持研究所和安塞县人民政府，1990）。这个时段形成了"整地+轮作（<5°），（人工）窄条梯田+轮作（5°~15°），（人工）窄条梯田+轮作（15°~25°），鱼鳞坑/反坡梯田+生态林（>25°），沟沿线植柳树+淤地坝（沟道）"水土保持技术体系。

1984~1998 年（时段 II），处于生态系统稳定恢复时期。流域内水土流失治理以水土保持工程技术和水土保持生物技术为主，辅以水土保持农耕技术。1986 年，纸坊沟流域被列为国家"七五"科技攻关试验示范区，开始小流域综合治理。治理目标为：在解决温饱和发展的基础上，促使流域生态系统稳定恢复。以水土保持工程技术和水土保持生物技术为主，配套相应的水土保持农耕技术，在稳定恢复生态系统的同时保证农业稳产、高产。因此，形成了以村庄为中心的平面圈状配置，近村区兴修基本农田，发展家庭果园；中村区实行草、粮带状间轮作和水平沟种植，形成水土保持农耕治理开发区；远村区保护林草植被。另外形成坡面立体梯层配置，在坡顶修筑隔坡水平阶，种植沙打旺、苜蓿等牧草，实行轮封放牧，既增加了地面植被覆盖，也为养殖业提供了饲草；在坡上部的陡坡修筑窄梯田，主要种植苹果及经济林，增加收入；在坡中部修筑水平梯田，主要种植农作物，适当增加肥料的使用，提高作物产量，基本形成高产稳产；在坡脚植树造林，增加植被覆盖，减少冲刷；支沟修筑柳谷坊防止沟底下切，主沟适当配置淤地坝骨干工程，拦泥造地。综合水土保持工程技术、水土保持生物技术及水土保持农耕技术，并兼顾生态建设和经济发展的小流域综合治理模式取得了显著成果，水土流失明显得到控制（表8-2），粮食产量稳步提升（图8-1），人均纯收入从1985年的309.11元增加到1995年的2032.6元，植被覆盖率增长到57.70%，土壤侵蚀模数减少至1876.50t/（km²·a），生态环境和经济条件均得到改善。这个时段形成了"川地+垄沟种植+地膜覆盖+轮作、（人工）窄条梯田/（机修）宽幅梯田+垄沟种植+地膜覆盖+轮作、（人工）窄条梯田+果树（<5°）、坡地+水平沟种植、（人工）窄梯田+生态林（5°~15°）、（人工）窄条梯田+果树、（人工）窄条梯田/（机修）宽幅梯田+轮作+套种、鱼鳞坑/水平沟/反坡梯田+生态林、人工种草、草粮带状间轮作、草灌带状间作（15°~25°）、鱼鳞坑+造林、草灌带状间轮作（>25°）、造林、淤地坝、柳谷坊（沟道）"水土保持技术体系。

表8-2　纸坊沟流域1975~1995年土壤侵蚀模数变化　　［单位：t/（km²·a）］

指标	1975年	1985年	1995年
土壤侵蚀模数	14 000.00	13 104.30	1 876.50

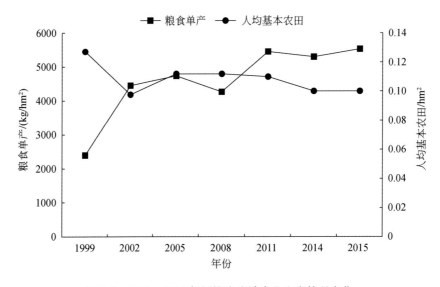

图8-1　1999~2015年纸坊沟流域农业生产情况变化

1999~2015 年（时段Ⅲ），处于生态系统稳定恢复与功能提升时期。水土流失治理与防治以水土保持生物技术为主，以水土保持工程技术和水土保持农耕技术作为补充与配套技术体系。1999 年开始实施退耕还林工程，国家进行财政补贴政策，增加农民收入，鼓励农民积极实施退耕还林还草工程，取得了可观的生态效益和经济效益。治理目标为：生态修复和生态系统功能稳步提升。既要注重流域内产业结构调整和农业基础设施建设，又要使退耕还林的成果"不反弹"。因此，修建适应现代化农业发展需要的高标准梯田以稳固退耕还林成果，采取地表覆盖以保土保墒，使用保护性耕种技术，提高土地质量，减少水土损失，进行大封育小治理，以自然修复为主，综合采取水土保持工程技术、水土保持生物技术及水土保持农耕技术，以水土保持生物技术和水土保持工程技术为主，强调生态环境自然修复，恢复林草植被，使流域内水土流失得到治理、产业结构得到优化以及经济发展取得显著成果（图 8-1 和图 8-2），尤其是林业收入，逐年显著增加（图 8-2）。到 2004 年，流域内粮食单产达到 4505.05kg/hm²，人均纯收入达到 2359.23 元，水土流失治理度从 1999 年的 72.00% 上升到 2005 年的 77.00%，土壤侵蚀模数降低到 2000t/（km²·a）以下。这个时段形成了"垄沟种植+地膜覆盖+轮作（<5°），（机修）宽幅梯田+果树、鱼鳞坑/反坡梯田/窄梯田+生态林（5°~15°），鱼鳞坑/窄条梯田/反坡梯田+生态林、封育、封禁（15°~25°），封育（>25°）"水土保持技术体系。

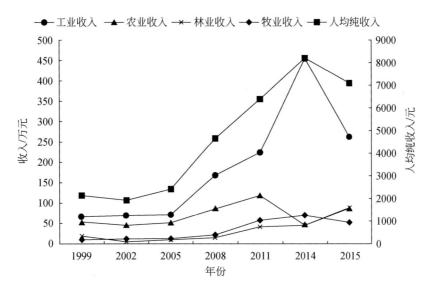

图 8-2　1999~2015 年纸坊沟流域经济收入变化

纸坊沟流域水土保持技术演变过程中，在时段Ⅰ，以水土保持农耕技术和水土保持工程技术为主，其中水土保持农耕技术的核心技术是轮作，水土保持工程技术的核心技术是人工梯田技术，造林技术和淤地坝技术则为该时段辅助技术；在时段Ⅱ，以水土保持工程技术和水土保持生物技术为主，其中水土保持工程技术的核心技术是梯田技术，水土保持生物技术的核心技术是植树造林，轮作等技术则为该时段的辅助技术；在时段Ⅲ，以水土保持生物技术为主，其核心技术是植树造林和封育技术。对于同类型区而言，在该时段的水土流失治理中，要以生态修复为主，将封育和封禁作为首选治理技术。

8.2.2 水土保持技术评价体系与方法

8.2.2.1 水土保持技术评价指标体系构建

（1）水土保持技术评价指标选择过程

在水土保持技术评价指标选择过程中主要依据水土保持技术的本质。因此，本章在指标体系构建过程中，首先对水土保持技术的本身属性进行分析，结合技术效益以及未来发展的潜力等构建初步的评价指标；其次将初步形成的指标置于生态技术评价指标选择过程，依据确定的生态技术评价指标体系，再反馈到水土保持技术评价指标的确定过程，进而形成水土保持技术评价指标体系。

（2）水土保持技术评价指标

水土保持技术是一项涉及多学科的综合性技术，具有社会、生态及经济三大属性。考虑到水土保持技术是一项综合技术的独特性，并借鉴第4章"生态技术评价指标体系与模型"研究成果，认为水土保持技术评价指标体系的构建除遵循科学性、可操作性、系统性及可比性等一般性原则之外，还应遵循以下原则：

主观与客观相结合。水土保持技术大多数情况下是由政府主导实施，农民主要使用，农民的水土保持意识、区域的经济条件、区域的生态环境状况等现实背景都对水土保持技术的使用有一定的影响，因此，构建水土保持技术评价指标时应有机结合主客观指标，使其内外统一。

内在与外在相结合。水土保持技术作为一项相对成熟的生态技术，既有技术的本身属性又包括技术使用的条件以及后期产生的各项效益。因此，要合理结合其本身属性、限制条件以及技术效益。

自然与经济社会属性相结合。水土保持技术使用有自然、社会及经济条件的限制，同时，既要防止水土流失，又要促进区域经济社会发展。自然指标和经济社会指标之间存在相互联系、相互作用的关系，总体来说，揭示自然的指标与经济社会的指标共同构成水土保持技术评价指标体系的整体。

综上所述，水土保持技术的核心是技术本身特点，涉及技术的适宜性、技术实施过程产生的各项费用、农户的生产经营理念以及各利益体之间的利益关系等。因此，水土保持技术评估体系构建从技术属性、技术相宜性和技术效益三个方面推进（图8-3）。

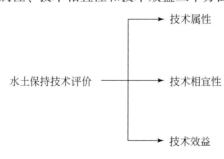

图8-3 水土保持技术评价体系基本构成

　　技术属性主要是水土保持技术本身的特点及性质，包括技术构成要素、结构及配置等，以及是否能稳定发挥作用，在应用过程中是否易于被应用者接受等，这是技术能否发挥作用的基础。所以，技术属性包括技术成熟度及技术应用难度。

　　水土保持技术相宜性是其使用的前提，除社会生态经济适宜性之外，还包括目标以及政策法律的适宜性。因此，技术适宜性包括立地适宜性、目标适宜性、经济发展适宜性以及政策法律适宜性。

　　目前关于水土保持技术效益评价方面的研究相对比较成熟，主要包括社会效益、生态效益及经济效益三方面（胡明，2012；马海芸等，2012）。同时，根据国家区域发展战略需求及新时期社会经济条件，技术在本区域未来发挥效益的持续性相对重要。因此，效益评价指标考虑社会、生态及经济的同时，还要包括技术在未来使用的持续性。

　　综上，结合第 4 章"生态技术评价指标体系与模型"的部分相关研究结果，选择水土保持技术成熟度、水土保持技术应用难度等 5 个指标作为水土保持技术评价的一级指标，选择水土保持技术完整性、水土保持技术应用成本等 14 个指标作为水土保持技术评价的二级指标，选择水土保持技术结构、水土保持技术体系等 29 个指标作为水土保持技术评价的三级指标（表 8-3）。可较为全面地反映水土保持技术的属性、相宜性及效益等本质规定。

表 8-3　纸坊沟流域水土保持技术评价指标

一级指标	二级指标	三级指标
x_1 水土保持技术成熟度	x_{11} 水土保持技术完整性	x_{111} 水土保持技术结构
		x_{112} 水土保持技术体系
	x_{12} 水土保持技术稳定性	x_{121} 水土保持技术弹性
		x_{122} 水土保持技术可使用年限
	x_{13} 水土保持技术先进性	x_{131} 水土保持技术创新度
		x_{132} 水土保持技术领先度
x_2 水土保持技术应用难度	x_{21} 水土保持技术技能水平需求层次	x_{211} 劳动力文化程度
		x_{212} 劳动力配合程度
	x_{22} 水土保持技术应用成本	x_{221} 机会成本
		x_{222} 水土保持技术研发或购置费用
x_3 水土保持技术相宜性	x_{31} 水土保持技术目标适宜性	x_{311} 生态目标的有效实现程度
		x_{312} 经济目标的有效实现程度
		x_{313} 社会目标的有效实现程度
	x_{32} 水土保持技术立地适宜性	x_{321} 地形条件适宜度
		x_{322} 气候条件适宜度
	x_{33} 水土保持技术经济发展适宜性	x_{331} 水土保持技术与产业关联程度
		x_{332} 水土保持技术经济发展耦合协调度
	x_{34} 水土保持技术政策法律适宜性	x_{341} 水土保持技术政策配套程度
		x_{342} 水土保持技术法律配套程度

续表

一级指标	二级指标	三级指标
x_4 水土保持技术效益	x_{41} 水土保持技术生态效益	x_{411} 水土流失治理度
		x_{412} 土壤侵蚀模数
	x_{42} 水土保持技术经济效益	x_{421} 人均纯收入
		x_{422} 粮食单产
	x_{43} 水土保持技术社会效益	x_{431} 农户技术应用和发展理念
		x_{432} 辐射带动程度
x_5 水土保持技术推广潜力	x_{51} 水土保持技术与未来发展关联度	x_{511} 生态建设需求度
		x_{512} 经济/社会发展需求度
	x_{52} 水土保持技术可替代性	x_{521} 水土保持技术优势度
		x_{522} 劳动力持续使用惯性

（3）指标解释与评判标准

经过多次专家讨论以及 2016 年、2017 年农户调研过程的感性认识，对各指标进行解释，并给出相应的评判标准（表 8-4）。

8.2.2.2　水土保持技术评价方法与模型

（1）评价方法

根据构建的评价指标、生态技术评价方法等相关研究结果（胡小宁等，2018），以及评价者对被评对象的认识和资料掌握程度，分三个阶段进行评价。①基本维度评价。专家对被评估对象有宏观了解，但无数据支撑，利用一级指标构建层次分析模型，对其测算结果进行分析。②基本维度与子维度相结合评价。专家对被评估对象有更深层次的了解，但无足够的数据支撑，利用二级指标构建层次分析模型进行测算，并与一级指标测算结果相结合进行分析。③基本维度为核心的三级联动评价。被评区域有足够的数据支撑，利用三级指标建立 Logistic 回归模型进行测算，将测算结果与一级、二级指标测算结果结合起来进行分析。

评估结果是否科学合理与权重有着非常直接的关系，通常权重确定有两种方法，即客观赋值和主观赋值。主观赋值就是相关专家根据对指标重要程度的了解与判断直接对指标赋权重，一定程度上权重值易受主观思想影响；客观赋值则是通过数理运算获得指标信息权重（倪少凯，2002），避免人为因素影响，但并没有客观地反映出指标实际重要程度。

综合各权重确定的优缺点，参考第 4 章的生态技术评价方法，采用已确定的权重（Rapport et al.，1999），一级、二级指标权重确定采用层次分析法，三级指标采用 Logistic 回归分析法得出回归系数，各指标权重和系数见表 8-5。

表8-4 评价指标解译

一级指标	自定义方法	二级指标	自定义方法	三级指标	自定义方法
x_1 水土保持技术成熟度（各项得分值：0~5）	5-技术组成各要素完整，技术稳定，成各要素完整发挥作用；4-技术要素组成完整，稳定发挥简单作用；3-较为简单技术集成，要素组成不稳定；1-较为简单技术集成，要素组成成本，不稳定	x_{11} 水土保持技术完整性	5-技术要素完整，配置合理，能够有效发挥作用；4-技术要素组成完整，配置较为合理，能够长期稳定发挥作用；3-技术要素较为完整，成各要素基本合理，技术能够有效发挥作用；1-技术要素不完整，不能有效发挥作用	x_{111} 水土保持技术结构	5-技术组成要素齐全；4-技术要素配套技术与主要配套技术中等；3-主体技术；2-只有主体技术；1-无主体技术
				x_{112} 水土保持技术体系	5-最佳组合；4-配套，但不是最佳；3-基本配套；2-大部分环节配套；1-部分配套，总体合理
		x_{12} 水土保持技术稳定性	5-技术稳定的长期发挥作用；4-技术比较稳定的长期发挥作用；3-技术长期稳定发挥作用一般；1-技术不能长期发挥作用	x_{121} 水土保持技术弹性	5-不变；4-大部分不变；3-部分不变；2-少数不变；1-几乎都改变
				x_{122} 水土保持技术可使用年限	5-超出背景条件周期；4-与背景条件同周期；3-满足背景条件周期一半以上；2-满足背景条件周期一半以下；1-一次性可使用
		x_{13} 水土保持技术先进性	5-区域所应用技术处于国际领先；4-区域所应用技术处于国内领先，领先先进；3-区域所应用技术先进，先进；2-区域所应用技术为集成技术；1-区域所应用技术为集成技术	x_{131} 水土保持技术创新度	5-完全创新；4-大部分创新；3-部分创新；2-少数创新；1-几乎无创新
				x_{132} 水土保持技术领先度	5-国际领先；4-国际先进；3-国内先进领先；2-区域先进；1-集成
x_2 水土保持技术应用难度（各项得分值：0~5）	5-技能要求高，成本高；4-技能要求中，成本适中；3-技能要求适中，成本适中；2-技能要求低，成本低；1-技能要求低，成本低	x_{21} 水土保持技术技能水平需求层次	5-技术应用过程中对劳动力文化程度与能力的要求为文盲即可；4-技术应用过程中对劳动力文化程度与能力的要求为小学；3-技术应用过程中对劳动力文化程度与能力的要求为初中；2-技术应用过程中对劳动力文化程度与能力的要求为高中；1-技术应用过程中对劳动力文化程度与能力的要求为大学	x_{211} 劳动力文化程度	5-文盲；4-小学；3-初中；2-高中；1-大学
				x_{212} 劳动力配合程度	5-不需要；4-2个人；3-少数人配合；2-多数人参与；1-需要专业人员参与
		x_{22} 水土保持技术应用成本	5-技术研发与购置以及应用过程中的费用对于农户不是问题；4-技术研发与购置以及应用过程中的费用农户能够接受；3-技术研发与购置以及应用过程中的费用农户可考虑；2-技术研发与购置以及应用过程中的费用农户有条件接受；1-技术研发与购置以及应用过程中的费用农户不完全接受	x_{221} 机会成本	5-500元以下；4-≥500元且<3000元；3-≥3000元且<5000元；2-≥5000元且<1万元；1->1万元
				x_{222} 水土保持技术研发或购置费用	5-<1万元；4-≥1万元且<5万元；3-≥5万元且<10万元；2-≥10万元且<100万元；1-≥100万元

续表

一级指标	自定义方法	二级指标	自定义方法	三级指标	自定义方法
x_3 水土保持技术相宜性（各项得分值：0~5）	5-完全合适；4-比较合适；3-适合；2-不完全合适；1-不合适	x_{31} 水土保持技术目标适宜性	5-技术应用满足技术设定的自然、经济、社会目标；4-基本达到满足技术设定的自然、经济、社会目标；3-部分达到满足技术设定的自然、经济、社会目标；2-少数达到-满足技术设定的自然、经济、社会目标；1-仅少量达到技术设定的自然、经济、社会目标	x_{311} 生态目标的有效实现程度	5-完全达到目标要求；4-基本目标达到要求；3-部分目标达到要求；2-少数目标达到要求；1-几乎未达到目标要求
				x_{312} 经济目标的有效实现程度	5-完全达到目标要求；4-基本目标达到要求；3-部分目标达到要求；2-少数目标达到要求；1-几乎未达到目标要求
				x_{313} 社会目标的有效实现程度	5-完全达到目标要求；4-基本目标达到要求；3-部分目标达到要求；2-少数目标达到要求；1-几乎未达到目标要求
		x_{32} 水土保持技术立地适宜性	5-技术应用需要的立地条件完全合适；4-技术应用比较合适地条件与实施区域立地条件与实施区域立地条件适合；3-技术应用需要的立地条件与实施区域立地条件适合；2-技术应用地条件不完全合适；1-技术应用的立地条件极少量合适	x_{321} 地形条件适宜度	5-非常适合；4-较适合；3-一般；2-较不适合；1-完全不适合
				x_{322} 气候条件适宜度	5-非常适合；4-较适合；3-一般；2-较不适合；1-完全不适合
		x_{33} 水土保持技术经济发展适宜性	5-技术应用可能带来发展需求完全合适；4-技术应用可能带来的经济条件变化条件发展需求比较合适；3-技术应用可能带来的经济条件变化发展需求适合；2-技术应用可能带来的经济条件变化发展需求不完全合适；1-技术应用可能带来的经济条件变化发展需求仅少量合适	x_{331} 水土保持技术与产业关联程度	5-促进产业迅速发展；4-关联度好；3-关联度一般；2-关联度差；1-无关联
				x_{332} 水土保持技术与经济发展耦合协调度	5-使得经济发展飞速发展；4-加快经济发展增速；3-减慢经济发展增速；2-经济发展速度不变；1-阻碍经济发展
		x_{34} 水土保持技术政策法律适宜性	5-技术应用需要的政策、法律完全配套与实施区域政策、法律条件；4-技术应用需要的政策、法律基本配套；3-技术应用法律配套；2-技术应用部分配套与实施区域政策、法律条件部分配套；1-技术应用需要的政策、法律与实施区域政策法律少数配套	x_{341} 水土保持技术政策配套程度	5-完全配套；4-基本配套；3-部分配套；2-少数配套；1-几乎不配套
				x_{342} 水土保持技术法律配套程度	5-完全配套；4-基本配套；3-部分配套；2-少数配套；1-几乎不配套

续表

一级指标	自定义方法	二级指标	自定义方法	三级指标	自定义方法
x_4 水土保持技术效益（各项得分值：0~5）	5-大；4-较大；3-中等；2-较小；1-小	x_{41} 水土保持技术生态效益	5-技术实施对生态环境改善效果非常好；4-技术实施对生态环境改善效果良好；3-技术实施对生态环境改善效果较好；2-技术实施对生态环境改善效果一般；1-技术实施对生态环境改善效果不明显	x_{411} 水土流失治理度	5-[80%，100%]；4-[60%，80%)；3-[40%，60%)；2-[20%，40%)；1-[0，20%)
				x_{412} 土壤侵蚀模数	5-[8000，10 000]；4-[6000，8000)；3-[4000，6000)；2-[2000，4000)；1-[0，2000)
		x_{42} 水土保持技术经济效益	5-技术实施对经济增长的贡献效果非常好；4-技术实施对经济增长的贡献效果良好；3-技术实施对经济增长的贡献效果较好；2-技术实施对经济增长的贡献效果一般；1-技术实施对经济增长的贡献效果不明显	x_{421} 人均纯收入	5-≥12 000；4-[9000，12 000)；3-[6000，9000)；2-[3000，6000)；1-[0，3000)
				x_{422} 粮食单产	5-≥1200；4-[900，1200)；3-[600，900)；2-[300，600)；1-[0，300)
		x_{43} 水土保持技术社会效益	5-技术实施对社会公共利益和社会发展的贡献效果非常好；4-技术实施对社会公共利益和社会发展的贡献效果较好；3-技术实施对社会公共利益和社会发展的贡献效果良好；2-技术实施对社会公共利益和社会发展的贡献效果较好；1-技术实施对社会公共利益和社会发展的贡献效果不明显	x_{431} 农户技术应用和发展理念	5-很大变化；4-较大变化；3-总体上有变化；2-部分变化；1-基本上无变化
				x_{432} 辐射带动程度	5-大；4-较大；3-中等；2-较小；1-小
x_5 水土保持技术推广潜力（各项得分值：0~5）	5-大；4-较大；3-中等；2-较小；1-小	x_{51} 水土保持技术与未来发展关联度	5-技术与未来发展趋势的关联程度大；4-技术与未来发展趋势的关联程度较大；3-技术与未来发展趋势的关联程度中等；2-技术与未来发展趋势的关联程度较小；1-技术与未来发展趋势的关联程度小	x_{511} 生态建设需求度	5-大；4-较大；3-中等；2-较小；1-小
				x_{512} 经济/社会发展需求度	5-大；4-较大；3-中等；2-较小；1-小
		x_{52} 水土保持技术可替代性	5-有较大效益时沿用该技术；4-有相对环保的新技术时主观感觉效益差不多沿用该技术；3-感觉效益较大时放弃该技术；2-效益相当的技术仍愿意放弃该技术；1-效益相当大的技术仍愿意放弃该技术	x_{521} 水土保持技术优势度	5-高；4-较高；3-中等；2-较低；1-低
				x_{522} 劳动力持续使用惯性	5-高；4-较高；3-中等；2-较低；1-低

表8-5 纸坊沟流域水土保持技术评价指标系数

一级指标	权重	二级指标	权重	三级指标	回归系数
x_1水土保持技术成熟度	0.2241	x_{11}水土保持技术完整性	0.3665	x_{111}水土保持技术结构	0.5290
				x_{112}水土保持技术体系	0.4530
		x_{12}水土保持技术稳定性	0.3944	x_{121}水土保持技术弹性	0.5670
				x_{122}水土保持技术可使用年限	0.5290
		x_{13}水土保持技术先进性	0.2391	x_{131}水土保持技术创新度	0.4750
				x_{132}水土保持技术领先度	0.4050
x_2水土保持技术应用难度	0.1499	x_{21}水土保持技术技能水平需求层次	0.4818	x_{211}劳动力文化程度	0.7070
				x_{212}劳动力配合程度	0.7250
		x_{22}水土保持技术应用成本	0.5182	x_{221}机会成本	0.8710
				x_{222}水土保持技术研发或购置费用	0.7630
x_3水土保持技术相宜性	0.2983	x_{31}水土保持技术目标适宜性	0.2821	x_{311}生态目标的有效实现程度	0.3900
				x_{312}经济目标的有效实现程度	0.3820
				x_{313}社会目标的有效实现程度	0.3110
		x_{32}水土保持技术立地适宜性	0.3649	x_{321}地形条件适宜度	1.1470
				x_{322}气候条件适宜度	1.1730
		x_{33}水土保持技术经济发展适宜性	0.1847	x_{331}水土保持技术与产业关联程度	0.5160
				x_{332}水土保持技术经济发展耦合协调度	0.4270
		x_{34}水土保持技术政策法律适宜性	0.1683	x_{341}水土保持技术政策配套程度	0.5230
				x_{342}水土保持技术法律配套程度	0.4750
x_4水土保持技术效益	0.2292	x_{41}水土保持技术生态效益	0.4232	x_{411}水土流失治理度	1.1000
				x_{412}土壤侵蚀模数	1.0520
		x_{42}水土保持技术经济效益	0.3591	x_{421}人均纯收入	0.5030
				x_{422}粮食单产	0.4520
		x_{43}水土保持技术社会效益	0.2177	x_{431}农户技术应用和发展理念	0.4520
				x_{432}辐射带动程度	0.4620
x_5水土保持推广潜力	0.0985	x_{51}水土保持技术与未来发展关联度	0.6578	x_{511}生态建设需求度	0.6730
				x_{512}经济/社会发展需求度	0.5860
		x_{52}水土保持技术可替代性	0.3422	x_{521}水土保持技术优势度	0.6130
				x_{522}劳动力持续使用惯性	0.3700

（2）水土保持技术评价模型构建

参考4.3.2.2节构建的评估模型，按照一级指标向总指标评价、二级指标向一级指标和总指标评价使用层次分析法，三级指标向二级指标、一级指标、总指标评价使用回归分析法的思路，构建不同级指标下的水土保持技术评价模型。

8.2.3　水土保持技术评价与分析

8.2.3.1　数据收集与被调研者基本情况

（1）数据收集

数据收集分历史资料搜集、农户调研及专家访谈三种方式，其中农业产业与资源的相关数据源自历史资料搜集；流域水土保持技术评估过程中的相关数据源自农户调研及专家访谈。

针对退耕区水土流失治理过程和现状，围绕构建的水土保持技术评价指标体系设计调查问卷，包括家庭基本信息、水土保持政策了解情况（水土保持政策对农业资源的作用程度、水土保持技术实施过程中政府给予的相关支持、政府政策对水土保持技术实施的作用状况等）以及水土保持技术可持续发展、评价指标中各指标的情况等。问卷主要采取定性与定量结合的形式，定量问题主要包括家庭土地、家庭收支等；定性问题主要包括农户对水土保持技术的了解情况，可通过"是""否"以及不同程度的判断做出回答。

（2）被调研者基本情况

调查对象为纸坊沟流域进行农业生产的农户，采用分层抽样法，先根据各村的户数以及总样本数进行分配，纸坊沟村随机抽取 30 户、寺崾岘村随机抽取 35 户、瓦树塌村随机抽取 10 户进行调研。对农户进行参与式问卷调查，共调研 7 天，平均每户调研时长约 1.5h，调研对象大多数为男性，从事家庭的主要农业生产。纸坊沟流域共有 124 户，共调研 75 户，获得有效样本量 70 份，除关于水土保持技术体系的相关问卷外，农户对各类水土保持技术认识的问卷有 20 份。在被调研农户中，按照世界卫生组织（World Health Organization，WHO）确定的年龄分段，大多数被调研者年龄集中在 45～59 岁，处于中年阶段（图 8-4）；家庭劳动力占家庭总人口数比例集中在 50%~99%，说明大多数农户家中有一半以上的劳动力（图 8-5）；尽管被调研者大部分为中年人，但由图 8-6 可以看出，接近一半的被调研者未接受文化教育，这对流域的水土保持技术采用和农业发展有一定的影响。

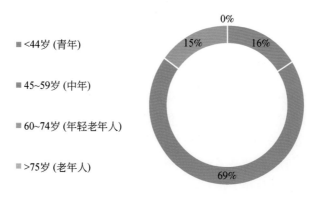

图 8-4　被调研者年龄分布状况

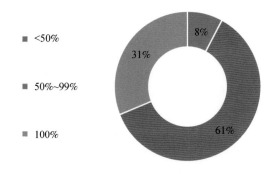

图 8-5　被调研者家庭劳动力占比状况

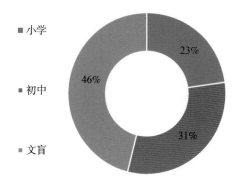

图 8-6　被调研者文化程度

8.2.3.2　各级指标下水土保持技术体系测算与初步分析

（1）一级指标下的测算结果与初步分析

将纸坊沟流域调研所得一级指标数据代入式（4-10）~式（4-15），得到纸坊沟流域水土保持技术评价结果（表8-6）。

表 8-6　一级指标下纸坊沟流域水土保持技术评价结果

总指标	时段Ⅰ	时段Ⅱ	时段Ⅲ
计算值	3.1885	3.9426	4.4022
实测值	3.1700	3.9400	4.4100

如表 8-6 所示，基于一级指标对纸坊沟流域的水土保持技术进行综合评价，三个时段的得分依次上升，并且计算值与实测值相差均小于 0.05，表明一级指标下的评价模型 ［式（4-15）］ 适合对水土保持技术进行评价。通过初步的分析可知，流域内水土保持技术体系在不断完善，效果在逐步提升。

（2）二级指标下的测算结果与初步分析

将调研所得二级指标数据代入式（4-16）~式（4-21），利用二级指标计算一级指标数值和总指标数值，并分别与调研所得一级指标数值和总指标数值进行比较分析，结果见表8-7。

表8-7　二级指标下纸坊沟流域水土保持技术评价结果

指标	时段Ⅰ		时段Ⅱ		时段Ⅲ	
	计算值	实测值	计算值	实测值	计算值	实测值
y	3.1900	3.1700	3.9415	3.9400	4.4106	4.4100
x_1	3.2813	3.2800	3.7637	3.7600	4.5327	4.5000
x_2	3.1001	3.1000	3.4989	3.5000	3.5822	3.5700
x_3	3.8293	3.8300	4.3276	4.3300	4.6094	4.6000
x_4	2.3083	2.3000	3.7660	3.7700	4.4787	4.5000
x_5	3.2336	3.2400	4.2560	4.2600	4.6292	4.6200

根据二级指标数值对各时段一级指标进行评价（表8-7），计算值与一级指标的实测值相差均小于0.05，表明在二级指标下构建的评价模型适合于对水土保持技术进行评价，这一结果与调研过程中和农户访谈结果以及流域的现状一致。

各时段同一级指标的计算值在三个时段不同，变化趋势基本一致，时段Ⅰ中x_3（水土保持技术相宜性）计算值最高，x_4（水土保持技术效益）计算值最低；时段Ⅱ中x_3（水土保持技术相宜性）计算值最高，x_2（水土保持技术应用难度）计算值最低；时段Ⅲ中x_5（水土保持技术推广潜力）计算值最高，x_2（水土保持技术应用难度）计算值最低，并且从时段Ⅰ到时段Ⅲ，x_4（水土保持技术效益）的计算值增长最快（图8-7）。纸坊沟流域在时段Ⅰ、Ⅱ分别处于不稳定恢复时期和稳定恢复时期，由于经济水平的限制以及生态环境处于初步恢复阶段，水土保持技术相宜性相对其他指标值较高。随着水土保持工程技术、水土保持农耕技术及水土保持生物技术等一系列技术体系的应用，生态系统转向稳定恢复与功能提升期，并且由于流域农民对经济效益的追求，技术选择与使用的驱动要素有所改变，在时段Ⅲ，随着生态环境的改善以及经济水平的提升，在选择水土保持技术及促进区域经济发展的同时，应更注重技术在未来的发展潜力。

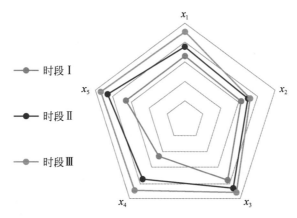

图8-7　二级指标下各时段一级指标计算值

（3）三级指标下的测算结果与初步分析

根据纸坊沟流域三级指标的调研数据，利用式（4-22）~式（4-35）计算二级指标值、式（4-36）～式（4-40）计算一级指标值、式（4-41）计算水土保持技术评价的总得分，并与一级、二级实际调研数据进行对比，计算结果如表8-8和图8-8所示，总指标、一级指标及二级指标的计算值与实测值相差均小于0.1，并且计算值等级与实测值等级保持一致，进一步对Logistic回归分析法建立的模型在水土保持技术评价的应用中进行了验证，表明此模型与方法对水土保持技术的评价是适合的。

表8-8　三级指标下纸坊沟流域水土保持技术评价结果

指标	时段 I		时段 II		时段 III	
	计算值	实测值	计算值	实测值	计算值	实测值
y	3.1916	3.1700	3.9436	3.9400	4.4121	4.4100
x_1	3.2856	3.2800	3.7617	3.7600	4.5375	4.5000
x_2	3.1026	3.1000	3.4965	3.5000	3.5728	3.5700
x_3	3.8281	3.8300	4.3333	4.3300	4.6021	4.6000
x_4	2.3067	2.3000	3.7688	3.7700	4.5003	4.5000
x_5	3.2456	3.2400	4.2652	4.2600	4.6242	4.6200
x_{11}	3.2124	3.2000	3.9253	3.9300	4.5004	4.5100
x_{12}	3.3997	3.4000	3.6574	3.6600	4.6238	4.6100
x_{13}	3.2095	3.2100	3.6831	3.6800	4.4521	4.4400
x_{21}	3.8110	3.8100	4.5414	4.5410	4.7853	4.8000
x_{22}	2.4440	2.4400	2.5250	2.5300	2.4455	2.4500
x_{31}	3.4800	3.4800	4.3241	4.3200	4.6131	4.6300
x_{32}	4.5355	4.5400	4.5683	4.5600	4.6758	4.6800
x_{33}	3.4546	3.4500	3.9571	3.9600	4.5166	4.5200
x_{34}	3.2875	3.2900	4.2522	4.2400	4.5178	4.5200
x_{41}	2.0215	2.0300	4.1932	4.1900	4.7698	4.7500
x_{42}	2.1171	2.1200	3.0748	3.0700	4.1689	4.1400
x_{43}	3.1738	3.1600	4.0885	4.0900	4.5232	4.5100
x_{51}	3.1374	3.1300	4.2802	4.2800	4.6491	4.6500
x_{52}	3.4536	3.4400	4.2362	4.2200	4.5762	4.6000

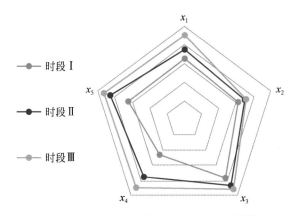

图8-8　三级指标下各时段一级指标计算值

　　各时段二级指标的计算值不同，变化趋势基本一致，时段Ⅰ中 x_{32}（水土保持技术立地适宜性）计算值最高，x_{41}（水土保持技术生态效益）计算值最低；时段Ⅱ中 x_{32}（水土保持技术立地适宜性）计算值最高，x_{22}（水土保持技术应用成本）计算值最低；时段Ⅲ中 x_{21}（水土保持技术技能水平需求层次）计算值最高，x_{22}（水土保持技术应用成本）计算值最低（图8-9）。其实，这很大程度上是经济条件与当时的生态环境因素有关，在经济水平较低且水土流失严重的时段Ⅰ，首先保证技术落地运营一段时期后能带来一定的预期效益，因此，水土保持技术立地适宜性计算值较高。到时段Ⅱ和时段Ⅲ经济水平有所提高，政府能提供更多的资金支持，技术成本的压力减小，并且通过时段Ⅰ的初步治理水土流失现状得到了遏制，在科技水平的支持下对技术人员的技能水平要求也随之提高。总体而言，从时段Ⅰ到时段Ⅲ每个二级指标的上升趋势一致，与实际调研和资料记载相一致。

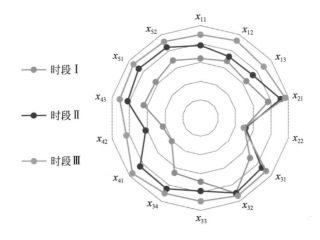

图 8-9　三级指标下各时段二级指标计算值

　　通过对总指标水土保持技术的计算值和实测值进行对比，结果如表8-9所示，各时段三种情境下的计算值相差均小于0.01，计算值与实测值相差均小于0.05，时段Ⅰ中计算值与实测值相差稍大于时段Ⅱ与时段Ⅲ，由于时段Ⅰ年代较远，在调研和座谈过程中，被调研者对流域时段Ⅰ水土流失治理过程相关情境的记忆稍模糊，时段Ⅱ和时段Ⅲ年代相对较近，加之科技水平的提升，该时段水土流失治理过程的记忆与记录较全面。

表 8-9　各级指标下纸坊沟流域水土保持技术评价结果

指标	时段Ⅰ		时段Ⅱ		时段Ⅲ	
	计算值	实测值	计算值	实测值	计算值	实测值
一级指标	3.1885	3.1700	3.9426	3.9400	4.4022	4.4100
二级指标	3.1900	3.1700	3.9415	3.9400	4.4106	4.4100
三级指标	3.1916	3.1700	3.9436	3.9400	4.4121	4.4100

　　综上所述，通过对构建的水土保持技术评估体系（评价指标体系、评价方法与模型）在纸坊沟流域应用，表明构建的水土保持技术评估体系是合理的。

8.2.3.3 测算结果的综合分析

（1）不同阶段评价结果说明

结合表8-9，如果仅作第一阶段（基本维度评价）评价，只有一个计算值与实测值进行比较；如果作第二阶段（基本维度与子维度相结合评价）评价，就有两个计算值与实测值进行比较；如果作第三阶段（基本维度为核心的三级联动评价）评价，就有三个计算值与实测值进行比较。一般而言，参考值越多，人们的认识越充分，所以在有条件的情况下，建议采用第三阶段评价方法；从纸坊沟流域的评价结果来看，三个阶段差异不大，实现了相互验证，除了说明所采用的评价体系可行外，也说明了可根据对被评估区域的实际情况及评价的要求，选择其中某个阶段所采用的指标体系与模型进行评价，即评价体系实现了不同时段、多源数据的水土保持技术评价。

（2）各级指标测算下的水土保持技术总态势及一级指标态势分析

表8-10是三个时段各级指标下纸坊沟流域水土保持技术评价结果，可以看出，在三个时段中，通过对总指标和一级指标的计算值与实测值进行对比分析，变化趋势基本一致，且在三个时段内 y 值逐渐增大，表明纸坊沟流域水土保持技术体系在逐步完善。

表8-10　各时段下纸坊沟流域水土保持技术评价结果

指标			y	x_1	x_2	x_3	x_4	x_5
时段 I	基于一级指标	计算值	3.1885					
		实测值	3.1700	3.2800	3.1000	3.8300	2.3000	3.2400
	基于二级指标	计算值	3.1900	3.2813	3.1001	3.8293	2.3083	3.2336
		实测值	3.1700	3.2800	3.1000	3.8300	2.3000	3.2400
	基于三级指标	计算值	3.1916	3.2856	3.1026	3.8281	2.3067	3.2456
		实测值	3.1700	3.2800	3.1000	3.8300	2.3000	3.2400
时段 II	基于一级指标	计算值	3.9426					
		实测值	3.9400	3.7600	3.5000	4.3300	3.7700	4.2600
	基于二级指标	计算值	3.9415	3.7637	3.4989	4.3276	3.7660	4.2560
		实测值	3.9400	3.7600	3.5000	4.3300	3.7700	4.2600
	基于三级指标	计算值	3.9436	3.7617	3.4965	4.3333	3.7688	4.2652
		实测值	3.9400	3.7600	3.5000	4.3300	3.7700	4.2600
时段 III	基于一级指标	计算值	4.4022					
		实测值	4.4100	4.5000	3.5700	4.6000	4.5000	4.6200
	基于二级指标	计算值	4.4106	4.5327	3.5822	4.6094	4.4787	4.6292
		实测值	4.4100	4.5000	3.5700	4.6000	4.5000	4.6200
	基于三级指标	计算值	4.4121	4.5375	3.5728	4.6021	4.5003	4.6242
		实测值	4.4100	4.5000	3.5700	4.6000	4.5000	4.6200

时段 I 中，基于一级指标的实测值、二级指标和三级指标的计算值可以看出，x_4（水土保持技术效益）最小，由于时段 I 未形成成熟的技术体系，技术效益不明显。x_3（水土保持技术相宜性）最大，在实地调研中了解到，在纸坊沟流域水土流失治理初期，对各项技术均采取了前期的试验和推广，与纸坊沟流域生态、经济及社会背景相宜性较好。基于一级的实测值、二级和三级指标的计算值排序均为 $x_4<x_2<x_5<x_1<x_3$，与实测值一致，进一步对该模型进行了验证。

时段 II 中，基于一级指标的实测值、二级指标和三级指标的计算值可以看出，x_2（水土保持技术应用难度）最小，经过时段 I 的技术推广和技术体系的形成，应用难度降低，因此 x_2 最小。x_3（水土保持技术相宜性）最大，经过技术的推广和逐渐成熟，在时段 II，纸坊沟流域各项水土保持技术与当地背景相宜性达到较高水平。基于一级的实测值、二级和三级指标的计算值排序均为 $x_2<x_1<x_4<x_5<x_3$，与实测值一致。

时段 III 中，基于一级指标的实测值、二级指标和三级指标的计算值可以看出，x_2（水土保持技术应用难度）最小，x_5（水土保持技术推广潜力）最大。基于一级的实测值、二级和三级指标的计算值排序均为 $x_2<x_4<x_1<x_3<x_5$，与实测值一致。随着水土保持工程技术、水土保持农耕技术及水土保持生物技术等技术体系的应用，生态系统转向稳定恢复与功能提升期，并且由于农民对经济效益的追求、技术选择与使用的驱动要素有所改变，在时段 III，随着生态环境的改善以及经济水平的提升，在选择水土保持技术及促进区域经济发展的同时，更应注重技术在未来的发展潜力。

（3）基于基本维度（5 个维度）演变过程再分析

纸坊沟流域所采用的水土保持技术体系趋于完善，其适宜性和实施效果不断提升，但基本维度（5 个维度）的变化过程并不平衡，具体表现在以下几方面：

1）水土保持技术成熟度不断提升，由 3.3 左右提升到 4.5 左右。纸坊沟流域通过技术研发、试验、示范，水土保持技术结构的完整性提升、配置的合理度增加、先进性不断提高，能够持续、有效发挥作用。

2）水土保持技术应用难度在实施者可接受范围内，并且难度相对较小。随着技术体系的复杂化、创新度及先进性提高，技术难度也有所提升，其指数由 3.1 左右变化为 3.6 左右，但由于技术研发过程中主要针对的是当地的劳动者，同时劳动者文化水平、经验的提升，学习能力提高，所研发、选择、实施的水土保持技术易被接受。

3）水土保持技术相宜性较好。在水土保持技术研发、选择、技术体系集成过程中，区域的立地条件为主要限制因子，因此应用的技术和技术体系与实施区域立地条件比较吻合，满足了技术应用的最基本条件；由于纸坊沟流域技术的研发、示范、应用是科技人员在承担国家、省部级科研任务过程中实施和完成的，形成的技术体系与国家政策、法律条件相匹配；伴随着学科理论与技术的融合，技术在适度范围内满足经济发展需要。

4）水土保持技术效益不断提高。在水土保持技术应用过程中，农民首先考量的是技术效益。生态效益在三个时段都是最高的，时段 III 其指数为 4.77 左右，这与水土保持技术应用的初衷相一致；社会效益次之，其指数由 3.17 左右变化到 4.52 左右，即农户应用和发展理念比较高，这为技术的应用提供了动力；经济效益指数由 2.12 左右变化到 4.17 左右，相比较较低，需要依据"绿水青山就是金山银山"的理念，协调经济高质量发展及其与生态治理与保护；尽管三大效益有差异，但都在同一区间。

5）水土保持技术推广潜力提升较快。因为纸坊沟流域的水土保持技术体系的针对性和超前性较强，水土保持技术与未来的关联度不断强化，技术的优势度不断提高。

综上所述，经过三个时段的发展，纸坊沟流域所采用的水土保持技术能够被实施者所接受，与当地的生态、经济及社会适应度较高。

8.3 主要评价结论

针对水土保持技术评价研究过程中大多将"水土保持技术"等同于"水土保持措施"，即对水土保持技术本质的研究较为滞后。本研究通过对退耕区域纸坊沟流域水土保持技术演变过程及态势的分析，界定了水土保持技术的内涵、特征，明确了水土保持技术产生的主要动因以及各项技术的相互作用，厘清了水土保持技术产生的驱动要素，明确了纸坊沟流域水土保持技术演变过程和技术体系，构建了水土保持技术评估体系。这为退耕区域水土保持技术的协同有序发展提供了参考。

1）水土保持技术是指在水土流失地区，运用水土保持学原理及生态经济等相关学科理论，以水土保持为目的，同时优化水土资源配置、协调发展农业生态资源与产业而采取的一系列技术的总称，包括水土保持工程技术、水土保持农耕技术和水土保持生物技术。同时水土保持技术具有多种特征：①水土保持技术的核心目的是蓄水、保土；②水土保持技术要依附于特定的物质载体；③水土保持技术是一项设计多学科的综合性技术；④水土保持技术具有自然、经济及社会三大属性。

2）水土保持技术因水土流失的发生而产生，并服务于水土流失治理，同时受社会、生态及经济因素制约。在生态治理需求视角下、在国家政策等宏观要素约束视角下、在区域经济发展的需求下，水土保持技术的工作方针以及实施过程的侧重方向均在不断完善，向区域生态、经济及社会协调发展靠近。各类水土保持技术在其实施过程中侧重方向均不同，水土保持工程技术以改变微地形而达到防治水土流失为主要目的；水土保持农耕技术以实现保水、保土、保肥、改良土壤、提高农作物产量为主要目的；水土保持生物技术以增加地面有效植被覆盖，保持水土，实现经济效益、社会效益、生态效益相统一为主要目的。

3）水土保持技术作为一项涉及多学科的综合性技术，遵循主观与客观相结合、内在与外在相结合以及自然与经济社会属性相结合的原则，构建了水土保持技术评估体系。其中，指标体系包括 5 个一级指标、14 个二级指标和 29 个三级指标，每一指标划分为 5 个标度，并给出对应的指标解译。根据构建的评价指标等相关研究结果，采取分阶段评估法，一级、二级指标权重采用层次分析法确定，一级指标权重中水土保持技术相宜性权重最高，为 0.2983，二级指标中水土保持技术与未来发展关联度权重最高，为 0.6578；三级指标采用 Logistic 回归分析法得出回归系数，其中回归系数最高的是气候条件适宜度，回归系数为 1.1730。评估模型与指标体系相呼应，其中一级、二级指标下建立的是层次分析模型；三级指标下建立的是 Logistic 回归模型。

4）水土流失治理 40 余年来，纸坊沟流域水土保持的选择及使用大致经历了三个时段，1973～1983 年（时段 I），水土流失治理以水土保持农耕技术为主，辅以水土保持工程技术+少量水土保持生物技术，形成"整地+轮作（<5°），（人工）窄条梯田+轮作（5°～15°），（人工）窄条梯田+轮作（15°～25°），鱼鳞坑/反坡梯田+生态林（大于 25°），沟沿线植柳树+淤地坝（沟道）"水土保持技术体系，生态系统处于不稳定恢复时期；1984～1998 年（时段 II），水土流失治理以水土保持工程技术和水土保持生物技术为主，辅以水土保持农耕技术，形成"川地+垄沟种植+地膜覆盖+轮作、（人工）窄条梯田/（机修）宽幅梯田+垄沟种植+地膜覆盖+轮作、（人工）窄条梯田+果树（<5°），坡地+水平沟种植、（人工）窄梯田+生态林（5°～15°），（人工）窄条梯田+果树、（人工）窄条梯田/（机修）宽幅梯田+轮作+套种、鱼鳞坑/水平沟/反坡梯田+生态林、人工种草、草粮带状间轮作、草灌带状间作（15°～25°），鱼鳞坑+造林、草灌带状间轮作（>25°），造林、淤地坝、柳谷坊（沟道）"水土保持技术体系，生态系统处于稳定恢复时期；1999～2015 年（时段 III），水土流失治理与防治以水土保持生物技术为主，以水土保持工程技术和水土保持农耕技术作为补充与配套技术体系，形成"垄沟种植+地膜覆盖+轮作（<5°），（机修）宽幅梯田+果树、鱼鳞坑/反坡梯田/窄梯田+生态林（5°～15°），鱼鳞坑/窄条梯田/反坡梯田+生态林、封育、封禁（15°～25°），封育（>25°）"水土保持技术体系，生态系统处于稳定恢复与功能提升期，并且每一时段均形成了与其生态经济以及社会背景相匹配的技术体系。采用构建的水土保持技术评价体系，对各时段技术体系进行计算，其计算值与实测值一致，表明该评估模型和方法适用于水土保持技术评价。计算结果均处于上升趋势，表明水土保持技术体系不断完善，逐步优化，随着各时段的发展，通过水土保持技术的创新与优化，提高资源的有效利用率，实现生态系统的良性运行，促进了区域发展、生态良好，与实际调研结果一致。

8.4　生态技术推介

8.4.1　纸坊沟流域水土保持技术体系地位判断

表 8-11 是纸坊沟流域水土保持技术体系（模式）及先进性简表，可以看出从 1973 年开始经历了"领跑"向"领跑/并跑"的变化过程。

表 8-11　纸坊沟流域水土保持技术体系（模式）及先进性简表

时段	水土保持技术（配置）模式		先进性
1973～1983 年	<5°	整地+轮作	领跑
	5°～15°	（人工）窄条梯田+轮作	
	15°～25°	（人工）窄条梯田+轮作	
	>25°	鱼鳞坑/反坡梯田+生态林	
	沟道	沟沿线植柳树+淤地坝	

时段	水土保持技术（配置）模式		先进性
1984～1998 年	<5°	川地+垄沟种植+地膜覆盖+轮作、（人工）窄条梯田/（机修）宽幅梯田+垄沟种植+地膜覆盖+轮作、（人工）窄条梯田+果树	领跑
	5°～15°	川地+垄沟种植+地膜覆盖+轮作、（人工）窄条梯田/（机修）宽幅梯田+垄沟种植+地膜覆盖+轮作、（人工）窄条梯田+果树、坡地+水平沟种植、（人工）窄梯田+生态林	
	15°～25°	（人工）窄条梯田+果树、（人工）窄条梯田/（机修）宽幅梯田+轮作+套种、鳞坑/水平沟/反坡梯田+生态林、人工种草、草粮带状间轮作、草灌带状间作	
	>25°	鱼鳞坑+造林、草灌带状间轮作	
	沟道	造林、淤地坝、柳谷坊	
1999～2015 年	<5°	垄沟种植+地膜覆盖+轮作	领跑/并跑
	5°～15°	（机修）宽幅梯田+果树、鱼鳞坑/反坡梯田/窄梯田+生态林	
	15°～25°	鱼鳞坑/窄条梯田/反坡梯田+生态林、封育、封禁	
	>25°	封育	

为了进一步明确其先进性，以下根据三个时段的实际情况对其所处的地位分别进行说明。

（1）1973～1983 年纸坊沟流域水土保持技术体系地位判断

依据"九五"科技攻关成果，结合纸坊沟流域当时所采取的思路和过程进行判定。

"九五"科技攻关成果表明，中华人民共和国成立以来我国水土流失治理工作可以划分成 5 个治理阶段，即探索治理阶段（1950～1963 年），重点治理与缓慢发展阶段（1964～1978 年），小流域综合治理阶段（1979～1990 年），法制建设、预防为主与重点治理阶段（1991～1999 年），生态修复为主的规模治理阶段（1999～2015 年）。其中重点治理与缓慢发展阶段（1964～1978 年）主要进行特定问题治理和特定下垫面治理，包括坡改梯为主的坡面治理模式；水坠坝筑坝、爆破法筑坝、冲土水枪等技术为主体的淤地坝建设模式，沟垄种植法与坡地水平沟种植法的两种种植模式；坡面植树种草为主的坡面生物防治模式，飞播种林草技术模式，粮草带状种植防蚀技术模式，改土治水相结合的治理模式。小流域综合治理阶段（1979～1990 年）：1980 年 4 月，水利部在山西省吉县召开 13 省（自治区、直辖市）水土保持小流域治理座谈会，会议系统总结了各地以小流域为单元，进行全面规划，综合治理的经验。会后颁发了《水土保持小流域治理办法（草案）》，第一次明确了我国现阶段小流域的概念，标志着我国水土保持工作进入以小流域为单元综合治理的新阶段。

1973～1983 年，在纸坊沟流域开展了水土保持规划和治理，实行山水林田湖综合治理，基本实现了该地方林田网化以及阴坡绿化，生态环境有了很大恢复，农林牧生产也有了较大发展。这对于当时改变"广种薄收"格局具有重要的指导意义。这一阶段在技术选择和研发上，初步实现了系统化构思，因而处于"领跑"阶段。

（2）1984～1998 年纸坊沟流域水土保持技术体系地位判断

1984 年开始，纸坊沟流域先后成为陕西省和国家重点攻关项目研究与试验示范基地，通过研究，先后提出了水土保持型生态农业和商品型生态农业建设理论，研究了农业资源合理利用机制，明确了降水和地形因素与坡地水土流失关系，在国内首次提出了以村庄居民点为中心的水土保持平面三区（三圈）结构配置模式、自山顶至沟道的梯层结构配置模式，研发了黄土高原丘陵沟壑区水土保持增产体系，建立了水土保持型生态农业实体模型。这些理论成果实现了"针对问题的联动效应进行系统化规划和治理"的理念，研究成果居国际先进水平，其中水土保持措施配置模式等理论上具有独创性，在黄土高原丘陵沟壑区具有重要的指导意义，达到国内领先水平。先后获得国家科技进步奖、陕西省科技进步奖 3 项。相关研究成果直接应用到安塞北五乡和杏子河流域治理，获得了较大效益。所以，从水土流失治理、水土保持技术研发视角，该流域的水土保持技术一直处于领跑位置。

（3）1999～2015 年纸坊沟流域水土保持技术体系地位判断

这一阶段以前的水土保持技术持续发挥作用，除了退耕还林工程带来的机遇所形成的技术外，基本上未有新技术研发。在新时代背景下，生态、经济、社会协同发展需求提升，特别是新元素的引入，技术链延长，技术耦合及相依关系强化，一些区域在这方面超越纸坊沟流域，如安塞区南沟流域、宝塔区河庄坪镇，在这方面呈"领跑/并跑"态势。

8.4.2　纸坊沟流域水土保持技术体系进一步完善的建议

纸坊沟流域水土保持技术体系（模式）可在黄土丘陵区有待治理区域应用，其中平面配置、梯层配置改造和提升后，依然有进一步应用的空间，可作为黄土高原水土流失治理和高质量发展的参考。

从纸坊沟流域发展过程来看，水土保持技术体系不断完善，技术适宜性进一步提升，综合效应得以提高。但依据"绿水青山就是金山银山"的理念，从生态文明建设、乡村振兴战略需求而言，水土保持技术本身、应用过程、应用效果及其耦合系统尚需进一步优化。核心在于林分质量提升和结构优化技术、满足生态恢复和经济发展双重需求技术的引进或研发，将现代信息技术融入其中的复合技术研发或引进，即水土保持技术选择主要服务于区域生态条件和国家战略目标，需要综合考虑区域生态修复、经济发展、国家战略定位，这样水土保持技术可用性更强。

第9章 黄河上中游国家重大生态工程生态技术评价

9.1 工程区概况

黄河上中游区地处大陆内部,受东南季风影响较弱,多年平均降水量520mm,降水量由上游至下游递增,降水量年际变化大,年内分配极不均衡,其中6~9月降水量占年降水总量的60%以上,且多暴雨。该区多山地,地势呈西北高东南低,长期以来,由于内外营力的共同作用,地形地貌演变为梁峁起伏,沟壑纵横,沟谷深切,地面支离破碎,沟壑密度达3~5km/km²,植被稀少,水土流失严重。该区的土地利用类型以耕地和林地为主。

9.2 生态技术识别与评价

9.2.1 生态技术识别

本研究涉及的生态技术均属于治理黄土高原水土流失这一生态问题,因此从具体技术的角度梳理了黄土高原区生态治理技术群,识别和筛选了以下技术。

9.2.1.1 黄河上中游区单项生态技术

(1) 封禁

对小流域内坡面坡度大于25°的部分区域实施封禁,内容主要包括封禁治理和封禁标牌。严禁放牧、砍柴等除实施封育措施以外的一切人为活动,如砍树、修枝、割草、铲草皮、挖药材、采果、采松脂等;按照"因地制宜,预防为主,因害设防,综合治理"的原则,设置水泥桩,拉铁丝围栏进行围封,防止人畜进入;积极做好护林防火、病虫害防治的具体预测预防工作;每年对封育植被恢复情况进行定位观测,调查记录,根据监测结果调整封育措施,必要时采取人工促进和抚育措施。

封禁治理常需结合界区标牌,它是提示限制人们进入生态修复区的警示牌,在封禁林区周界明显处,如山口、沟口、路口等设置醒目的永久性封禁标牌。设置原则应该以提醒为主的原则,考虑不影响生态修复区的自然景观应尽量自然,但应避免过分修饰。标牌主要内容包括封禁类型、封禁方式、封禁目标和封禁年限等(图9-1)。固定标牌为预制混凝土结构,标牌规格为1.2m×0.8m。

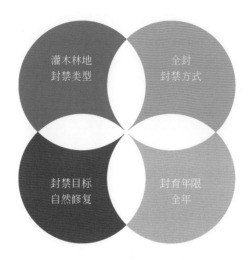

图 9-1　标牌所包含信息

（2）梯田

梯田设计参照《生态清洁小流域技术规范》（DB11/T 548—2008），整修地埂时，根据地形地势，可按"大弯就势、小弯取直"的原则设计。根据因地制宜和就地取材的原则，材料选择干砌石。断面结构：石坎高出地面 20cm，顶宽 40cm，基础埋深 50～60cm，设计墙体高 1～2m，外坡坡比 1∶0.4～1∶0.3，基底逆坡坡比 0.15∶1，内坡采用直墙。对原有石坎在现有基础上整修扶梯唇口，修补坍塌豁口，顺其自然，按不同地形大弯就势、小弯取直的原则布设。干砌石挡墙施工时，砌体要分层进行，层间竖缝要错开，每层以大石块为骨干，大面朝下，不平稳部位应用小石块垫稳，不得有松动石块。每层应经常用薄厚不同的石块调整高度，以便始终保持各层呈基本水平上升。砌体应表里一致，不得以大石块砌外缘而内填碎石和河卵石；外砌石块要互压 1/2 以上，块石粒径大于 15～50cm，并用较大石块封顶。修复后梯田管护随耕地落实到各户，做到时常检查，及时修复。不同断面尺寸见表 9-1。

表 9-1　梯田断面尺寸

编号	高/m	顶宽/m	基础深/m	外坡坡比 1∶x	基地逆坡坡比 x∶1
1	1	0.4	0.5	0.3	0.15
2	1.5	0.4	0.5	0.3	0.15

（3）经济林

经济林种植生态技术的环节主要包括整地、树种选择、栽植方法、浇水以及科技辅助措施。根据造林地的气候、地质地貌条件、土壤类型、水土流失等特点，采用大穴状整地，其整地规格为 0.8m×0.8m×0.6m。此外应合理布设种植密度。树种选择应遵循适地适树、因地制宜的原则，尽量做到随起随运随栽，起苗后不能随运随栽的必须及时假植，覆盖、遮阴，减少水分蒸发。采用植苗造林的方法，严格按照"三埋两踩一提苗"的栽植方法进行。采用品形沿等高线栽植。造林季节一般选在春季。工程完成后需有专人管护，严禁人畜破坏。

为了提高造林成活率，还应采取以下科技措施：①覆膜技术。建设区苗木栽植采用覆膜技术，地膜按 1.0m²/株铺设。②保水保墒措施。使用保水剂，用量为每株 25g。③植物生长调节剂。使用生根粉，用量为 0.02g/株，主要用于裸根苗木。④施用有机肥。苗木栽植前，在栽植穴内施有机底肥，根据穴坑规格和地质土壤条件，每穴 10kg。

（4）造林

造林可分为人工造林、飞播造林和爆破造林，主要技术环节包括整地设计、苗木选择、种植设计、辅助配套和科技措施。

人工造林选择在土壤条件相对较好的地块，无客土。整地方式主要采用穴状整地。施工时按从上到下、先挖后凿的顺序进行整地。挖穴时尽量少破坏原有植被，对原有树木要抚育保留。整地时穴径做到上下一致，平缓地做树盘，斜坡地用石块砌好外侧围埂，砌埂高度 20~25cm，要求坚固整齐，不得以埂砌穴、以埂代穴。优先选择生态功能和经济功能相结合的树种，做到适地适树；因地制宜地确定针叶树与阔叶树的合理混交，防止树种单一化；广泛利用优良的乡土树种，积极推广经过试验的性状优良、抗逆性强、能改良土壤的引进树种。

根据造林目的、种间关系及立地条件，确定主栽树种及针叶、阔叶乔木的数量，采用团状混交方法，以形成色彩丰富、四季常青、季变景异的自然景观，以充分发挥森林的多种功能。黄土高原区春季干旱少雨，造林时间紧迫，必须做到苗木随起、随运、随栽，不能及时栽植的苗木必须及时假植。栽植时要栽直、埋严、踏实、砌好外坡，埂的高度要高出坑面 10~20cm。栽后要在穴的上沿开出导流坡，以利雨水流入坑内。栽植时水要随栽随浇、浇足浇透，7 天后浇第二遍水，15 天后浇第三遍水。造林后，凡成活率低于 85%、保存率低于 80% 的造林地，要及时进行补植。补植主要选择在雨季进行。

辅助技术主要包括覆膜技术、保水保墒措施、生根粉和施用有机肥。为减少土壤表面蒸发、提高土壤含水量、提高林木成活率，人工造林地块苗木栽植采用覆膜技术。保水保墒措施主要是使用保水剂。为了给新栽植苗木提供充足的养分，同时为了改良土壤结构，苗木栽植前，在栽植穴内施有机底肥，以后可适当追肥。

（5）人工种草

人工种草主要选择牧草（如苜蓿）、药材等，既能改善环境，又能增加农民收入。人工种草的主要技术环节包括整地松土、苗床育苗、适时移栽、合理密植、及时除草、肥水管理和修剪整枝等。

新开园地要深翻土壤，除去杂草的根茎。坡地做好水平带，开好避水沟，水平带宽在1.5m 以上。种子在 20℃ 温度下的发芽势和发芽率最高。播种期一般在温度 15℃ 时进行。播种前要除去种子冠毛，经风选或水选，浸种一天后晾干。育苗的苗床要下整细碎，整地时施入一些腐熟厩肥；播种时每隔 5~7cm 用棍子在苗床面上轻划 2~3mm 深的沟，将种子播入沟内，轻轻拍压，使之与土壤结合紧密，用喷壶淋水后，用塑料薄膜覆盖。播种后保持床土湿润，4~5 天后出苗。4 月中旬至 5 月初，选择 25cm 左右生长健壮的苗，在温暖天气及时移栽。移栽后一个月需人工除草一次，并培土 5~7cm。施肥以"施足基肥，早施活棵肥，勤施分枝肥，多施打顶肥，巧施花蕾肥"为原则。

（6）土地整治

土地整治主要施工手段为翻土和平整清理，翻土厚度 25~30cm，土地平整要和梯田整修结合施工。土地整治结束后要达到以下要求：使平整后的耕作田块的形状、长度、宽度、面积利于作物的生长发育。平整后的耕作田块方便田间管理。使田块布置与以后计划发展的节水灌溉、步行道建设等相协调。

（7）节水灌溉

节水灌溉设计按照《低压管道输水灌溉工程技术规范（井灌区部分）》（SL/T 153—1995）、《节水灌溉技术规范》（SL 207—1998）等规范要求完成，涉及其他行业的工程按有关行业标准执行。出水口附近清理后用浆砌石做引水渠道，引水渠道面层采用水泥砂浆抹面防渗。泉水口沿沟下方平坦处修建蓄水池，泉水流出后沿引水渠道流入蓄水池中储存备用。蓄水池修建时预留进水口和出水口，当蓄水池蓄水量达到蓄水池蓄水标准时多余的泉水通过出水口流出进入沟道。

（8）挡土墙

设计挡土墙高度 1.2m，顶宽 0.5m，基础埋深 0.5m，外坡为斜墙，坡比 1：0.4，内坡为直墙。挡土墙顶部预留空隙栽植攀缘植物爬山虎进行生态护坡，坡度较陡坡段需要进行适当削坡处理以达到要求，爬山虎栽植密度为每米 3 穴，每穴 2 株。由于设计挡土墙高度较低，根据设计要求和经验，可不进行稳定性计算。

（9）田间生产道路

田间生产道路断面包括基层、面层，道路基层根据就地取材的原则，选择级配碎石基层、碎石基层两种，面层采用水泥混凝土面层。设计路宽 3m，基层 10cm，面层 15cm，混凝土路面两侧采用 495mm×300mm×100mm 路缘石砌护，道路采用内侧排水。对路面凹凸不平地段，可适当增加基层厚度或削平突出部分，每隔 50~100m，在合适的位置修建凹形错车位。

（10）防护坝

防护坝设计标准按 10 年一遇洪水位进行设计。根据《生态清洁小流域技术规范》中的规定和村庄社会经济状况，对坍塌和破损的干砌石防护坝进行整理与修复，并新建干砌石防护坝和现有防护坝续接成连续的防护坝，总长 1200m。干砌石防护坝采用梯形断面设计，顶宽 0.4m，高 0.5~1.0m，内侧为直墙，外侧坡比 1：0.3，基础深 0.4m。由于防护坝高度低于 2m，不涉及大的安全隐患，根据经验判断一般不进行稳定性验算。

防护坝防洪计算包括汇水计算和过水能力计算，计算选择沟道较窄的不利沟段计算。设计防护坝应至少满足 10 年一遇防洪标准。根据洪峰计算结果，干砌石结构防护坝满足防护要求。防护坝建成后严禁在其上修建其他建筑。每次暴雨和汛后及时检查坝体，如有损毁，及时补修。

（11）沟道治理技术

黄土高原区沟道治理技术包括拦沙坝、淤地坝和谷坊等。岸坡为陡直土质岸坡，坡脚冲刷侵蚀严重，坍塌和泻溜等水土流失现象明显，针对坡脚冲刷侵蚀严重的陡直土质岸坡，采用梢捆抛枕和植物护坡防护。

（12）管理机制

除了采用合理的生态技术之外，建立完善的管理机制也很重要。通过封禁管理，该区内实现"不准施用化肥、不准施用农药、不准倾倒垃圾、不准养殖、不准耕种、不准采矿"六不准的目标，严格禁止放牧，限制人为活动，减少人为干扰，充分发挥自然修复能力，使生态环境尽快恢复。此外，新建的建设项目全部编制并落实水土保持方案，最大限度减少生活污水直接排入沟渠，使村庄环境整洁，无乱堆乱放垃圾现象，农路基本硬化，排水良好；水土保持设施无人为毁坏，各项工程正常发挥效用。流域内实现无乱占河道（沟）现象、无乱采砂石现象、无垃圾堆放现象，及时清除河道内的乱石、渣土，达到设计排洪标准。

9.2.1.2 黄河上中游区小流域生态综合治理技术模式

根据生态技术定义内涵，总结得到如表9-2所示的7种生态综合治理技术模式。

表9-2 生态综合治理技术模式

模式	小流域	布设主要措施
小流域综合治理模式	闫庄小流域	生态恢复：封育； 生态治理：梯田建设、节水灌溉、道路工程、村庄绿化、易地搬迁； 生态保护：沟道治理
丘陵沟壑区治沟造地模式	羊圈沟流域	梁峁顶：防护林、鱼鳞坑、水平阶； 陡坡：种草、种灌； 缓坡：水平阶造林； 坡度25°以上：退耕还林； 人类活动区：修建梯田； 主沟：淤地坝、溢洪道、排洪渠； 支沟：削坡填沟、填沟造地
半干旱区水土资源高效利用模式	龙滩沟流域	25°以上坡面全面退耕还林还草，水平阶、水平沟、鱼鳞坑、灌草间作； 缓坡：整地、适地适树； 农田区：梯田、抗旱集雨节灌技术、地膜种植； 村庄道路治理：修建水窖、排水渠、涝池
生态防护与农业生产治理模式	高西沟流域	梁峁顶：耐寒、耐旱、耐贫瘠的乡土树种，鱼鳞坑与丰产坑； 农路两侧栽植常绿树种； 缓坡：种植农作物，修建高标准梯田； 坡脚：经济林，水平阶配合丰产坑整地
生态农业发展模式	纸坊沟流域	生态防护体系：坡度大于25°建水土保持林，缓坡进行退耕还林还草，种植草灌，水平沟、垄沟、间作； 农林复合发展体系：缓坡兴修梯田营造高效农业，作物改良、合理密植、果树滴灌等技术
灾害防治与配套设施治理模式	延河流域	沟道、坡脚：谷坊与护坡技术； 修建高标准道路，埋设各类涵管； 集雨水窖和滴灌技术

续表

模式	小流域	布设主要措施
梯田特色果业开发模式	罗玉沟流域	营造梯田，构建特色林果基地。起垄覆膜、抗旱保墒、果实套袋、合理间作套种、改良土壤、病虫害综合防控等高新技术。小型拦蓄工程、中型治沟骨干工程、结合生物措施，在沟道两侧、沟底和沟头营造沟道防护林，建立行政技术双轨责任制。形成"梯田+蔬菜""梯田+畜牧+养殖""梯田+花椒""梯田+经济林果""梯田+中药材"等多种产业

9.2.2　生态技术评价

9.2.2.1　黄河上中游国家重大生态工程技术定性评价

（1）一级指标定性评价

通过对43位专家进行微信问卷调查以及各项技术一级、二级指标打分，结果见表9-3。由表9-3可知，黄河上中游区23项治理技术综合得分在3.8988～4.3150，其中13项技术得分均在4分以上，基本农田建设、坡面截排水技术和粗泥沙集中治理技术是综合得分最高的3项治理技术，综合得分分别为4.3150、4.2503、4.1943。

表9-3　黄河上中游生态治理工程技术一级指标评价结果

排序	技术名称	综合得分
1	基本农田建设	4.3150
2	坡面截排水技术	4.2503
3	粗泥沙集中治理技术	4.1943
4	坡改梯	4.1787
5	坡地集流补灌和节水灌溉技术	4.1563
6	林草栽培养护技术	4.1528
7	植被恢复与重建技术	4.1386
8	沟沿治理技术	4.1231
9	生态修复技术	4.0924
10	拦泥库、淤地坝	4.0692
11	坡面工程	4.0507
12	支毛沟治理技术	4.0330
13	沟坡治理技术	4.0185
14	土地整治技术	3.9993
15	涝池	3.9982
16	水土保持耕作技术	3.9930
17	拦沙坝	3.9911

排序	技术名称	综合得分
18	沟道治理开发技术	3.9876
19	水肥资源高效利用与调控技术	3.9835
20	植物种类选择和配置技术	3.9652
21	整地集流技术	3.9207
22	集雨窖	3.9081
23	沟道工程	3.8988

坡改梯、坡地集流补灌和节水灌溉技术、林草栽培养护技术、植被恢复与重建技术、沟沿治理技术、生态修复技术、沟壑治理技术、坡面工程、支毛沟治理技术和沟坡治理技术的综合得分在 4.0185~4.1787。土地整治技术、涝池、水土保持耕作技术、拦沙坝、沟道治理开发技术、水肥资源高效利用与调控技术、植物种类选择和配置技术、整地集流技术、集雨窖、沟道工程的综合得分在 3.8988~3.9993。

(2)二级指标定性评价

通过 43 位专家对各项技术的二级指标进行打分，结果见表 9-4。由表 9-4 可知，黄河上中游区内 23 项治理技术综合得分在 3.6414~3.9685，其中植被恢复与重建技术、林草栽培养护技术和基本农田建设是综合得分最高的 3 项治理技术，基本农田建设与一级指标评价结果一致，位于前三位生态技术中，说明基本农田建设获得专家们的普遍认可。另外两项技术属于植被建设领域，在一级指标评价下第二项和第三项生态技术属于减水拦沙范围，说明从宏观上评价专家们比较认可的是削流减沙技术，而从更深入层次上评价专家们比较关注的是植被恢复建设技术，植被建设的最终目的是减少径流和泥沙，所以可认为评价结果是一致的。

表 9-4　黄河上中游生态治理工程技术二级指标评价结果

排序	技术名称	综合得分	一级指标	由二级指标计算的一级指标值
1	植被恢复与重建技术	3.9685	技术成熟度	4.3438
			技术应用难度	3.5591
			技术相宜性	3.6313
			技术效益	4.1076
			技术推广潜力	3.9000
2	林草栽培养护技术	3.9305	技术成熟度	3.9888
			技术应用难度	3.7445
			技术相宜性	3.4187
			技术效益	3.8140
			技术推广潜力	4.1973

续表

排序	技术名称	综合得分	一级指标	由二级指标计算的一级指标值
3	基本农田建设	3.9158	技术成熟度	4.1311
			技术应用难度	3.6555
			技术相宜性	3.5685
			技术效益	4.0525
			技术推广潜力	4.1973
4	水土保持耕作技术	3.8834	技术成熟度	4.2199
			技术应用难度	3.5073
			技术相宜性	3.6215
			技术效益	4.0306
			技术推广潜力	3.9973
5	粗泥沙集中治理技术	3.8805	技术成熟度	3.9677
			技术应用难度	3.7109
			技术相宜性	3.3911
			技术效益	4.1076
			技术推广潜力	4.0658
6	坡改梯	3.8693	技术成熟度	4.2888
			技术应用难度	3.7146
			技术相宜性	3.5578
			技术效益	4.1051
			技术推广潜力	4.1658
7	整地集流技术	3.8591	技术成熟度	4.1438
			技术应用难度	3.7591
			技术相宜性	3.6497
			技术效益	4.3500
			技术推广潜力	3.9658
8	沟沿治理技术	3.8503	技术成熟度	4.0593
			技术应用难度	3.5591
			技术相宜性	3.5209
			技术效益	4.1589
			技术推广潜力	4.0973
9	沟坡治理技术	3.8480	技术成熟度	4.2354
			技术应用难度	3.3518
			技术相宜性	3.3550
			技术效益	4.0153
			技术推广潜力	3.8316

续表

排序	技术名称	综合得分	一级指标	由二级指标计算的一级指标值
10	土地整治技术	3.8364	技术成熟度	4.1466
			技术应用难度	3.8627
			技术相宜性	3.4843
			技术效益	3.9153
			技术推广潜力	3.9631
11	拦泥库、淤地坝	3.8354	技术成熟度	4.2199
			技术应用难度	3.6073
			技术相宜性	3.3482
			技术效益	4.2166
			技术推广潜力	3.7973
12	植物种类选择和配置技术	3.8342	技术成熟度	4.0183
			技术应用难度	3.5146
			技术相宜性	3.2256
			技术效益	3.8140
			技术推广潜力	3.8342
13	坡面工程	3.8257	技术成熟度	4.0916
			技术应用难度	3.6591
			技术相宜性	3.4187
			技术效益	4.1282
			技术推广潜力	4.2289
14	坡地集流补灌和节水灌溉技术	3.7989	技术成熟度	4.1127
			技术应用难度	3.5591
			技术相宜性	3.4732
			技术效益	4.1512
			技术推广潜力	3.9973
15	水肥资源高效利用与调控技术	3.7975	技术成熟度	4.0382
			技术应用难度	3.4518
			技术相宜性	3.4751
			技术效益	3.8435
			技术推广潜力	3.8684
16	沟道工程	3.7947	技术成熟度	4.0805
			技术应用难度	3.7591
			技术相宜性	3.4465
			技术效益	4.2487
			技术推广潜力	4.0973

续表

排序	技术名称	综合得分	一级指标	由二级指标计算的一级指标值
17	拦沙坝	3.7830	技术成熟度	4.1016
			技术应用难度	3.7036
			技术相宜性	3.2460
			技术效益	4.0024
			技术推广潜力	4.2947
18	集雨窖	3.7820	技术成熟度	4.1805
			技术应用难度	3.7109
			技术相宜性	3.4095
			技术效益	3.9089
			技术推广潜力	3.7711
19	沟道治理开发技术	3.7775	技术成熟度	4.2761
			技术应用难度	3.7591
			技术相宜性	3.3998
			技术效益	3.8859
			技术推广潜力	3.7658
20	坡面截排水技术	3.7626	技术成熟度	4.1211
			技术应用难度	3.6000
			技术相宜性	3.4299
			技术效益	4.0486
			技术推广潜力	4.2631
21	生态修复技术	3.7501	技术成熟度	4.0494
			技术应用难度	3.6627
			技术相宜性	3.5398
			技术效益	4.1294
			技术推广潜力	4.0631
22	涝池	3.7210	技术成熟度	4.0873
			技术应用难度	3.6482
			技术相宜性	3.4396
			技术效益	3.9230
			技术推广潜力	4.0000
23	支毛沟治理技术	3.6414	技术成熟度	4.1016
			技术应用难度	3.7000
			技术相宜性	3.3803
			技术效益	3.9781
			技术推广潜力	4.0684

9.2.2.2　黄河上中游国家重大生态工程关键技术定量评价

（1）单项技术评价

在一级指标定性分析的基础上，对黄河上中游水土保持治理工程技术的三级指标进行定量化评价，相关指标描述如下。

技术规程是指技术要素的完整性。对技术规程的评价分为 1~5 分，分别对应有无主要技术和配套技术的完整性，具体得分为：1-无技术规程；2-技术规程不完整；3-技术规程有一定的完整性；4-技术规程相对完整；5-技术规程完整。

保存率用于评估各种技术的稳定性。生态治理技术实施后，由于受自然因素（降水、耕作等）的影响，生态治理技术受到不同程度的破坏。各生态技术的保存率按式（9-1）计算：

$$P_r = \frac{A_0}{A} \times 100\% \qquad (9-1)$$

式中，P_r 为生态技术的保存率；A_0 为生态技术的现有面积（hm^2）；A 为生态技术的布置面积（hm^2）。

劳动力文化程度和技能要求是指每项生态技术对专业人员的技术需求程度。根据专业技术人员是否需要，具体的评分要求为：1-不需要专业技术人员；2-需要专业技术人员较少；3-需要一定数量的专业技术人员；4-需要更多的专业技术人员；5-需要大量的专业技术人员。

年均单位面积投资是指用于各种治理措施的建设投资，在分析个别措施时只考虑直接用于这些措施的投资，包括在措施实施中设置材料成本、人工成本和维护成本，单位为万元。

技术的自然相宜性是指技术的实施是否能实现预期的生态目标，以及技术实施所需的立地条件是否与治理区域相一致。根据技术与降水量的相关性，分为 1~5 分。具体得分为：1-降水量在 0~100mm；2-降水量在 100~200mm；3-降水量在 200~300mm；4-降水量在 300~500mm；5-降水量>500mm。

减少泥沙量代表技术效益。通过分析生态治理技术实施前后水文要素的变化，研究不同生态技术对径流和泥沙的影响。

技术与未来发展关联度是指各生态治理技术对该地区未来经济社会发展的需求程度。需求越高，相关的研究文献数量越多。根据技术与未来发展关联度，分为 1~5 分。具体得分为：1-研究数量在 0~100 篇；2-研究数量在 100~200 篇；3-研究数量在 200~300 篇；4-研究数量在 300~400 篇；5-研究数量大于 400 篇。

水土保持技术评价既应包含技术体系及实施条件，又要注重技术的适应性和效果，因此本研究从技术成熟度、技术应用难度、技术相宜性、技术效益和技术推广潜力 5 个方面对水土保持技术进行评价。其中技术相宜性为判断性指标，即从地理条件（降水量）评价水土保持技术的相宜性，只有待评价技术满足相宜性时才能成为评价对象，本研究选取降水量需求量作为技术相宜性的评价标准。然后从技术成熟度、技术应用难度、技术效益和技术推广潜力 4 个准则性指标评价水土保持技术。技术相宜性评价体系为定性评价，因此水土保持技术准则性指标体系要以定量指标为主。通过进一步比较影响水土保持技术的减少侵蚀作用、植被恢复和环境效益的指标，筛选减少泥沙量作为定量指标。评价指标体系应力求简洁实用，同时还需考虑时间维度、空间维度和技术维度下指标的一致性。

表 9-5　黄河上中游生态治理技术三级定量评价指标参数

| 技术名称 | 技术成熟度 | 技术稳定性 | 技术应用难度 | | 技术相宜性 | 技术效益 | 技术推广潜力 |
| | 技术完整性 | | 技能水平需求层次 | 技术应用成本 | 自然相宜性 | 生态效益 | 技术与未来发展关联度 |
	技术规程	保存率/%	劳动力文化程度和技能要求	年均单位面积投资/[万元/(hm²·a)]	降水量需求量/mm	减少泥沙量/kg	研究文献数量/篇
植被恢复与重建技术	有约定俗称的规程	81	小学	0.25	300~500	50.65	104
林草栽培养护技术	有行业专业技术规程	91	小学	0.42	300~500	70.78	60
基本农田建设	有行业专业技术规程	95	大学	1.36	300~500	96.11	364
坡面截排水技术	有行业专业技术规程	82	大学	0.33	300~500	50.78	76
粗泥沙集中治理技术	有行业专业技术规程	90	大学	0.41	300~500	169.29	219

表 9-6　黄河上中游生态治理技术三级定量评价指标打分表

| 技术名称 | 技术成熟度 0.2241 | | 技术应用难度 0.1499 | | 技术相宜性 0.2983 | 技术效益 0.2292 | 技术推广潜力 0.0985 | 综合得分 |
| | 技术完整性 0.4817 | 技术稳定性 0.5183 | 技能水平需求层次 0.4818 | 技术应用成本 0.5182 | 自然相宜性 0.2983 | 生态效益 0.2292 | 技术与未来发展关联度 0.0985 | |
	技术规程	保存率	劳动力文化程度和技能要求	年均单位面积投资	降量需求量	减少泥沙量	研究文献数量	
植被恢复与重建技术	4	3.82	4	1.65	4	3	2	3.5995
林草栽培养护技术	5	4.27	4	2.72	4	4	1	3.5152
基本农田建设	5	4.47	1	5	4	5	4	4.2528
坡面截排水技术	5	4.24	1	2.14	4	3	1	3.2500
粗泥沙集中治理技术	5	3.85	1	2.63	4	5	3	3.8981

表 9-7　黄河上中游生态治理技术二级指标定量评价

模式	综合得分	技术相宜性			成熟度			技术应用难度		技术效益			技术推广潜力	
		目标适宜性 0.2821	立地适宜性 0.3649	经济发展适宜性 0.1847	政策法律适宜性 0.1683	技术完整性 0.3665	技术稳定性 0.3994	技术先进性 0.2391	技能水平需求层次 0.4818	技术应用成本 0.5182	生态效益 0.4232	经济效益 0.3591	社会效益 0.2177	技术与未来发展关联度 0.6578	技术可替代性 0.3422
小流域综合治理模式	4.4644	4.67	4.75	4.67	4.67	4.67	4.67	4.42	4.17	3.75	4.75	4.17	4.58	4.67	3.08
植被建设与恢复模式	4.0315	4.38	4.38	4.13	4.25	4.13	4.25	3.63	3.63	3.50	4.63	3.38	4.13	4.38	2.63
水土保持耕作模式	4.0023	4.40	4.60	4.20	4.40	4.60	4.40	3.20	3.00	2.80	4.40	3.80	4.00	3.80	3.60
沟壑整治模式	4.0330	4.50	4.50	4.50	4.00	4.75	4.00	3.50	3.75	3.75	4.25	3.25	3.50	4.25	2.75
生态修复模式	4.2814	4.50	4.50	4.00	4.50	4.50	4.50	4.50	3.50	3.50	4.50	4.00	4.50	4.50	4.50
小型水保集雨模式	4.5336	5.00	4.50	4.50	5.00	5.00	4.50	3.50	4.50	3.50	5.00	4.50	5.00	4.50	4.00
坡面治理模式	4.0194	4.4	4.5	4	3.9	4	4.3	4.4	4.5	4.6	4.1	4	4.5	4.3	4

本研究选取5种一级指标综合得分较高的生态治理技术（即关键技术）为进一步的研究对象，采用评价指标体系进行综合技术评价与分析。通过世界银行贷款黄土高原延河流域水土保持治理项目的资料获得各项技术的保存率、劳动力文化需求程度、技术应用成本、降水需求量、减少泥沙量等指标值，在CNKI、科学网上发表学术论文，得到各种生态治理技术的技术完整性和相关研究文献数量等（表9-5）。

根据黄土高原生态治理技术评价指标体系，将原始数据代入归一化计算公式，得到6种生态治理技术的原始数据（表9-6）。根据上限排除法，对应值为5、4、3、2和1。量化处理的基本原则是：①数据在一定范围内变化的中位数，大于5的指标值记录为5；②根据经验，技术成熟度、技术推广潜力等难以量化的指标评分，按平均值给出相应的评分；③技术应用成本等指标，根据实际实施情况确定数据。

评价结果表明，在黄土高原区，坡面截排水技术以植被建设和梯田为代表，粗泥沙集中治理技术以淤地坝为代表，基本农田建设以梯田为代表，植被恢复与重建技术以造林技术为代表，林草栽培养护技术则以经济林草栽培为代表。因此在黄土高原区主要推介这5种生态技术。

（2）技术模式评价

关于黄河上中游生态技术模式的评价采用二级指标定量评价，这是因为技术模式大都是由多种技术组合而成的，如果采用三级指标不易选取评价指标。因此本研究对7种生态技术模式咨询了相关领域的专家，在二级指标层面上进行打分，指标权重与单项技术指标权重一样，评价结果见表9-7。评价结果表明，小型水保集雨模式得分最高，因为黄土高原区干旱少雨，其目标适宜性、政策法律适宜性、技术完整性、生态效益和社会效益得分均较高，整体得分也较高；其次是小流域综合治理模式，说明小流域综合治理模式比较符合黄河上中游区水土流失问题的全面治理。其他几种生态技术模式的得分也均在4分以上，说明这些技术模式均是黄河上中游生态问题治理的关键生态技术。

9.3　主要评价结论

目前对生态治理技术评价尚缺乏实例研究，本研究针对黄河上中游区运用的水土保持生态技术，通过有条理地进行层次分析，构建有针对性的评估框架，并依此选取评价指标和评价数据。本研究在仔细研究评价问题的基础上，科学选取评价指标，合理构建评价模型，以实用性和数据易获取为准则，选择层次分析法和专家权重打分法进行评价。

整体而言，某一项生态技术综合评价受影响因素很多，很多因素与国家的政策关系很大，如退耕还林背景下，造林技术和经济林技术的公众认可度就较高。然而在推荐生态技术时应当以小流域为单元，以生态修复为主的封禁措施，以生态治理为主的梯田、经济林、节水灌溉、生产道路和异地搬迁，以及以生态保护为目的的沟道治理措施。这一模式围绕人们的生产生活产生的环境问题，有针对性地布设了治理措施。例如，针对农村住户分散，生活垃圾不易处理的问题，采用异地搬迁的方式将村民集中安置，生活垃圾及污水能统一处理，最大限度地减少了对环境的影响。

9.4　生态技术推介

　　小流域综合治理模式是黄河上中游地区的主要推介技术，按照生态恢复区、生态治理区和生态保护区分区进行，其具体的治理措施包括（表9-8）：①林业措施。封山造林、人工造林、爆破造林。②农业措施。人工种草、温室大棚建设。③水源保护措施。节水灌溉、小流域治理。④异地搬迁。移民安置、交通、医院等基础设施建设。

表 9-8　黄河上中游区水土保持主要技术

范围	分区	关键技术	典型设计
人类活动较少地区	生态修复区	封禁	
小流域的主要村庄及人类主要活动的区域	生态治理区	梯田	
		经济林	
		节水灌溉	
		生产道路	

续表

范围	分区	关键技术	典型设计
小流域的主要村庄及人类主要活动的区域	生态治理区	异地搬迁	
沟壑及两边的小流域	生态保护区	淤地坝	

对森林砍伐、采矿、放牧、大规模农业生产等人类活动较少的地区，上坡、山顶坡度大于25°，应以自然恢复为主，采取生态恢复为主。在森林入口或道路交叉口设置警示标志，提醒人们限制进入生态恢复区。设置明显的永久性禁令牌主要有两个目的：一是呼吁人们注意保护环境；二是防止人们进入森林，遭遇危险。生态恢复区内严禁一切人类活动。但是，通过划定封闭保护区的范围，围挡应采取适当的抚育措施，如综合管理，可以积极做好森林火灾、病虫害的预测和防治工作。

生态治理区指人类活动频繁的地区，是人类活动的集中地带。生态治理目标是保护梯田，防止水土流失，实施节水灌溉，保护基础设施和农业生产，改善农民收入和农村生活条件。根据土壤等自然条件和当地社会经济条件，结合生态治理原则，选择具有较大开发潜力的保护措施，尽量减少砂浆和石料的使用，结合生态清洁小流域规范。在村庄治理方面，应采取植物措施与工程措施相结合的综合保护形式，改善村庄环境。

生态保护区是三道防线的最后一道防线，主要分布在公路两侧，是受污染最严重的地区。减少污水直接排放，在不破坏原有天然河道的前提下，对部分河段的垃圾进行清理，并采用河岸生态环境进行治理，增加两岸绿化面积，使之趋于原始自然，真正创造人水和谐的生活环境。

综合判断，黄土高原水土流失小流域综合治理模式在国内外属于领跑地位，其主要优势是整体考虑生态环境问题，包括以生态修复为主的封禁措施，以生态治理为主的梯田、经济林、节水灌溉、生产道路和异地搬迁，以及以生态保护为目的的沟道治理措施。目前，小流域综合治理模式评价工作并未重视对异地搬迁带来的社会效益进行总结，这就影响了这一模式的推广应用。因此，小流域综合治理模式可以在全国乃至世界范围内推广。

第10章 京津风沙源国家重大生态工程生态技术评价

10.1 工程区概况

京津风沙源治理工程作为我国的一项重要生态工程，是修复我国北方退化生态系统、构筑北方生态屏障的重要组成部分，对遏制京津地区的风沙危害、改善区域生态环境具有重要作用，同时对于提升首都国际形象、推动区域生态经济发展也有重大影响。京津风沙源治理一期工程于2001年启动，2012年结束，二期工程（2013～2022年）随之开始实施。京津风沙源区（109°30′E～120°53′E，38°50′N～46°40′N）西起内蒙古达尔罕茂明安联合旗，东至内蒙古敖汉旗，南起山西代县，北至内蒙古东乌珠穆沁旗，一期工程总面积45.8万km²。治理区面积广阔，由平原、山地和高原组成，年均降水量150～800mm，年均气温-4～12℃。根据不同的生物气候带和植被覆被差异，分为荒漠草原亚区、典型草原亚区、浑善达克沙地亚区、大兴安岭南部亚区、科尔沁沙地亚区、农牧交错带草原亚区、晋北山地丘陵亚区和燕山丘陵山地水源保护区8个治理亚区。

10.1.1 地形地貌

京津风沙源区由平原、山地、高原三大地貌类型组成。京津地区为海河平原的一部分，其西部、西北部、北部被太行山北端、燕山山地西部环绕，山地外侧为内蒙古高原中部。东部浑善达克沙地是锡林郭勒高平原的重要组成部分，沙漠化土地广布；西部乌兰察布高平原由阴山北麓的丘陵、地势平缓的凹陷地带及横贯东西的石质丘陵隆起带组成，境内多为干河床或古河道，无常年性河流。内蒙古高原中部由西向东逐渐倾斜下降。燕山山地和太行山地形起伏较大，最低处海拔仅几十米，最高处的雾灵山海拔达2116m。

10.1.2 气候

京津风沙源区内气候复杂，由南向北、由东向西包含暖温带半湿润大区、温带半湿润大区、温带半干旱大区、温带干旱大区、温带极干旱大区2个气候带5个气候大区。该区年平均气温为7.5℃，但区域差异较大，内蒙古高原的阿巴嘎旗为0.6℃，平原区的天津、北京分别为11.5℃和12℃。该区生长期平均为145天，内蒙古的鄂尔多斯高原仅90天，位于海河平原的天津为217天。该区年降水量平均为459.5mm，但区域差异较大，位于东部平原地区的北京降水量远高于该区平均值，高达 595mm。该区全年降水量分布不均，雨季降水量为 297.7mm，占全年的 65%。该区年蒸发量平均为 2110mm，为降水量的 4.6 倍。该区平均全年大风日数为 36.2 天，其中内蒙古高原大风日数为 57 天，以锡林郭勒高平原和乌兰察布高平原为最高，达 80 天以上，而且大风日数的 70% 出现在春季。内蒙古高原地处中纬度内陆和接近内陆的地区，气候具有明显的温带大陆性气候特点，冬季受蒙古高压气团的控制，寒潮频繁发生，年平均气温由东向西逐渐增加，而降水量则由东向西逐渐减少，干旱、半干旱气候特征明显，且多大风和沙尘暴天气，是京津地区风沙的主要来源，也是生态治理的重点地区。燕山山地坡度大，地形雨较多，地表径流大，易造成水土流失。

10.1.3　土壤与植被

区内土壤种类繁多，植被类型复杂。内蒙古高原地带性土壤以温带、暖温带条件下形成的黑钙土、栗钙土、棕钙土为主，栗钙土的分布占有绝对优势；燕山山地以石灰土、石质土为主。内蒙古高原天然植被以灌草植被为主，大针茅（*Stipa grandis*）群落、克氏针茅（*Stipa capillata*）群落为主要类型，旱生小半灌木冷蒿（*Artemisia frigida*）所建群的草原群系也较为常见；人工植被以阔叶乔木和旱生灌木为主，所占比例甚小，且分布不均。燕山山地及太行山北部山地的天然植被以温带、暖温带落叶阔叶林为主，主要建群种有辽东栎（*Quercus wutaishanica*）、蒙古栎（*Quercus mongolica*）、槲栎（*Quercus aliena*）、麻栎（*Quercus acutissima*）、栓皮栎（*Quercus variabilis*）等落叶栎类，以及白桦（*Betula platyphylla*）、山杨（*Populus davidiana*）、榆树（*Ulmus pumila*）等小叶落叶树种，但现存植被多为次生杨桦林、胡枝子（*Lespedeza bicolor*）、山杏（*Armeniaca sibirica*）等落叶灌丛；人工林以油松（*Pinus tabuliformis*）为主，高海拔地带以华北落叶松（*Larix gmelinii* var. principis-rupprechtii）为主。人工植被的分布数量东部明显多于西部，天然植被和人工植被的质量东部优于西部，南部优于北部。

10.1.4　水资源

京津风沙源区水系分为内流和外流两大区系，主要内流河有安固里河、大清沟，外流河有永定河、滦河、潮白河和辽河，水资源总量为 229.16 亿 m^3，其中地表水为 132.93 亿 m^3。内蒙古干旱草原和浑善达克沙地地下水资源较丰富，埋藏浅，一般机井、民井的单位涌水量大于 5m^3/(h·m^2)。河北承德地区地表水较为丰富，但 70% 为过境水。张家口市坝上地区可利用水资源总量为 3.2 亿 m^3，其中，地表水为 1.2 亿 m^3、地下水为 2 亿 m^3。坝下可利用水资源总量为 15.32 亿 m^3，其中，地表水为 9.62 亿 m^3、地下水为 5.7 亿 m^3。北京市区可供水资源量多年平均为 41.33 亿 m^3（包括入境水量），其中，地表水为 15 亿 m^3、地下水为 26.33 亿 m^3。北京山区平水年（$p = 50\%$）可供水资源量为 4.3 亿 m^3，其中，地表水为 2.3 亿 m^3、地下水为 2 亿 m^3。

10.1.5 社会经济概况

2001 年工程启动初期，工程区总人口 1957.7 万人，其中农业人口 1622.2 万人，占总人口的 82.9%。第一产业劳动力向第二产业、第三产业转移趋势明显，工程区城镇化发展加速。工程区内北京、天津、山西三省（直辖市）汉族人口占总人口的 95% 以上；内蒙古、河北以汉族为主，蒙古族、满族等少数民族人口占有一定比例。

10.2 生态技术识别与评价

10.2.1 生态技术识别

生态技术具有多目标、多功能的特性，其应用所产生的效益可协调人与自然的关系，促使区域经济得到发展，进而促进生态文明的建设。

基于上述对生态技术的定义，主要采用文本挖掘法，以文献资料、专利资料、项目工程文件和地方报告等为生态技术来源，广泛收集京津风沙源国家重大生态工程区域内的治理技术，并对其中的生态技术进行识别，共收集整理到生态技术 33 项，包括防沙治沙技术 2 项、风沙区草场生态整治水利综合技术 3 项、人工造林技术 3 项、林业生态工程典型技术 4 项、整地技术 2 项、退耕还草技术 4 项、节水技术 6 项、区域综合治理典型技术 9 项。

（1）防沙治沙技术

生态垫结合植物措施治理流动沙地技术：一种利用油棕榈树果壳纤维制成的网状覆盖物铺设于沙地上，并与植物配置技术相结合的治理流沙的技术。生态垫是产自马来西亚的新型生态制品，对生态环境无污染、易降解、能提高土壤肥力、防风固沙、涵养水分。

草方格沙障技术：用麦草、稻草、芦苇等材料在沙漠中扎成方格形状，阻挡风对流沙的吹蚀。

（2）风沙区草场生态整治水利综合技术

种子包衣牧草技术：采取机械或手工方法，按一定比例将含有杀虫剂、杀菌剂、复合肥料、微量元素、植物生长调节剂、缓释剂和成膜剂等多种成分的种衣剂均匀包覆在牧草种子表面，形成一层光滑、牢固的药膜。

高分子聚合物草地水土保持应用技术：利用高分子聚合物喷施于沙地表面，如聚丙烯酰胺（PAM）、聚乙烯醇、聚醋酸乙烯醇和聚醋酸乙烯，可有效固定流沙表面。

固沙先锋植物防风固沙配置技术：在治理流动沙地时，利用先锋沙生植物先固定沙丘，随后进行配套的植被恢复。

（3）人工造林技术

抗旱造林技术：结合整地、运输、栽植等技术，使造林过程有效地利用有限的水分，提高旱地造林成活率。

石质山地爆破整地造林技术：是用炸药在造林地上炸出一定规格的深坑，然后回填客土，植入苗木的一种造林技术。

片麻岩区优化造林技术：母质为片麻岩的山区，植被生长受土壤水分和养分的影响严重，通过人工抚育进行改良的造林优化技术。

（4）林业生态工程典型技术

低效林改造技术：通过人工抚育措施改造北京山区因人为或自然因素造成的林分生产力低下的林地。

封山育林技术：封山育林是利用森林的更新能力，在自然条件适宜的山区，实行定期封山，禁止垦荒、放牧、砍柴等人为的破坏活动，以恢复森林植被的一种育林方式。

飞播治沙造林技术：利用飞机作业将草种均匀撒在具有落种成草立地条件土地上的种草技术。

Pt 菌根生物造林技术：Pt 菌根剂是一种生物制剂，其作用是诱发植物形成菌根，提高造林成活率，对促进幼林生长亦有极显著的效果，立地条件越差，效果越显著。

（5）整地技术

牛犁山带状整地技术：在河北省丰宁满族自治县，根据地形或环等高线进行整地，采用双铧犁翻地，将犁沟整成小反坡。栽植穴与穴间挡土埂呈格状，以利于均匀蓄水。

反坡面穴状整地技术：在河北省张北县，对穴状整地方式进行了改进，将穴内整成反坡向一小斜面，以利于多蓄积雨水。该方法在当地主要用于落叶松、樟子松、云杉等树种的整地造林。张北县大面积应用推广了该技术，造林成活率都在95%以上。

（6）退耕还草技术

围栏封育技术：对中度和轻度退化的草地进行围禁，促进风沙区草地恢复。

划区轮牧技术：是有效利用草地的一种经济放牧方式，是按季节草场和放牧小区，依次轮回或循环放牧的一种放牧方式。两块以上放牧地或将大片草地划分成若干小区，按一定顺序定期轮流放牧和休闲。

优良牧草种子繁殖技术：根据不同牧草的特性，采取不同的培育、种植方法，提高牧草种子质量的技术。

河滩盐碱地混播牧草地建植技术：在盐碱地地区，从选种的组合方式到播种方法和管理措施的改进，有效提高人工播种草地的覆盖度和生产力。

（7）节水技术

喷灌技术：喷灌是利用管道将有压水送到灌溉地段，并通过喷头分散成细小水滴，均匀地喷洒到田间，对作物进行灌溉。

微灌技术：微灌是根据作物需水要求，通过低压管道系统与安装在末级管道上的灌水器，将作物生长所需的水分和养分以较小的流量均匀、准确地直接输送到作物根部附近的土壤表面或土层中的灌水方法。

渠道衬砌与防渗技术：修建灌溉渠并进行衬砌，以减少灌溉用水运输过程中的水分渗透的技术。

拦水截沙技术（饮水槽、拦沙坝、山塘）：在山区利用拦沙坝、淤地坝、谷坊等水土保持措施对沟道治理以达到拦截山洪、拦水截沙、禁止泥沙入库的技术。

"围山转+坡面积雨水窖"工程贮水抗旱节水技术：在河北省迁西县，利用地势的优势修建蓄水池，采用宜窖则窖，宜坝则坝的方式达到蓄水抗旱节水的目的。

高线耕作方法：耕作时的水土保持措施体系，减少水土流失。

（8）区域综合治理典型技术

北京市昌平区南口扬沙起尘综合治理技术：建立快速固沙示范区，培育、繁殖抗逆性树种，筛选出适合本地的防沙治沙树种 10 种，建立防沙治沙功能区。

冀北沙化土地生物综合治理技术：立足京津风沙源区，研究提出了适宜冀北的防沙治沙植物材料，建立了以生物技术为主导的活沙障固定流动沙丘技术和生态垫覆盖造林等沙化土地治理技术体系，生态经济效益显著。

京津风沙源区葡萄固沙与减灾技术：主要针对京津周围葡萄栽培区土壤荒漠化、沙漠化日趋严重，冰雹、干旱缺水等自然灾害频发的现实，进行以葡萄免埋土防寒、免耕生草、防护林配置等为主的固沙技术，以防雹、防鸟、集雨节水、限域栽培为主的减灾技术。

旱区覆盖产流植被重建综合技术：利用径流原理和 PAM 覆盖技术（化学剂喷施增流技术），有效调控土壤入渗率与侵蚀，结合水土保持工程措施，提高坡地降水的利用效率，解决旱区坡地水土保持、生态建设中的重要技术问题。

内蒙古地区优良生态灌木树种筛选及培育技术：针对内蒙古干旱、半干旱的自然条件，筛选、培育优质灌木的技术。

翁牛特旗沙源治理工程实用造林技术：通过对造林地运用整地与水土保持相结合；抗旱抗寒能力强的树种选取；加强苗木保水，苗木深栽，减少水分蒸腾；实施坐水栽植，分层踩实、截干、摘叶、剪枝、培抗旱堆的抗旱造林技术手段解决造林成活率低、保存率低、成材难的技术问题。

内蒙古包头市土不胜小流域治理技术：依据《水土保持综合治理 规划通则》（GB/T 15772—2008），采取工程措施和林草措施相结合，治坡与治沟相结合的原则，建立沟道治理措施、荒坡治理措施。

农牧交错带退化草地植被建植与恢复技术：针对不同功能模块的植被与资源特征，制定以生产力提升或多样性保护为重点的草地管理方案，建立基于水分、养分和能量平衡的草地利用技术体系。共性技术方面主要包括围封、补播、轮牧、病虫鼠综合防控等成熟技术的集成，结合草地缓释肥、草地复壮复合菌剂、土壤保水剂、胶凝剂等新产品的研发与应用，形成共性技术体系；针对典型区域特点，突破破碎化草地的土地整理、集中连片，劣质化草地的植被重建，风侵草地的表土保护和植被优化，侵蚀草地的水土流失防控等个性技术；创新人工饲草料高效生产技术体系，充分利用交错带农作物秸秆优势采用青贮及菌剂腐熟等技术转化为饲料，实现天然草地的人工草地的功能置换，使草地生产功能与生态功能的均衡提升，构建蒙辽、京北、阴山、宁陕农牧交错区草牧业均衡发展的技术体系的产业模式。

"两行一带"造林技术：采用大小垄配置的一种造林方式，其主要目的是在不减少单位面积内造林株数的基础上，改变树木的配置形式，利用边行优势，利用光、热、水肥条件，促进林木生长，缩短树木采伐周期，提高木材产量和土地综合利用率和产出率，并有效地避免低产低效林形式。

10.2.2　生态技术评价

（1）一级指标定性评价

通过 21 位专家对各项技术的一级指标进行打分，结果见表 10-1。由表 10-1 可知，京津风沙源区内 33 项治理技术综合得分在 3.3852～4.1859，其中围栏封育技术、抗旱造林技术、草方格沙障技术是综合得分最高的 3 项治理技术，综合得分均在 4 分以上。

表 10-1　京津风沙源生态治理工程技术一级指标评价结果

排序	技术名称	综合得分
1	围栏封育技术	4.1859
2	抗旱造林技术	4.1385
3	草方格沙障技术	4.0424
4	生态垫结合植物措施治理流动沙地技术	3.9924
5	喷灌技术	3.9736
6	"两行一带"造林技术	3.9721
7	划区轮牧技术	3.9652
8	翁牛特旗沙源治理工程实用造林技术	3.9641
9	封山育林技术	3.9617
10	低效林改造技术	3.9607
11	种子包衣牧草技术	3.9535
12	内蒙古包头市土不胜小流域治理技术	3.9105
13	牛犁山带状整地技术	3.8993
14	河滩盐碱地混播牧草地建植技术	3.8920
15	冀北沙化土地生物综合治理技术	3.8091

排序	技术名称	综合得分
16	固沙先锋植物防风固沙配置技术	3.8015
17	农牧交错带退化草地植被建植与恢复技术	3.8007
18	飞播治沙造林技术	3.8006
19	北京市昌平区南口扬沙起尘综合治理技术	3.7735
20	拦水截沙技术（饮水槽、拦沙坝、山塘）	3.7725
21	内蒙古地区优良生态灌木树种筛选及培育技术	3.7186
22	"围山转+坡面积雨水窖"工程贮水抗旱节水技术	3.7092
23	片麻岩区优化造林技术	3.7048
24	反坡面穴状整地技术	3.6976
25	旱区覆盖产流植被重建综合技术	3.6870
26	高分子聚合物草地水土保持应用技术	3.6806
27	石质山地爆破整地造林技术	3.6716
28	Pt菌根生物造林技术	3.6454
29	优良牧草种子繁殖技术	3.5938
30	微灌技术	3.5614
31	高线耕作方法	3.5325
32	渠道衬砌与防渗技术	3.4653
33	京津风沙源区葡萄固沙与减灾技术	3.3852

（2）二级指标定性评价

通过21位专家对各项技术的二级指标进行打分，结果见表10-2。由表10-2可知，京津风沙源区内33项治理技术综合得分在3.6556~4.2734，其中草方格沙障技术、围栏封育技术和封山育林技术是综合得分最高的3项治理技术，综合得分在4分以上的生态治理技术有11项，分别为草方格沙障技术、围栏封育技术、封山育林技术、划区轮牧技术、"两行一带"造林技术、渠道衬砌与防渗技术、抗旱造林技术、固沙先锋植物防风固沙配置技术、低效林改造技术、生态垫结合植物措施治理流动沙地技术、片麻岩区优化造林技术。

表 10-2　京津风沙源生态治理工程技术二级指标评价结果

排序	技术名称	综合得分	一级指标	由二级指标计算的一级指标值
1	草方格沙障技术	4.2734	技术成熟度	4.3691
			技术应用难度	3.9644
			技术相宜性	4.3979
			技术效益	4.2871
			技术推广潜力	4.1171
2	围栏封育技术	4.2113	技术成熟度	4.2601
			技术应用难度	3.9757
			技术相宜性	4.4120
			技术效益	4.1572
			技术推广潜力	3.9766
3	封山育林技术	4.1743	技术成熟度	4.2910
			技术应用难度	3.9807
			技术相宜性	4.2866
			技术效益	4.1097
			技术推广潜力	4.0138
4	划区轮牧技术	4.1640	技术成熟度	4.1963
			技术应用难度	3.9726
			技术相宜性	4.3682
			技术效益	4.0569
			技术推广潜力	4.0128
5	"两行一带"造林技术	4.1210	技术成熟度	4.0956
			技术应用难度	3.9673
			技术相宜性	4.3558
			技术效益	3.9987
			技术推广潜力	3.9857
6	渠道衬砌与防渗技术	4.0627	技术成熟度	4.6206
			技术应用难度	3.6409
			技术相宜性	3.9882
			技术效益	3.9511
			技术推广潜力	3.9206
7	抗旱造林技术	4.0627	技术成熟度	4.1330
			技术应用难度	3.8453
			技术相宜性	4.1435
			技术效益	4.0519
			技术推广潜力	4.0138

排序	技术名称	综合得分	一级指标	由二级指标计算的一级指标值
8	固沙先锋植物防风固沙配置技术	4.0595	技术成熟度	4.0191
			技术应用难度	3.836
			技术相宜性	4.2150
			技术效益	4.0471
			技术推广潜力	4.0487
9	低效林改造技术	4.0563	技术成熟度	4.2536
			技术应用难度	3.7483
			技术相宜性	4.1248
			技术效益	4.0132
			技术推广潜力	3.9690
10	生态垫结合植物措施治理流动沙地技术	4.0435	技术成熟度	4.0704
			技术应用难度	3.4641
			技术相宜性	4.2337
			技术效益	4.1474
			技术推广潜力	4.0464
11	片麻岩区优化造林技术	4.0326	技术成熟度	4.2902
			技术应用难度	3.6612
			技术相宜性	4.0113
			技术效益	4.1155
			技术推广潜力	3.8828
12	高线耕作方法	3.9996	技术成熟度	4.1281
			技术应用难度	3.8866
			技术相宜性	4.0186
			技术效益	3.9572
			技术推广潜力	3.9204
13	冀北沙化土地生物综合治理技术	3.9986	技术成熟度	4.0742
			技术应用难度	3.4293
			技术相宜性	4.0967
			技术效益	4.0710
			技术推广潜力	4.2273
14	飞播治沙造林技术	3.9799	技术成熟度	4.1064
			技术应用难度	3.4092
			技术相宜性	4.0617
			技术效益	4.0097
			技术推广潜力	4.2435

续表

排序	技术名称	综合得分	一级指标	由二级指标计算的一级指标值
15	内蒙古包头市土不胜小流域治理技术	3.9755	技术成熟度	4.1906
			技术应用难度	3.4275
			技术相宜性	4.0912
			技术效益	3.9858
			技术推广潜力	3.9453
16	反坡面穴状整地技术	3.9750	技术成熟度	4.0038
			技术应用难度	3.6037
			技术相宜性	4.0008
			技术效益	4.2090
			技术推广潜力	3.8517
17	翁牛特旗沙源治理工程实用造林技术	3.9743	技术成熟度	4.0972
			技术应用难度	3.4503
			技术相宜性	4.0878
			技术效益	4.0183
			技术推广潜力	4.0464
18	北京市昌平区南口扬沙起尘综合治理技术	3.9420	技术成熟度	3.8948
			技术应用难度	3.5633
			技术相宜性	4.1457
			技术效益	4.0134
			技术推广潜力	3.8432
19	种子包衣牧草技术	3.9332	技术成熟度	4.0510
			技术应用难度	3.5615
			技术相宜性	3.9985
			技术效益	3.9484
			技术推广潜力	3.9975
20	内蒙古地区优良生态灌木树种筛选及培育技术	3.9305	技术成熟度	3.9956
			技术应用难度	3.4831
			技术相宜性	4.0248
			技术效益	4.0371
			技术推广潜力	3.9302
21	优良牧草种子繁殖技术	3.9278	技术成熟度	4.0592
			技术应用难度	3.7207
			技术相宜性	3.9578
			技术效益	3.8338
			技术推广潜力	4.0717

续表

排序	技术名称	综合得分	一级指标	由二级指标计算的一级指标值
22	"围山转+坡面积雨水窖"工程贮水抗旱节水技术	3.9240	技术成熟度	4.1209
			技术应用难度	3.6103
			技术相宜性	3.9459
			技术效益	3.9165
			技术推广潜力	3.9043
23	Pt菌根生物造林技术	3.9209	技术成熟度	4.0064
			技术应用难度	3.4264
			技术相宜性	4.0327
			技术效益	3.9985
			技术推广潜力	3.9597
24	微灌技术	3.9154	技术成熟度	4.0476
			技术应用难度	3.5670
			技术相宜性	3.8997
			技术效益	4.0278
			技术推广潜力	3.9312
25	河滩盐碱地混播牧草地建植技术	3.9147	技术成熟度	4.0241
			技术应用难度	3.5247
			技术相宜性	3.9943
			技术效益	4.0194
			技术推广潜力	3.7747
26	喷灌技术	3.9066	技术成熟度	4.0283
			技术应用难度	3.4931
			技术相宜性	3.9996
			技术效益	3.9022
			技术推广潜力	3.9875
27	农牧交错带退化草地植被建植与恢复技术	3.8886	技术成熟度	4.0032
			技术应用难度	3.4729
			技术相宜性	4.0438
			技术效益	3.8161
			技术推广潜力	3.9596
28	高分子聚合物草地水土保持应用技术	3.8864	技术成熟度	4.0394
			技术应用难度	3.5316
			技术相宜性	4.0186
			技术效益	3.7858
			技术推广潜力	3.9118

续表

排序	技术名称	综合得分	一级指标	由二级指标计算的一级指标值
29	牛犁山带状整地技术	3.8787	技术成熟度	3.8832
			技术应用难度	3.6490
			技术相宜性	3.9916
			技术效益	3.9500
			技术推广潜力	3.7101
30	拦水截沙技术（饮水槽、拦沙坝、山塘）	3.8657	技术成熟度	4.0472
			技术应用难度	3.4856
			技术相宜性	3.9280
			技术效益	3.8842
			技术推广潜力	3.7995
31	石质山地爆破整地造林技术	3.8511	技术成熟度	3.9558
			技术应用难度	3.4127
			技术相宜性	3.9742
			技术效益	3.9472
			技术推广潜力	3.6838
32	旱区覆盖产流植被重建综合技术	3.7456	技术成熟度	3.8969
			技术应用难度	3.1790
			技术相宜性	3.8143
			技术效益	3.8912
			技术推广潜力	3.7167
33	京津风沙源区葡萄固沙与减灾技术	3.6556	技术成熟度	3.8045
			技术应用难度	3.1489
			技术相宜性	3.7947
			技术效益	3.7093
			技术推广潜力	3.5419

（3）优选单项技术定量评价

根据一级、二级指标评价结果，优选出了三个单项技术进行定量评价，评价结果见表 10-3 和表 10-4。

（4）优选技术模式定量评价

根据一级、二级指标评价结果，选出打分最高的四项技术模式进行了定量评价，评价结果见表 10-5 和表 10-6。

表 10-3 京津风沙源生态治理技术三级定量评价指标参数

技术名称	技术成熟度			技术应用难度		技术相宜性	技术效益	技术推广潜力	
	技术完整性	技术稳定性		技能水平需求层次	技术应用成本	自然相宜性	生态效益	性价比	技术与未来关联度
	技术规程	专利数	设计年限	劳动力文化程度和技能要求	年均单位面积投资 [万元/(hm²·a)]	降水量需求量	植被盖度/%	性价比	研究文献数量/篇
草方格沙障技术	有约定俗称的规程	8	5	小学	1	300mm 以上	65	65	62
围栏封育技术	有行业技术规程	15	10	小学	0.25	200mm 以上	48	192	773
优良牧草种子繁殖技术	有行业专业技术规程	1	30	大学	2	500mm 以上	88	53	41

表 10-4 京津风沙源生态治理技术三级定量评价指标打分表

技术名称	技术成熟度 0.2241			技术应用难度 0.1499		技术相宜性 0.2983	技术效益 0.2292	技术推广潜力 0.0985		综合得分
	技术完整性 0.4817	技术稳定性 0.5183		技能水平需求层次 0.4818	技术应用成本 0.5182	自然相宜性 0.2983	生态效益 0.4232	性价比	技术与未来发展关联度 0.6578	
	技术规程	专利数	设计年限	劳动力文化程度和技能要求	年均单位面积投资	降水量需求量	植被盖度	性价比	研究文献数量	
草方格沙障技术	4	3	2.5	4	3	3	4	2	2	3.28
围栏封育技术	5	5	5	4	4	3	3	3	5	3.70
优良牧草种子繁殖技术	5	1	5	1	2	2	5	2	1	3.01

表 10-5　京津风沙源生态治理技术模式三级定量评价指标参数

技术名称	技术成熟度		技术应用难度		技术相宜性	技术效益	技术推广潜力
	技术完整性	技术稳定性	技能水平需求层次	技术应用成本	自然相宜性	生态效益	技术与未来发展关联度
	技术规程	设计年限	劳动力文化程度和技能要求	年均单位面积投资/[万元/(hm²·a)]	降水量需求量	植被盖度/%	性价比
生态垫结合植物措施治理流动沙地技术	有操作规程	5	大学	1	200mm以上	80	80
固沙先锋植物防风固沙配置技术	有操作规程	5	小学	1.4	300mm以上	60	43
河滩盐碱地混播牧草地建植技术	有操作规程	10	小学	1.5	500mm以上	75	50
"两行一带"造林技术	有操作规程	10	小学	1.7	300mm以上	70	41

表 10-6　京津风沙源生态治理技术模式三级定量评价指标打分表

技术名称	技术成熟度		技术应用难度		技术相宜性	技术效益	技术推广潜力	综合得分
	0.2241		0.1499		0.2983	0.2292	0.0985	
	技术完整性	技术稳定性	技能水平需求层次	技术应用成本	自然相宜性	生态效益	技术与未来发展关联度	
	0.4817	0.5183	0.4818	0.5182	0.2983	0.4232	0.6578	
	技术规程	设计年限	劳动力文化程度和技能要求	年均单位面积投资	降水量需求量	植被盖度	性价比	
生态垫结合植物措施治理流动沙地技术	4	2.5	1	3	4	5	5	3.47
固沙先锋植物防风固沙配置技术	4	2.5	4	2	3	4	3	2.98
河滩盐碱地混播牧草地建植技术	4	5	4	2	2	4	3	2.83
"两行一带"造林技术	4	5	4	2	3	4	3	3.13

10.3　主要评价结论

总体来讲，京津风沙源治理生态技术的综合得分较好，是参与调查的 21 位专家比较认可的生态治理技术，无论是从一级指标来看还是从二级指标来看，生态技术的最低得分均在 3 分以上。生态技术评价指标体系二级指标是对一级指标的细化和解释，21 位专家分别对一级指标和二级指标进行打分，计算出的技术评价结果具有一定的差异性。以二级指标计算一级指标，再由一级指标计算生态技术的综合得分，生态技术的得分总体上要大于以一级指标计算的得分，且以一级指标计算的综合得分仅有 3 项技术的得分在 4 分以上，而以二级指标计算的综合得分则有 11 项技术的得分在 4 分以上。两种方法的评价中，围栏封育技术、抗旱造林技术和草方格沙障技术的得分均在 4 分以上，是京津风沙源治理区内更为优良的生态治理技术。

经研究，优选出 3 项京津风沙源生态治理技术，分别为草方格沙障技术、围栏封育技术、优良牧草种子繁殖技术，三级指标的定量化评价得分分别为 3.28、3.70 和 3.01。优选出京津风沙源生态治理技术模式 4 项，分别为生态垫结合植物措施治理流动沙地技术、固沙先锋植物防风固沙配置技术、河滩盐碱地混播牧草地建植技术、"两行一带"造林技术模式，三级指标的定量化评价得分分别为 3.47、2.98、2.83 和 3.13。

10.4　生态技术推介

10.4.1　单项技术

草方格沙障技术对劳动力文化程度和技能要求较低，在降水量 300mm 以上的地区可以实施，年均单位面积投资较低，可以有效固定沙地、提升实施区域的植被盖度，技术的性价比较高（付标等，2015）。

围栏封育技术对劳动力文化程度和技能要求较低，在降水量 200mm 以上的地区可以实施，年均单位面积投资较低，对中度和重度退化的草场有很好的恢复作用，可以有效抑制风沙（蒋胜竞等，2020）。

优良牧草种子繁殖技术对劳动力文化程度和技能要求较前两项技术较高，在降水量 500mm 以上地区才可实施，技术性价比稍低，但其生态效益较大，在恢复草场和固定沙地方面有巨大的贡献。

10.4.2　技术模式

生态垫结合植物措施治理流动沙地技术对劳动力文化程度和技能有一定的要求，年均单位面积投资较低，在降水量 200mm 以上的地区可以实施，植被盖度可以提升至 80%，技术性价比较后两项技术高。

　　固沙先锋植物防风固沙配置技术对劳动力文化程度和技能要求较低，在降水量 300mm
以上的地区可以实施，植被盖度可以提升至 60%。

　　河滩盐碱地混播牧草地建植技术的设计年限在 10 年左右，对劳动力文化程度和技能
要求较低，植被盖度可以提升至 75%，对盐碱地恢复有很好的治理效果（杨志国等，
2007；苏永德等，2016）。

　　"两行一带"造林技术模式对劳动力文化程度和技能的要求较低，在降水量 300mm 以
上的地区可以实施，综合运用植被格局理论、风沙物理学理论、水文学理论等，能以较低
的成本恢复植被盖度至 70%（杨文斌等，2017）。

第11章 南方石漠化综合治理重大生态工程生态技术评价

11.1 工程区概况

西南喀斯特地区是喀斯特发育最典型、人地矛盾最尖锐的喀斯特连续分布带，包括滇、黔、桂、湘、渝、川、鄂、粤8省（自治区、直辖市），总面积194.69万km²，其中碳酸盐岩出露面积53.26万km²，占27.36%。西南喀斯特地区地处我国地势的第二阶梯和第三阶梯，根据地势特点、大地构造和气候条件，将喀斯特地区划分为溶蚀洼地、溶蚀谷地、孤峰、峰林、峰丛、岩溶丘陵、岩溶山地7种主要的地貌类型（李秉略，2013）。区内降水充沛，年降水量为1000~1200mm，雨季集中在5~9月，占全年总降水量的70%以上，多以阵雨或暴雨形式出现。碳酸盐岩广布、土层浅薄、地势崎岖、河流深切、植被稀少且生长缓慢决定了喀斯特生态环境的脆弱性，而人口密度大、人口素质低以及特殊的地域文化导致该区域经济基础薄弱，贫困发生率高。在脆弱的喀斯特自然环境和落后的经济社会环境压力下，受人类不合理社会经济活动的干扰破坏，造成土壤严重侵蚀，基岩大面积裸露，土地生产力严重下降，形成喀斯特石漠化，进一步阻碍了经济社会的发展。

石漠化带来水土流失加剧、旱涝灾害频发、土壤肥力下降、生物多样性降低甚至丧失等生态问题，成为制约我国西南岩溶地区社会经济发展的关键因素。突出的人地矛盾导致农民长期垦山种粮、伐林烧柴，引起大面积水土流失和植被退化，使得该地区陷入一个"人口压力大—贫困—掠夺资源—生态退化—进一步贫困"恶性循环的贫困陷阱。因此，石漠化治理对实现我国西南岩溶地区社会经济可持续发展、生态文明建设和全面小康社会建设具有重要意义。

11.2 生态技术识别与评价

11.2.1 生态技术识别

11.2.1.1 单项技术识别

（1）生态修复技术

1）自然封育。封山育林是以封禁为手段，利用林木天然更新能力，植物群落自然演替规律，使疏林、灌木林、散生木林、荒山等林业用地自然成体。陡峭山峰地段长期封山育林，重点发展水源林，涵养表层岩溶水。在岩石裸露率 70% 以上的石山地区，土壤很少，土层极薄，地表水极度匮乏，立地条件极差，基本不具备人工造林的条件。因此需采取全面封禁的技术措施，减少人为活动和牲畜破坏，利用周围地区的天然下种能力，先培育草类，进而培育灌木，通过较长时间的封育，最终发展成乔、灌、草相结合的植被群落，提高乔、灌、草覆盖率，控制土壤侵蚀，保持水土。根据当地群众生产、生活需要和封育条件，以及封育区的生态重要程度确定封育方式和封育年限（表 11-1）：①全封。边远山区、江河上游、水库集水区、水土流失严重地区，以及恢复植被较困难的封育区，宜实行全封。②半封。有一定目的树种、生产良好、林木覆盖度较大且当地群众生产和生活燃料有困难的封育区，可采用半封。③轮封。当地群众生产、生活和燃料等有实际困难的非生态脆弱区的封育区，可采用轮封。

表 11-1　封山育林年限　　　　　　　　　　　　　（单位：a）

对象	乔木型	乔灌型	灌木型	灌草型	竹林型
无林地和疏林地封育	6~8	5~7	4~5	—	4~5
石质山地封育	—	5~8	4~6	3~5	—
有林地封育	3~5	—	—	—	—
灌木林地封育	4~6	3~5	—	—	—

2）人工造林。喀斯特石漠化地区主要地表类型及植被恢复措施见表 11-2 和表 11-3。造林方式包括两种：①人工播种造林。一般要先整地，墒情较好时采用穴播或条播，在操作困难的地段，可在雨季采用撒播。②飞播造林。在交通不便及宜林荒山、荒地、荒沙面积较大的地方进行，其具体要求按照《飞播造林技术规程》（GB/T 15162—2018）规定执行。

表 11-2　喀斯特石漠化地区主要地貌类型及植被恢复措施

地貌类型	区域条件	植被恢复措施
溶蚀洼地	土壤水分养分较充裕，多为农田；洼地中有些漏斗附近森林被破坏而堵塞易被水淹	封山育林与人工造林结合，适合耐短期水淹又耐旱的阔叶树种和竹类等
溶蚀谷地	地势平坦，土壤覆盖层较厚，谷底在河流作用下迅速扩大，产生大量堆积物	残丘的土壤条件适合种植经济林
孤峰	圆柱状，边坡很陡；在非纯灰岩区，呈圆锥状；在倾斜地层区，呈单斜状	圆柱状，封山育草（灌）；圆锥状，底部人工造林，上部封山育草（灌）
峰林	灰岩山峰成群分布，主要由纯质灰岩和白云岩组成	全面封山育林和人工种子保湿点播
峰丛	主要由纯质灰岩和白云岩组成，被侵蚀程度低	山体基部人工造林，其他部位封山育林
岩溶丘陵	土壤浅薄，草地广泛分布，灌丛稀疏分布，由碳酸盐岩夹泥质、白云质夹层组成	用刺槐、棕榈等人工造林并辅以封山育林、经济林并举
岩溶山地	土被不连续，但立地条件最好，多栽种有农作物	选择用材林和经济林树种进行人工造林

资料来源：李秉略（2013）。

表 11-3　不同等级石漠化土地的植被恢复技术

石漠化等级	区域条件	植被恢复技术
潜在石漠化	森林覆盖率较高，土壤较连续深厚，栽植条件较好，耕地多，人口密集	以营造经济林为主，选择乡土树种
轻度石漠化	森林覆盖率一般，造林地块石砾含量低，土层厚度大于50cm，立地条件较好，耕地集中分布，人口密度大	以营造经济林为主，生态林为辅，采用"一坡三带"模式：从山顶到山腰山脚依次为水源涵养林、水土保持林、经济水土保持林
中度石漠化	有一定的疏林、灌草丛，残、坡积土较多，厚度小于30cm，立地条件一般，造林地块石砾含量中等	因地制宜发展以经济林为主的复合林业
强度石漠化	森林覆盖率低（<20%），造林地块石砾含量较高，立地条件差，土层厚度多小于10cm，生态环境严重脆弱	选用耐干旱贫瘠、喜钙、速生、经济价值高、易推广的树种、灌木、藤和草种并进行合理配置
极强度石漠化	森林覆盖率很低（<10%），造林地块石砾含量高，基岩裸露率>80%，立地条件差，不能发展农业，不具备人工植被恢复的条件，生态环境最脆弱	先培育草，同时种植金银花等藤本植物，然后全面封育，积累一定厚度的土壤后培育灌木，最后让植被自然恢复

资料来源：李秉略（2013）。

（2）基本农田建设工程

1）坡改梯。梯田技术（又称"坡改梯"）是指在坡地上沿等高线方向修筑的条状阶台式或波浪式断面田地的技术，是保持水土的一项重要措施，也是增强地力、提高粮食产量的有效手段。按田面坡度不同可分为水平梯田技术、坡式梯田技术和复式梯田技术。南方石漠化地区坡耕地石多土少、土壤肥沃、土地贫瘠、降水丰沛，但入渗强烈，干旱严重（王恒松，2009），该地区梯田技术多实行石埂坡改梯技术，辅助路沟池配套的道路灌溉系统，有利于该地区改善生产条件、提高抗旱能力、夯实土地生产力和提高劳动生产率。

2）穴状整地。穴状整地是在石漠化山区大于25°的坡位上进行植树造林的整地方法。在土层不连续、有杂石裸露，土壤里碎石较多，坡度大于25°的中度、重度石漠化坡面进行。沿等高线整成穴状，穴面与原坡面持平或稍向内倾斜，品形配置。其整地规格为穴径长度0.5m，宽度0.5m，土层厚度0.4m。将土挖起，翻松拍碎，清除杂石，在坑的下游边缘略垒起。穴状整地可根据小地形变化而灵活选定整地位置，整地投工数量少，易于掌握，但是穴状整地难以实现机械化，必须采用人工进行整地。

3）土壤改良技术。土壤改良，是指运用土壤学、生物学、生态学等多学科的理论与技术，排除或防止影响农作物生育和引起土壤退化等不利因素，改善土壤性状，提高土壤肥力，为农作物创造良好土壤环境条件的一系列技术措施的统称。其基本措施包括：①土壤水利改良，如建立农田排灌工程，调节地下水位，改善土壤水分状况，排除和防止沼泽化和盐碱化；②土壤工程改良，如运用平整土地、兴修梯田、引洪泄淤等工程措施，改良土壤条件；③土壤生物改良，运用各种生物途径（如种植绿肥），增加土壤有机质以提高土壤肥力，或营造防护林防治水土流失等；④土壤耕作改良，通过改进耕作方法改良土壤条件；⑤土壤化学改良，如施用化肥和各种土壤改良剂等提高土壤肥力，改善土壤结构，消除土壤污染等。

（3）水土保持技术

岩溶石漠化地区大量基岩裸露，土层薄且分布不连续，土壤与岩石间呈刚性接触，植被破坏后极易引发水土流失，该地区水土流失防治工作不能照搬其他地区的治理经验，而是需要根据岩溶区水土流失的特点研发适宜于该地区不同地貌类型和环境条件下的水土保持生物技术或工程技术。实施水源林营造、植物篱、拦沙坝、排水沟、沉沙池等水土保持技术，提高生态环境调蓄水资源和保持水土的能力。

A. 水土保持林

在不同地貌部位营造水土保持林应注意以下要点：①坡顶部位。主要以水源涵养林为目标，在封山育林的基础上，人工配置多种树种，营造林灌草的立体群落结构。②陡坡部位。充分利用石缝中的土壤资源，种植水土保持林。在土壤极其缺乏的坡面，采用客土填充溶沟、溶槽、溶洞等，种植经济型常绿藤本植物。③缓坡部位。水平方向上，在修建多级水平沟的同时，沟埂外侧种植豆科类乔灌林带，内侧种植豆科类灌草，间隔一定的距离营造灌木林防护缓冲带。④洼地。在落水洞、竖井及天窗周围建设林灌草缓冲区，在排水沟、截水沟的两侧种植银合欢、扶芳藤、木豆、金银花等灌木或多年生牧草，在石漠化极其严重的地段种植任豆、银合欢等豆科速生树种，配套牧草种植，形成林草立体化结构。

B. 植物篱护坡技术

植物篱是农业种植的特殊形式，被定义为"在农耕地上种植多年生的草本植物、灌木（生长快的豆科最佳）以及植物篱间农作物的复合生产系统"。选择多年生、根系发达、适应性强、萌生力强、有经济效益的植物作篱建埂，逐年坡改梯；或保护坎埂，防止冲塌。埂上可种植护埂植物，如乔木（乌桕、花椒）、灌木（柠条锦鸡儿、紫穗槐、马桑、黄荆）、草（木豆、香根草、黑麦草等），也可种植一些杂粮豆类或药材（金银花等），既可护坡固埂，减少冲刷，防止垮塌，又可增加三料来源（燃料、饲料和肥料），增加经济收益，培肥土壤。

C. 边坡防护技术

1）植被护坡技术。护坡植物的选择，主要遵循生长速度快、抗逆性强、适应性强、固土护坡能力强，根系发达（深根系），生长迅速，短期内能达到一定的覆盖度等标准。植物配置应遵循：一是藤灌草结合，这样可充分利用自然水、光、热条件，快速建植立体生态植被，保持坡面绿化的中长期效果，防止草坪退化，延续和提高水土保持功能。二是豆科与禾本科植物配置，有利于发挥种间优势，互惠互利，以草养草（如驴食草+其他禾草），同时加入先锋或保护草种（如多年生黑麦草），利用其萌发早、生长迅速的习性，促进保护主体草种的萌发。

2）植生袋护坡技术。目前高陡裸露边坡常用的一种边坡防护技术，这种技术方法具有基质不易流失、可以堆垒成任何贴合坡体的形状、施工简易等特点，适合使用在垂直或接近垂直的岩面或硬质陡峭边坡。植生袋主要由可降解的专用聚氯乙烯（polyvinylchloride，PVC）网袋、种植土和植物种子组成。在植生袋内装入按一定比例配置的种植土、有机基质、肥料、保水剂和乔灌草植物种子。然后在高陡裸露边坡的下缘凹陷处，由下至上层层堆砌植生袋，在坡面形成一层植生袋，通过该植生袋内植物种子的萌发生长来绿化边坡。

3）厚层基质喷附技术。厚层基质喷附技术（景卫东，2008）是综合应用工程力学、生物学、土壤学、肥料学、环境生态学等领域的科学思想和技术成果，使用专用喷附机械将专用基质、土壤改良剂、保水剂、黏合剂、微生物肥料、菌根菌和植物种子等固体混合物，喷附到锚固镀锌机编网后的坡面上，喷附厚度为 7±1cm，是一种机械建植技术。厚层基质要与高强度镀锌机编网锚固坡面结合在一起，锚固在边坡上的高强度镀锌机编网可以加固坡面，防止碎石脱落，并与喷附的基质混成一体，防止基质脱落。当植被在坡面形成覆盖之后，植物的根系与机编网纵横交错，在坡面上形成了一个由植物的叶、茎、根系和机编网相互交错所组成的具有三维空间的立体防护层，并与坡面紧密结合为一个有机整体，最终达到保护坡面、恢复植被与景观的目的。物种选用灌木和草本植物物种混合组配方案，采用草灌结合的搭配，同时还考虑浅根植物和深根植物的结合、豆科植物与非豆科植物的结合，构建乔灌草立体防护生态体系。

D. 坡面治理工程

1）截水沟。当坡面下部是梯田或林草，上部是坡耕地或荒坡时，应在其交界处布设截水沟。当无措施坡面的坡长太大时，应在此坡面增设几道截水沟。增设截水沟的间距一般 20~30m。应根据地面坡度、土质和暴雨径流情况，通过设计计算具体确定。蓄水型截水沟基本上沿等高线布设，排水型截水沟应与等高线取 1%~2% 的比降。当截水沟不水平时，应在沟中每 5~10m 修一高 20~30cm 的小土挡，防止冲刷。排水型截水沟的排水一端应与坡面排水沟相接，并在连接处做好防冲措施。截水沟一般采用梯形断面，内坡比 1∶1，外坡比 1∶1.5。

2）排水沟。一般布设在坡面截水沟的两端，用以排除截水沟不能容纳的地表径流。排水沟的终端连接蓄水池或天然排水道。根据调查，毕节喀斯特石漠化坡耕地梯田配套的沟渠顶宽 20~80cm，底宽 20~100cm，沟深 20~170cm，超高采用 20~40cm。沟渠墙体一般用 M7.5 水泥砂浆砌块石，边壁用 M10 水泥砂浆抹面，沟底用铺碎石夯实，C10 混凝土淌底。

3）沉沙池。沉沙池一般布设在蓄水池进水口的上游附近。排水沟或排水型截水沟排出的水量，先进入沉沙池，泥沙沉淀后，再将清水排入蓄水池中。沉沙池的具体位置根据当地地形和工程条件确定，可以紧靠蓄水池，也可以与蓄水池保持一定距离。沉沙池与蓄水池相配套，根据地形修建成矩形或圆形，池的宽度一般是与之相连的沟渠宽度的 1.5~2.0 倍，长度是宽度的 2 倍，比沟渠深 50cm 以上。池体采用 M7.5 水泥砂浆块石砌筑，池壁用 M10 水泥砂浆抹面（罗林等，2009）。

E. 洼谷地治理工程

1）排水沟。洼地沿降水径流沟修建排水沟，沟底尽量挖深见基岩，保持沟底水力坡降为 5%~8%，沟底采用浆砌块石，高出地面 30~50cm。

2）落水洞治理。①增强排洪。清理落水洞内的泥沙、碎石，依据 50 年一遇降水量大小扩大落水洞口，修建落水洞坊并采用浆砌石围筑洞壁高出地表 0.5m。②减少淤堵。在洞外形成植物隔离带，修建沉沙池，并设网拦截枯枝落叶，降低落水洞淤堵风险。

3）拦沙坝。在自然汇水沟离洼地较近的位置修建拦沙坝，防止水流冲蚀洼地耕地。当洼地耕地面积超过 100 亩时，应考虑修建排水隧道，将洼地积水排到洼地以外，防止产生洼地内涝灾害（蒋忠诚等，2011）。

（4）地表截水和集水技术

A. 防渗膜集水

防渗膜集水技术建造过程中不需要爆破坚硬的岩石，不需要开挖大量的土石方，更不需要混凝土，而是因地制宜地利用岩溶山地自然存在的洼地，经过底面平整，堆砌必要的挡水墙等工艺进行处理，然后铺设无毒无味、耐热耐寒、柔韧性高、拉伸强度好的高密度聚乙烯防渗膜，这样一个适合于任意低洼地形、节能省力省材、高效防渗防漏、成本相对低廉的新型生态蓄水池就建造完成了。为了增加蓄水来源，保证新型生态水池蓄水量更加充足和稳定，保障灌溉用水需求，可配套建设输水管道和集雨坪等措施，集雨坪的集雨面材料为玻璃钢瓦（程剑平等，2010）。

B. 屋顶、路面、坡面集水

1）屋顶集水。由屋顶集雨坪、输水管道及水窖组成。可利用混凝土屋面建集雨坪，并在屋下建水窖，再用管道将水窖内储水输送入屋内，构建简易自来水获取设施；$50m^2$屋顶年拦集雨水总量可达$30m^3$，供农村人畜饮用（史运良等，2005）。

2）路面集水。对于靠近公路或水泥路等不透水路面的区域，可利用路面作为集雨面，以公路面-汇水渠-沉淀池-小水池+管网输出的方式，在降水期集蓄坡面流，为生产、生活及灌溉提供必要水源（夏开宗等，2011）。

3）坡面集水。坡面集水，即在地表水匮乏、地下水开采困难，没有实力建水利枢纽工程的丘陵山区，通过设置截流沟拦截天然雨水来增大水源补给量，然后通过渠道汇流后引入蓄水装置储存，用于旱季人畜饮用或作物需水关键期补灌的工程技术。坡面集水有利用自然地形集雨集流和通过人工措施营造局地集雨场来集雨集流两种形式。此种模式技术操作简便，材料不限，工程适应性强。考虑喀斯特地区的地形特征，可首要选择天然牧场或天然林作为集雨面，水源可用于农田灌溉，也可用于荒坡浇灌林地，促进环境建设（尹航，2015）。

C. 蓄水池/塘/凼

一般布设在坡脚或坡面局部低凹处，与排水沟或截水沟的终端相连。坡面排水蓄水池的具体位置应根据地形有利、岩性良好（无裂缝暗穴、砂砾层等）、蓄水容量大、工程量小、施工方便等条件具体确定。蓄水池的分布与容量需根据坡面径流总量、蓄排关系和修建省工、使用方便等原则因地制宜具体确定。

蓄水池建设地点多选在地面坡降 0.1~0.25 的位置，综合工程经济效益分析，蓄水池采用半地上半地下结构，即半挖半填式，地势高的一面开挖，地势低的一面回填碾压。蓄水池平面形状可选用矩形或圆形，池深4m。地势高的一面建引水渠道、沉淀池将坡面集雨引至蓄水池。蓄水池内边坡（迎水坡）采用1:1边坡，背水坡（地势低的一面，即回填边）采用1:2边坡。回填边池堤顶宽不小于3m，堤下部距池底0.3m处铺设放水管道（董保军等，2004）。毕节喀斯特石漠化坡耕地梯田配套的蓄水池容量在 $67~75m^3/hm^2$，有封闭式或敞开式的圆形和矩形，配置有进水设施（进水口或进水管）和取水设施（放水管）。池壁采用M7.5水泥砂浆砌块石或条石，衬砌厚度一般大于20cm。池底为碎石垫层，C10混凝土防渗处理，厚度为10~15cm（石博等，2014）。

（5）岩溶水资源开发利用技术

西南喀斯特地区岩溶结构发育，渗漏强烈，地下水资源极其丰富，地下水系统包括裸露岩溶水系统和覆盖–埋藏岩溶水系统两类。据调查，岩溶区地下水天然资源量为 1762.82 亿 m³/a，允许开采的水资源量为 615.70 亿 m³/a。

A. 地表河低坝蓄水工程

有的岩层是不透水岩层，有的岩层发育有裂隙、管道和落水洞等，因此经常有一些岩溶山区的河流从峰丛洼地发育后通过地下河在中游的峰丛盆地或谷地明暗相接，在地表、地下间来回出露转化。中游这些盆地或谷地往往是人口较为集中、需水量较大的地区，若来水不足，可以在地表筑堤坝以拦蓄地表河段。此种技术开发的水源水质一般较差，通常用作农灌，若地下伏流较长，水源无明显供给，也可以在落水洞处设立泵站将水上提（史运良等，2005）。

B. 裂隙水开发技术

1）围泉引水。因为高差不同，所以可以将蓄水池围建在泉水出露的地方，把泉水尽可能地拦到池内，利用蓄水池作为调蓄的场所，通过管道或者渠道利用地势差将水引至地势较低的村寨的调节池，解决日常用水问题。此种技术具有工程量较小、运行成本较低、群众较为乐于接受的优点，且可以达到充分利用表层带地下水，同时延长供水持续时间，提高供水保证率的目的。

2）隧洞"截"水。利用工程手段在表层带岩溶水的径流途径中进行拦截，将表层带岩溶水引出地表，再辅以相应的"蓄水"和"引水"工程，对表层岩溶水进行开发利用。此种技术主要适用在山体厚大、植被较发育、地表无表层岩溶泉出露的垄脊槽谷分布区（尹航，2015）。

3）浅井提水。在贵州省的铜仁市、遵义市、黔东南苗族侗族自治州、毕节市金沙县等地区，以及黔西南布依族苗族自治州兴义市、黔南布依族苗族自治州贵定县、六盘水市盘州市等地区是采用人工开挖或机械钻井等方法开凿了较多的表层岩溶带浅井，通过螺杆泵、离心泵工具抽取表层岩溶水。这些浅井深度一般小于10m，在分散解决地表严重缺水区的人畜饮水和缓解农田灌溉方面起到了重要的作用（尹航，2015）。

4）钻井取水。对于水文地质条件复杂、地下水位埋藏深的岩溶蓄水构造或富水块段内地下水资源主要采用钻井技术进行开发。在对拟开发蓄水构造或富水块段进行地质分析的基础上，通过地球物理探测确定井位，采用钻井技术成井并安装提水设备抽取深部地下水，供当地及附近居民生产生活使用。

C. 洞穴水开发技术

1）地下河天窗提水。在峰丛洼地低洼处常有与地下河相通的天窗，地下河天窗提水技术主要是利用地下河天窗建有一定扬程的提水泵站抽取地下水，并在比供水目的地高的有利部位修建蓄水设施，配套输水管、渠系统，利用蓄水设施与供水目的地的高差以自流引水的形式将水输送到供水目的地，作为当地居民生活、农田灌溉用水。

2）地下河出口筑坝引水。该技术主要是利用地下河出口附近下游河谷地段的有利地形作为库区，在适宜筑坝的有利部位构筑水坝进行蓄水并抬高水位后，引水发电或供下游地区不同用水目的使用。

3）地下河堵洞成库。该技术主要是在地下河道中寻找合适部位建地下坝（堵体）堵截地下河，利用地表封闭性好的岩溶洼地为库容蓄水或抬高水位，用于发电或供水。在峰丛洼地区大多为封闭性较好的岩溶洼地，洼地底部常有与地下河相通的消（落）水洞或天窗，在地下河道中的有利部位建地下坝（堵体）堵截地下河，并利用地表岩溶洼地蓄水成库，可取得较好的效果。

D. 水资源联合开发技术

1）山腰水柜蓄水、管渠引水。在峰丛山坡中上部地段，经常有表层岩溶泉（间歇性为主），在表层岩泉附近修建山腰水柜可积蓄表层岩溶泉域的水资源，并通过配套的管渠系统将水资源输送到供水目的地。对岩溶石山地区的大型岩溶洼地或谷地范围内流量较大、出露位置相对较高且距供水目的地较远的表层岩溶泉水，采用山腰水柜蓄水、管渠引水的水资源开发技术可取得较好的效果。

2）山麓开槽截水、水柜山塘储蓄、管渠引水。该技术采取开挖截积水槽聚积表层岩溶水资源，同时修建水柜或山塘进行储蓄，并配套管渠系统将水资源输送到供水目的地。

3）泉口围堰、管渠引水。该技术是在泉域范围内植被土壤覆盖好、流量动态变化较小、出路位置较高的表层岩溶泉口，采取围堰的方式并通过配套管渠系统将水资源直接输送到供水目的地。例如，广西马山县弄拉自然保护区南侧山腰的表层岩溶泉，泉域范围内森林植被茂密，水量较稳定，出露位置相对较高。当地居民在泉口进行围堰并用水管直接引用，解决弄拉自然保护区 10 多户的人畜饮水及附近 10 多亩旱地的灌溉用水问题。

4）岩溶地下河联合开发。喀斯特地区常发育着一些穿越不同地貌类型的大型地下河，通常表现为地下河的上游段主要流经峰丛地区，而中下游段主要流经峰丛谷地或峰丛盆地，最终流出峰丛峡谷或以地下河的形式流入分割高原面的深切峡谷河流。对这种类型的地下河，采用联合开发技术对其水资源进行分段开发可获得更好的效果。通常是在上游段采用天窗提水技术进行开发，在中下游段采用拦坝引水或泵站提水等技术进行开发，而在地下河出口附近采用筑坝建库的技术进行开发。以求分散、多模式地利用地下河水资源和提高地下河水资源的利用率。

(6) 节水灌溉技术

农业节水技术一般分为生物技术、工程技术、农耕技术及管理技术，在喀斯特山区最为适用的技术为工程技术，主要有渠道防渗技术，管道输水技术，滴灌、微喷灌、水肥根灌、畦灌、沟灌技术和集雨节灌技术。

1）渠道防渗技术。为了减少渗漏，提高渠系水利用系数，节约灌溉用水，将各级渠道进行防渗处理，渠道防渗是我国当前节水灌溉技术推广的重点。

2）管道输水技术。用塑料或混凝土等管道输水，可减少输水过程中的渗漏和蒸发损失，减少渠道占地，输配水的利用率可达到95%。

3）滴灌。滴灌是将压力水过滤后，经滴灌系统及滴水器均匀而缓慢地滴入植物根部附近土壤的局部灌溉技术。

4）微喷灌。微喷灌是利用折射、旋转或辐射式微型喷头将水均匀地喷洒到作物枝叶等区域的灌水形式，介于滴灌和喷灌之间，隶属于微灌范畴。

5）水肥根灌。根灌技术要点是把水和肥送到植株"嘴边"，有效提高水肥的利用率。

干旱季节用根灌抗旱，每月每公顷仅需 $30 \sim 180\text{m}^3$ 水，比滴灌省水 $50\% \sim 75\%$，且比滴灌对照区增产。

6）畦灌、沟灌技术。畦灌是耕地经平整后，利用畦埂将田块划分成小块进行灌溉；沟灌是耕地经平整后，以一定距离开成一道道输水沟，灌溉水通过水沟进行灌溉。其中小畦灌溉是指将灌溉土地单元划小进行灌溉，相对长畦、大畦而言，其灌水流程短，减少了沿畦长产生的深层渗漏，因此能节约灌水量，提高灌水均匀度和灌水效率（陈永毕，2008）。

7）集雨节灌技术。一般由集雨系统（集流场面和截流输水工程）、蓄水工程（窖窖、蓄水池及土井）、微灌系统三部分组成。通过修建集雨场，将雨水集中到小水窖、小水池等小型和微型水利工程中，再利用滴灌、膜下滴灌等高效节水技术进行灌溉。集雨节灌技术已在西北（降水量一般要大于 250mm）和西南地区得到推广。

（7）节水农耕技术

A. 等高垄作

1）等高沟垄耕作。该技术是指在坡耕地上沿等高线开沟起垄并种植作物，是具有蓄水、保土、防风功能的农耕技术。

2）条带种植。在植物篱与横坡等高垄作的基础上，在植物篱所形成的等高环形条带之间的 $5 \sim 8\text{m}$ 空地上，沿等高线方向条带状种植作物，利用作物穴距小于行距的特点，形成季节性多层环形条带状植物篱，拦截坡耕地径流与土壤流失，达到保持水土的目的。

B. 穴状种植

1）一钵一苗法。掏钵种植也称为穴状种植，在坡耕地上沿等高线用锄挖穴，以作物株距为穴距（一般 $30 \sim 40\text{cm}$），以作物行距为上下两行穴间行距（一般 $60 \sim 80\text{cm}$）。穴的直径一般 $20 \sim 25\text{cm}$，深 $20 \sim 25\text{cm}$，上下两行穴的位置呈"品"形错开。挖穴取出的生土在穴下方做成小土埂，再将穴底挖松，从第二穴位置上取 10cm 表土置于第一穴内，施入底肥，播下种子。各穴采用同样方法处理，使每穴内都有表土。

2）一钵数苗法。在坡耕地上顺等高线挖穴，穴的直径约 50cm，深 $30 \sim 40\text{cm}$。挖穴取出的生土在穴下方作成小土埂。将穴底挖松，深 $15 \sim 20\text{cm}$，再将穴上方约 50cm×50cm 位置的表土取 $10 \sim 15\text{cm}$，均匀铺在穴底，施入底肥，播下种子，根据不同作物情况，每穴可种 $2 \sim 3$ 株。以作物的行距作为穴的行距，相邻上下两行穴的位置呈"品"形错开。

C. 少免休耕

1）少耕。该技术是在传统耕作基础上，尽量减少整地次数和减少土层翻动，将作物秸秆残茬覆盖在地表的措施，作物种植之后残茬覆盖度至少达到 30%，也称留茬播种法。

2）免耕。该技术是指作物播种前不单独进行耕作，直接在前茬地上播种，在作物生育期间不使用农机具进行中耕松土的耕作方法。

3）休耕。休耕不是让土地荒芜，而是让其"休养生息"，用地养地相结合来提升和巩固粮食生产力。在西南石漠化区，选择 25°以下坡耕地和瘠薄地的两季作物区，连续休耕 3 年。

D. 复种轮作

1）复种。复种是在同一耕地上一年种收一茬以上作物的种植方式。有两年播种三茬、一年播种二茬、一年播种三茬等复种方式。复种的方法有：①复播，即在前作物收获后播种后作物；②复栽，即在前作物收获后移栽后作物；③套种，即在前作物成熟收获前，在其行间和带间播入或栽入后茬作物。根据不同作物的不同特性，如高秆与矮秆、富光与耐阴、早熟与晚熟、深根与浅根、豆科与禾本科，利用它们在生长过程中的时空差，合理地实行科学的配套种植，形成多种作物、多层次、多时序的立体交叉种植结构。

2）轮作。轮作是指在同一田块上有顺序地在季节间和年度间轮换种植不同作物或复种组合的种植方式。常见的轮作类型有禾谷轮作、禾豆轮作、粮经轮作、水旱轮作、草田轮作等。西南中高原山地旱地常见轮作模式有小麦–玉米/甘薯、油菜–玉米/甘薯/花生、冬闲–玉米+大豆。

E. 间套混种

石漠化山区旱地最为常见的间套混种方式是玉米间套种豆类、薯类、绿肥、经济作物和蔬菜作物。

1）间作。间作是指在同一田地上于同一季节内，把生育季节相近、生育期基本相同的两种或两种以上的作物，成行或成带地相间种植，如玉米与大豆间作，高粱与甘薯间作等。

2）套种。在同一地块内，前季作物生长的后期，在其行间或株间播种或移栽后季作物。两种作物收获时间不同，其作物配置的协调互补与株行距要求和间作相同。根据作物的不同特点，在播种时间上分别采取以下两种作法：在第一种作物第一次或第二次中耕以后，套种第二种作物；在第一种作物收获前，套种第二种作物。常见的套种模式主要有小麦与豌豆、高粱与黑豆、大豆与芝麻、棉花与芝麻或豆类、玉米与大豆、西瓜和脐橙、玉米和红薯、韭菜和豆角、黄瓜和赤松茸、四季豆和小葱、圆葱和胡萝卜以及瓜下套种食用菌、春白菜等。

3）混种。在同一时间或不同时间，在同一地块不按特定的行列宽窄等比例，但数量上有一定比例的种植，称为混种。在土壤零星分布的石漠化山区，多种作物与林草混种是一种较为合理的选择。

（8）农村能源开发建设

农村能源开发建设的目标就是改善喀斯特地区的生态环境，从根本上改变喀斯特地区农业生产和农村经济落后的局面。

1）沼气池技术。农村的"三位一体"户用沼气池（即圈舍、厕所和沼气池连成一体），主要利用农业活动中产生的有机废弃物（如秸秆、人畜粪便等），在固有的沼气池中进行厌氧发酵，从而产生沼气，并将其作为农村生活能源。一般池体大小 $6 \sim 10 \mathrm{m}^3$ 为宜。在正常产气情况下可供 3 ~ 7 口之家烧饭、照明用。另外，沼气在产生过程中还会有副产物的产生，如沼肥（包括沼液、沼渣），其是农业生产的优质有机肥，同时也能解决粪便的环境污染问题。通过沼气池发酵的沼气热值较高，热效率较稳定，在为农户提供稳定能源的同时，还改善了农村卫生条件及生态环境。

2）太阳能技术。西南岩溶石漠化地区光照时间长，太阳能资源丰富，可在广大农村推广使用太阳能热水器，充分利用太阳光能进行加热。太阳能热水器可将太阳光能转化为热能，以满足人们在生活、生产中的热水使用，还可转化为太阳能灶台和照明灯，满足日常生活能源所需。

(9) 种草养畜技术

喀斯特石漠化地区也是中国贫困人口集中区，其社会经济发展滞后，民众收入水平较低，水土流失与石漠化问题突出。岩溶山区畜牧业是用天然草地和栽培草地放牧或刈割牧草圈养牲畜，配套发展青贮饲料，实行划区轮牧、优良牲畜杂交配种、棚圈改造、合理出栏的生态畜牧业。

1) 人工草地建植。人工草地建植是指在农业生产经营中，在人为措施的强力干预下，根据一定的经济利用目标，结合所在地的具体生态条件，选择适宜草种建立的特殊人工植物群落 (廖建军等，2017)。贵州喀斯特地区通过选育与引进国外优质牧草，实践总结出不同环境条件、季节及利用方式的牧草种植和组合种植模式，如遵义和铜仁等地的冬种一年生黑麦草和夏种牛鞭草+皇竹草模式；晴隆的放牧型牧草地采用混播多年生黑麦草+鸭茅+白车轴草+高羊茅+宽叶雀稗模式，刈割型牧草地采用混播紫苜蓿+多年生黑麦草+狼尾草+皇竹草模式；清镇的多年生黑麦草+紫苜蓿模式和多年生黑麦草+白车轴草+紫苜蓿混播草地等模式；花江的花椒+皇竹草模式、桃+李+梨+皇竹草模式、花椒+白车轴草+黑麦草模式 (池永宽，2019)。

草地建植技术上考虑海拔、土壤岩性、适生植被等多种因素，提出不同区域的建植体系，表 11-4 为贵州省草地建植分区。牧草刈割技术根据草地利用情况来确定刈割时间，如果草地只用于舍饲，就采用长期割草地。草地割草利用年限为 10 年以上。如果草地用于放牧和舍饲两用草地，建议采用中期割草地，草地割草利用年限为 4~8 年，中期进行草地改良可延长利用年限 (张俞等，2016)。

表 11-4 贵州省草地建植分区表

分区	分区标准	命名	主推牧草	播种量
I 1	海拔低于 800m，土壤 pH 大于 6.5	低海拔中性、碱性土壤区	紫苜蓿 (秋眠级 8~9)、柱花草、皇竹草、杂交狼尾草、宽叶雀稗	紫苜蓿 0.6kg/亩+宽叶雀稗 0.5kg/亩
I 2	海拔低于 800m，土壤 pH 小于 6.5	低海拔酸性土壤区	柱花草、皇竹草、杂交狼尾草、宽叶雀稗	柱花草 0.5kg/亩+宽叶雀稗 0.4kg/亩
II 1	海拔 800~1200m，土壤 pH 大于 6.5	中低海拔中性、碱性土壤区	紫苜蓿 (秋眠级 7~8)、白车轴草、红车轴草、百脉根、牛鞭草、宽叶雀稗、菊苣、多年生黑麦草、鸭茅、无芒雀麦	紫苜蓿 0.6kg/亩+鸭茅 0.5kg/亩+无芒雀麦 0.7kg/亩
II 2	海拔 800~1200m，土壤 pH 小于 6.5	中低海拔酸性土壤区	白车轴草、红车轴草、百脉根、牛鞭草、宽叶雀稗、菊苣、多年生黑麦草、鸭茅、无芒雀麦	白车轴草 0.4kg/亩+宽叶雀稗 0.4kg/亩+多年生黑麦草 0.6kg/亩
III 1	海拔 1200~1500m，土壤 pH 大于 6.5	中高海拔中性、碱性土壤区	紫苜蓿 (秋眠级 6~7)、白车轴草、红车轴草、多年生黑麦草、鸭茅、芜青甘蓝、燕麦、金丝雀虉草	紫苜蓿 0.6kg/亩+鸭茅 0.5kg/亩+多年生黑麦草 0.6kg/亩
III 2	海拔 1200~1500m，土壤 pH 小于 6.5	中高海拔酸性土壤区	白车轴草、百脉根、红车轴草、苇状羊茅、鸭茅、多年生黑麦草、无芒雀麦	白车轴草 0.4kg/亩+鸭茅 0.5kg/亩+多年生黑麦草 1kg/亩

续表

分区	分区标准	命名	主推牧草	播种量
Ⅳ1	海拔 1500m 以上，土壤 pH 大于 6.5	高海拔中性、碱性土壤区	黄花苜蓿、紫苜蓿（秋眠级 5 ~ 6）、白车轴草、红车轴草、多年生黑麦草、鸭茅、芜青甘蓝、燕麦、金丝雀虉草	紫苜蓿 0.6kg/亩+鸭茅 0.8kg/亩
Ⅳ2	海拔 1500m 以上，土壤 pH 小于 6.5	高海拔酸性土壤区	白车轴草、红车轴草、多年生黑麦草、鸭茅、芜青甘蓝、燕麦、金丝雀虉草	白车轴草 0.4kg/亩+多年生黑麦草 1kg/亩+鸭茅 0.5kg/亩

资料来源：王元素等（2014）。

2）特色动物养殖。通过市场的"物以稀为贵"的调控机制，利用当地饲草资源，养殖具有地域特色且价值较高的家畜，如牛羊养殖、家兔养殖等。又如贵州关岭—花江示范区养殖的羊品种为贵州黑山羊，采用半放牧半舍饲的喂养方式，白天在人工种植草地上放牧，晚间在舍内补饲。

（10）其他技术

1）生态旅游。生态旅游开发是针对岩溶山区经济贫困而旅游资源丰富的一种农村发展模式。充分发挥岩溶地貌景观与生物景观资源优势，结合区域民俗文化与人文资源，重点发展以岩溶景观资源为基础的森林公园、自然保护区、湿地公园、生态旅游小区等为主体的生态旅游（王英，2009）。

2）生态移民。生态移民是站在国家社会经济可持续发展的高度，把保护生态脆弱区的生态环境看成是保护国家生态环境，维护国家的生态安全。生态移民不受"就近就便"约束，可以扩大到全国范围，使迁出地生态环境得到保护，迁入地的生态环境不受损害，保障迁入地原居民和移民能稳定得到温饱，并逐步走向富裕的生态治理措施（金莲等，2020）。

11.2.1.2　技术模式识别

单项石漠化治理技术在实践过程中取得了良好的收益，但同时也存在诸多问题。例如，在未能解决农民眼前利益及水土支撑条件的情况下，植树造林技术实施的效果较差。在坡地上种树也易加剧水土流失，且石漠化地块中种植的树木成活率很低。因此，在石漠化治理过程中，需要将单项治理技术有机组合起来，充分考虑治理区的自然、社会、经济情况，根据具体立地条件及石漠化类型，兼顾生态、社会、经济三方面效益，探索出适合当地的治理模式与方法。在前期进行的植被恢复工程、坡改梯工程、土地平整工程、发展立体生态农业等一系列工程措施和生物措施下，已探索出一些良好的石漠化治理模式。根据不同治理模式拟解决的问题侧重点和采取的技术措施，将石漠化治理模式分为林草植被恢复模式、生态农业模式、生态畜牧业模式、水土保持模式、生态旅游模式、生态移民模式和综合治理模式七类。

（1）林草植被恢复模式

在海拔高、地势陡峭或干热河谷地区，针对基岩裸露度高、土层瘠薄、自然条件极为恶劣的重度及以上石漠化土地，以及针对区域林草植被盖度较低，又不具备实施大面积的人工造林的地区，充分地利用岩溶环境中的石缝、石沟、洼地等小生境，采取合理措施发挥原生性自然植被的生长潜能，并在局部进行人工恢复，进一步丰富石漠化土地上的生物多样性，促进石漠化土地的自然修复。对于植被立地条件差的地区，遵循"生态优先、因地制宜"的原则，选用耐干旱瘠薄、喜钙、喜光、岩生、速生、适应范围广的乔木、灌木、藤本和草种先锋物种，构造林灌草的复层混交立体的林草植被结构，提高岩溶生态系统的生态功能，遏制石漠化土地的扩展（国家林业局防治荒漠化管理中心，2012）。我国西南岩溶山区八大省份石漠化问题极为突出，严重制约社会经济健康可持续发展。自"九五"以来已形成多种石漠化林草植被恢复模式，见表 11-5。

表 11-5　我国喀斯特地区石漠化林草植被恢复模式　　　　（单位：万 hm^2）

省份	石漠化面积	林草植被恢复模式
贵州	302	封山育林、封造结合、生态林治理、灌木护坡、草地改造、人工种草养畜、经果林治理等
云南	284	混交、人工促进、经果林治理等
广西	192.6	封造生态修复、经果林治理等
湖南	143.1	混交、防护林建设、生态林建设、经果林治理等
湖北	109.1	坡地林业生态治理、混交、经果林治理等
重庆	89.5	人工种草生态修复、乡村生态旅游、经果林治理等
四川	73.2	封山育林、森林生态旅游、经果林治理等
广东	6.4	封造生态修复、绿化、经果林治理等

资料来源：杨苏茂等（2017）。

1）自然封育。自然封育顺应了岩溶地区植被自然演替规律，通过采取封禁手段和人工促进更新措施，能有效恢复和重建岩溶山地森林生态系统，是遏制石漠化最有效的途径之一。确定自然封育对象为石山覆盖度<30%的灌木和郁闭度<0.2的乔木，有一定数量的幼树或幼苗，有珍稀的植物资源，通过封育可增加其植被盖度，预防石漠化形成（李凤武，2004）。

2）退耕还林还草。在25°以上的陡坡耕地，不易改成梯田的要退耕还林还草，根据降水、土壤、地形等因素安排造林种草，退耕还林时要坚持梯级化整地，沿等高线种植，切忌顺坡开挖种植。造林树种的选择要遵循生态与经济结合的原则，在水土流失最小的前提下尽量提高林地的经济产出，要以果、竹、药、茶为重点，大力发展新型的名、特、优、新品种。

3）封造结合。"封"就是封禁管育，根治毁林毁草现象。对现有有林地和疏幼林地，以保护自然生态为主，采取全封、轮封、半封的方式进行封山育林，大力推进水保生态自我修复。"造"就是采取鱼鳞坑或穴状整地方式营造水保林，栽植经济果木林。在立地条件好、土层较厚的地块营造用材林，在立地条件相对较差、土层薄的地块营造薪炭林。

4）经济林种植。依据当地自然、社会经济实际和市场需求状况，在土层较深厚、水资源稳定、坡度平缓（15°以下）、交通方便的宜林地、石旮旯地等轻度和中度石漠化土地，结合当地农村经济结构调整，选择优质、高产、高效的经济林树种，重点发展名、特、优、新品种，培育以桃、梨、李等为主的果树林，以板栗、花椒、核桃、乌桕等为主的木本粮油林，以杜仲、金银花、厚朴、黄檗等为主的药用林，以油桐、麻风树、黄连木等为主的速生林，以任豆、构树等为主的饲料林，促进群众脱贫致富。贵州现有经济林植被恢复模式见表 11-6。

表 11-6　贵州经济林植被恢复模式

序号	实施区域	配置物种	林产品	优点
1	贵州省播州区	杉木、马尾松、杜仲	木材、药材	兼具生态和经济功能
2	贵州省田冲小流域	经果林中套种药材等	经果、药材等	带来显著的经济效益
3	贵州省贞丰县	花椒	花椒籽	适应能力强、有经济效益
4	贵州省贞丰县	冰脆李、四月李	李子	经济效益高
5	贵州省贞丰县	香椿等生态型经济树种	用材	树木干形好，家具、建筑材料
6	贵州省关岭布依族苗族自治县	喜树	叶、果、喜树碱	各器官均带来较高的经济收益
7	贵州省安龙县	金银花	金银花	培肥、蓄水保土，经济效益较高
8	贵州省低山丘陵过渡地带	木豆与香椿、喜树混交	木豆籽、木豆叶	投资少、见效快，经济效益显著

资料来源：程雯（2019）。

5）生态林建设。对于生态区位重要、坡度较大（15°以上）、土层较瘠薄、适宜植树种草的宜林地及未利用地等中度、轻度石漠化土地，选择适应性强、适宜在中性偏碱性土壤、喜钙、生长旺盛、萌蘖性强、根系发达、固土力强、具有穿入深层土壤能力的乡土树种进行植树造林，主要树种有柏木类、云南松、华山松、香椿、桦木、栎类、喜树、桤木、桉类、银合欢、任豆、红椿、檫木、慈竹、吊丝竹、苦竹及紫穗槐、车桑子、盐肤木、马桑、铁仔、杜鹃等。对立地条件差的陡坡、侵蚀沟和干热河谷、水土流失严重、植被稀少的地段，可先植草本、灌木，待环境得到一定程度的改善后再种植乔木树种，培育乔灌草藤相结合的复层混交林（吴协保等，2009）。

6）薪炭林建设。为了缓解石漠化地区生活能源过度依赖天然林草植被（薪材）的局面，规划在人口密集、能源紧缺的村寨周围，选择平缓地带的轻度、中度石漠化土地，适度营造生长迅速、容易繁殖、萌蘖能力强、热量高的乔灌木树种，如栎类、桉类、相思类、车桑子、杂竹等薪炭林，减少对岩溶地区自然林草植被的破坏（吴协保等，2009）。

7）混交林建植。混交林由两个或两个以上树种组成的森林。例如，广南县混交林建植包括阔叶混交、针阔混交、乔灌混交、林竹混交，其中以阔叶混交、乔灌混交为主。阔叶混交有八角+尼泊尔桤木、楝+桤木、苦楝+红椿、尼泊尔桤木+喜树、西南桦+红椿、南酸枣+苦楝、椤木石楠+尼泊尔桤木7种；乔灌混交有金银花+苦楝、金银花+喜树、麻栎+扁核木、车桑子+喜树、车桑子+苦楝5种；针阔混交有桤木+柏木1种；林竹混交有麻竹+构树、吊丝竹+金银花2种。混交方式以块状混交为主。纯林有核桃、板栗、长冲梨、金银花、花椒、油桐、桃树7种（李凤武，2004）。

8）林灌草配置。林灌草配置是指根据生态适应性和植物地域分布规律，合理选择植物种类并以乔灌草的配置方式进行地表植被修复与重建，以期各物种协调生长、相互促进，达到更高效的土地资源利用效率和更优的生态经济功能，构建结构完整、系统稳定的林灌草植被生态系统。程雯（2019）结合树种的生长性状、适应策略、生态位及功能群类型，提出不同等级石漠化地区的林灌草群落优化调控策略。潜在-轻度石漠化治理中的林灌草配置模式有亮叶桦-川榛、亮叶桦-西南枸子、核桃-刺梨-白车轴草；轻度-中度石漠化治理中的林灌草配置模式有银白杨-杜鹃、银白杨-西南枸子、柚木-红背山麻杆；中度-强度石漠化治理中的林灌草配置模式有华山松-川榛、银白杨-川榛、银白杨-茅栗、枇杷-花椒-花生；强度-极强度石漠化治理中的林灌草配置模式有华山松-白栎、翅荚香槐-珍珠荚蒾、川钓樟-密蒙花、桉-白刺花。熊康宁等（2006）把不同石漠化区人工林的不同治理模式试验设计分为三种，强度和中度为同一种治理模式，即任豆、香椿+花椒、构树和其他野生种+金银花；轻度治理模式为任豆+花椒、石榴+砂仁+金银花；潜在石漠化治理模式为石榴、花椒+木豆+砂仁。

（2）生态农业模式

1）"花椒-养猪-沼气"模式。"花椒-养猪-沼气"模式是指以沼气建设利用为纽带，以稳定或完善"椒经果林-猪养殖-沼农村能源"模式为基础，以利用房前屋后及承包土地的生态资源为重点，以种植、养殖为主要内容，加强示范村组庭园生态经济系统中的种植结构、养殖结构、能源结构与技术结构的优化，逐步形成了以经果林草种植为基础，以养殖业为主干，以沼气为纽带，农林牧副协调发展的农村生态经济模式（王家录和李明军，2006）。

2）"砂仁-养猪-沼气"模式。砂仁是一种热带、亚热带多年生草本植物，食药两用，株高可达1.2~1.5m，根系发达，具有保水保土和美化环境的双重作用。砂仁育苗一般在当年10月进行，主要采用撒播种子育苗，育苗前进行整地和石灰消毒处理，苗长至30cm后进行移栽，移栽时砂仁苗根系应用原苗圃地土壤保护，移栽地应选在有较厚土层的半喀斯特地区，移栽时间宜在每年雨季5~7月，若冬春干旱季节进行移栽则应及时浇水，砂仁种植间距1m×1m左右，在砂仁地里还可套种适生经济林果，如石榴、桃、核桃等乔木果树，树间距4m×4m。该模式中养猪和发展沼气的作用同"花椒-养猪-沼气"模式一致（苏维词和杨华，2005）。

3）传统粮经作物-砂仁、花椒复合套种模式。该模式主要包括玉米+砂仁间种模式和花椒+花生或红薯或蔬菜套种模式。玉米+砂仁间种模式主要分布在海拔800m以上地区，如顶坛片区的戈背到纳堕一带，海拔低于800m地区仅局限在有较厚土层的地块里，砂仁种植密度<4500株/hm²。花椒+花生或红薯或蔬菜套种模式主要分布在石旮旯斜坡地块，花椒种植间距依石旮旯斜坡地块的具体情况而定，一般为3m×4m，种植密度<750棵/hm²（苏维词和杨华，2005）。

4）传统经粮作物-野生乔灌木粗放型混作模式。该模式大多分布在海拔较高或相对偏僻的村寨，如花江示范区岩上村等。此外还有以花椒种植为核心的经果林（如柚木、柿树、枇杷、桃等）-花椒-金银花套种型生态农业模式，以花椒种植为核心的防护林（如肥牛树等）-花椒-金银花-玉米混农林业模式，以皇竹草种植为核心的皇竹草-养殖（牛、羊、猪等）-沼气草食型养殖业循环经营模式，以特色养殖为核心的养殖（如火鸡、竹鼠等）-传统粮经作物农牧复合型生态农业模式等（苏维词和杨华，2005）。

5）庭院生态经济模式。农户充分利用住宅的房前屋后、田间地块周围的空闲用地和富余劳动力,将自己所经营的田、土、水面、林地、果园、院落等空闲资源,与其他生产要素组合,按生态农业原理,种、养业相结合,形成生态、生产、生活良性循环。庭院型生态农业具有投资省、见效快、经营灵活等特点,适合贵州喀斯特地区农村实际情况,容易被农民接受,发展快。

6)节水农业模式。水资源是制约贵州喀斯特地区生态农业发展的重要因素,发展节水型农业是推进生态农业的重要途径。近年来贵州大力推广节水农业,采用"小水窖工程"、管道灌溉等方法方式解决农业用水和人畜用水,并取得良好成效。例如,关岭大峡谷附近的板贵乡等在 20 世纪 80 年代就开始推广"小水窖工程",鼓励农民挖窖蓄水,将雨季的地表径流收集起来,以备旱季使用,一个水窖可供一户乃至一组村民灌溉耕地,较好地解决了干旱缺水季节时的用水问题,并以节水农业带动种植业、畜牧业、林果业(花椒、板栗、香椿等)等产业的发展(苏维词和朱文孝,2000)。

(3)生态畜牧业模式

喀斯特生态畜牧业是指针对喀斯特脆弱生态系统,利用生态位、食物链、物质循环再生等基本原理,采用系统工程方法,结合现有先进科技成果,以发展畜牧业为主,综合开发利用草、畜、林、农,发展喀斯特生态畜牧业的产业体系(池永宽,2019)。

1)种草促畜模式。依据喀斯特山区海拔与利用方式,选择人工草地复合配置模式(张英俊等,2014):①山顶放牧草地配置模式。低海拔(<800m)地区天然草丛改良以带状划破草地补播宽叶雀稗、柱花草等进行改良;中海拔(800~1200m)地区天然草丛改良以带状划破草地补播白车轴草、鸭茅等进行改良;高海拔(>1200m)地区草地改良以带状划破草地补播鸭茅、多年生黑麦草等进行改良。②生态林灌草地配置模式。低海拔(<800m)地区补播木豆、饲料桑、紫穗槐等;中海拔(800~1200m)地区建植白刺花、饲料桑等;高海拔(>1200m)地区补播白刺花、刺槐等。③高产饲草地配置模式。低海拔(<800m)地区常年单播草地以皇竹草单种为主,季节性草地以种植青贮玉米、甜高粱为主;中海拔(800~1200m)地区常年单播草地以皇竹草单种为主,季节性草地以种植青贮玉米、甜高粱为主;高海拔(>1200m)地区常年混播草地以鸭茅+多年生黑麦草(多花黑麦草)+白车轴草、鸭茅+多花黑麦草+红车轴草或鸭茅+多年生黑麦草+紫苜蓿为主,季节性草地以种植青贮玉米为主。喀斯特山区建立以山体为单位的农-林-草-畜生产系统耦合机制,山顶建植放牧草地,以暖季放牧繁殖母畜为主;坡面培育生态林灌草地,以冷季放牧补饲繁殖家畜;坡底建植集约化的饲草地及草田轮作,以舍饲育肥为主。

2)"畜-肥-草-畜"循环生态畜牧模式。利用陡坡耕地种草或玉米等低档饲料粮食为畜牧养殖提供饲料,畜牧养殖产生的粪便由有机肥厂进行无害化处理加工成有机肥料,再销售给蔬菜、饲草种植基地,最后将蔬菜和饲草等喂养牲畜,从而将草(粮)、畜、肥、菜四个环节的种植业、养殖业有机结合起来,形成种养结合的循环生态畜牧模式。

3)"畜-沼-电-肥-粮(菜、果、烟)"模式。①按照生态、循环原理,发展优质蛋白玉米、双高两低油菜种植,为无公害优质成品饲料加工提供原料。②采用干湿分离方式,猪粪堆沤发酵后用作有机无机复混肥加工原料,如瓮安利用当地丰富的磷矿资源,加工优质有机无机复混肥。③配套沼气工程,无害化处理生猪粪污,沼气用于圈舍取暖、照明和热水清洗圈舍等。④有机无机复混肥和无害化处理的猪粪、沼液等,用作饲料原料粮和特色蔬菜、果树生产的优质肥料。通过以上步骤形成"种植业→养猪业→沼气利用→沼液+无害化处理猪粪（含沼渣）+有机无机复混肥→种植业"的良性生态循环（李渝等，2011）。

4）林下合理放牧养殖模式。将林下草地围为一个小区，刺铁丝木桩围栏，周围用塑料网围实。人工除掉有害杂草（刺天茄、毛茛、紫茎泽兰等）后，播种草籽，当牧草长到25cm左右时，按分片轮牧的方式合理放牧鸡和鹅等家禽。林下种草养鹅示范，带动周边农户就业，帮助农民脱贫致富。为社会提供优质的鹅肉和蛋，促进农业产业结构调整，充分利用林下草地资源，实现经济增长，产生较好社会效益（李显鹏等，2012）。

5）山坡草地合理放牧养殖模式。草地畜牧业生产是以牧草植物为第一性生产，以家畜为第二性生产的能量和物质的转化过程。只有草、畜之间形成均衡协调的能量转化与物质循环，才能保证畜牧业生产的稳定与扩大再生产的顺利进行。在西南喀斯特地区山坡草地实现合理放牧应遵循以下四点：①以草定畜，合理调整载畜量；②建立合理的利用制度；③发展季节畜牧产业；④调整畜群结构，增加良种比例（赵钢等，2002）。

（4）水土保持模式

1）"三改一配套"模式。即坡改平、薄改厚、瘦改肥，配套拦水沟、排水沟、蓄水池相结合的排、蓄、灌功能齐全的坡面水系治理工程。

2）"地头水柜–砌墙保土–坡改梯"模式。在房屋旁、山坳下、山脚边雨水汇流处，用水泥、石块垒成牢固的水池，以存蓄雨水，用来供人畜饮用，同时供作物生长需水关键期对农田进行补充灌溉，通过砌石墙或植物篱土埂把25°~15°坡地改成水平梯田。在该模式的具体应用中要根据社会经济的实际需求、土地最佳利用方式和土源状况，选择坡改梯地点，按照地形变化，"大弯就势、小弯取直"，沿等高线造梯田。根据坡度大小、土层厚度和耕作要求来确定梯台级数、梯面宽度和位置（胡宝清等，2008）。

（5）生态旅游模式

1）生态农庄模式。这是一种以种养业为中心，兼有生态建筑物（农居）、休闲、娱乐、度假、生态、旅游观念为一体的生态旅游模式。

2）地质公园模式。以地质旅游资源为对象的生态旅游，大大地丰富和提高了生态旅游的内容与品位，是一种高品位、高层次的生态旅游。

3）峰丛洼地生态旅游模式。桂林喀斯特区主要由峰林平原和峰丛洼地组成。峰林平原的基本特征是：基本平坦的平原基岩地面，具有边坡陡峭、平地拔起的石峰，地表水和地下水融为一体，以及石峰山体的脚洞。峰丛洼地地貌形态以山峰洼地相间，峰峦层叠为特征，在洼地处可见有泉眼、落水洞或地下河，发育有各式各样的溶洞，并且峰丛洼地的石山森林覆盖率较高，树木类型丰富，色彩随季节变化。峰林平原和峰丛洼地两者共存于一域，在峰丛洼地地貌单元中出现小块的峰林平原，或在峰林平原中出现岛状或块状峰丛，是喀斯特峰林地貌发育的有序性和系统发展稳定性的标志。例如，广西桂林的喀斯特景观"山青、水秀、洞奇、石美"，素有"桂林山水甲天下"之美称，成为国内外最著名的旅游地（龚克，2012）。

4）自然生态保护区模式。自然保护区是以保护生物多样性为主要目的的地区，它具有一旦造成破坏就难以挽回损失的独特性质。当以它们为基础进行旅游开发活动时，客观上要求开发速度减缓，经济收益不能成为该类旅游资源开发的首要追求目标。因此，针对自然保护区的旅游开发应实施"保护优先，选择适合各自然保护区特色"的发展模式。自然保护区需要控制客流量，根据游客需求调整旅游经营方式，实施精品战略，保证自然保护区的旅游质量（何爱红等，2012）。

（6）生态移民模式

生态移民是指原生态环境脆弱、自然环境条件恶劣、生态环境已不足以支持人类生存及发展，原住民进行搬离，在生存条件较好、人口压力小的地区重建家园的主动或被动人口迁移。由于石漠化地区生态系统自然恢复能力有限，在石漠化地区建立生态无人区，实行完的生态移民的理想，现实困难很大。现阶段石漠化地区生态移民主要有以下几种模式。

1）开发性建设移民。在石漠化地区，就近利用自然资源建设劳动密集型加工产业，集中招工，使部分人口完全脱离石漠化地区而生存。

2）城镇服务性移民。开放石漠化地区附近城镇户口管制，制订优惠政策，鼓励农民进城定居，从事服务和商贸行业。

3）区域集中居住迁移。在石漠化地区以区域（或乡、村）为单位，通过兴建集镇、集约经营农业，提高非坡耕地农作物产量，普及推广非木质能源，从而减少人口和能源对石漠化土地的压力。

4）国家生态安置。对贵州、云南、广西局部极贫困石漠化山区，国家应通过兴办工厂、企业，安置移民，在长江中下游平原农作区，计划迁移生态难民，并将其列入国家财政预算，确保移民的生产生活。

（7）综合治理模式

综合治理以小流域为单元，以生态恢复与重建为核心，以经济发展和社会稳定为目标，从生态系统的恢复重建，石漠化综合防治技术，水资源合理利用及节水农业，退耕还林（草）及生态农业，特色生物资源开发及产业化，生态脆弱区综合治理模式及配套技术等方面，形成多种治理模式，从不同的角度采取不同的治理措施，集中配套形成治理的整体系统。

1）"六子登科"模式。"山顶戴帽子"，在山顶封山育林，植树造林，保护森林植被，利用生态环境的自然修复作用，提高植被覆盖率；"山腰系带子"，在山腰大力发展柑橘、猕猴桃等特色经果林，在保持水土的同时还能增加农户收入，提高农户生活水平；"山脚搭台子"，在山脚坡度小于25°的缓坡耕地上实施"坡改梯"工程，改善农业生产条件，提高土地生产力；"平地铺毯子"，在平耕地进行基本农田建设和中低产田改造，提高农业综合生产能力；"入户建池子"，大力实施小水窖、小水池、沼气池等工程，改善农户的生产生活条件；"村庄移位子"，对丧失生存条件的石漠化严重地区农户实施易地搬迁。此模式以生态经济可持续发展为目标，分带采取不同的生态工程治理，构造与自然带规律相适应的坡面生态经济系统。

2）"封、造、管、节、移"等综合治理。以"遏制石漠化，改善生态环境"为重点，主要采用"封、造、管、节、移"等综合治理措施，退耕还林选择任豆和吊丝竹混交造林+封山育林+建设沼气、集雨水柜+转移富余劳动力模式，以任豆、吊丝竹为石山造林先锋树种，实施退耕还林和封山育林的营林模式，配合沼气和集雨水柜建设，同时抓好农户技术培训，提高种养技能，推广应用名特优品种，鼓励剩余劳动力外出打工，通过劳务输出，不仅直接提高农民收入，还可减少石山区的生态压力（郭秀芬和潘懿，2016）。

3）小流域综合治理。小流域综合治理模式即以小流域为单元，以水为主线，山、水、天、林、路统一规划，通过合理配置植物、工程及农耕三个措施，使有限的水土资源得到合理、高效的开发与利用，不仅可以有效防治水土流失及土地石漠化，改善生态环境，同时也可以改善流域内群众的生产生活条件，促进当地群众脱贫致富。

11.2.2 生态技术评价指标筛选

11.2.2.1 一级指标筛选

（1）单项技术评价一级指标筛选

邀请专家对石漠化生态治理技术清单中的单项治理技术进行全评价指标打分，单项技术一级指标综合得分结果见表11-7。在46项参与评价的石漠化生态治理技术中，得分前10的石漠化单项生态治理技术依次为自然恢复式封育（5.00分）、人工辅助式封育（4.80分）、直播造林（4.67分）、人工种草（4.67分）、植物篱护坡技术（4.63分）、沼气池技术（4.60分）、飞播造林（4.52分）、飞播种草（4.52分）、坡改梯（4.52分）、截水沟（4.40分），而综合评价得分倒数的五项技术分别为食用菌糠改良技术（3.37分）、洞穴水开发技术（3.34分）、客土改良技术（3.28分）、地表河低坝蓄水工程（3.27分）、裂隙水开发技术（3.27分）。由得分结果来看，整体上生物技术得分最高，这主要是由于喀斯特地区土层浅薄、水土流失极为严重，生物技术能够快速实现保持水土、涵养水源、增加植被盖度等生态治理目标，相对于工程技术来说，生物技术成本低、应用难度小，且能够在短时间内获得较高的治理效益，因此技术相宜性也较高，尤以自然恢复式封育技术最为显著。

表 11-7 单项技术一级指标得分

序号	单项技术	技术成熟度	技术应用难度	技术相宜性	技术效益	技术推广潜力	综合得分
1	自然恢复式封育	5	5	5	5	5	5.00
2	人工辅助式封育	5	5	5	5	3	4.80
3	直播造林	5	5	5	4	4	4.67
4	人工种草	5	5	5	4	4	4.67
5	植物篱护坡技术	4	4	5	5	5	4.63
6	沼气池技术	5	3	5	5	4	4.60
7	飞播造林	5	4	5	4	4	4.52

续表

序号	单项技术	技术成熟度	技术应用难度	技术相宜性	技术效益	技术推广潜力	综合得分
8	飞播种草	5	4	5	4	4	4.52
9	坡改梯	5	4	5	4	4	4.52
10	截水沟	5	3	5	5	2	4.40
11	排水沟	5	3	5	5	2	4.40
12	水肥根灌	4	4	5	4	4	4.30
13	蓄水池/塘/凼	5	3	5	4	3	4.27
14	间套混种	5	4	4	4	4	4.22
15	少免休耕	5	5	4	4	2	4.18
16	等高垄作	5	4	4	4	3	4.13
17	喷灌	5	4	4	4	3	4.13
18	滴灌	5	4	4	4	3	4.13
19	管道输水技术	4	5	5	3	3	4.12
20	畦灌	5	5	3	4	3	3.98
21	沉沙池	5	4	3	5	2	3.96
22	复种轮作	5	5	4	3	2	3.95
23	集雨节灌技术	5	4	4	4	4	3.93
24	地头水柜技术	4	4	4	3	5	3.87
25	水资源联合开发技术	4	2	5	3	4	3.77
26	生态旅游	3	3	4	5	3	3.76
27	太阳能技术	4	3	4	4	3	3.75
28	厚层基质喷附技术	4	4	4	3	3	3.67
29	糖厂滤泥和酒精厂废弃物改良技术	5	5	3	3	2	3.65
30	洼地排水系统	4	3	4	3	4	3.62
31	种植绿肥改良技术	4	4	4	4	3	3.60
32	穴状整地	5	4	3	3	3	3.60
33	穴状种植	5	4	4	2	2	3.57
34	屋顶集水技术	5	3	3	3	4	3.55
35	渠道防渗技术	4	4	3	3	4	3.47
36	落水洞治理	4	2	4	3	4	3.47
37	石谷坊	5	3	3	3	3	3.45

序号	单项技术	技术成熟度	技术应用难度	技术相宜性	技术效益	技术推广潜力	综合得分
38	拦沙坝	5	3	3	3	3	3.45
39	防护堤	5	3	3	3	3	3.45
40	生态移民	4	4	4	2	3	3.44
41	植生袋护坡技术	4	3	4	3	2	3.42
42	食用菌糠改良技术	4	4	3	3	3	3.37
43	洞穴水开发技术	4	2	4	2	5	3.34
44	客土改良技术	4	4	3	3	2	3.28
45	地表河低坝蓄水工程	4	2	3	3	5	3.27
46	裂隙水开发技术	4	2	3	3	5	3.27

（2）技术模式评价一级指标筛选

喀斯特石漠化地区生态治理技术模式一级指标得分结果见表11-8，得分较高的前10项技术模式由高到低依次为退耕还林还草（4.85分）、封造结合（4.85分）、经济林种植（4.85分）、生态林建设（4.85分）、林灌草配置（4.85分）、种草促畜模式（4.85分）、自然封育（4.77分）、"花椒–养猪–沼气"模式（4.77分）、"砂仁–养猪–沼气"模式（4.77分）、"六子登科"模式（4.75分）。可以看出林草植被恢复模式、生态农业模式及综合治理模式有效解决了喀斯特石漠化地区缺水少土、植被生长立地困难及经济落后等关键性问题，对喀斯特地区石漠化生态治理具有重要意义，因此其得分较高。得分靠后的10项技术模式主要是生态旅游模式和生态移民模式，这可能是由于当前石漠化地区生态旅游模式和生态移民模式的技术体系还不成熟，理论知识还不够完善，生态旅游资源开发及旅游产业的发展还没有与石漠化治理工作深度契合起来，因此当前岩溶山区生态旅游产业的发展速度相对来说还比较滞后。但喀斯特地区拥有奇特的大自然景观，为该区发展生态旅游提供了丰富的资源和发展契机，在促进经济发展的同时也保护了当地的生态环境，可取得生态效益、经济效益和社会效益的三重优化，可作为未来石漠化治理工作的重要突破口。

表11-8 技术模式一级指标得分

序号	技术模式	技术成熟度	技术应用难度	技术相宜性	技术效益	技术推广潜力	一级指标得分
1	退耕还林还草	5	4	5	5	5	4.85
2	封造结合	5	4	5	5	5	4.85
3	经济林种植	5	4	5	5	5	4.85
4	生态林建设	5	4	5	5	5	4.85
5	林灌草配置	5	4	5	5	5	4.85

序号	技术模式	技术成熟度	技术应用难度	技术相宜性	技术效益	技术推广潜力	一级指标得分
6	种草促畜模式	5	4	5	5	5	4.85
7	自然封育	5	5	5	4	5	4.77
8	"花椒-养猪-沼气"模式	5	5	5	4	5	4.77
9	"砂仁-养猪-沼气"模式	5	5	5	4	5	4.77
10	"六子登科"模式	5	4	5	5	4	4.75
11	传统粮经作物-砂仁、花椒复合套种模式	4	4	5	5	5	4.63
12	庭院生态经济模式	4	4	5	5	5	4.63
13	混交林建植	4	4	5	5	4	4.53
14	"地头水柜-砌墙保土-坡改梯"模式	4	3	5	5	5	4.48
15	"三改一配套"模式	5	3	5	4	5	4.47
16	林下合理放牧养殖模式	5	5	5	3	3	4.34
17	"畜-肥-草-畜"循环生态畜牧模式	4	4	5	4	4	4.30
18	"封、造、管、节、移"等综合治理	4	4	5	4	3	4.20
19	小流域综合治理	4	4	5	4	3	4.20
20	山坡草地合理放牧养殖模式	5	5	4	3	3	4.05
21	"畜-沼-电-肥-粮（菜、果、烟）"模式	4	3	4	4	5	3.95
22	薪炭林建设	5	4	4	3	3	3.90
23	传统经粮作物-野生乔灌木粗放型混作模式	4	4	4	3	3	3.67
24	节水农业模式	4	3	4	3	4	3.62
25	峰丛洼地生态旅游模式	3	3	4	3	4	3.40
26	国家生态安置	4	3	3	3	4	3.32
27	生态农庄模式	4	3	3	3	3	3.22
28	开发性建设移民	4	3	3	3	3	3.22
29	城镇服务性移民	3	4	3	3	3	3.15
30	地质公园模式	3	2	4	3	3	3.15
31	区域集中居住迁移	4	3	3	2	3	2.99
32	自然生态保护区模式	3	2	3	3	4	2.95

表 11-9　单项技术二级指标得分

序号	单项技术	技术完整性	技术稳定性	技术先进性	技能水平需求层次	技术应用成本	目标适宜性	立地适宜性	经济发展适宜性	政策法律适宜性	生态效益	经济效益	社会效益	技术与未来发展关联度	技术可替代性	综合得分
1	坡改梯	5	4	3	5	4	5	5	5	4	4	5	4	5	4	4.50
2	直播造林	5	4	2	4	5	5	5	3	5	5	3	4	5	5	4.35
3	飞播造林	5	4	3	4	4	5	5	3	4	5	3	4	5	4	4.25
4	人工辅助式封育	5	4	3	4	3	5	5	3	4	5	3	4	5	4	4.17
5	自然恢复式封育	4	4	2	4	5	5	5	3	5	4	3	4	4	5	4.11
6	人工种草	5	4	2	4	5	4	5	3	5	4	3	4	4	5	4.11
7	植物篱护坡技术	5	4	3	3	4	5	4	4	4	4	4	3	5	4	4.06
8	集雨节灌技术	5	4	3	4	5	4	4	3	4	4	4	4	4	4	4.05
9	沼气池技术	5	4	2	3	5	5	4	4	5	3	4	4	4	4	4.02
10	穴状整地	4	4	2	5	4	4	5	4	4	4	4	3	4	3	3.99
11	水肥根灌	5	4	3	3	4	4	4	4	4	4	4	4	4	4	3.96
12	喷灌	5	4	3	3	4	4	4	4	4	4	4	4	4	4	3.96
13	蓄水池/塘/窖	4	4	2	4	4	4	4	5	4	5	3	4	4	3	3.93
14	种植绿肥技术	4	4	3	4	5	4	4	3	4	4	3	4	5	3	3.92
15	地头水柜技术	4	4	3	3	4	5	3	4	4	3	4	4	5	4	3.91
16	滴灌	5	3	3	4	4	4	4	4	4	4	4	4	4	3	3.91
17	食用菌糠技术	4	4	3	4	5	4	4	4	4	3	4	4	4	3	3.89
18	废弃物改良技术	4	4	3	4	5	4	4	4	3	3	4	4	4	3	3.89
19	落水洞治理	4	4	2	3	4	5	5	4	3	4	3	4	4	4	3.88
20	水资源开发技术	4	4	3	4	4	4	4	4	3	4	4	4	4	3	3.86
21	等高垄作	5	4	3	3	4	5	3	4	4	5	4	4	3	3	3.81
22	沉沙池	4	4	2	3	4	4	4	4	4	5	3	4	4	3	3.80
23	洼地排水系统	4	4	2	3	4	5	5	3	3	3	3	3	5	4	3.79

续表

序号	单项技术	技术完整性	技术稳定性	技术先进性	技能水平需求层次	技术应用成本	目标适宜性	立地适宜性	经济发展适宜性	政策法律适宜性	生态效益	经济效益	社会效益	技术与未来发展关联度	技术可替代性	综合得分
24	生态旅游	3	4	4	2	4	4	4	4	4	4	4	4	4	4	3.77
25	地表河低坝蓄水	4	4	3	4	4	4	3	4	3	4	4	4	4	3	3.75
26	裂隙水开发技术	4	4	3	4	4	4	3	4	3	4	4	4	4	3	3.75
27	洞穴水开发技术	4	4	3	4	4	4	3	4	3	4	4	4	4	3	3.75
28	客土改良技术	4	4	3	4	5	4	3	3	4	4	3	4	4	3	3.74
29	飞播种草	5	4	3	4	4	3	4	3	4	4	3	4	3	4	3.74
30	屋顶集水技术	4	4	1	4	4	4	3	4	4	3	4	5	4	3	3.73
31	畦灌	5	3	3	4	5	4	3	3	4	3	4	3	4	4	3.71
32	管道输水技术	4	4	2	3	4	4	5	3	4	3	3	4	4	4	3.70
33	渠道防渗技术	4	4	2	3	4	4	5	3	4	3	3	4	4	4	3.70
34	间套混种	4	4	3	3	5	4	3	4	4	3	4	4	3	4	3.68
35	排水沟	4	4	2	3	4	4	4	4	4	3	4	4	4	3	3.68
36	太阳能技术	5	4	3	3	4	4	4	3	4	4	3	3	4	3	3.64
37	复种轮作	4	4	3	3	5	3	4	3	4	4	3	4	3	3	3.64
38	截水沟	4	4	3	3	4	4	3	4	4	4	4	3	4	3	3.60
39	少免休排	4	4	3	4	5	4	3	4	4	3	4	3	3	3	3.59
40	防护堤	4	4	2	3	4	4	4	3	3	4	3	3	4	3	3.55
41	穴状种植	4	4	3	3	5	4	3	4	3	4	3	4	3	4	3.54
42	石谷坊	4	4	2	3	4	4	4	3	3	4	3	3	3	3	3.48
43	拦沙坝	4	4	2	3	4	4	4	3	3	4	3	3	3	3	3.48
44	生态移民	3	3	3	2	3	3	5	4	5	3	3	4	4	4	3.45
45	植生袋护坡技术	4	4	2	2	4	4	3	4	4	4	2	4	4	3	3.44
46	厚基质喷附技术	4	3	2	3	4	3	4	3	3	3	2	4	4	3	3.25

11.2.2.2 二级指标评价

（1）单项技术评价二级指标筛选

单项治理技术二级指标得分结果见表 11-9，得分前 10 的单项治理技术依次为坡改梯（4.50 分）、直播造林（4.35 分）、飞播造林（4.25 分）、人工辅助式封育（4.17 分）、自然恢复式封育（4.11 分）、人工种草（4.11 分）、植物篱护坡技术（4.06 分）、集雨节灌技术（4.05 分）、沼气池技术（4.02 分）、穴状整地（3.99 分），将单项技术二级指标得分加权汇总，计算五个一级评价指标得分结果见表 11-10。可以看出生物技术得分靠前，与一级指标评价得分结果一致，植被恢复是喀斯特石漠化治理的关键技术。

表 11-10　基于单项技术二级指标得分计算的一级指标得分

序号	单项技术	技术成熟度	技术应用难度	技术适宜性	技术效益	技术推广潜力	综合得分
1	坡改梯	4.13	4.48	4.83	4.36	4.66	4.50
2	直播造林	3.89	4.52	4.63	4.06	5.00	4.35
3	飞播造林	4.13	4.00	4.46	4.06	4.66	4.25
4	人工辅助式封育	4.13	3.48	4.46	4.06	4.66	4.17
5	自然恢复式封育	3.52	4.52	4.63	3.64	4.34	4.11
6	人工种草	3.89	4.52	4.35	3.64	4.34	4.11
7	植物篱护坡技术	4.13	3.52	4.28	3.78	4.66	4.06
8	集雨节灌技术	4.13	4.52	3.82	4.00	4.00	4.05
9	沼气池技术	3.89	4.04	4.45	3.58	4.00	4.02
10	穴状整地	3.52	4.48	4.36	3.78	3.66	3.99
11	滴灌	4.13	3.52	4.00	4.00	4.00	3.96
12	喷灌	4.13	3.52	4.00	4.00	4.00	3.96
13	蓄水池/塘/凼	3.52	4.00	4.18	4.06	3.66	3.93
14	种植绿肥改良技术	3.76	4.52	3.82	3.64	4.32	3.92
15	地头水柜技术	3.76	4.52	3.92	4.00	4.66	3.91
16	水肥根灌	3.73	4.00	4.00	4.00	3.66	3.91
17	食用菌糠改良技术	3.76	4.52	4.00	3.58	3.66	3.89
18	糖厂滤泥和酒精厂废弃物改良技术	3.76	4.52	4.00	3.58	3.66	3.89
19	落水洞治理	3.52	3.52	4.48	3.64	4.00	3.88
20	水资源联合开发技术	3.76	4.00	3.83	4.00	3.66	3.86
21	等高垄作	4.13	4.00	3.92	3.58	3.00	3.81
22	沉沙池	3.52	3.52	4.00	4.06	3.66	3.80
23	洼地排水系统	3.52	3.52	4.29	3.22	4.66	3.79
24	生态旅游	3.63	3.04	4.00	4.00	4.00	3.77

续表

序号	单项技术	技术成熟度	技术应用难度	技术适宜性	技术效益	技术推广潜力	综合得分
25	地表河低坝蓄水工程	3.76	4.00	3.47	4.00	3.66	3.75
26	裂隙水开发技术	3.76	4.00	3.47	4.00	3.66	3.75
27	洞穴水开发技术	3.76	4.00	3.47	4.00	3.66	3.75
28	客土改良技术	3.76	4.52	3.45	3.64	3.66	3.74
29	飞播种草	4.13	4.00	3.53	3.64	3.34	3.74
30	屋顶集水技术	3.28	4.52	3.64	3.79	3.66	3.73
31	畦灌	3.73	4.52	3.45	3.36	4.00	3.71
32	管道输水技术	3.52	3.52	4.18	3.22	4.00	3.70
33	渠道防渗技术	3.52	3.52	4.18	3.22	4.00	3.70
34	间套混种	3.76	4.04	3.64	3.58	3.34	3.68
35	排水沟	3.52	3.52	3.64	4.00	3.66	3.68
36	太阳能技术	4.13	3.52	3.82	3.00	3.66	3.64
37	复种轮作	3.76	4.52	3.35	3.58	3.00	3.64
38	截水沟	3.52	3.52	3.64	3.64	3.66	3.60
39	少免休耕	3.76	4.52	3.64	3.00	3.00	3.59
40	防护堤	3.52	3.52	3.65	3.42	3.66	3.55
41	穴状种植	3.76	4.04	3.45	3.22	3.34	3.54
42	石谷坊	3.52	3.52	3.65	3.42	3.00	3.48
43	拦沙坝	3.52	3.52	3.65	3.42	3.00	3.48
44	生态移民	3.00	2.52	4.25	3.22	4.00	3.45
45	植生袋护坡技术	3.52	3.04	3.64	3.28	3.66	3.44
46	厚层基质喷附技术	3.13	3.52	3.36	2.86	3.66	3.25

（2）技术模式评价二级指标筛选

石漠化治理技术模式二级指标得分结果见表11-11，得分前10的技术模式依次为退耕还林（4.80分）、封造结合（4.74分）、经济林种植（4.72分）、生态林建设（4.68分）、林灌草配置（4.66分）、种草促畜模式（4.65分）、自然封育（4.63分）、"花椒–养猪–沼气"模式（4.60分）、"砂仁–养猪–沼气"模式（4.60分）、"六子登科"模式（4.59分），可以看出喀斯特地区石漠化治理始终围绕着"保土、蓄水、造林"为核心的治理模式，同时在石漠化治理进程中，充分挖掘岩溶山区旅游资源，不断探索新的治理模式，辅以生态移民工程，推进中国美丽乡村建设。将技术模式二级指标得分加权汇总，计算五个一级评价指标得分结果见表11-12。

表 11-11　技术模式二级指标得分

序号	单项技术	技术完整性	技术稳定性	技术先进性	技能水平需求层次	技术应用成本	目标适宜性	立地适宜性	经济发展适宜性	政策法律适宜性	生态效益	经济效益	社会效益	技术与未来发展关联度	技术可替代性	综合得分
1	退耕还林	5	5	4	3	5	5	5	5	5	5	5	5	5	5	4.80
2	封造结合	5	5	5	3	4	5	5	5	5	5	5	5	5	4	4.74
3	经济林种植	5	5	4	3	5	5	5	5	5	5	4	5	5	5	4.72
4	生态林建设	5	5	5	3	4	5	5	5	5	5	5	5	4	4	4.68
5	林灌草配置	5	5	3	3	5	4	5	5	5	5	5	5	5	5	4.66
6	种草促蓄模式	5	5	3	5	5	5	5	5	4	4	5	5	4	4	4.65
7	自然封育	5	5	3	4	5	5	5	4	5	5	4	4	5	5	4.63
8	"花椒-养猪-沼气"模式	5	5	3	4	5	5	5	4	5	5	3	5	5	5	4.60
9	"砂仁-养猪-沼气"模式	5	5	3	4	5	5	5	4	5	5	3	5	5	5	4.60
10	"六子登科"模式	5	5	3	3	4	5	5	5	5	5	4	5	5	5	4.59
11	传统粮经作物-砂仁、花椒复合套种模式	5	5	3	3	4	5	5	5	5	4	5	5	5	4	4.54
12	庭院生态经济模式	5	4	3	3	4	5	5	5	5	5	4	5	5	5	4.50
13	混交林建植	5	4	3	3	4	5	5	5	4	5	5	5	5	4	4.50
14	"地头水柜-砌墙保土-坡改梯"模式	5	5	3	3	4	5	5	5	5	4	5	4	5	4	4.49
15	"三改一配套"模式	4	4	3	5	5	5	5	5	4	4	5	5	4	4	4.48
16	林下合理放牧养殖模式	5	4	3	3	4	5	5	5	5	4	5	5	5	4	4.45
17	"畜-肥-草-畜"循环生态畜牧模式	5	5	3	3	5	4	5	4	5	5	3	5	5	5	4.44
18	"封、造、管、节、移"等综合治理	5	5	3	3	4	4	5	5	4	5	5	5	5	5	4.43
19	小流域综合治理	5	5	4	3	3	4	4	5	5	5	4	5	5	5	4.37

续表

序号	单项技术	技术完整性	技术稳定性	技术先进性	技能水平需求层次	技术应用成本	目标适宜性	立地适宜性	经济发展适宜性	政策法律适宜性	生态效益	经济效益	社会效益	技术与未来发展关联度	技术可替代性	综合得分
20	山坡草地合理放牧养殖模式	5	4	3	3	5	4	5	5	5	4	4	4	5	5	4.35
21	"畜-沼-电-肥-粮（菜、果、烟)"模式	5	5	4	3	4	4	4	4	4	4	4	5	5	5	4.25
22	薪炭林建设	4	4	4	4	4	5	4	4	5	4	3	5	5	5	4.20
23	传统经粮作物-野生乔灌木粗放型混作模式	4	4	4	3	4	4	5	4	4	5	4	4	5	4	4.20
24	节水农业模式	4	4	4	3	4	4	5	4	4	5	4	4	4	4	4.13
25	峰丛洼地生态旅游模式	4	5	2	3	4	4	4	3	3	3	3	4	5	3	3.66
26	国家生态安置	4	4	5	2	2	3	4	3	3	3	3	4	5	4	3.45
27	生态农庄模式	4	4	5	2	2	3	4	3	3	3	3	4	5	4	3.45
28	开发性建设移民	4	4	3	3	2	3	4	3	4	3	2	4	4	4	3.32
29	城镇服务性移民	4	3	5	2	2	3	4	3	3	3	2	4	5	4	3.28
30	地质公园模式	4	4	3	3	2	3	4	3	4	3	2	4	3	4	3.25
31	区域集中居住迁移	3	4	3	3	2	3	4	3	4	3	2	4	3	4	3.17
32	自然生态保护区模式	3	4	3	3	2	3	4	3	4	2	2	4	3	4	3.07

表 11-12　基于技术模式二级指标得分计算的一级指标得分

序号	技术模式	技术成熟度	技术应用难度	技术适宜性	技术效益	技术推广潜力	综合得分
1	退耕还林	4.76	4.04	5.00	5.00	5.00	4.80
2	封造结合	5.00	3.52	5.00	5.00	4.66	4.74
3	经济林种植	4.76	4.04	5.00	4.64	5.00	4.72
4	生态林建设	5.00	3.52	5.00	5.00	4.00	4.68
5	林灌草配置	4.52	4.04	4.72	5.00	5.00	4.66
6	种草促畜模式	4.52	5.00	4.83	4.58	4.00	4.65
7	自然封育	4.52	4.52	4.82	4.42	5.00	4.63
8	"花椒–养猪–沼气"模式	4.52	4.52	4.82	4.28	5.00	4.60
9	"砂仁–养猪–沼气"模式	4.52	4.52	4.82	4.28	5.00	4.60
10	"六子登科"模式	4.52	3.52	5.00	4.64	5.00	4.59
11	传统粮经作物–砂仁、花椒套种复合模式	4.52	3.52	5.00	4.58	4.66	4.54
12	庭院生态经济模式	4.13	3.52	5.00	4.64	5.00	4.50
13	混交林建植	4.13	3.52	4.83	5.00	4.66	4.50
14	"地头水柜–砌墙保土–坡改梯"模式	4.52	3.52	5.00	4.36	4.66	4.49
15	"三改一配套"模式	3.76	5.00	4.83	4.58	4.00	4.48
16	林下合理放牧养殖模式	4.13	3.52	5.00	4.58	4.66	4.45
17	"畜–肥–草–畜"循环生态畜牧模式	4.52	4.04	4.53	4.28	5.00	4.44
18	"封、造、管、节、移"等综合治理	4.52	3.52	4.18	5.00	5.00	4.43
19	小流域综合治理	4.76	3.00	4.35	4.64	5.00	4.37
20	山坡草地合理放牧养殖模式	4.13	4.04	4.72	4.00	5.00	4.35
21	"畜–沼–电–肥–粮（菜、果、烟)"模式	4.76	3.52	4.00	4.22	5.00	4.25
22	薪炭林建设	4.00	4.00	4.45	3.86	5.00	4.20
23	传统经粮作物–野生乔灌木粗放型混作模式	4.00	3.52	4.36	4.42	4.66	4.20
24	节水农业模式	4.00	3.52	4.36	4.42	4.00	4.13
25	峰丛洼地生态旅游模式	3.92	3.52	3.65	3.22	4.32	3.66
26	国家生态安置	4.24	2.00	3.36	3.22	4.66	3.45
27	生态农庄模式	4.24	2.00	3.36	3.22	4.66	3.45
28	开发性建设移民	3.76	2.48	3.53	2.86	4.00	3.32
29	城镇服务性移民	3.84	2.00	3.36	2.86	4.66	3.28

续表

序号	技术模式	技术成熟度	技术应用难度	技术适宜性	技术效益	技术推广潜力	综合得分
30	地质公园模式	3.76	2.48	3.53	2.86	3.34	3.25
31	区域集中居住迁移	3.39	2.48	3.53	2.86	3.34	3.17
32	自然生态保护区模式	3.39	2.48	3.53	2.44	3.34	3.07

通过专家权重打分法，对单项技术和技术模式进行一级、二级指标定性评价，单项技术一级、二级指标评价结果都表明植被修复技术得分最高，表明石漠化治理过程中植被恢复具有重要意义。技术模式的一级、二级指标评价结果排序有所差异，但整体排名靠前的技术模式主要为植被恢复模式、水土保持模式及生态修复模式等，在一级指标综合得分中，得分较高的前 10 项技术模式综合得分排序由大到小依次为退耕还林（4.85 分）、封造结合（4.85 分）、经济林种植（4.85 分）、生态林建设（4.85 分）、林灌草配置（4.85 分）、种草促畜模式（4.85 分）、自然封育（4.77 分）、"花椒–养猪–沼气"模式（4.77 分）、"砂仁–养猪–沼气"模式（4.77 分）、"六子登科"模式（4.75 分）。在二级指标综合得分中，得分前 10 的技术模式依次为退耕还林（4.80 分）、封造结合（4.74 分）、经济林种植（4.72 分）、生态林建设（4.68 分）、林灌草配置（4.66 分）、种草促畜模式（4.65 分）、自然封育（4.63 分）、"花椒–养猪–沼气"模式（4.60 分）、"砂仁–养猪–沼气"模式（4.60 分）、"六子登科"模式（4.59 分）。

11.2.3　生态技术评价

11.2.3.1　单项技术评价

根据评价指标的可获得情况，经专家组讨论，对原评价指标体系进行了优化，三级指标定量评价指标及其权重见表 11-13。技术规程和研究文献数量在中国知网进行查询，专利数在专利数据库 INNOGRAPHY 中查询，为了保证研发的专利适用于石漠化治理工程，因此在查询过程中进行了限定，效益数据根据文献分析和实地调研获取。

表 11-13　单项技术定量评价指标及其权重

一级指标	权重	二级指标	权重	三级指标
技术成熟度	0.2241	技术完整性	0.4817	技术规程
		技术稳定性	0.5183	专利数
				设计年限
技术应用难度	0.1499	技能水平需求层次	0.4818	劳动力文化程度和技能要求
		技术应用成本	0.5182	技术应用成本
技术相宜性	0.2983	自然相宜性	1	石漠化程度

一级指标	权重	二级指标	权重	三级指标
技术效益	0.2292	生态效益	1	增产率
				减沙率
				植被盖度
				每公顷土地用水量
技术推广潜力	0.0985	技术与未来发展关联度	1	研究文献数量

在开展单项技术评价过程中，为了保证参与评价的单项或技术模式间具有可比性，根据一级、二级定性指标的粗评价结果，将二级指标定性评价结果中综合得分前 15 的技术作为筛选出石漠化生态治理关键技术或技术模式，并以问题为导向，针对石漠化治理技术拟解决的问题，将筛选出的关键技术归类到植被恢复、节水蓄水、保土治土三个技术模块。在每个技术模块内针对同一问题属性的技术开展评价，使得治理技术间具有可比性，进而保证评价结果的科学性，为后续石漠化生态治理工作提供理论基础。三级指标得分量化标准见表 11-14。

表 11-14　单项技术定量评价指标得分量化标准

一级指标	三级指标	量化标准
技术成熟度	技术规程	无规范为 3 分，有约定俗成的规程为 4 分，有行业专业技术规程为 5 分
	专利数	没有为 0，<10 个为 1 分，10 ~ 18 个为 2 分，19 ~ 27 个为 3 分，28 ~ 36 个为 4 分，≥37 个为 5 分
	设计年限	10 年为 5 分，按照百分比计算
技术应用难度	劳动力文化程度和技能要求	技术实施需要的劳动力的文化程度。大学及以上的为 1 分，高中为 2 分，初中为 3 分，小学为 4 分，文盲为 5 分
	技术应用成本	单位投入成本，小于 500 元/hm² 为 5 分，500 ~ 5000 元/hm² 为 4 分，5000 ~ 12 000 元/hm² 为 3 分，12 000 ~ 20 000 元/hm² 为 2 分，大于 20 000 元/hm² 为 1 分
技术相宜性	石漠化程度	按实施区域石漠化等级分级赋分：强度石漠化为 5 分，中度石漠化为 4 分，轻度石漠化为 3 分，潜在石漠化为 2 分，无石漠化为 1 分
技术效益	植被盖度	参考水利部颁布的《土壤侵蚀分类分级标准》（SL 190—2007）中的植被盖度分级标准。<30% 为 1 分，30%~45% 为 2 分，45%~60% 为 3 分，60%~75% 为 4 分，>75% 为 5 分
	增产率	技术实施后土地产量较未实施前增加的比率。<20% 为 1 分，20%~40% 为 2 分，40%~60% 为 3 分，60%~80% 为 4 分，≥80% 为 5 分
	减沙率	技术实施后较未治理前能够减少的泥沙的比率。<20% 为 1 分，20%~40% 为 2 分，40%~60% 为 3 分，60%~80% 为 4 分，≥80% 为 5 分
	每公顷土地用水量	技术实施后每公顷土地灌溉的用水量。≤50m³ 为 5 分，50 ~ 100m³ 为 4 分，100 ~ 150m³ 为 3 分，150 ~ 200m³ 为 2 分，200 ~ 250m³ 为 1 分

一级指标	三级指标	量化标准
技术推广潜力	研究文献数量	不限制搜索年限，按主题搜索技术名称。<15 篇为 1 分，15~80 篇为 2 分，80~161 篇为 3 分，161~234 篇为 4 分，>234 篇为 5 分

（1）植被恢复模块技术评价

在植被恢复模块对人工造林、封山育林、人工种草三项治理技术进行定量综合评价，评价指标原始数据获取结果及标准化结果分别见表 11-15 和表 11-16。将评价指标得分与指标权重进行加权求和得到各单项治理技术的综合得分。综合得分结果显示，封山育林得分最高（4.28 分），人工造林次之（4.20 分），人工种草得分最低（3.20 分）。可能是由于封山育林技术应用成本低，技术应用难度小，仅需少量投入就可获得相对高的收益，在石漠化治理工程中具有重要作用。相比人工种草技术来说，人工造林技术实施的生态效益和经济效益高，因此得分较高。总体上来说，植被恢复是石漠化生态治理工程中非常重要的一项工作，在今后的治理工作中仍需要将植被恢复工作作为石漠化治理工作的重要工作内容。

表 11-15　植被恢复模块单项治理技术评价指标原始数据获取结果

单项技术	技术规程	专利数/条	设计年限	劳动力文化程度和技能要求	技术应用成本/（元/hm²）	石漠化程度	植被盖度/%	研究文献数量/篇
人工造林	行业标准	44	10	大学	3402	中度	65	112
封山育林	地方标准	72	10	小学	213	强度	85	147
人工种草	地方标准	24	6	初中	4311	轻度	50	64

表 11-16　植被恢复模块单项治理技术评价指标原始数据标准化

单项技术	技术规程	专利数	设计年限	劳动力文化技能要求	技术应用成本	石漠化程度	植被盖度	研究文献数量	综合得分
权重	0.1079	0.0581	0.0581	0.0722	0.0777	0.2983	0.2292	0.0985	
人工造林	5	5	5	5	4	4	4	3	4.20
封山育林	5	5	5	2	5	5	5	3	4.28
人工种草	5	3	3	3	4	3	3	2	3.20

（2）节水蓄水模块技术评价

在节水蓄水模块对水肥根灌、喷灌和集雨节灌技术三项治理技术进行定量综合评价，评价指标原始数据获取结果及标准化结果分别见表 11-17 和表 11-18。综合得分结果显示，水肥根灌得分最高（3.84 分），喷灌得分次之（3.50 分），集雨节灌技术得分最低（3.33 分）。在这三项技术中，水肥根灌是一种新型的节水农业灌溉技术，可以局部灌溉到作物根系内，也可以将化肥和农药等随水滴入作物根系，还能减少病虫危害和产量损失，最大限度地利用水资源，即使在陡坡上仍能使用水肥根灌，与地表灌溉、喷灌等技术相比，有着无可比拟的优点，因此其综合得分最高。喷灌虽然没有达到水肥根灌的精细化程度，但在农业灌溉措施中仍能最大限度地节约水资源量，是一项易于推广的灌溉技术。集雨节灌技术充分利用雨洪资源进行农业灌溉，但其配套的灌溉设施仍需进一步完善细化，以达到真正实现蓄水与节水的双重优化。

表 11-17　节水蓄水模块单项治理技术评价指标原始数据获取结果

单项技术	技术规程	专利数/条	设计年限	劳动力文化程度和技能要求	技术应用成本/(元/hm²)	石漠化程度	植被盖度/%	研究文献数量/篇
水肥根灌	国家标准	25	6	大学	117	中度	20	6
喷灌	国家标准	50	6	大学	150	中度	100	3
集雨节灌技术	国际标准	16	10	高中	260	强度	225	16

表 11-18　节水蓄水模块单项治理技术评价指标原始数据标准化

单项技术	技术规程	专利数	设计年限	劳动力文化技能要求	技术应用成本	石漠化程度	植被盖度	研究文献数量	综合得分
权重	0.1079	0.0581	0.0581	0.0722	0.0777	0.2983	0.2292	0.0985	
水肥根灌	5	3	3	5	2	4	5	1	3.84
喷灌	5	5	3	5	2	4	3	1	3.50
集雨节灌技术	5	2	4	4	3	5	1	2	3.33

（3）保土治土模块技术评价

在保土治土模块对坡改梯、植物篱护坡技术以及土壤改良技术三项治理技术进行定量综合评价，评价指标原始数据获取结果及标准化结果分别见表 11-19 和表 11-20。综合得分结果显示，坡改梯得分最高（4.18 分），植物篱护坡技术得分次之（3.87 分），土壤改良技术得分较低（3.39 分）。主要原因是坡改梯工程实施后，不仅保土蓄水能力显著提高，而且作物产量大幅提升，生态经济效益显著，当地群众接受度高。目前岩溶山区广泛推行经济植物篱、牧草植物篱、水土保持植物篱、固氮植物篱等技术，也能够在保持水土的同时实现经济增收，且技术实施成本低、收益高，应在岩溶山区石漠化治理工作中进行广泛推广。相对来说，土壤改良技术仍需在治理过程中不断进行研发、配套和完善，以实现真正的改土培肥，提高山区石漠化治理的生态效益、经济效益和社会效益。

表 11-19　保土治土模块单项治理技术评价指标原始数据获取结果

单项技术	技术规程	专利数/条	设计年限	劳动力文化程度和技能要求	技术应用成本/(元/hm²)	石漠化程度	增产率/%	减沙率/%	研究文献数量/篇
坡改梯	国家标准	234	10	高中	11 309	中度		82	27
植物篱护坡技术	行业标准	28	6	高中	5000	中度		85.91	15
土壤改良技术	国际标准	218	6	初中	14 450	轻度	66.54		21

表 11-20　保土治土模块单项治理技术评价指标原始数据标准化

单项技术	技术规程	专利数	设计年限	劳动力文化程度和技能要求	技术应用成本	石漠化程度	增产率	减沙率	研究文献数量	综合得分
权重	0.1079	0.0581	0.0581	0.0722	0.0777	0.2983	0.2292		0.0985	
坡改梯	5	5	5	4	3	4		5	2	4.18
植物篱护坡技术	4	4	3	4	4	4		5	1	3.87
土壤改良技术	5	5	3	3	2	3		4	2	3.39

11.2.3.2　技术模式评价

根据研究区域的特点，在二级指标权重的基础上，明确了技术模式三级评价指标的指标体系及其权重（表 11-21），评价指标赋分标准见表 11-22。

表 11-21　技术模式定量评价指标及其权重

一级指标	权重	二级指标	权重	三级指标	权重
技术成熟度	0.2241	技术完整性	0.4817	技术规程	1
		技术稳定性	0.5183	专利数	0.5
				设计年限	0.5
技术应用难度	0.1499	技能水平需求层次	1	劳动力文化程度和技能要求	1
技术相宜性	0.2983	自然相宜性	1	石漠化程度	1
技术效益	0.2292	生态效益	1	石漠化面积降低比例	0.4
				土壤侵蚀模数降低比例	0.3
				植被盖度增加比例	0.3
技术推广潜力	0.0985	技术与未来发展关联度	1	研究文献数量	1

表 11-22　技术模式定量评价指标得分量化标准

一级指标	三级指标	量化标准
技术成熟度	技术规程	无规范为 3 分，有约定俗成的规程为 4 分，有行业专业技术规程为 5 分
	专利数	没有为 0 分，<10 个为 1 分，10～18 个为 2 分，19～27 个为 3 分，28～36 个为 4 分，≥37 个为 5 分
	设计年限	10 年为 5 分，按照百分比计算
技术应用难度	劳动力文化程度和技能要求	技术实施需要的劳动力的文化程度。大学及以上的为 1 分，高中为 2 分，初中为 3 分，小学为 4 分，文盲为 5 分
技术相宜性	石漠化程度	按实施区域石漠化等级分级赋分：强度石漠化为 5 分，轻度石漠化为 4 分，中度石漠化为 3 分，潜在石漠化为 2 分，无石漠化为 1 分

一级指标	三级指标	量化标准
技术效益	植被盖度增加比例	植被盖度较治理前增加的幅度。<5%为1分，5%~10%为2分，10%~20%为3分，20%~40%为4分，≥40%为5分
	石漠化面积降低比例	发生石漠化的面积占土地总面积的比例较治理前减小的幅度。<5%为1分，5%~10%为2分，10%~20%为3分，20%~40%为4分，≥40%为5分
	土壤侵蚀模数降低比例	发生土壤侵蚀的面积占土地总面积的比例较治理前减小的幅度。<5%为1分，5%~10%为2分，10%~20%为3分，20%~40%为4分，≥40%为5分
技术推广潜力	研究文献数量	不限制搜索年限，按主题搜索技术名称。<15篇为1分，15~88篇为2分，88~161篇为3分，161~234篇为4分，>234篇为5分

技术模式评价指标原始数据获取结果及标准化结果见表11-23和表11-24。根据综合得分结果可知，水土保持与农林复合经营技术模式得分最高（4.38分），"花椒-养猪-沼气"模式得分次之（3.92分），生态畜牧业治理模式得分最低（3.52分）。结合喀斯特地区石漠化综合治理工作的目标来看，石漠化治理应以"保水、蓄土、造林"为工作重心，因此首先要实施水土保持工程措施，并将水土保持生物措施、水土保持农耕措施等综合配置起来，在三种治理模式中，水土保持与农林复合经营技术模式可实现保水固土的首要治理目标，同时混农林业的发展也可实现经济增长，与石漠化治理工作步调高度契合，因此得分最高。花江示范区实施的"花椒-养猪-沼气"模式综合考虑区域概况，因地制宜，发展生态农业综合治理模式，取得了较高的生态效益、经济效益、社会效益。岩溶山区丰富的水热条件有利于生产牧草，通过种草养畜，发展特色动物养殖、林下养殖、山坡放牧等生态畜牧业可极大促进当地经济发展。

表 11-23　技术模式评价指标原始数据获取结果

技术模式	技术规程	专利数/条	设计年限	劳动力文化程度和技能要求	石漠化程度	石漠化面积降低比例/%	土壤侵蚀模数降低比例/%	植被盖度增加比例/%	研究文献数量/篇
生态畜牧业治理模式	地方标准	20	6	高中	中度	17.52	31.68	12.50	41
"花椒-养猪-沼气"模式	地方标准	28	8~10	高中	强度	3.26	28.46	21.20	157
水土保持与农林复合经营技术模式	中国标准	40	>10	大学	强度	10.30	42.54	13.20	67

表 11-24　技术模式评价指标标准化结果

技术模式	技术规程	专利数	设计年限	劳动力文化程度和技能要求	石漠化程度	石漠化面积降低比例	土壤侵蚀模数降低比例	植被盖度增加比例	研究文献数量	综合得分
生态畜牧业治理模式	4	3	3	4	4	3	4	3	2	3.52
"花椒-养猪-沼气"模式	4	4	4	4	5	1	4	4	3	3.92
水土保持与农林复合经营技术模式	5	5	5	5	5	3	5	3	2	4.38

11.3　主要评价结论

　　基于一级、二级指标粗评价结果，本研究对筛选出的石漠化关键生态治理技术开展三级指标定量评价。在单项技术评价过程中，为了保证参与评价的技术间具有可比性，以治理问题为导向，将单项治理技术分为植被恢复模块、节水蓄水模块、保土治土模块，在同一模块内的单项技术间可以用相同的效益指标进行评价。在植被恢复模块中，封山育林得分最高（4.28 分），人工造林次之（4.20 分），人工种草得分最低（3.20）。在节水蓄水模块中，水肥根灌得分最高（3.84 分），喷灌得分次之（3.50 分），集雨节灌技术得分最低（3.33 分）。在保土治土模块中，坡改梯得分最高（4.18 分），植物篱护坡技术得分次之（3.87 分），土壤改良技术得分较低（3.39 分）。在技术模式评价中，水土保持与农林复合经营技术模式得分最高（4.38 分），"花椒-养猪-沼气"模式得分次之（3.92 分），生态畜牧业治理模式得分最低（3.52 分）。

　　综合以上分析可以看出，植被恢复是石漠化治理的有效治理措施，与此同时，还要发展特色产业，实现经济增收。石漠化治理是一个长期的、复杂的和系统的世纪工程，治理石漠化需要遵循客观规律，制定合理的规划，坚持科学的原则。

11.4　生态技术推介

　　从岩溶山区区域特色的丰富性和复杂性出发，提出岩溶山区不同石漠化程度区域和发展方向导向型的治理技术配置方案。

11.4.1　植被恢复技术/模式

　　在专利数据库 INNOGRAPHY 建立查询语句"vegetation restoration"or"vegetation recovery"or"vegetation rehabilitation"or"vegetation resuming"or revegetation，通过查询石漠化地区植被恢复技术/模式共有 2516 条专利，然而当建立查询语句限定 karst or "rock desertification" or "stony desertification" and "vegetation restoration" or "vegetation recovery" or "vegetation rehabilitation" or "vegetation resuming" or revegetation 时仅能查询 54 条专利，且发明国家全部为中国。这是因为石漠化在其他国家并没有引发严重的生态环境问题，限制区域经济可持续发展，然而在我国，石漠化问题突出的地方甚至出现了无土可流的情况，为了实现区域经济的可持续发展，广大学者在石漠化治理工作中研发了具中国特色的石漠化治理技术，可见石漠化生态治理技术为中国所特有。由专利数据库检索结果可以看出，中国林草植被恢复技术/模式在国际上具有先进性，技术应用普适性强，效益高，推广范围广，适用于所有石漠化区域。

在峰丛洼地和高原峡谷的底部、石漠化等级低、土层厚、不易发生水土流失的情况下，结合具体情况开展"农作物+牧草""经济林+牧草"经济主导型石漠化治理模式；在石漠化等级高、水土流失易发、陡坡、石漠化发生的潜在指数高的区域，结合实际情况开展"防护林+牧草""牧草+农作物"生态修复主导型石漠化治理模式（池永宽，2015）。

11.4.2 植物篱护坡技术/模式

在专利数据库 INNOGRAPHY 建立查询语句 hedgerow or "plant hedge" or "alleycropping"，可检索到 1030 条专利，分布在 26 个国家，其中有 860 条专利来自中国，有 40 条专利由美国发明。而当限定植物篱护坡技术用于石漠化治理工作时，即建立查询语句 karst or "rock desertification" or "stony desertification" and hedgerow or "plant hedge" or "alleycropping"，可检索到 16 条专利数据，且这 16 条专利均由中国科学家发明。这说明当前我国发明的植物篱护坡技术在国际上具有一定的代表性，为国际先进技术，具有较高的生态效益和经济效益，但是由于不同地区间空间差异性较大，尤其在喀斯特山区地表起伏巨大、地块大小不均，许多土地被岩石切割成小块分布在山坡、洼地、谷地中，具体种植时植物篱的空间结构不能实现完全的标准化种植，需要根据土地形状、大小调整植物篱空间关系。因此，植物篱的推广应用过程中要因地制宜，不能照搬照抄，否则难以在所有地区进行推广应用。

植物篱的首要目的是保水固土，因此植物篱在实地种植中必须以实现保水固土为主要原则，以保护及恢复生态环境为出发点。植物篱截留的泥沙是水土流失的一部分，被截留后的这部分泥沙保留下来，其中的营养元素对植物篱自身生长及作物生长都有极大的促进作用；植物篱对土壤性质的影响也在一定程度上增加了植物篱保水固土的能力；植物篱的空间布设、物种配置是植物篱实现水土保持功能的基础，在不同的植物篱组合之间、不同的空间配置之间植物篱的保水固土效果存在差异。植物篱具有良好的水土保持功能，在石漠化坡地的治理中，能够大量减少泥沙的流失，增加对降水的吸收能力，对径流有强烈的削弱作用。植物篱条件下与普通耕作土地相比，减少泥沙率保持在 60%~90%，最高可到 85.91%；相应条件下的植物篱减流率保持在 40%~65%，最高可达 64.78%。植物篱条件下形成的地被物，截留效果也很可观，平均保持在 50% 左右。植物篱护坡技术是非常有效的水土保持措施，相应构建的植物篱护坡模式同样具有显著效果，但是在推广应用中要满足所有的推广区域是难以实现的，必须因地制宜构建具有区域特色的植物篱治理模式，不同治理目标构建的植物篱组合模式示例见表11-25（罗鼎，2015）。

表 11-25　不同植物篱组合模式示例

植物篱组合方式	植被物种配置方式
经果林+中药+饲草	花椒+仙人掌+白车轴草；花椒+金银花+白车轴草；花椒+金银花
经果林+饲草	花椒+白车轴草；花椒+高羊茅
中药+饲草	金银花+皇竹草、白车轴草；仙人掌+鸭茅、黑麦草或白车轴草
饲草	皇竹草+白车轴草；皇竹草+高羊茅

11.4.3　"三改一配套"技术模式

在专利数据库 INNOGRAPHY 建立查询语句 terrace or terrance，可检索到 92 402 条专利，其中有 58 902 条专利由中国发明，位列第一名，专利数排第二名的国家为美国，专利数为 14 141 条，第三名则为日本，有 4559 条专利。可以看出，中国坡改梯工程技术已经发展到非常成熟的地步，技术实施经验丰富，成熟度高，在世界上处于领先地位。当限定石漠化治理工程中实施坡改梯技术时，即建立查询语句 karst or "rock desertification" or "stony desertification" and terrace or terrance，可检索到 39 条专利，其中 38 条由中国科学家发明。

坡耕地防治水土流失的坡改梯模式以"三改一配套"为主要内容，就是在全面科学规划指导下，主要对 15°～25°的坡土进行梯化。根据社会经济的实际需求、土地最佳利用方式和土源状况，选择坡改梯地点。按照地形变化，"大弯就势、小弯取直"，沿等高线造梯土、梯田。根据坡度大小、土层厚度和耕作要求来确定梯台级数、梯面宽度、梯埂高度和位置，通过砌石埂或植物栅篱土埂把坡土改成水平梯土。核心技术内容是"三改一配套"，即坡改平、薄改厚（厚度超过40cm）、瘦改肥，配套拦山沟、排水沟、蓄水池相结合的排、蓄、灌功能齐全的坡面水系治理工程。在此基础上，推广适用组装配套农业科学技术，在全区普遍推行水、肥两配套，因地制宜形成农、林、牧生产体系（苏孝良，2005）。

11.4.4　节水灌溉技术模式

建立查询语句" water saving irrigation" or "water- efficient irrigation" or "saving irrigation" or "water conservation irrigation" or "sprinkle irrigation"，共检索到 13 403 条专利，其中中国专利13 003 条，在世界范围内排名第一。而当建立查询语句 karst or "rock desertification" or "stony desertification" and "water saving irrigation" or "water- efficient irrigation" or "saving irrigation" or "water conservation irrigation" or "sprinkle irrigation" 时，只能检索到 19 条专利，且全部由中国发明，在长期的摸索实践中，形成了独具中国特色的先进节水灌溉技术。

喀斯特干旱是由于特殊的岩溶水文地质条件和某些人为活动，岩溶土层持水时间短、耐旱能力下降，其自然供水能力不能满足工农业最低限度或特定标准的需水要求，造成人们饮水困难或经济受到损失破坏的现象。发展滴灌综合技术已经成为缓解水资源紧缺矛盾、确保粮食安全的战略选择。通过多年的技术引进、消化和吸收，我国已能独立生产相对成套的滴灌设备，部分滴灌设备产品性能水平已接近国外同类产品水平，但与国外同类先进产品相比，一些关键设备特别是首部枢纽设备、自动控制设备等仍存在较大的差距。

总体上来讲，节灌产品品种少，缺乏系列化，配套水平低，并且一直没有形成规模。当前的节水灌溉技术中，喷灌、滴灌等先进的节灌模式技术要求高、投资大，难以大面积推广出去。在根灌技术方面，局部灌溉到作物根系内，也可根据需要将化肥和农药等随水滴入作物根系。作为一种新型的节水灌溉技术，与地表灌溉、喷灌等技术相比，有着无可比拟的优点，是目前最节水、最节能的灌溉方式。根灌时地表干燥，因而还能减少病虫危害和产量损失，最大限度地利用水，可节水50%~80%。在坡度为50%~60%的陡坡地上，也可以采用根灌技术进行灌溉。

11.4.5 山地混农林模式

建立查询语句"agriculture and forestry"or"agriculture-forestry or eagroforestry"or agro-forestry or"farm forestry"，共检索到32 113条专利，共来自61个国家。其中，中国专利28 363条，排名第一。当限定石漠化治理时，即建立查询语句 karst or"rock desertification"or"stony desertification"and"agriculture and forestry"or agriculture-forestry or eagroforestry or agro-forestry or"farm forestry"，共检索到17条专利，其中中国专利有11条，排名第一。山地混农林模式是岩溶石漠化区在长期的石漠化治理工程中总结出来的技术模式，技术成熟度高，推广应用范围广，在世界范围内具有先进性。

在喀斯特石漠化山地发展区混农林业与节水工程相结合的新型农业模式，并加强农田尺度的工程节水增值技术效果评价，提升混农林业与工程节水增值技术在喀斯特石漠化地区的生产力和适宜性，可有效减少工程性缺水对石漠化地区农业生产的影响（倪志扬，2020）。

11.4.6 "三位一体"庭园生态经济模式

当在专利数据库中建立检索语句"methane tank"or"methane pool"or"firedamp pool"or"biogas digestor"or"biogas digester"时，共检索出4601条专利，共有46个发明国家，其中中国专利有3827条，位列全球第一。当限定该技术应用于石漠化地区时，即建立查询语句 karst or"rock desertification"or"stony desertification"and"methane tank"or"methane pool"or"firedamp pool"or"biogas digestor"or"biogas digester"时，只检索到4条专利，且均由中国发明。这说明中国研发的"三位一体"庭园生态经济模式在全球范围内为先进性技术模式，技术成熟度高，易于推广，实现了效益最大化的治理目标，且广泛使用于岩溶山区，技术相宜性高。

　　"三位一体"庭园生态经济模式以农户庭园为基本单元，利用房前屋后的山地、水面、庭园等场地，主要建设畜舍、沼气池、果园三部分，同时使沼气池建设与畜禽舍和厕所三结合，形成养殖–沼气–种植"三位一体"庭园经济格局，达到生态良性循环、农民收入增加的目的。基本运作方式为：沼气池用于农户点灯、炊事，解决农村能源短缺问题；沼肥用于果树或其他农作物的施肥，减少化学肥料的使用；沼液用于鱼塘和饲料添加剂喂养生猪或其他畜禽，降低养殖成本；果园套种蔬菜和饲料作物，充分利用太阳能，提高土地生产率，满足庭园畜禽养殖饲料需求。除养猪外，还包括养牛、养羊、养鹅、养鸡等，除与果业结合外，还与粮食、蔬菜、经济作物等相结合，构成"猪–沼–果"、"猪–沼–菜"、"猪–沼–鱼"和"猪–沼–粮"等基本衍生模式，其中以花江示范区"猪–沼–椒"模式、"猪–沼–砂仁经果林模式"、"猪–沼–柑橘、玉米模式"、"草–鹅–猪–沼–桃李"等模式为典型代表（王家录和李明军，2006）。庭园生态经济建设充分利用土地资源和闲散劳力，生产名、特、优产品，满足社会需要，增加农户收入，把经济建设与石漠化综合治理有机地结合起来，使经济效益、生态效益和社会效益实行高度统一，实现区域的可持续发展，为喀斯特石山地区社会主义新农村的建设树立样板。

第12章　荒漠化综合治理试验示范区生态技术评价

12.1　示范区概况

荒漠化治理示范区选在内蒙古鄂托克旗，是国家水土保持重点工程项目地区，开展的水土流失治理和荒漠化防治的重点治理工程包括京津风沙源治理二期工程、乌兰素生态清洁小流域综合治理工程等，并开展了水土保持生态治理区的风蚀监测。

12.1.1　自然概况

鄂托克旗位于内蒙古鄂尔多斯市西部，东部、南部和北部分别与乌审旗、杭锦旗和鄂托克前旗接壤，西南与宁夏毗邻，西北与乌海市相连，部分地区隔河与石嘴山和阿拉善盟相望。

（1）地形特征

研究区地形起伏平缓，地表无明显侵蚀切沟发育，局部地方有风沙地貌和基岩裸露，海拔在1211~1382m，相对高差171m。整体地形北高南低、东高西低，呈条形，东西长约14.25km，南北长约8.5km。根据不同的地貌形态可以将研究区分为构造剥蚀地形、堆积地形和风积地形。

（2）气候特征

鄂托克旗属温带大陆性气候，其特点是四季分明无霜期短，太阳辐射强，日照丰富，蒸发量大，降水量少且集中，风大沙多，多年平均气温7.12℃，最高气温达31.5℃，年日照时数3046h；多年平均风速2.86m/s，大风日数46.6日，无霜期128天。

多年平均降水量258.91mm，空间分配差异不显著，年内分配不均，大部分降水集中在7~9月。实测24h最大降水量150mm，年均蒸发量2400~2800mm。全旗多年平均径流量810万 m³，年径流量最大5023.7万 m³，年径流量最小250万 m³，降水径流年际变化大，河流水量的大小与降水的丰枯呈正相关，径流的洪枯季节明显。

多年平均风速2.86m/s，大风主要集中在冬春两季，全年大风日数（≥6级）46.6天。光能资源丰富，日照时数3000~3100h，作物生长期（4~9月）日照时数在1600~1700h，平均日照时数3046.1h。日照百分率69%。地下水资源丰富，沙丘间水位埋深较浅。

（3）植被特征

植被受水热条件和地形的影响，地带性植被可划分为典型草原、荒漠草原和草原化荒漠三个类型，隐域性植被为低地草甸。

典型草原主要在研究区东南部分布，克氏针茅为主要物种，次生植被主要包括沙蒿、沙蓬、虫实。植被覆盖率主要在 40%~50%；荒漠草原分布在典型草原亚带与草原化荒漠亚带之间，主要植被种类有沙蒿、冷蒿、狭叶锦鸡儿、猪毛菜等。植被覆盖率一般在 20%~40%。伴随土壤类型和地形的变化，在不同地域分布的植物种类地带性特征分明，植被有水平分带的特点，虫实、沙蓬和蒙古韭等代表性荒漠化草原植被的出现，表明区域正由干旱草原向荒漠化草原发展。

（4）土壤特征

鄂托克旗的主要土壤为草原土，其类型有黄绵土、栗钙土、棕钙土、灰钙土；水成土壤有草甸土和沼泽土；岩成土壤有风沙土。栗钙土以梁坡地为主，母质以残积物为主，土壤层次为腐殖质层、钙积层和母质层。层次分化明显，剖面通体都有石灰反应，其中钙积层反应强烈。腐殖质层质地为砂质土或壤质土，有机质含量多在 0.5%~1.0%，呈淡黄色。轻度侵蚀淡黄沙土，地表侵蚀较轻。腐殖质层>20cm，质地为砂壤质，呈松散的块状结构，碳酸钙含量较轻，含量平均 2.5%，pH 9，有机质平均 0.6%，全氮 0.036%。棕钙土属普通棕钙土属，成土母质以砂岩、砂砾岩分化物的残积物为主，土壤质地以砂壤质和砂质为主，表土厚度多在 10~50cm，地表的沙化不明显，通体都有碳酸反应钙积层，多在 10~50cm 处出现。有机质含量<0.5%，全氮<0.05%，pH 约为 9。

12.1.2 社会经济状况

鄂托克旗土地总面积 2.1 万 km^2，辖 6 个苏木镇。2018 年底全旗常住人口 16.28 万人，其中城镇人口 12.24 万人，乡村人口 4.04 万人，城镇化率为 75.18%。2013 年京津风沙源治理工程二期计划鄂托克旗 10 年小流域综合治理面积 355km^2、水源工程 250 处、节水灌溉工程 300 处。

全旗 2018 年所有居民可支配收入平均为 35 356 元，较 2017 年增长 8.1%。

12.1.3 主要生态问题

鄂托克旗地处鄂尔多斯高原西部干旱草原牧区，生态环境十分脆弱，水土流失、土地沙化和草地退化问题比较突出。

（1）水土流失严重

水土流失类型包括风力侵蚀、水力侵蚀及风水复合侵蚀。从分布上看，风力侵蚀几乎遍及整个区域，尤其以中南部的毛乌素沙漠边缘为甚，同时在中部和西北部也存在着较强烈的风力侵蚀，每年冬春大风对地表进行强烈的吹蚀和磨蚀。随着干旱和植被的进一步退化，地表沙化程度日益加剧。水力侵蚀较明显地存在于西南部部分起伏较大的波状丘陵区，在西南部坡度较小的梁峁地区面状侵蚀进行缓慢，形态不明显但分布较广，西南部坡度较大的梁峁上部存在着严重的沟状侵蚀，通过水力的冲刷形成侵蚀沟，沟状侵蚀的发展，使沟谷不断加宽加深，这也是都斯图河泥沙的主要来源。另外，风力侵蚀搬运堆积在河谷沟道中的沙土被并不多见的洪水冲走，形成风水复合侵蚀。

水土流失以风力侵蚀为主，局部地区风力侵蚀和水力侵蚀并存，少量冻融侵蚀，土地沙漠化严重。2018 年，水土流失总面积 174.39 万 km^2，占总面积的 74.25%。其中，风力侵蚀 151.84 万 km^2，占 87.07%，水力侵蚀 14.41 万 km^2，占 8.26%，冻融侵蚀 8.14 万 km^2，占 4.67%。风力侵蚀中，中度及以上风蚀 82.08 万 km^2，占 54.06%，水力侵蚀中，中度及以上水蚀 4.16 万 km^2，占 28.87%。

（2）土地沙化和草地退化

由于气候干旱，以及过度放牧和采矿等人为活动影响，土地沙化和草地退化。20 世纪 90 年代，鄂托克旗重度沙漠化面积占总土地面积的 34.17%。在气候干旱化与温暖化的趋势下，生态环境对人类活动的影响非常敏感。

12.1.4　生态治理状况

鄂托克旗是历史悠久的畜牧业大旗，曾经是水草丰美的游牧聚集地。中华人民共和国成立后，随着人口增长，滥伐、垦荒、过度放牧，草场退化及沙化现象愈演愈烈，成为我国农牧交错带中典型的生态脆弱区。

颁布施行《中华人民共和国防沙治沙法》，制定《全国防沙治沙规划（2005—2010年）》《全国防沙治沙规划（2011—2020 年)》，一系列重大政策措施相继实施。京津风沙源治理、三北防护林体系建设、天然林保护、退耕还林还草等国家重点生态工程接连启动。当地政府开展了农牧业生产布局、人口布局、生产方式、种养结构、生态建设、资金使用"六大调整"，率先推行禁牧、休牧、轮牧、防沙治沙、退耕还林、退耕还草政策。严格落实禁休牧、草畜平衡政策，制定出台《全国草原保护建设利用总体规划》等措施。同时，2000～2019 年，毛乌素沙漠区域内大部分地区植被盖度都呈增加趋势。近十年来，随着生态治理力度的加大，天然牧草地的面积、植被盖度以及物种多样性都有所提高，风蚀强度明显减小。目前，总体上属于轻度沙漠化土地稳定区，沙漠化程度处于波动变化趋势。

12.2　生态技术识别与评价

12.2.1　生态技术清单

生态治理技术一级分类可分为工程措施、生物措施、农耕措施和生态修复措施四类。

12.2.1.1　工程措施

（1）工程固沙

1）沙障工程：也称为机械沙障，它是采用柴、草、树枝、落木、黏土、卵石、片石、板条、塑料条、编织袋等材料，在沙面上设置各种形式的障碍物，以此控制风沙流动的方向、速度、结构、改变蚀积状况，达到防风固沙、阻沙，改变风的作用力及地貌状况等目的，它是工程固沙的主要措施之一。

2）化学固沙：治沙工程措施之一，也是植物治沙措施的辅助、过渡措施之一和补充。通过稀释具有一定化学胶结物质喷洒于松散的流沙地表面，水分迅速渗入沙层以下，而化学胶结物质则滞留于一定厚度（1~5mm）的沙层间隙中，将单粒的沙子胶结成一层保护壳，以此隔离气流与松散沙面的直接接触，从而起到防止风蚀的作用。

3）风力治沙：以风的动力为基础，应用空气动力学原理，采取各种措施，降低粗糙度，使风力变强，减少沙量，使风沙流非饱和，造成沙粒走动或地表风蚀，人为地干扰控制风沙的蚀积搬运，因势利导，变害为利的一种治沙方法。

4）引水治沙：运用水土流失的基本规律，以水力（特别是洪水）为动力，通过人为的控制影响流速的坡度、坡长、流量及地面粗糙度的各项因子，使水流大量集中，形成股流，造成一个水的流速（侵蚀力）大于土体的抵抗力（抗蚀力），按照需要使沙子进行输移，消除沙害，改造和利用沙地的一种方法。

（2）沟道工程

1）谷坊：是指修建于沟谷底部用以固定沟床、稳定沟坡、制止沟蚀的工程，是水土流失地区沟道治理的一种主要工程措施。谷坊工程必须在以小流域为单元的全面规划、综合治理中，与沟头防护、淤地坝等沟壑治理措施互相配合，以达到共同控制沟壑侵蚀的效果。一般布置在小支沟、冲沟或切沟上，起到稳定沟床、防止因沟床下切造成的岸坡崩塌、溯源侵蚀和以节流固床护坡为主的作用。

2）淤地坝：是指在水土流失地区的支毛沟中兴建的滞洪、拦泥、淤地的坝工建筑物。其作用是调节径流泥沙，控制沟床下切、沟岸扩张，减少沟谷重力侵蚀，防止沟道水土流失，减轻下游河道及水库泥沙淤积，变荒沟为良田，改善生态环境。淤地坝按其作用和规模分为骨干坝、中型淤地坝和小型淤地坝。

3）拦沙坝：是指水土流失沟道治理中以挡拦沟道中固体物质为主要目的的建筑物。主要是用于拦蓄山洪及泥石流，它是小流域治理的主要沟道工程措施，坝高一般为3~15m。

（3）坡面工程

1）沟头防护工程：是一种在侵蚀沟头用以防止沟头前进、沟岸扩张、沟床下切的水土流失防治工程措施。主要用来防止坡面暴雨径流由沟头进入沟道或使之有控制地进入沟道，从而制止沟头前进，保护地面不被沟壑切割破坏。多沟头以上坡面有天然集流槽、暴雨径流集中下泄并引起沟头前进、扩张的地方。

2）梯田：是山丘区最常见的一种水土保持坡面工程措施，沿山坡开辟的梯状田地，因此称梯田。在坡地上分段沿等高线建造的阶梯式农田，是治理坡耕地水土流失的有效措施，蓄水、保土、增产作用十分显著。梯田的通风透光条件较好，有利于作物生长和营养物质的积累。

（4）小型水利工程

1）集雨场：指收集雨水的场地，是我国缺水地区雨水集蓄利用工程中的重要组成部分，被称为雨水集蓄利用工程的"水源地"或"水源工程"。其通过经济、合理、安全、高效的防渗材料和现代技术的应用，对集流面进行人工防渗处理，以提高集流面的集流效率，进行天然降水的收集利用，是雨水集蓄利用技术的关键技术之一。集雨场可采用道路、屋顶、混凝土平台、塑料膜以及硬化场院等。

2）水窖：指修建于地面以下并具有一定容积的洞井等类的蓄水建筑物，主要用于拦蓄地表径流。因没有经常性的补给水源，故又称旱井。窖址宜选择在集水场附近，地质、土质条件适宜的地方，避开填方或滑坡地段，水窖外壁和根系较发达的树木应相距 5m 以上。

3）沉沙池：指利用自然沉降作用，去除水体中砂粒或其他比重较大颗粒，降低水流中含沙量的建筑物。

4）蓄水池：指用人工材料修建、具有防渗作用的，以拦蓄地表径流、山泉溪水等的蓄水设施，一般用于应急灌溉、保苗、打药、牲畜饮用等，容积一般为 50 ~ 1000m³。

5）涝池：又称水塘、山塘、池塘、塘堰、塘坝。在干旱地区，为充分利用地表径流而修筑的蓄水工程，是山区抗旱和农村用水的一种有效蓄水设施，多修筑在村庄附近，多由洼地四周筑埂形成。涝池的功能有拦蓄地表径流，充分和合理利用自然降水或泉水，就近供耕地、经济林果浇灌，以及抗旱应急、农产品沤贮等。

（5）节水灌溉

节水灌溉就是采取各种相关技术措施和方法，将水从水源到被作物吸收利用全过程的损失减少到最低限度。节水灌溉工程技术是指减少灌溉渠系（管道）输水过程中的水量蒸发与渗漏损失，提高农田灌溉水的利用率的技术。节水灌溉应该是多种措施共同作用、调控的结果，不同地区应根据不同的水文地质、水资源状况、农作物种植结构、耕作制度、土壤性质、经济发展条件等进行综合比较，选择合适的节水灌溉工程技术。

（6）山洪排导工程

在山区小流域内及荒溪冲积扇上，为防止山洪及泥石流冲刷与淤积灾害而修筑的治理工程。

12.2.1.2 生物措施

（1）飞播

飞播就是飞机播种造林种草，其按照飞机播种造林规划设计，用飞机装载林草种子飞行宜播地上空，准确地沿一定航线按一定航高，把种子均匀地撒播在宜林荒山荒沙上，利用林草种子天然更新的植物学特性，在适宜的温度和适时降水等自然条件下，促进种子生根、发芽、成苗，经过封禁及抚育管护，达到成林成材或防沙治沙、防治水土流失目的的播种造林种草法。沙区飞播一般选择沙丘比较稀疏，丘间低地比较宽阔、地下水位较浅地段或平缓沙地。要求飞播植物种子易发芽、生长快、根系扎得深。地上部分有一定的生长高度及冠幅，在一定的密度条件下，形成有抗风蚀能力的群体。同时不要求植物种子、幼苗适应流沙环境，能忍耐沙表高温。在草原带飞播最成功的植物有细枝岩黄耆（花棒）、细枝山竹子、大籽蒿、沙打旺，在半荒漠地区宜选择沙拐枣、大籽蒿，在荒漠地带选择细枝岩黄耆、沙拐枣、大籽蒿。

（2）林业措施

1）防风固沙林：防风固沙林是指通过降低风速、防止或减缓风蚀、固定沙地，以及保护耕地、果园、经济作物、牧场免受风沙侵袭为主要目的的森林、林木和灌木林。选择适合当地生长，有利于发展农牧业生产的优良树种和乡土树种。乔木树种应具有干旱、风蚀、沙割、沙埋，生长快，根系发达，分枝多，冠幅大，繁殖容易，抗病虫害等优点。灌木选择防风固沙效果好，抗旱性能强，不怕沙埋，枝条繁茂，萌蘖力强的树种。

2）水源涵养林：水源涵养林是指以调节、改善、水源流量和水质的一种防护林。也称水源林。水源涵养林可以涵养水源，改善水文状况，调节区域水分循环，防止河流、湖泊、水库淤塞，可以是以保护饮水水源为主要目的的森林、林木和灌木林。主要分布在河川上游的水源地区，对于调节径流，防止水、旱灾害，合理开发、利用水资源具有重要意义。

3）沟道防冲林：沟道防冲林是指为防治沟底下切、沟坡侵蚀，阻止沟岸扩张，稳定坡面而控制水土流失为目的的乔灌林。主要针对侵蚀沟造林。在侵蚀沟的沟头沟坡上，坡度较陡的沟坡荒地，坡度大多在30°以上，水土流失剧烈，土壤干旱瘠薄，立地条件差；侵蚀沟的沟底相对来说立地条件较好，但是容易产生径流冲刷和形成过水，造成土地较潮湿。

4）薪炭林：薪炭林是指以生产薪炭材和提供燃料为主要目的的林木（乔木林和灌木林）。薪炭林是一种见效快的再生能源，没有固定的树种，几乎所有树木均可作燃料。通常多选择耐干旱瘠薄、适应性广、萌芽力强、生长快、再生能力强、耐樵采、燃值高的树种进行营造和培育经营，一般以硬材阔叶为主，大多实行矮林作业。

5）岸域水土保持林：岸域水土保持林是指用以巩固河岸、库岸及渠道，起到防风防浪的作用，防止塌岸和径流冲刷为目的营造的水土保持林。

6）农田防护林：农田防护林是指为改善农田小气候和保证农作物丰产、稳产而营造的防护林。由于呈带状，又称农田防护林带；林带相互衔接组成网状，也称农田林网。在林带影响下，其周围一定范围内形成特殊的小气候环境，能降低风速，调节温度，增加大气湿度和土壤湿度，拦截地表径流，调节地下水位。

7）经济林：经济林是指利用树木的果实、种子、树皮、树叶、树汁、树枝、花蕾、嫩芽等，以生产油料、干鲜果品、工业原料、药材及其他副特产品（包括淀粉、油脂、药材、香料、饮料、涂料及果品）为主要经营目的的乔木林和灌木林，是有特殊经济价值的林木和果木。

（3）人工种草

人工种草在调整农业产业结构、巩固畜牧业发展的物质基础、治理生态环境和保持水土等方面均具有重要作用。人工种草是指人工种植能作为畜禽饲料的草本植物，俗称饲草，是在坡面上播种适于放牧或刈割的牧草。种草养畜有利于山丘区畜牧业的发展，同时，牧草也具有一定的水土保持功能，特别是防治面蚀和细沟侵蚀的功能不逊于林木。

根据利用和种植情况可以分为刈割型、放牧型、放牧兼刈割型、稀疏灌木林或疏林地下种草等：①刈割型草地专门种植供舍饲的人工草地。这类草地应选择最后的立地条件，如退耕地、弃耕地或肥水条件很好的平缓荒草地，并进行全面的土地整理，修筑水平阶、条田、窄条梯田等，并施足底肥，耙耱保墒，然后播种。②放牧型草地一般选择高盖度荒草地，采用封禁+人工补播的方法，促进和改良草坡，提高产草量和载畜量。③放牧兼刈割型草地选择盖度较高的荒草地，进行带状整地，带内种高产牧草，带间补种，增加草被盖度，提高载畜量。④稀疏灌木林或疏林地下种草，在林下选择林间空地，有条件的在树木行间带状整地，然后播种；无条件的可采用有空即种的办法，进行块状整地，然后播种，特别需要注意草植的耐阴性。

（4）整地工程

整地是营造水土保持林草前的一项重要工序，造林整地是在造林前人为地控制和改善立地条件，使它更适合于林木生长的一种手段。

（5）生物结皮治沙

生物结皮治沙是新兴的治沙措施。生物结皮由细菌、真菌、藻类、地衣和苔藓等形成的一种混合体，作为干旱半干旱地区生态系统组成部分，形成结构稳定的有机、无机复合层，它对生态系统镶嵌格局和生态过程有不可忽视的影响。它改变荒漠化土壤表面单一、均质、松散的原始状态，使土壤表面趋于固定化，有效地减小风和水对荒漠地表的侵蚀，并可以固定氮素，增加土壤养分。根据不同微生物的种类可以划分为不同的生物结皮方法，如蓝藻、细菌、真菌、地衣和苔藓等方法。

12.2.1.3 农耕措施

当前农耕措施经过我们多年的试验研究、示范推广，如近年来主要由农业部门实施了农业保护性耕作工程。这些技术相对成熟，但农业部门配套了相应的耕作专业机具，为大面积实施农耕措施提供了更高的平台。农耕措施是一项通过对农田实行免耕少耕和秸秆留茬覆盖还田、控制土壤风蚀水蚀和沙尘污染、提高土壤肥力和抗旱节水能力以及节能降耗和节本增效的先进农耕技术。主要应用的有秸秆覆盖技术、地膜覆盖技术、免耕少耕施肥播种技术、留茬处理技术、深松技术等农耕措施。

1）秸秆覆盖技术。收获后秸秆和残茬留在地表作覆盖物，是减少水土流失、抑制扬沙的关键。因此，要尽可能多地把秸秆保留在地表，在进行整地、播种、除草等作业时要尽可能减少对覆盖的破坏。但是长秸秆或秸秆覆盖量过多，可能造成播种机堵塞；秸秆堆积或地表不平，又可能影响播种均匀度，从而影响质量。因此，需要进行如秸秆粉碎、秸秆撒匀、平地等作业。

2）地膜覆盖技术。在无霜期少于120天和有效积温小于3000℃的高寒地区，栽培生育期长的作物（玉米），需进行地膜覆盖，农闲期采用留高茬结合有机物保护形式，春播前进行起膜处理。地膜收净率应大于95%，残茬处理同前。

3）免耕少耕施肥播种技术。与传统耕作不同，保护性耕作的种子和肥料要播施到有秸秆覆盖的地里，故必须使用特殊的免耕播种机。有无合适的免耕播种机是能否采用保护性耕作技术的关键。免耕播种是指收获后未经任何耕作直接播种，少耕播种是指播前进行耙地、松地或平地等表土作业，再用免耕播种机进行施肥、播种，以提高播种质量。

4）留茬处理技术。在风蚀严重及以防治风蚀为主地区或作物秸秆需要综合利用地区，实施保护性耕作技术的关键是处理好前茬作物残留根茬覆盖地表的问题。可在机械收获前茬作物时采用高留茬+免耕播种或高留茬+浅旋粉碎播种复式作业两种技术处理方法。前茬作物的收获，使用联合收获机或割晒机收割作物籽穗和秸秆，割茬高度控制在 20～30cm，残茬留在地里不做处理，到播种时使用免耕播种机直接进地作业。

5）深松技术。保护性耕作主要靠作物根系和蚯蚓等生物松土，但由于作业时机具及人畜对地面的压实，有些土壤还是有疏松的必要的，但不必每年深松。根据情况，2～3年松一次。对新采用保护性耕作的地块，可能有犁底层，应先进行一次深松，打破犁底层。深松是在地表有秸秆覆盖的情况下进行的，要求深松机有较强的防堵能力。

12.2.1.4　生态修复措施

（1）封禁治理

封禁治理是指在生态修复区范围内禁止垦殖、放牧、砍伐、垦荒、挖药材、取土、挖沙、开山炸石等人为破坏的行为，封育区边界设立标志或围栏等，并明确管护责任，落实到人。同时，结合相应的育林技术措施，逐步恢复森林植被。依靠生态修复能力恢复植被。尤其是在当前城镇化建设中，利用生态自我修复能力进行农村大量空心村治理，治理重点更明确，对水土资源综合利用的效益要求更高，其目标是实现人口、资源、环境和经济的协调发展，是生态文明建设的重要内容。

（2）舍饲养殖

舍饲养殖是指农牧区因地制宜改变过去放牧式的养畜方式，有重点地选择基础条件较好的养殖户，引导他们建设家庭牧场，走集约化、科学化、规范化、现代化的养畜之路的养殖模式。枯草季，在风沙区饲养的山羊会刨食草根，对草场造成毁灭性的破坏，因此要推广舍饲养殖。

（3）生态移民

生态移民是指因自然环境恶劣或极其脆弱，当地不具备就地扶贫的条件而将当地人民整体迁出的移民。

（4）退耕还林

退耕还林就是从保护和改善生态环境出发，将易造成水土流失的坡耕地和易造成土地沙化的耕地，有计划、有步骤地停止耕种，按照适地适树的原则，即宜乔则乔、宜灌则灌、宜草则草、乔灌草结合的原则，因地制宜地植树造林，恢复森林植被。

12.2.2 评价方法和结果

12.2.2.1 指标体系构建原则

（1）科学性

评价指标既要立足于现有的基础和条件，能够科学、客观地反映不同地区、不同资源条件下的生态水平，又要考虑发展的因素和不同地区的可比性，避免指标间的重叠，且对所有的评价对象进行评价时，同一指标的评价所采用的评价标准和评价方法必须一致，以便于比较和分析评价对象的各指标，并能反映生态治理的含义和实现的程度。

（2）系统性与层次性相结合

宏观上生态治理综合效益包括社会效益、经济效益和生态效益，由不同层次、不同要素组成。

（3）定性与定量相结合

在生态治理综合效益众多的影响和制约因素中，有些因素可以定量化，而有些因素难以定量表示，某些难以定量表示的定性因素甚至对工程的评价起着主导作用。因此，指标体系应尽量选择可量化指标，难以量化的重要指标必须采用定性描述指标。

（4）可操作性

评价指标应便于对各地生态治理建设进行实际指导，又要简明易懂。指标的描述必须简捷准确，指标的含义明确具体，避免指标间内容的相互交叉和重复。同时，在设置指标时不盲目追求指标体系"万能"，而要在不影响指标系统性的原则下，尽量减少指标数量，以尽量提高指标的可操作性和实用性。

12.2.2.2 构建综合评价指标体系和模型

（1）指标筛选

依据生态系统健康的概念、客观标准及《中国 21 世纪议程》提出的指标体系，结合当地生态环境治理的实际情况，为切实反映全国生态系统综合整治水平，建立生态、经济、社会 3 项主体指标；为反映各主体指标的基本内容，建立包括植被状况、土地资源、环境、适应性等 8 项分类指标；最后建立包括植被成活率、植被保存率、水土流失面积等27 项群体指标，系统形成四个层次的生态系统综合整治技术与模式的评价指标体系。

1）综合指标。该层次为总体指标，反映生态治理模式综合水平。

2）主体指标。从治理效果与效益、生态适宜性、经济可行性和社会可接受性四个方面考察西部退化生态系统综合整治技术的进展状况，包括生态、经济、社会三项指标。

3）分类指标。反映各主体指标的基本内容，在整个指标体系中起着承上启下的作用，包括植被状况、土地资源、环境、适应性等 8 项指标。

4）群体指标。衡量生态系统健康、可持续发展的各具体指标，包括植被成活率、植被保存率、水土流失面积、系统稳定性、农民的收入增加率和可推广性等 27 项指标。

（2）评价方法

通过广泛收集生态系统综合整治模式，建立综合整治模式评价的指标体系和方法，利用数据包络分析（data envelopment analysis，DEA）方法，从各项技术的治理效果与效益、生态适宜性、经济可行性和社会可接受性等方面对现有的生态系统综合整治技术进行评价，通过比较分析，确定不同生态整治模式适宜的空间范围和实施的条件。

1）方法筛选。目前国内外使用的评价方法很多，但大体上可以分为以下几类：专家评价方法、经济分析方法、运筹学和其他数学方法。专家评价方法随评价者主观判断而定。主观评价往往会受环境（上级领导的意图以及群众的舆论）的影响，也可能有个人自身对某些评价对象持有特殊的偏爱等。因此，客观评价受到重视。客观评价一般根据实测数据来评价。经济分析方法是以事先拟定好的某个综合经济指标来评价不同对象，常用的有两大类，一类是使用一些特定情况下有特定形式的综合指标，但这不具普适性；另一类是费用效益分析，虽然该方法常用，但费用和效益可能有多种不同的计算方法。比较科学的评价方法是运筹学和其他数学方法。运筹学的新领域——数据包络分析就是其中之一。该方法中各个评价对象的相对有效性是在对大量实际原始数据进行定量分析的基础上得来的，避免了人为主观确定权重的缺点。

2）数据包络分析方法。数据包络分析方法是数学、运筹学、管理科学和数理经济学交叉研究的一个新领域，它是根据多项投入指标和多项产出指标，利用线性规划方法对具有可比性的同类型决策单元进行相对有效性评价的一种数量分析方法。

（3）综合评价指标体系模型构建

数据包络分析方法能够评价决策单元的有效性，因此利用该方法构建综合评价指标体系模型。

（4）模式匹配

通过收集数据，利用数据包络分析方法，输入数据为指标值，中间数据转化为排名，输出数据为各参数权重值。从各项模式的治理效果与效益、生态适宜性、经济可行性和社会可接受性等方面对现有生态系统综合整治技术进行评价，通过比较分析确定最优治理模式。

12.2.2.3　评价结果

（1）土地利用

鄂托克旗的土地利用主要分为林地、草地、水浇地、建设用地、采矿用地、交通用地、河湖库塘、盐碱地、沙地等类型。2009 年草地为主要的土地利用类型，其次是沙地、裸土地，建设用地、林地、河湖库塘、耕地等类型占比均较少；2018 年天然牧草地为主要的土地利用类型，于中部平坦地区和东南部与沙地相间分布；其次是沙地、裸土地，建设用地、有林地、河湖库塘、采矿用地等类型的面积占比均较少。盐碱地主要分布在河湖岸边；西北部黄河岸边和其他水系附近以及村镇周边，分布着一定面积的水浇地；中部地势平坦，几乎全是牧草地覆盖；东南部牧草地与沙地相间分布；有林地零星分布在东北、东南和西北部;裸土地主要分布在西北部。

截至 2018 年,全旗造林面积占全旗面积的 0.58%,其中有林地位于西北部丘陵,灌木林地位于研究区东部;天然牧草地封育面积占全旗面积的 14.51%。2009 年和 2018 年不同土地利用类型面积变化见表 12-1。

表 12-1　2009 年和 2018 年不同土地利用类型面积变化

面积变化/km²				比例/%			
草地	耕地	林地	其他用地	草地	耕地	林地	其他用地
11 989.1	177.56	39.55	7 925.89	58.91	0.87	0.19	38.94
16 603.06	430.13	117.66	2 586.27	81.58	2.11	0.58	12.71
4 613.96	252.57	78.11	-5 339.62	22.67	1.24	0.39	-26.23

(2) 植被盖度

鄂托克旗 2018 年植被覆盖度整体呈现中部东部较高,西部较低的趋势,其中中低覆盖区域几乎遍布全旗。

2018 年不同季节植被盖度平均值表现为夏季植被覆盖最好,秋季次之,春季再次,冬季最差,且均以中低覆盖区域为主。但是,在鄂托克旗西北部即使是植被长势最好的夏季,也几乎没有植被覆盖;同理,西南部带状分布的沙地地区也没有植被分布。冬季,一年生草本基本全部枯死,中低覆盖区域过半,剩余基本都是低覆盖区域。

在 12 个月里,2 月植被盖度最低,8 月最高,各月植被覆盖均是从东向西依次减小,其中 7 月、8 月植被覆盖最高,5 月、6 月、9 月次之;1~3 月植被覆盖最差,全旗基本处于低覆盖和中低覆盖等级。

(3) 生态样线调查

半固定沙丘样方优势种为沙蓬、猪毛蒿、雾冰藜、草木樨状黄芪;沙地样方优势种为狼尾草、沙生针茅、虫实、胡枝子、猪毛蒿。平均盖度为牧草地>疏林地>沙地>半固定沙丘。灌木层的物种丰富度、均匀度和多样性指数均比草本层要小,即草本植物物种更为丰富。从多样性指数来看,沙地的植被明显高于半固定沙丘。216 省道样线自东北向西南方向样方在实测盖度和高度降低的同时物种多样性有提高的趋势,丰富度和多样性指数均明显增加,均匀度指数缓慢增大。313 省道样线自西北向东南方向样方趋势大抵相反,即盖度有所升高,但高度和物种多样性均明显降低,均匀度指数缓慢减小。

(4) 风力侵蚀

2018 年春季平均风速较大,冬季较小,夏秋季平均风速在 2.6m/s 上下浮动;风速等级较大的风累积时间较短,风速累积时间较大的风风级较小,各级风累积时间最大出现在 4 月中上旬。2018 年的表土湿度因子全年变化趋势与 2009 年类似,开始略有下降,从空间分布上表现为中部北部大面积偏低,东南较高。

在耕地、草地和沙地三大土地类型中,风蚀草地面积最大,其次是风蚀沙地,风蚀耕地面积最小。耕地主要分布在西南部都斯图河沿岸以及西北部黄河流经沿岸,大都属于轻中度风蚀。草地分布面积很大，中部地区基本全是草地覆盖，风蚀强度西高东低，均属于轻度风蚀等级；沙地大都分布在东南、西南、西北三个角，西南部分布的沙地风蚀强度最大。全旗大部属于轻度风蚀等级，面积占比升高，其次为极强烈风蚀，面积占比减小。

12.3　主要评价结论

12.3.1　主要评价结论

2009～2018 年，沙地和裸土地所属的其他用地面积比例减小，草地面积增大，有超过 20% 的土地被草本植物固定。

2009～2018 年鄂托克旗植被盖度累计增长总幅度大于减少的总幅度，植被盖度呈轻度改善趋势。夏季植被覆盖最好，秋季次之，冬季最差，符合中国西北部植被生长季特征，夏季植被盖度增加速率最大。2009～2018 年，植被大面积改善，退化面积极小，植被盖度基本不变或者稍有退化的区域分布于蒙西镇西北部和棋盘井镇西部，整个东部大都为明显改善或中度改善区域，东部植被恢复趋势优于西部，南部恢复趋势优于北部。春季植被总体呈轻微改善趋势；夏季、秋季均呈中度改善趋势，但秋季低于夏季；冬季呈轻微改善。

沿 313 省道样线平均物种多样性指数、影像盖度及高度均高于 216 省道样线；216 省道样线自东北向西南方向样方在实测盖度和高度降低的同时，物种多样性却有提高；313 省道样线自西北向东南方向样方趋势大抵相反，即盖度有所升高，但高度和物种多样性却有下降。

2009～2018 年鄂托克旗风力侵蚀强度正向转移幅度大于逆向的幅度，风蚀强度明显减小。2009～2018 年风蚀强度增大、不变、减小区域的植被盖度差值均值依次为 7.44%、7.91% 和 9.17%，说明风蚀强度减小的区域植被盖度增大的幅度大，风蚀强度增大的区域植被覆盖度增加的幅度小，即风力侵蚀随着生态恢复程度的增加而减小。

12.3.2　模式合理性分析

（1）沙化草场生态防治模式

沙化草场是指地表被厚层（>50cm）沙物质覆盖，土壤处于沙质母质状态，群落以沙生植物为主要建群种的地类，在土地利用类型上一般划分为草场，部分为自然保护地。是沙漠化过程的最典型景观，有固定沙丘、半固定沙丘和流动沙丘 3 种地貌类型。

对于这种类型的地类，由于地表没有形成完整土壤，基本处于松散的沙物质母质状态，抗风蚀能力极弱，一旦缺乏地面保护，在干燥状态下受到风力吹刮，就会产生强烈的风沙活动，造成严重的风蚀沙化。所以有效的保护是生态防治的前提。在此基础上，寻求科学合理的治理方案。总体思路是：治理与保护相结合，封、飞、造、管结合，以土壤水分平衡为基础，因地制宜，乔、灌、草结合。

模式区实施封沙育林育草模式后，牧草产量显著提高，植物群落物种的丰富度指数、物种多样性指数、均匀度指数均有不同程度的增加，生态优势度降低，植物群落结构从简单逐渐变为复杂，退化植被在较短时间内得到迅速恢复。植被覆盖度达到30%以上，且植被分布变得较均匀。在封育草场生态环境改善的同时，地表也出现大量生物皮，固沙效果明显，使得封育以来风蚀状况明显改善。

模式区实施的流动沙丘迎风坡沙柳深栽造林模式后，生物效应、改善小气候效应及防风效应良好。沙柳成活率高、长势良好沙丘迎风坡植被盖度显著增加，生物量明显提高，群落物种的丰富度指数、均匀度指数、多样性指数均有不同程度的提高，生态优势度降低；林分有效地降低了林内气温、低温，提高了空气湿度，缓冲了林内温度、湿度的骤变；沙柳林下垫面粗糙度明显高于植被恢复前的下垫面粗糙度，离地面50cm和200cm高处的防风效益分别为36.09%和25.55%。不同集合灌丛其防风效应大不相同，菱形集合灌丛植被防风固沙效果最好，行带式配置对于土壤风蚀的防治效果最好。

（2）退化草场生态恢复模式

退化草场是指地带性土壤结构较为完整，以典型草原植被为主要建群种，土地利用类型划分为草场，而由于人为过度利用已经退化或濒于退化的草场。

这种类型的草场土壤剖面结构完整，有机质和养分含量较好，由于长期生态系统循环与演化，形成10～20cm的草皮层，能够很好地保护着下层的土壤，只要这一层次不被破坏，很难产生严重的土壤风蚀和水土流失的现象。因此在治理对策上，首先是要在科学准确评价不同类型草场生产力的基础上，确定合理载畜量，畜牧业发展中保证不超载过牧，实现真正意义上的草畜平衡，这是防治草场退化的关键性因素，也是生态保护的核心。同时要加强严格管理和有效利用，注意产生"草场表皮硬伤"问题，如车辆碾压、挖取草皮、水力冲刷等，因为草场表面破损会导致风蚀和水蚀，甚至产生侵蚀沟、风蚀坑以及沙埋草场等。退化较轻的地方可适当进行草场改良，对于已经严重退化的草场，可构建草场防护林体系。

模式区实施两行一带灌木防护林营造模式后，改善生态环境，增加牧草产量，取得了明显的生态效应、防风效应、土壤改良效应。两行一带灌木防护林内生物总量显著高于自然恢复草地，为畜牧业发展提供了大量的优质饲料，植物群落物种的丰富度指数、物种多样性指数、均匀度指数增加，生态优势度降低，植被盖度显著增加，优势种由一年生草本演替为多年生草本，植物群落结构从简单逐渐变为复杂；土壤容重减小，孔隙度增加，全氮、速效磷、有机质、速效钾含量显著增加。通过对草场两行一带灌木防护林地的土壤水分盈亏状况进行深入研究，两行一带的柠条种植的密度（株行距1m×1m，带间距10m）水平是其适中密度水平，草场两行一带灌木防护林处于稳定状态。

12.4 生态技术推介

12.4.1 适用条件

根据内蒙古鄂托克旗示范区总结的荒漠化土地治理方案，主要适用于半干旱区荒漠化土地生态治理，包括退化草场生态治理、城镇居民区人居环境和牧区综合治理以及沙地生态治理。

12.4.2　关键技术

（1）草库伦配置方案的关键技术

1）草场封育。确定草库伦地址后，应根据实际情况，因地制宜地采用刺栏、网围栏或生物篱将周围边界围封起来，防止牲畜破坏。封育年限一般为 3 年。季节封育的草场质量优于完全封育，长期封育并不利于植被恢复和草场健康。适度人为干扰（如浅翻耕、放牧、刈割等），可促进封育草场生态系统维持健康稳定状态。

2）草场改良。深翻补播，夏季沟播，或深秋移栽。补播方法可参照国家标准《沙地草场牧草补播技术规程》（GB/T 27514—2011）。轮牧方式和放牧强度：以 2～3 年为周期进行轮牧可以更好地促进草场恢复。草库伦是一个独特的生态系统单元，建设中要采用系统方法统筹规划，综合治理。要求水、渠、林、路、电合理布局，渠、路、林有机结合，没条件通电的地方，可用太阳能或风能发电，通过沙地的水渠要进行衬砌，有条件的地方要尽量应用滴灌技术。

（2）城镇居民区综合治理方案

结合区域实际情况，以生态建设为主，坚持人工治理与自然修复、水土保持措施与其他措施相结合。

1）景观林营造。树种可选择林木生长较快、材质好的观赏绿化树种，如樟子松和柽柳；河道两侧可选景观树种垂柳等乔木。

2）生态灌草建设。草种以生态景观效益为主，宜选择生命力强的乡土灌草，采取植灌种草、林草结合等综合性生物措施治理。

3）生态修复区域可局部实施人工灌草补植。宜选择当地乡土种，如柠条锦鸡儿和细枝山竹子。

（3）牧区综合治理方案

牧区综合治理主要目标是有效改善牧区生态环境、提高农牧民收入。

1）饲草料地建设。饲草料地作物选择种植紫苜蓿。在整理利用原有撂荒耕地的基础上，配套铺设低压节水灌溉管道。根据种植饲草料所需水量，分析现有水源井涌水量是否可以满足供水需求。

2）沙化土地建设。宜集中实施种植大面积水保灌木林，提高植被盖度，减轻风蚀作用。在林草种的选择上，选择适应其立地条件的耐旱、耐贫瘠灌木林种，种植柠条锦鸡儿水保灌木林和细枝山竹子水保灌木林。

3）条件优越区域建设。土壤、养分及光照条件好的区域，可种植生态经济林为农牧民创收。可选择经济价值较高的大果沙棘，其耐旱、抗风沙能力较强，但需要有水源，并配套滴灌设施。

（4）沙丘综合治理方案

针对固定、半固定沙丘为主的区域，综合采用工程措施、植物措施和封育措施，防治风力侵蚀，提高植被盖度，促进生态恢复。

1）工程措施。按照沙丘高度及沙丘不同部位，设计在流动及部分半流动沙地布设沙障，在沙障内栽植柠条锦鸡儿、细枝山竹子。沙障材料可选用草绳，用活沙柳枝条固定草绳，草绳呈网格铺设。

2）植物措施。在沙障的网格内，栽植柠条锦鸡儿、细枝山竹子，隔带混交，每带4行，株行距2m×4m。遇到有沙蒿的地段栽植柠条锦鸡儿，株行距2m×2m。

3）封育措施。林草盖度在30%～40%的天然草地、高大沙丘的背风坡可规划为封育治理区，依靠植被自然生长的力量，让植被自然恢复，提高封育治理区植被的可利用率。封育年限为3年，待植被盖度提高后，可采取轮牧的方式利用天然草地。

第13章　水土流失综合治理试验
示范区生态技术评价

13.1　示范区概况

13.1.1　自然概况

（1）地理位置

研究区属典型的黄土高原丘陵沟壑区，是黄土高原丘陵沟壑区第二副区，位于陕西省延安市南部30km处的安塞区高桥镇南沟村南沟流域（109°17′13″E～109°21′6″E，36°33′36″N～36°37′58″N），是整个黄土高原最为中心的位置，且紧贴303省道与G65W高速交叉处的西南方向，流域总面积为28.1km²，平均海拔为1160m，海拔最高可达1350m。

（2）地形地貌

安塞区南沟流域属于黄土高原丘陵沟壑区第二副区，地貌由梁峁、沟坡、沟床三个单元组成，以坡为主、沟壑纵横、梁峁林立、沟谷深切、地形破碎。境内沟壑纵横、川道狭长、梁峁遍布，由南向北呈梁、峁、塌、湾、坪、川等地貌。第二副区平均坡度稍小，耕垦指数较低，坡田有不少是轮荒地，有一小部分坡式梯田，水蚀、风蚀都很强烈。其中，安塞区南沟流域共有123条侵蚀沟道，总长62.41km，沟壑密度2.21km/km²，沟蚀等级为中度。

（3）气象水文

流域内属暖温带半干旱气候区，春季干燥多风沙，夏季干旱降水少，秋季暴雨灾害多，冬季干冷雨雪少。多年平均降水量为501mm，年内分配不均，年内降水量多集中在6～9月，且降水量占全年降水量的70%以上，年蒸发量大于1450mm。年均气温为8.8℃，年日照时数为2300～2400h，年积温约为3878.1℃，年辐射总量为493kJ/cm²，无霜期约为157天。

1970年以来，南沟流域的年均气温的变化波动较大，但整体呈现出一个上升的趋势，1970～2018年年降水量均在800mm以下，其中有8年的年降水量在400mm以下，整个地区的年降水量变化整体呈现出降低的趋势，如图13-1所示。

（4）植被土壤

流域内主要有黄绵土、黑垆土、红土、潮土和灰褐土等。其中，地带性土壤为干润均腐土的黑垆土，土壤侵蚀造成其严重流失，土壤以钙质干润雏形土的黄绵土为主，其由黄土母质发育而来，质地疏松，通透性强，是黄土高原地区分布最广的土壤类型。

地带性植被属于由暖温带落叶阔叶林到荒漠草原过渡的森林草原区，主要有针阔叶混

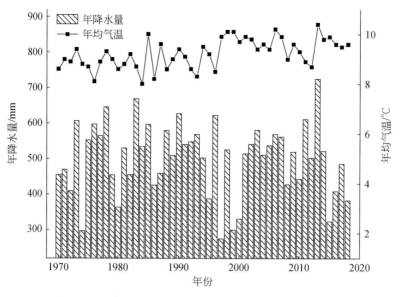

图 13-1　安塞区 1970～2018 年降水量和年均气温变化趋势

交林、灌丛、灌草等，包括刺槐、油松、酸枣、沙棘等，森林覆盖率达 65% 以上。天然植被以白羊草、长芒草、狗尾草、披针薹草、铁杆蒿、茵陈蒿等为主，人工植被以刺槐、沙棘、苹果、苜蓿等为主。

13.1.2　经济状况

2018 年，全区完成生产总值 107.2 亿元。三次产业构成比为 11∶63.4∶25.6。第一、第二、第三产业对经济增长的贡献率分别为 4.8%、71.5% 和 23.7%。第一、第二、第三产业对经济增长的拉动力分别为 0.4 个百分点、5.9 个百分点和 2.0 个百分点。

农业经济发展质量效益稳步提升。全区完成农林牧渔业总产值 22.1 亿元。其中农业产值 18.3 亿元，累计生产蔬菜及食用菌 23.1 万 t，比上年净增 1.6 万 t，水果产量 15.3 万 t，比上年净增 2.5 万 t，蔬菜产值 9.8 亿元，苹果产值 6.6 亿元，分别占农业产值的 53.8% 和 36.2%；林业产值 0.75 亿元；牧业产值 2.6 亿元；农林牧渔服务业产值 0.4 亿元。全年粮食播种面积 23.1 万亩，累计生产粮食 5.32 万 t。

工业经济发展增势强劲。全区完成规模以上工业总产值 107.2 亿元。其中长庆原油产值 44.3 亿元，生产原油 130 万 t；长庆天然气产值 10.5 亿元，生产天然气 10.16 亿 m³；杏子川采油厂原油产值 20.8 亿元，生产原油 87.1 万 t；电力产值 4.4 亿元；园区产值 27.2 亿元。

固定资产投资加快增长。全区完成固定资产投资 55.4 亿元。其中地方项目完成固定投资 34.8 亿元，占总投资额的 62.8%。油气项目完成固定资产投资 20.6 亿元。

消费市场更加活跃。完成社会消费品零售总额 15.3 亿元。从消费形态构成看，完成批零住餐销售额 53.25 亿元，其中批发业商品销售额 7.23 亿元，零售业商品销售额 30.67 亿元。

13.1.3　社会状况

(1)　人口与劳动力

南沟村是安塞区高桥镇一个偏远的小村,属典型的黄土高原丘陵沟壑区,从 2015 年开始,南沟村按照规划逐期进行,目前已经完成投资 2.4 亿元。先后投资 8000 多万元新建和改造民居 120 户 360 间,新建柏油道路 22km,拓宽改造果园生产道路 18km,硬化村内巷道 2.5km,新建蓄水坝 5 座,水利设施配套完善,南沟村村民的生产生活条件得到极大改善。2017 年,农耕地 4000 亩,退耕还林 6800 亩,荒山荒地 4500 亩。全村 7 个村民小组,297 户 1040 人,其中贫困户 51 户 139 人。多年来,南沟人靠种植玉米、小杂粮等维持生计,常年外出打工谋生的村民占到全村人口的 2/3,土地荒芜,村庄"空壳",是一个典型的贫困村。

(2)　土地利用现状

通过对南沟流域土地利用现状监测,南沟流域 2018 年土地利用类型主要为旱地、有林地、灌木林地、其他草地、农村建设用地、其他建设用地、其他交通用地、河湖库堰和裸土地。小南沟流域有 97% 以上的土地以有林地、灌木林地、其他草地、旱地为主。其中,耕地面积约为 2.95km²,占整个流域总面积的 10.42%;有林地面积约为 13.52km²,占林地面积的 67.35%,占整个流域总面积的 47.78%;灌木林地面积约为 6.29km²,占林地面积的 31.33%,占整个流域总面积的 22.23%;其他林地面积约为 0.26km²,占林地面积的 1.32%,占整个流域总面积的 0.92%;草地面积约为 4.71km²,占整个流域总面积的 16.64%;住宅用地面积约为 0.19km²,占整个流域总面积的 0.67%;水域面积约为 0.18km²,占整个流域总面积的 0.64%。

13.1.4　主要生态问题

(1)　水资源短缺,时空分布不均

水资源不足成为区域生态建设和经济发展的限制因素,黄土高原丘陵沟壑区年降水量为 300~550mm,由东南向西北递减,年内降水多集中在 7~9 月,占全年降水量的 50%~65%,且多为短历时小范围暴雨,年蒸散量为 700~1000mm。强烈的土壤侵蚀带走了大量地表径流,土壤物理性质差造成土壤渗透性差,减少了降水的入渗水量。黄土高原水资源短缺在流域内的河流径流量上也表现明显,作为渭河一级支流的石川河,几十年前还是一条长流不息的大河,但近 20 年来流量不断减少,据铜川到富平的出境断面监测,多年平均径流量为 3005 万 m³,流量大于 0.5m/s 的天数仅 120~130 天,半年以上处于断流状态,区域内主要河流的多年平均含沙量都在 100kg/m³ 以上,地表水分可利用程度低。

(2)　水土流失严重

黄土丘陵沟壑区因坡陡沟深、土质疏松、植被缺乏,且暴雨集中,水土流失面积广、程度深,是黄土高原水土流失最严重的区域,也是黄河泥沙的主要来源区。黄土高原每年

冲向黄河的16亿t泥沙中,90%以上来自该区域,年侵蚀模数达10 000~30 000t/km²,且安塞区南沟示范区所属的第二副区年侵蚀模数也达到了5000~15 000t/km²,由于坡陡沟深、植被稀疏,土壤侵蚀以面蚀、沟蚀为主且均很严重,面蚀主要发生在坡耕地,其次是荒地,沟蚀主要发生在坡面切沟和冲沟。示范区以水力侵蚀为主并伴有部分滑坡、崩塌等重力侵蚀,重力侵蚀占比小但危害极大。水土流失主要有以下两个原因:

一是自然原因。山高坡陡,地形切割大,坡度在25°以上的面积占50%以上;多年平均降水量501mm,年内分配不均,6~9月降水占全年的70%以上,且多以暴雨、冰雹等灾害性降水形式出现;土壤以黄绵土为主,结构疏松、黏聚力小,抗蚀力差。

二是人为原因。陡坡垦种,粗放式种植管理,开垦荒山荒坡。通过对2003年遥感卫星影像解译分析,2003年该区坡耕地占比24.9%,荒地面积占比28%。

(3)植被稀疏,林分质量低

陕西黄土高原地区的植被分区和植被覆盖程度有明显的差别。北部地区植被属草原化森林草原带,北端趋草原化,植被覆盖为中度(30%~60%)。由于人为活动频繁,极度开垦,北部地区天然植被破坏严重。南部地区植被属森林草原带,植被较好,植被覆盖高(大于60%),现全区以栽培植被为主,森林破坏殆尽,植被主要为灌丛和草本植物。天然植被仅在西部和北部残存,如栎类、山杨、白桦、侧柏等次生林。

(4)灾害频发

陕西黄土高原是我国干旱多灾的地区之一,由于特殊的地形地貌、土壤和气候特征,这一地区的旱涝灾害频繁且常交替发生,滑坡、泥石流等地质灾害连年发生。干旱是陕西黄土高原最主要的气象灾害,每年都不同程度地发生,可谓"年年有旱",主要表现为冬春连旱和春夏连旱。1949~2015年,对于季节性干旱,陕西黄土高原南部地区多达136次(年均2.07次),陕北121次(年均1.86次)。旱灾灾害程度严重,平均每4.6年发生一次,每次导致粮食减产80万t以上。洪涝灾害同样频繁发生,陕西黄河流域平均每2.3年发生一次受灾人口300万以上或死亡300人以上的暴雨洪水。此外,冰雹和大风灾害也比较严重,每年均有发生。

13.2 生态技术识别与评价

13.2.1 生态技术清单

安塞区南沟流域目前农户应用的主要水土保持技术有3类12项:①水土保持工程技术施。梯田、水平沟和鱼鳞坑整地、淤地坝、谷坊、治沟造地、集雨水窖。②水土保持生物技术。人工造林种草、天然封育和地埂植物带。③水土保持农耕技术。等高沟垄耕作和保护性耕作。

(1)水土保持工程技术

1)梯田。详细描述见12.2.1节。

2）淤地坝。详细描述见 12.2.1 节。

3）谷坊。详细描述见 12.2.1 节。

4）集雨水窖。详细描述见 12.2.1 节。

5）鱼鳞坑整地。详细描述见 12.2.1 节。

6）水平沟。水平沟是指在山坡上沿等高线每隔一定距离修建的截流、蓄水沟（槽）。沟（槽）内间隔一定距离设置一个土挡以间断水流。但在坡面不平、覆盖层较厚、坡度较大的丘陵坡地，沿等高线修筑用来横向拦截坡面径流、防止冲刷、蓄水保土的土挡，也视为水平沟。设计和修筑水平沟需依据坡面坡度、土层厚度、土质和设计雨量而定。其原则是水平沟的间距和断面大小，应以保证设计暴雨不致引起坡面水土流失。坡陡、土层薄、雨量大的区域，沟距应适当减小，相反，沟距应加大。水平沟在缓坡修筑时应浅而宽，在陡坡时应深而窄。一般沟距 3.0 ~ 5.0m，沟口宽 0.7 ~ 1.0m，沟深 0.5 ~ 1.0m。

7）治沟造地。治沟造地是指利用现代大型机械设备将沟谷地和沟间地进行整治平整，修筑梯田（地），辅以田间道路、小型水利措施等，将原来无法利用的沟壑区土地转换为大面积高质量的、适合现代规模农业的耕地的过程。治沟造地是延安市针对黄土高原丘陵沟壑区特殊地貌，集坝系建设、旧坝修复、盐碱地改造、荒沟闲置土地开发利用和生态建设为一体的一种沟道治理新模式，通过闸沟造地、打坝修渠、垫沟覆土等主要措施，实现小流域坝系工程提前利用受益，是增良田、保生态、惠民生的系统工程。

（2）水土保持生物技术

1）人工种草。详细描述见 12.2.1 节。

2）地埂植物带。地埂植物带是在坡地和梯田的地埂上的造林技术，既可以保护埂坎，又可以增加农民收入，同时还可以改善田间小气候的措施。

3）封禁治理。详细描述见 12.2.1 节。

（3）水土保持农耕技术

1）等高沟垄耕作。等高耕作亦称横坡耕作，是指在坡面上沿等高线进行犁耕和种植作物，形成等高沟垄和作物条垄，是保持水土、提高抗旱能力的保土耕作方法。等高沟垄耕作的目的是增强水分入渗与保蓄能力，调控径流及减少土壤冲蚀。沿等高线进行横坡耕作，在犁沟平行于等高线方向会形成许多"蓄水沟"，能有效拦蓄地表径流，增加土壤水分入渗率，减少水土流失，有利于作物生长发育，提高单位面积产量。

2）保护性耕作。保护性耕作是指通过少耕、免耕、地表微地形改造技术及地表覆盖、合理种植等综合配套措施，从而减少农田土壤侵蚀，保护农田生态环境，并获得生态效益、经济效益及社会效益协调发展的可持续农业技术。其核心技术包括少耕、免耕、缓坡地等高耕作、沟垄耕作、残茬覆盖耕作、秸秆覆盖等农田土壤表面耕作技术及其配套的专用机具等，配套技术包括绿色覆盖种植、作物轮作、带状种植、多作种植、合理密植、沙化草地恢复以及农田防护林建设等。

保护性耕作具有许多传统耕作或强烈耕作无法比拟的效益。保护性耕作能有效保持氮和磷等土壤养分。氮流失量规律基本与径流量保持一致，横坡垄作下的氮流失量显著小于顺坡平作，随着径流量的减小，氮流失得到有效控制。与顺坡平作相比，横坡垄作、秸秆覆盖、等高植物篱种植等保护性耕作能有效降低坡耕地地表径流，降低氮磷流失量，防止坡耕地水土流失，改善土壤肥力，提高作物产量，为稳定、持续增产奠定基础。

13.2.2 评价方法和结果

根据当地自然条件、社会经济状况、水土流失现状及土地利用现状，结合当地社会经济产业结构调整情况，明确生产发展方向，合理利用土地；考虑水土保持措施优化配置、合理布局对水资源高效利用的影响，水土保持措施提质增效对生态功能、生态环境的提升改善作用，水土保持对生产生活条件改善和绿色发展的推动作用。

针对生态技术研究中缺乏科学、合理、全面的评价方法和模型的问题，在对常用评价模型梳理的基础上，构建能够揭示生态技术本身属性、生态技术的应用效果、技术本身属性与实施效果耦合关系的评价模型。为实现指标体系构建目标，研究过程尽量选取最具代表性的目标性指标，实施过程指标尽量不纳入指标体系。不同类型生态退化区在生态治理技术应用过程中，应从各自的实际情况出发，按照生态治理技术本身的特性与要求，科学合理地选择符合本地特征的生态治理技术评价指标体系。

（1）指标体系

根据人们对生态技术认识程度的不同和掌握数据资料详略的不同，每个阶段通过建立不同情境下的层次分析模型，揭示不同指标系统下生态技术要素之间的关系，实现模块化评估思路，进而得到生态技术评价的综合值。采用生态治理技术评价的方法进行六大配置方案评价，采用的指标体系见表4-5。

（2）评价结果

总指标和一级、二级指标的评价使用层次分析法，该生态技术评价方法和模型以客观指标数据为基础，可以减少人为主观因素的干扰，得到客观公允的评价结果，从而为生态技术的"引进来"和"走出去"提供科学依据。通过黄土高原小流域水土保持技术配置模式评价调查问卷对六种模式三级指标进行打分得出数据，然后根据层次分析法对三级指标进行计算。该生态技术评价方法和模型不仅可以对现有实施的生态技术进行评价，而且对新技术或已有技术的创新性使用也可以进行评价，只需将三级指标（全部为客观指标）值代入就可以得出对二级指标、一级指标的全面评价，从而得到生态技术的最终评价的综合得分。递推最终计算结果见表13-1。

表 13-1　生态技术评价综合得分

指标	沟坡兼治模式	淤地坝工程治理模式	梯层结构配置模式	防线模式	生态经济防护型模式	生态修复-高效农业模式
生态技术适宜效果（y）	3.499	3.604	3.731	3.720	3.819	3.919
技术成熟度（x_1）	3.882	4.008	3.994	3.988	3.928	4.048
技术完整性（x_{11}）	4.000	4.266	4.188	4.188	4.000	4.047
技术稳定性（x_{12}）	3.938	3.859	3.953	3.938	3.922	4.125

指标	沟坡兼治模式	淤地坝工程治理模式	梯层结构配置模式	防线模式	生态经济防护型模式	生态修复-高效农业模式
技术先进性（x_{13}）	3.609	3.859	3.766	3.766	3.828	3.922
技术应用难度（x_2）	3.003	2.863	2.965	2.848	2.848	2.819
技能水平需求层次（x_{21}）	2.703	2.531	2.625	2.516	2.516	2.406
技术应用成本（x_{22}）	3.281	3.172	3.281	3.156	3.156	3.203
技术相宜性（x_3）	3.947	3.967	3.993	4.001	4.069	4.120
目标适宜性（x_{31}）	3.746	3.819	3.850	3.892	3.965	3.986
立地适宜性（x_{32}）	4.188	4.141	4.203	4.219	4.203	4.203
经济发展适宜性（x_{33}）	3.828	3.891	4.016	3.922	4.156	4.313
政策法律适宜性（x_{34}）	3.891	3.922	3.750	3.797	3.859	3.953
技术效益（x_4）	2.699	3.105	3.520	3.520	3.803	4.017
生态效益（x_{41}）	3.000	3.000	3.500	3.500	4.000	4.000
经济效益（x_{42}）	2.000	3.000	3.500	3.500	3.500	4.000
社会效益（x_{43}）	3.266	3.484	3.594	3.594	3.922	4.078
技术推广潜力（x_5）	3.886	3.869	3.993	4.056	4.326	4.462
技术与未来发展关联度（x_{51}）	3.875	3.891	4.047	4.109	4.406	4.516
技术可替代性（x_{52}）	3.906	3.828	3.891	3.953	4.172	4.359

沟坡兼治模式总指标为 3.499 分，这一模式主要是将治沟与治坡结合起来。黄土高原沟壑区的特点是面积比重大，坡度陡，植被少，侵蚀、泄流、滑塌、崩塌现象严重，坡面流失促进了沟的发展，沟的发展又加剧了坡面侵蚀。因此，沟坡兼治模式完全符合当时的情况。经过综合治理以后，大大减少了黄土高原的水害和旱灾，山区面貌也发生着不同程度的变化。坡地变梯田，主要是耕地变梯田。坡面治理要坚持生物措施和工程措施相结合，以生物措施为主。沟道治理要因地制宜，从上游到下游、从沟头到沟口、从支沟到主沟、从沟岸到沟底，层层设防，节节拦蓄，建立大中小型工程相结合的沟道工程防治体系。在沟道布设工程的基础上，造林种草，形成综合防治体系，达到控制水土流失之目的。

淤地坝工程治理模式总指标为 3.604 分，这一模式主要包括以坡改梯为主的坡面水土流失工程治理模式、以沟道拦沙淤地为主的淤地坝工程治理模式及以坡面植树种草为主的坡面生物防治模式。淤地坝的总体布局是：主沟生产，支沟滞洪；上游滞洪，下游生产；大（型）小（型）结合，大拦（洪）小用（生产）；坝库相间，蓄用配套。以上两种模式对促进经济和社会效益不太明显。

梯层结构配置模式总指标为 3.731 分，这一模式综合了地貌单元土壤侵蚀特点，做到"因地制宜，因害设防"，具有较明显的区域针对性。区域作为水土保持技术实施的载体，技术必须满足其载体及相互间作用对其的要求，在不同区域配置与之相宜的技术才能实现技术与载体之间的协同发展。根据黄土高原丘陵沟壑区地形特点，其配置宜分成平面三区结构配置和坡面梯层结构配置两个层次设计。

防线模式强调的是"因地制宜，因害设防"的灾后治理。但这一模式着重强调防护效益，未把当地经济开发提到应有的地位，所以总指标为 3.720 分。这一时期形成了多样化投入与治理的水土流失治理模式，模式基本具备协调和支撑特定下垫面及特定生物气候类型区的小流域水土流失、产业布局与经济社会持续发展的综合性特点。

生态经济防护型模式采用"一坡三带"治理模式，基于改变以往退耕还林过程中造林树种单一，生态系统不够稳定，尽可能建设一个物种多样性高、自我维持能力强、结构稳定、功能协调的稳定的生态系统，真正达到治理水土流失的目的，总指标为 3.819 分。针对区域复杂的地质和地形结构，按照"因地制宜，因害设防"的原则，以调整土地利用结构、发展农村经济、改善区域生态环境等为目标，走规模治理和综合开发之路。黄土高原小流域"一坡三带"的退耕还林空间配置模式配置依据地形部位的差异性、立地条件的差异性、防护目的和功能及农林牧三业协调发展这四个特点，建立不同的林带，即山顶水源涵养林，山腰水土保持林，山脚经济水土保持林。这一模式"因地制宜，因害设防"，使得生态效益与经济效益协调发展。

生态修复-高效农业模式总指标为 3.919 分，经过配置治理后，小流域蓄水保土效益明显增强，提高了流域内防洪标准，削减了洪峰，调节了洪水径流，减轻了下游危害，水土流失得到有效控制。通过拦蓄水土，避免了土壤养分的流失，改善了农作物生长的土壤环境，有利于作物的生长发育，提高了作物的单产，同时改善了区域小气候，起到了调节湿度、增加降水、降低风速、减少蒸发的作用，促进了生态环境的良性转化。

13.3 主要评价结论和治理模式配置

13.3.1 主要评价结论

配置方案评价是判断配置措施是否根据当地自然条件、社会经济状况、水土流失现状及土地利用现状，结合当地社会经济产业结构调整情况，明确生产发展方向，合理利用土地；考虑水土保持措施优化配置、合理布局对水资源高效利用的影响，水土保持措施提质增效对生态功能、生态环境的提升改善作用，水土保持对生产生活条件改善和绿色发展的推动作用。

通过《黄土高原小流域水土保持技术配置模式评价调查问卷》对六种模式三级指标进行打分得出数据，然后根据层次分析法对三级指标进行计算。技术评价方法和模型，不仅可以对现有实施的生态技术进行评价，而且对新技术或已有技术的创新性使用也可以进行评价，只需将三级指标（全部为客观指标）值代入，就可以得出对二级指标、一级指标的全面评价，从而得到生态技术的最终评价的综合得分值。

合理科学的水土保持配置方案对控制水土流失、改善生态环境、发展区域经济具有很好的推动作用。通过优化配置水土保持措施及其实施,可以改善农业生产条件,提高土地生产能力,促进土地利用与经济结构调整,增强抵御自然灾害的能力。配置方案应在自然条件优越的地方,坚持生态自我修复,实行小治理、大封禁,小开发、大保护。同时,宜林则林、宜灌则灌、宜草则草,工程措施、生物措施以及农耕措施多管齐下,实施综合治理。同时也应根据流域实际情况,全面考虑坡面、沟道、因害设防、层层拦蓄、突出重点,合理配置各项水土保持技术措施,发挥综合措施的群体防护功能。有效的水土保持措施配置可以达到提高经济效益、改善生态环境的目的,既可化解人与自然环境的矛盾,也可使当地农民安居乐业,有利于农村社会稳定,使水土流失综合治理的社会效益得到充分展现,促进生态、经济、社会持续发展。

针对生态技术研究中缺乏科学、合理、全面的评价方法和模型的问题,在对常用评价模型梳理的基础上,构建能够揭示生态技术本身属性、生态技术的应用效果、技术本身属性与实施效果耦合关系的评价模型。为实现指标体系构建目标,研究过程尽量选取最具代表性的目标性指标,实施过程指标尽量不纳入本指标体系。不同类型生态退化区在生态治理技术应用过程中,应从各自的实际情况出发,按照生态治理技术本身的特性与要求,科学合理地选择符合本地特征的生态治理技术评价指标体系。

13.3.2　配置方案

在黄土高原的生态治理演替过程中,主要分为三个阶段,即探索与发展阶段、小流域综合治理阶段、生态修复为主的规模治理阶段。依据这三个阶段,结合本研究结果,我们将南沟生态治理的配置模式分为三个大类,即特定问题治理模式、小流域综合治理模式、生态修复为主的规模治理模式。每一个模式下各以两个黄土高原典型的配置模式为例详细介绍适用于流域的配置方案。

13.3.2.1　特定问题治理模式

（1）沟坡兼治模式

坡沟兼治典型的配置模式为:①紧密结合农业增产,以田间工程为主进行坡面治理;②配合工程措施加速荒山绿化;大力造林种果树和种植草木樨;③在治坡治山的基础上,结合治沟用沟,向沟道争地,向沟壑要粮。

经过综合治理以后,大大减少了黄土高原的水害和旱灾,山区面貌也发生着不同程度的变化。很多地区出现“农田地埂化,坡地台阶化,沟底川台化,荒山烂沟绿化”的崭新景象。

（2）淤地坝工程治理模式

在这一时期典型的坝系配置模式主要是:

1）上拦下种,淤种结合。这种布设方式适用于坡面治理较好,洪水来源少的沟道的淤地坝建设,建坝顺序采用由沟口到沟头,自下而上分期打坝,当下坝基本淤满能耕种时,再打上坝,拦洪淤地逐个向上游发展,形成坝系。

2）上坝生产，下坝拦淤。这种布设方式适用于坡面治理差，来水很多，劳力又少的情况。建坝顺序采取自上游到下游分期打坝，当上游淤地坝基本淤满可以种植利用时，再打下坝，滞洪拦淤。依次淤成一个，再打一个，由沟头直打到沟口，逐步形成坝系。

3）轮蓄轮种，蓄种结合。这种布设方式适用于各种支沟，只要劳力充足，同时可以打几座坝，分段拦洪淤地，待基本淤满可利用生产时，再在这些坝的上游打坝，作为拦洪坝，形成隔坝拦蓄，所蓄洪水可灌溉下游坝地。

4）支沟滞洪，干沟生产。在已成坝系的干支沟内，干沟以生产为主，支沟以滞洪为主，干支沟各坝按区间流域面积分组调节、控制洪水，使之形成拦、蓄、淤、排和生产有机协调的工程体系。

5）统筹兼顾，蓄排结合。在形成完整坝系及坡面治理较好的沟道里，通过建立排水滞洪系统，把上坝多余的洪水引到坝地里，既保上坝安全，又促下坝增产。

6）高线排洪，保库灌田。在坝地面积不多或者有小水库的沟道，为了充分利用好坝地或减少水库淤积使其长期运用，可以绕过水库、坝地，在沟坡高处开渠，把上游洪水引到下游沟道或其他地方加以利用。

7）坝库相间，清洪分治。在沟道条件有利的地方打淤地坝，在泉眼集中的地方修水库，因地制宜地布设淤地坝和小水库，合理利用清水和洪水资源。这种布设方式使洪水泥沙进入拦洪坝或淤地坝淤地肥田，而不使其进入水库，以免水库淤积；而将泉水蓄在水库，既能进行灌溉，又不使泉水淤埋在坝地内，造成盐碱化。

13.3.2.2 小流域综合治理模式

（1）梯层结构配置模式

根据黄土高原丘陵沟壑区地形特点，水土保持措施配置宜分成平面三区结构配置和坡面梯层结构配置两个层次设计。

1）平面三区结构配置模式。建立以居民点为中心的近、中、远三区结构配置模式。近村区，建立以水平梯田（或水地）为主体的粮食和经济林（如家庭果园）治理开发区。中村区，以推广水平沟种植和草粮等高带状间作等水土保持耕作法为主体的治理开发区。远村区，退耕还林还草，建设以草灌为主体的生态保护治理开发区，形成对中村区和近村区的生态保护屏障。

2）坡面梯层结构配置模式。观测表明，坡面上水、肥、光、温等自然资源呈梯层分布，为此，水土保持措施也应采取梯层结构配置模式：①梁峁顶采用水平阶隔坡种植法，自上而下，等高带状种植 20~30m 宽多年生草带或防护林灌木带，为发展畜牧业提供饲料；②梁峁坡兴修水平梯田，建成高产稳产基本农田；③谷坡上陡坡地带（坡度大于25°）土层薄，水分条件差，营造以水保生态效益为主体的乔灌混交林；④谷坡下部缓坡地带，土层厚，水分条件良好，背风向阳，可作为商品性果树基地，栽植苹果、桃、梨、杏、花椒、柿子等经济树木；⑤主干沟及两侧阶地、台地可以打坝淤地，引洪漫地建立高标准基本农田（水地、坝地），发展粮食生产，种植经济作物；⑥支毛沟兴修土、柳谷坊群，营造乔灌木，抬高侵蚀基准，控制沟道下切和扩张。

上述立体配置模式可以形象地概括为"山顶林草戴帽，山坡梯田缠腰，沟道打坝穿靴"。

（2）防线模式

这类模式以黄土高原沟壑区"三道防线"和黄土高原丘陵沟壑区"五道防线"模式为代表。

1）黄土高原沟壑区的"三道防线"由 3 个防护体系所构成，其具体配置模式为：①塬面防护体系。以保护塬面为目的，形成以道路为骨架，以条田埝地为中心的田、路、堤、林网、拦蓄工程相配套的塬面综合防护体系。②沟坡防护体系。缓坡修梯田、陡坡整地造林种草，形成以营林种草为主，工程措施与植物措施相结合的坡面防护体系。③沟道防护体系。从上游到下游，从支毛沟到干沟，以坝库工程为主，兼种沟底防冲林，以抬高侵蚀基点，形成了以坝库工程与植物措施相结合的沟道防护体系。这"三道防线"形成从塬面到沟底，层层设防，节节拦蓄，比较完整的"保塬、护坡、固沟"防护体系。

2）黄土高原丘陵沟壑区"五道防线"由五道防护体系构成，即梁峁顶防护体系、梁峁坡防护体系、峁边线防护体系、沟坡防护体系、沟底防护体系。其具体配置模式为：①梁峁顶防护体系。主要是防风固土，保护梁峁顶及其附近地域。②梁峁坡防护体系。主要是拦蓄降水，保持水土，把梁峁坡变成粮食和果品生产基地。③峁边线防护体系。主要是拦截梁峁坡防护体系的剩余径流，稳定沟边，防止溯源侵蚀。④沟坡防护体系。主要是进一步拦蓄上部剩余径流，固土护坡。⑤沟底防护体系。通过修筑谷坊和小型坝库工程抬高侵蚀基准，营造沟道防护林拦蓄坡面未截留产沙产流，控制沟道发育。这样从梁顶到沟底，层层设防，节节拦蓄，形成一整套完整的水土保持综合防护体系。防线模式强调的是"因地制宜，因害设防"的灾后治理。但这种模式着重强调防护效益，未把当地经济开发提到应有的地位。

13.3.2.3　生态修复为主的规模治理模式

（1）生态经济防护型模式

退耕还林中的生态经济防护型模式是在长期生产实践中探索出来的治理模式，即"山顶林草戴帽，山坡梯田缠腰，沟道打坝穿靴"的林业建设方针，不仅能从空间上有效地控制水土流失，还能使当地群众从根本上走向小康。其具体措施主要为：①整地。除 25°以上陡坡及坡面破碎地带采取鱼鳞坑整地外，坡面整齐、坡度平缓地采用隔带水平沟整地或漏斗式集水坑整地。②树草种选择。山脊梁峁选择保持水土能力强、耐干旱、耐瘠薄、抗寒的柠条、沙棘等灌木，山腰经济林选择抗旱、耐寒的山杏、仁用杏为主，阳坡中下部可选择核桃、花椒等干果经济林树种，草种选择紫苜蓿、驴食草、沙打旺等，河谷沟道选择速生的刺槐、臭椿、河北杨、旱柳等用材林树种。③配置方式。灌木采用沿等高线带状混交，经济林树种与优质牧草带状间作，用材林树种以乔木与乔木混交为主，在水肥条件较好的地方可营造纯林。这一时期主要以以下两个治理模式为典型代表。

A. 生态防护与农业生产治理模式

针对区域复杂的地质和地形结构，按照"因地制宜，因害设防"的原则，以调整土地利用结构、发展农村经济、改善区域生态环境等为目标，走规模治理和综合开发之路。其配置模式为：①根据区域自然状况和水土流失特点，在梁峁顶、谷坡等地面坡度相对较大、土壤肥力低、受大风降温影响严重、农业生产开发潜力低的区域，布设耐寒、耐旱、耐贫瘠的乡土树种，采用燕尾式鱼鳞坑与丰产坑整地相结合的方式栽植生态防护林带；②在新修的农路两侧栽植常绿树种，建立流域生态防护体系；③沟坡中部、坡度较缓、水肥条件相对较好的区域，农业生产开发潜力大，适宜于各种农作物种植，应采取高起点规划、高标准建设的思路，按照"大弯就势、小弯取直"的方式，修建高标准梯田，建立流域粮食生产体系；④坡脚坡度较大、水肥条件相对较好的区域，按照水平台（阶）配合丰产坑整地的方式，栽植市场前景好、适应性强的苹果、梨、核桃等经济林果，建立流域农业经济体系。

B. 黄土高原小流域"一坡三带"的退耕还林空间配置模式

配置依据地形部位的差异性、立地条件的差异性、防护目的和功能及农林牧三业协调发展这四个特点，建立不同的林带，即山顶水源涵养林，山腰水土保持林，山脚经济水土保持林。这一模式"因地制宜，因害设防"，使得生态效益与经济效益协调发展。

（2）生态修复-高效农业模式

可持续小流域综合治理原则应坚持以质量为中心，以机制创新为动力，水土流失治理与农业结构调整相结合，以建立高效水保生态农业为重点，工程、生物、耕作三大措施并举，进行山顶、坡面、沟道立体开发，拦、蓄、排、灌、节合理配套，山、水、田、林、路综合治理。同时强化防治面源污染，因地制宜、宜林则林、宜草则草、集中连片、注重规模，狠抓水土保持生态建设，达到社会效益、生态效益和经济效益的统一，有效地保护水土资源、防治面源污染和改善当地的生态与环境。

以坝系建设为中心，山、水、田、林、路综合治理的防治模式是指在现有水保措施的基础上，形成以坝系建设为主体，配套工程、生物措施相结合的布置格局：梁峁顶主要种植灌木，人工牧草，形成生物防护带；梁峁坡兴修梯田和发展经济林果；沟谷坡以发展乔灌混交林为主；沟底建设以坝系为主，适地发展谷坊、沟头防护工程，因地制宜发展小型水土工程，实现沟道川台化，25°以上陡坡全部退耕还林还草，实施封育修复。同时注重道路建设，做好村与村，居民点与主要生产区道路规划。

在坡耕地改造治理中，因地制宜地实行"一村一品"，集中打造特色产业示范园，首创了"坡面种植经果林、地埂配套中药材、山下发展农业"的立体生态治理模式。具体做法是：①在25°以下荒山、荒坡上进行坡耕地改造，治理修建5m宽的泥结石生产路近15km，溪沟整治2150m；在水系道路周围分层、成串布置4m直径蓄水池25个，汛期蓄水、旱季抗旱；根据该区土壤特性，因地制宜实施坡改梯工程，治理后的梯田内栽植美国山核桃，地埂配套金银花、拟金茅10万余株，生产路两侧栽植塔柏6000余棵。②经果林主要布设在25°以上居民点、生产用地边、难以自然恢复被的荒山荒坡上，实施退耕还林以涵养水源，促进生态林建设。③在已经治理过的沟道及坡改梯田耕地中建设千亩猕猴桃园区，栽植水泥杆4万余根，种植猕猴桃8万余株，又争取中央新增农资补贴资金完善猕猴桃园水利配套。通过在该流域进行山、水、田、林、路、园综合治理，山区坡耕地改造为辐射带动基础设施建设和新农村建设一体化的系统工程。

13.3.3　配置方案的合理性分析

配置方案的合理性是对技术措施配置与实施区域发展目标、立地条件、经济需求、政策法律配套之间是否合理的度量，其中技术措施适配度是对技术模式和措施配置与实施区域发展需求的适合程度的度量。科学、合理的配置方案可以为政府各决策部门在生态文明建设过程中提供有效措施，为引导生态文明建设朝着正确方向发展提供参考。

三个时期都具有各自的时代特点与要求。在探索与发展阶段，该时期只要求解决单一水土流失与生态建设问题，沟坡兼治模式将治沟与治坡结合起来，在治坡治山的基础上，结合治沟用沟，向沟道争地，向沟壑要粮。黄土高原的旱涝灾害大大减少，出现了"农田地埂化，坡地台阶化，沟底川台化，荒山烂沟绿化"的崭新景象。根据黄土高原沟壑区的特点，面积比重大，坡度陡，植被少，侵蚀、泄流、滑塌、崩塌现象严重，本研究评价其技术应用难度结果为 3.003 分，而坡面流失促进了沟的发展，沟的发展又加剧了坡面侵蚀。沟坡兼治模式技术成熟度、技术完整性、技术稳定性和技术先进性分值都在 3~4，沟坡兼治模式完全符合当时的情况，因此技术相宜性达到了 3.947 分，其中目标适宜性和立地适宜性分别为 3.746 分和 4.188 分。经过综合治理，以后大大减少了黄土高原的水害和旱灾，山区面貌也发生着不同程度的变化。在沟道布设工程的基础上，造林种草，形成综合的防治体系，达到控制水土流失的目的，但是由于该模式所处的时代特点，技术效益包括生态效益、经济效益和社会效益与其他几个模式相比没有表现出明显的优势。

而后逐步认识到水土流失需要进行综合治理和开始探索小流域综合治理，形成了以坡改梯为主的坡面水土流失工程治理模式、以沟道拦沙淤地为主的淤地坝工程治理模式及以坡面植树种草为主的坡面生物防治模式。淤地坝工程治理模式有着较为成熟的技术体系，各措施搭配合适，其技术成熟度达到了 4.008 分，其中的技术完整性、技术稳定性和技术先进性都比沟坡兼治模式要优化。同时，以小流域为单元，以大型骨干拦泥坝为骨架，大中小配套，拦蓄排相结合的路子，形成了完整的沟道群体防护体系，技术相宜性的目标适宜性与立地适宜性良好。而对应其环境地域条件，淤地坝工程治理模式的技术应用难度为 2.863 分，应用成本和技术水平需求没能达到较好的结果。淤地坝工程治理模式能够充分利用好坝地或减少水库淤积使其长期运用，也可使洪水泥沙进入拦洪坝或淤地坝淤地肥田。与沟坡兼治模式相比，生态效益、经济效益和社会效益有着进一步的提升。以上两种模式的推广潜力在技术与未来发展关联度和技术可替代性层面上也不够突出，对促进经济和社会效益不太明显。

小流域综合治理阶段形成了以小流域为单元的水土流失综合治理模式，并开始注重流域内水土流失治理与经济开发的结合，初步形成了较为系统的小流域综合治理理论及较为完整的从规划、设计到施工等一套治理技术与建设模式。积多年治理之经验，根据水、肥、光、热等自然资源及水土流失在流域内呈现层状分布规律的特点，采用水土保持措施梯层结构配置模式。梯层结构配置模式与防线模式技术成熟度表现得相似，均为 3.9 分左右，其技术完整性、技术稳定性和技术先进性都在平稳的范围，两者没有突出的特点。梯层结构配置模式在技术应用难度则比防线模式在工程实施方面困难，同时技能水平需求层次与技术应用成本也比防线模式突出。两种模式和沟坡兼治模式与淤地坝工程治理模式相比，技术相宜，在目标适宜性、立地适宜性方面具有一些优势。而更大的优势则体现在技术效益，梯层结构配置模式与防线模式对生态效益、经济效益和社会效益的促进超于沟坡兼治模式与淤地坝工程治理模式，符合小流域综合治理的理念，以小流域为基本单元，紧密围绕"拦蓄降水，就地入渗，改善环境"这个中心，与地区生产发展方向及土地利用结构模式相配套，同时与当地经济开发和群众脱贫致富相结合，满足经济建设发展要求。梯层结构配置模式与防线模式的总指标都为 3.7 分左右，要高于沟坡兼治模式与淤地坝工程治理模式，而且两种模式能够做到"因地制宜，因害设防"，但经过研究工作的不断深入和治理实践的逐步完善，虽然具特色，但模式受区域性限制太大；模式定性措施太多，没有把水土保持措施定性、定量、定位、定序有机结合起来。

2000 年以后是生态修复为主的规模治理阶段，该阶段实施的退耕还林和生态清洁小流域取得了显著成效。生态经济防护型模式不仅能从空间上有效地控制水土流失，还能使当地群众从根本上摆脱贫困走向小康。物种多样性、自我维持能力强、结构稳定、功能协调是生态经济防护型模式的特点，改变之前造林树种单一、生态系统不够稳定的局面，与前面四种模式相比，其突出了技术先进性的优越。生态经济防护型模式针对区域复杂的地质和地形结构，按照"因地制宜，因害设防"的原则，以调整土地利用结构、发展农村经济、改善区域生态环境等为目标，走规模治理和综合开发之路。而生态修复–高效农业模式能够根据当地的实际情况，经过认真分析，找到流域生态治理与社会经济发展的结合点，重点发展有特色的产业，追求真正实现流域的生产发展、生活富裕、生态良好、社会稳定的和谐社会。生态经济防护型模式与生态修复–高效农业模式的总指标达到了 3.8 分以上，均高于梯层结构配置模式、防线模式、沟坡兼治模式与淤地坝工程治理模式。两种模式技术成熟度与前面四种模式相比，没有较明显的优势，但在技术效益方面要远超于前面四种模式，在促进该区域的生态效益、经济效益方面具有很大的优势，尤其是生态修复–高效农业模式，生态效益、经济效益和社会效益均达到了 4 分，适应时代环境，符合"保护优先，预防为主，综合治理"的观念。

配置方案应从水土保持措施优化配置与布局入手，以水资源承载力为刚性约束条件，因地制宜选取适宜的林草种类及不同措施的搭配模式，结合区域自然和经济社会状况，将综合治理与地区生产发展方向及土地利用结构模式相配套，同时与当地经济开发和群众脱贫致富相结合，满足经济建设发展要求，合理布局水土保持措施，在统筹考虑水土保持生态需水与生产生活需水的关系基础上选取配置方案。同时，也应满足水土保持绿色发展，从改善人居环境和绿色发展出发，一方面水土保持能够助力美丽乡村建设，改善农村居住环境，另一方面能够与生态农业、乡村旅游等相结合，探索农村经济发展新业态，促进绿色发展和农民增收，推动乡村振兴。

13.4　生态技术推介

13.4.1　适用条件

在南沟流域综合治理过程中，结合不同的水土流失问题要采取相应的水土保持措施。其中，工程措施在小流域治理规划过程中起着十分重要的作用，水土保持工作需要地势优势，实现就地取材，因而在护耕坡上方设置截流沟，可以降低水土流失冲刷坡地，在截流沟断面设计过程中需要结合最大流量标准，根据土壤性质确定边坡比，同时需要考虑土壤类别和设计流量，在台地和流失面上方设置截流沟，也可在山区干砌块石，高度可以控制在 1m 左右，如果高差比较大，可以利用多级布置方式。结合沟宽确定长度，在中间部位设置溢水口。岗地适合利用土谷坊，在背水坡可以设置卵石护坡和块石护坡。根据实际情况设置几处谷坊，可以起到显著的拦水作用，同时还可以做到稳土的作用，建立山区蓄水保土系统。

在实施植物措施时，要根据地形地貌选择植物措施，在土地瘠薄的岗地种植生物带，可以选择沙棘和旱柳等树种，如果山顶中具有裸露的岩石，土层比较薄，可以选择栽种不同的树种，如可以栽种樟子松和刺槐等植物，这类植物可以涵养水分，在山腰土质肥沃的区域可以种植各类果树，山脚部位种植中药材，如金银花等，在谷地种植乔木草木，可以形成立体式的生态体系，保障小流域治理模式的生态效益，实现当地经济可持续发展。

生态经济系统综合治理措施是在小流域治理规划当中利用径流调控综合利用体系，优化组合工程措施和植物措施以及耕作技术，合理配置治理调控方式，利用工程培养植物，利用植物保护工程，建立水土保持综合防御体系的措施。在径流调控综合利用工程当中，主要是利用系统工程和径流调控，优化配套落实植物和工程措施，可以储存利用降水，结合坡面径流的来源和数量等，控制水土流失，有机结合除害和兴利，充分发挥水土保持工程的作用。径流调控系统的核心是径流聚集工程，形成坡面径流，利用道路形成有机整体，径流储存系统主要包括小水库和涝池以及水窖等，其中水窖的投资比较小，修建难度比较小，因此在小流域治理规划过程中主要利用水窖方式。径流利用系统利用各种节灌技术为农林牧业服务。小流域治理规划过程中遵循因地制宜的原则，落实各种配套措施和高新技术，总体布局径流调控综合体系，聚集雨水径流，实现治理工作的有序性，对于径流实施层层拦蓄，提高雨水资源利用率。在沟底设置地坝，根据实际情况布置谷坊和水窖等工程，可以达到保水保土的作用。同时，在道路两旁种植树木，大力发展庭院经济，栽培经济作物，也可以饲养牲畜。利用综合整治措施，建立网状的防治体系，配套落实各项防治措施，形成小流域生态经济体系。

在小流域治理规划过程中，可以对位配置工程措施和植物措施。根据当地生态条件修建田间集合工程，为植物提供良好的生存条件，匹配当地的生态条件，合理选择树种，如种植林灌和林草等，推广利用灌草间作和垄沟法种草技术。在退耕坡地种植优良牧草，充分利用当地的水土资源,同时还可以达到水土保持的作用。

13.4.2 关键技术

各地水土流失突出问题不同,发展阶段和水平有差异,应根据区域水土流失状况、自然地理条件、经济发展水平、发展目标等分别确定,因而在黄土高原不同的治理阶段,关键技术的着重点都不一样。

在探索与发展阶段,生态治理的技术关键在于具备解决单一水土流失与生态建设问题关键技术集成模式。这一阶段主要是坡式梯田、软地埂与梯田沟建设模式,坡地保土耕作模式,沟冲防治与柳篱挂淤模式,爆破法筑坝修梯田探索性建设模式。在重点治理与缓慢发展阶段,其关键技术除了具备解决单一水土流失与生态建设问题关键技术集成模式外,还具备解决特定下垫面的水土流失与发展经济的关键技术集成模式。其中,前者的治理模式主要是坡改梯为主的坡面治理模式,水坠坝筑坝、爆破法筑坝、冲土水枪等技术为主体的淤地坝建设模式,沟垄种植法与坡地水平沟种植法两种种植模式。后者则是坡面植树种草为主的坡面生物防治模式,飞播种林草技术模式,粮草带状种植防蚀技术模式,改土治水相结合的治理模式。这两者因地制宜地结合起来。

小流域综合治理阶段是在以上两个阶段都有的技术形式下增加了协调和支撑特定下垫面及特定生物气候类型区的小流域水土流失、产业发展与经济社会持续发展的综合性模式。法制建设、预防为主与重点治理阶段关键技术在于发展黄土高原水土保持型生态农业。生态修复为主的规模治理阶段的技术关键是发展商品型生态农业,这一时期是以恢复生态为主的大封育小治理的治理模式,小流域坝系优化配置与建设模式,坡面集流造林技术模式等。

中国经济社会发展进入新时代,研究水土流失治理目标及考评指标对全面防治水土流失及其影响,满足新时代人民对美好生态环境的新需求,推进美丽中国建设具有重要意义。

13.4.3 注意事项

在选择适合南沟流域的配置模式时,先在小流域综合调查与自然、生态、社会经济、水土流失状况分析评价的基础上,按照"因地制宜,因害设防"的原则布置各项水土保持治理措施。

为做到技术可行、经济合理、安全可靠,南沟流域综合治理措施的配置应进行多方案的比选。最重要的就是实时响应国家政策的要求,根据地形地质、水文、植被、土地利用现状及水土流失现状等基础条件以及小流域具体社会经济情况和治理目标,从总体布置、工程措施、施工组织、运行管理、工程投资、效益等方面,结合政策响应经综合分析研究比较后选定适合示范区的综合治理措施配置方案。其次在编制示范区的配置方案过程中,要考虑到示范区措施总体布局应符合小流域主导功能定位,同时突出小流域的经济功能和生态效益功能。

随着时代的不断变革，水土保持治理问题也变得愈发突出，在实际治理过程中依然存在着较多的问题，因而在采取治理措施的过程中要时刻注重这些问题，从而采取相应的解决措施。

1）自然环境问题。自然环境问题是水土保持治理中的常见问题，尤其是在那些地形复杂且较难质量的地区，十分不利于水土保持治理工作的开展，一定程度上还会阻碍治理工作的效率和质量。山区的地貌特征比较复杂，梅雨季节来临时就会使大量的雨水聚集在沟壑中，易引发泥石流或者洪涝灾害，威胁人们的生命财产安全，甚至对房屋造成毁灭性的损坏。

2）经济因素问题。经济因素问题是指国家在用于水土保持治理上的资金比较少，这也是我国水土保持治理过程中不可避免的问题之一，同时也是迫切需要解决的问题。我们国家已经推行了相应的水土保持政策，但是实际上能够用于水土保持治理的资金少之又少，这无形之中加大了水土保持治理的难度，一旦资金不能满足实际的治理需求就会降低质量的效果，进而很难从根本上解决水土流失等问题，只会使水土流失问题变得愈发严重。

3）人为因素问题。随着我国社会经济的飞速发展，随之而来的生态问题也变得越来越严重，不得不说经济的快速发展在为人类带来诸多便捷的同时，也给大自然生态环境带来诸多冲击，很多时候人们总是认为自然所赋予的资源是取之不尽用之不竭的，基于这种错误的认识，人们就会肆意的伐林造田。林木被大量的砍伐，久而久之就会造成不同程度的水土流失问题，从而影响水土保持治理的水平，不能实现高效水土保持治理的愿望。

水土保持治理是一项艰难而有意义的工作，要时刻注意实施措施时可能出现的各种问题，从而提前做好预防措施，确保治理技术的应用效果。

第14章 石漠化综合治理试验示范区生态技术评价

14.1 示范区概况

云南省西畴县是石漠化的典型地区，2011 年被列为全国石漠化综合治理重点县，曾被外国专家称为"基本失去人类生存条件的地方"。西畴县江东小流域属国家农业综合开发水土保持项目兴街项目区，治理和监测数据较为完整（云南林水环保工程咨询有限公司，2016）。因此，选择西畴江东小流域作为石漠化治理技术评价的案例对象。

西畴县地处云贵高原的南部边缘，地势北部和中部高，东南、西南低，境内山峦起伏，地形复杂，属亚热带低纬季风气候区，总的气候特点是"冬无严寒，夏无酷暑，温湿多雨，干湿季分明，立体气候明显"。西畴县总面积 1506km²，其中裸露、半裸露岩溶面积 1135km²。全县 99.90% 的土地面积属于山区，裸露、半裸露的喀斯特山区占 75.40%，是云南省石漠化程度最严重的地区之一。西畴县自然环境脆弱，石漠化危害严重，如何保护环境，有效治理石漠化，促进经济发展，是当前必须解决的重要问题。

14.1.1 自然地理状况

（1）地质地貌

江东小流域位于西畴县西南部兴街镇，地处 104°34′43″E ~ 104°35′21″E，23°14′12″N ~ 23°15′49″N，属滇东高原山区，区内由于地层岩性、地质构造等关系，悬崖峭壁随处可见，奇异山峰比比皆是。岩溶峰丛洼地溶蚀地貌，呈现出构造侵蚀低中山和岩溶峰丛洼地地貌类型。地势总体呈现南北高、中间低的特点，最高海拔为 1656m，最低海拔为 1099m，相对高差为 557m。

（2）气候

江东小流域属亚热带高原季风气候，气候温和，雨量充沛，但时空分布不均。春季增温快，秋季降温早，春温高于秋温。冬无严寒，夏无酷热。干雨季分明，春夏旱，夏秋涝。根据西畴县气象站的观测资料，流域内多年平均气温 16.0℃，极端最高气温 34.8℃，极端最低气温-6.7℃，年平均最高气温 20.8℃，年平均最低气温 12.6℃。多年平均日照时数 2029.8h，≥10℃积温 5560℃，最热月为 7 月，平均气温达 28.6℃，最冷月为 1 月，平均气温为 6.4℃。多年平均无霜期 305 天。年降水量在 1200 ~ 1300mm，多年平均降水量为 1289.7mm。10 年一遇 1h、6h、24h 最大暴雨强度分别为 39.7mm/h、59.8mm/h、75.7mm/h，20 年一遇 1h、6h、24h 最大暴雨强度分别为 45.2mm/h、68.0mm/h、86.0mm/h。

（3）水文

江东小流域属红河流域泸江水系，东部以畴阳河为边界，畴阳河属盘龙河一级支流，由岔河、南丘河、清河三条小河汇集而成，全长为 13km，径流面积为 260.7km²，河床较平缓，仅为 1‰。因植被条件差，含沙量大，易造成洪涝灾害。该河多年平均流量为 6.47m³/s，多年平均输沙量为 103.73 万 t，年输沙模数为 1850t/km²。水能资源理论储量为 0.7780 万 kW，水能可开发量为 0.28 万 kW，该河水能还有待开发。

（4）土壤

根据我国土壤发生类型，流域内共有 4 种土壤类型，主要是红壤土、黄壤土、石灰土和水稻土。流域内土壤均由石灰岩、页岩、硅质白云岩、第四纪坡积物发育而成，以石灰岩母质发育的土壤面积最大，主要分布于高山区及半高山区。流域内土壤理化性状是有机质含量大部分在 2.2%~7.48%；氮含量在 0.08%~0.24%；速效磷含量在 1.71~24.22 斤/亩，速效钾含量在 3.13~64.64 斤/亩，土壤酸碱适中，pH 一般在 5.2~7.5。总体而言，流域内土壤有少氮、缺磷、钾低、酸碱适中等特点。

（5）植被

流域内林草植被覆盖率 40.5%。灌木林主要树种有香叶树、山楂、清香木、杨梅、橄榄等。还有多种蕨类和藤本植物，此类植物非常耐旱，封山育林区最易恢复。针叶林主要树种为云南松、杉松和油松，为西畴县大力发展的用材树种。阔叶林主要树种有栎类、臭椿、西南桦、榕树、柳树、槐树及稀少的华盖木等。混交林由针叶、阔叶树种相间生长形成植被群落，主要由云南松、墨西哥柏与栎类构成。经济林主要有八角、茶叶、竹林、油茶，近年来果树类发展迅速，香脆李、柑橘、核桃等有一定规模的种植。

14.1.2　社会经济状况

江东小流域土地总面积约 17.44km²，包括兴街镇甘塘子村、戈木村和兴街村委会。2014 年末小流域内共有人口 0.83 万人，农户有 1982 户，农业人口为 0.75 万人，其中农业劳动力有 0.45 万人，人口密度为 476 人/km²，人口自然增长率为 7.0‰，人均土地面积为 0.21hm²，耕地总面积为 557.73hm²，粮食总产量为 218 万 kg，农业总产值为 1660.20 万元，农村经济总收入为 1992 万元。

（1）产业结构

根据兴街镇 2014 年农村经济收益分配资料，江东小流域 2014 年农业总产值为 1660.20 万元，其中农业占 25.8%，林业占 2.2%，畜牧业占 24.3%，副业占 32.6%，其他产值占 15.1%。区内第一产业带动第二、第三产业的发展，农业人均产值为 2214 元，农业人均纯收入为 1602 元，农民收入以种植、养殖业为主。江东小流域治理以调整产业结构，发展产业开发用地为重点,同时对水土流失进行综合治理,防止环境与灾害影响,提高区内耕地的产出率。

（2）生产布局

1）农业生产。主要粮食作物有水稻、小麦、玉米、马铃薯、蚕豆、黄豆和其他杂粮,主要经济作物有烤烟、向日葵、油菜、蚕桑等。2014年耕地总面积为557.73hm²,粮食总产量218万kg,农业人均产粮263kg。近年来随着群众商品意识的提高,流域内的粮食作物和经济作物的商品率呈现持续增长的趋势。

2）林业生产。现有林地为当地群众的集体林。有林地树种以墨西哥柏、圆柏、云南松等为主;疏林地树种以红椿、柏树、桉树、杉木和云南松为主;极少部分经果林树种以香脆李、柑橘、八角、油茶、核桃等为主,由于规模小、管理不善、果园老化,已基本没有收益。有林地多为原生植被遭破坏以后人工种植的次生林,疏林地基本为稀疏幼林,这些林地郁闭度低,林分结构差,产出率较低,林业生产的主要收入为极少部分的有林地合理间伐。2014年底流域内林业产值为36.52万元。

3）畜牧业生产。以家庭为单元,农户自主经营管理,具备一定科学饲养知识,部分已形成养殖规模,饲养周期短,市场经济意识良好,商品率不断提高,2014年底流域内畜牧业产值为403.43万元。饲养的品种主要有猪、牛、羊、驴、骡、家禽等。猪、家禽为圈养（饲料以农作物的茎、叶、野菜和粮食为主）,牛、羊全部为放养,这对区内特别是封育林地和荒山荒草地上的植被具有较大的破坏作用,使得流域内植被的自然恢复较为困难,所以区内传统畜牧业放养方式对水土保持具有一定的负面影响。从实地调查了解的情况看,长势不好、成活率低的幼林地基本都是不合理的放牧造成的。因此从水土保持角度出发,在流域治理实施期间,为保证封禁疏林的成活率,应加强对当地群众的宣传教育工作,尽量做到牛、羊不上山,并对流域内的牲畜放养加以规范,指定放养范围,实行轮牧制度,从而确保疏林地的成活率。

4）渔业生产。渔业养殖也小规模存在,主要是零星分布于流域内的小库塘,同时也有农民自发挖的鱼塘。总体来说,流域内鱼塘养殖面积不大,并且缺乏有效管理及科学养殖意识,产量也不高。

（3）基础设施

江东小流域位于兴街镇,兴街镇对外交通发达,距西畴县城30km、距麻栗坡县城27km,交通条件良好,可以保障小流域对外交通。小流域内部田间道路发达,有建成的弹石路22.01km,能保障流域内交通。流域内无水库,在水田区有大量的内部灌溉斗渠。小流域内自然村的人畜饮水问题基本解决,人畜饮水主要引自常流水溪沟或地下水。小流域内坡耕地仍处于广种薄收的状态,无配套的水利设施。能源结构已逐渐过渡到以电、煤和沼气为主,树木、枝条、秸秆为辅。小流域内通过农网改造,实现了户户通电,另外发现小流域内已建有部分沼气池,农村能源结构渐趋合理。

14.1.3　土地利用现状

江东小流域土地总面积约17.44km²,其中耕地面积557.73hm²,占土地总面积的

32.0%，其中水田173.20hm²，梯地125.84hm²，坡耕地258.69hm²；经果林5.46hm²，占土地总面积的0.3%，主要分布在村庄周围，品种以香脆李、柑橘、梨、核桃、苹果为主，由于缺乏科学管理，效益不明显，不成规模；林地700.67hm²，占土地总面积的40.2%，林地中有林地32.24hm²，灌木林18.45hm²，疏幼林649.98hm²；荒山荒坡311.89hm²，占土地总面积的17.9%；水域0.88hm²，占土地总面积的0.1%；难利用地39.89hm²，占土地总面积的2.3%，为重度石漠化地块；居民及交通用地127.54hm²，占土地总面积的7.3%。

流域内耕地坡度组成为：<5°面积为314.94hm²，占耕地面积的56.5%；5°~15°面积为77.28hm²，占耕地面积的13.8%；15°~25°的面积有129.46hm²，占耕地总面积的23.2%；25°~35°的面积有23.96hm²，占耕地总面积的4.3%；>35°的面积有12.09hm²，占耕地总面积的2.2%。

14.1.4　水土流失现状

江东小流域水土流失面积约12.21km²，占总面积的70.0%。水土流失面积中，轻度流失750.40hm²，占水土流失面积的61.5%；中度流失441.95hm²，占水土流失面积的36.2%；重度流失28.21hm²，占水土流失面积的2.3%。土壤侵蚀模数2146t/（km²·a），年土壤侵蚀总量3.74万t。总体为轻度、中度流失区，流失强度以轻度为主，局部荒山荒坡夹杂石漠化土地。

流域内土壤侵蚀类型有水力侵蚀、重力侵蚀（主要为崩塌、滑坡）、混合侵蚀（主要是泥石流），其中尤以面蚀为主要表现形式。面蚀主要发生在流域四周面山上的坡耕地、荒山荒坡和疏林地上，其中坡耕地水土流失面积258.69hm²，占水土流失面积的21.2%；疏幼林水土流失面积649.98hm²，占水土流失面积的53.2%；荒山荒坡水土流失面积311.89hm²，占水土流失面积的25.6%。沟蚀主要发生在流域内各大侵蚀冲沟内，大部分呈发育状态的浅沟侵蚀和切沟侵蚀，少部分已经处于侵蚀沟发育的末期，成为冲沟侵蚀。滑坡、泥石流主要发生在流域内沟蚀切割较深的沟岸，以点状的形式分布于流域内活动性冲沟地段及采石采砂等工矿点。

14.1.5　石漠化现状

根据《岩溶地区水土流失综合治理规范》（SL 461—2009）的石漠化分级标准，江东小流域石漠化面积1315.91hm²，占土地总面积的75.5%。其中，潜在石漠化363.02hm²，占土地总面积的20.8%；轻度石漠化802.03hm²，占土地总面积的46.0%，中度石漠化108.93hm²，占土地总面积的6.2%；重度石漠化41.93hm²，占土地总面积的2.4%。小流域石漠化以潜在和轻度石漠化为主。

14.2 生态技术识别与评价

14.2.1 生态技术清单

(1) 植被恢复技术

生态治理技术是利用生态自然力进行石漠化生态和植被恢复的技术。对于具有自然恢复能力的、处在不同石漠化阶段的草坡地、灌木林地、疏林地、未成林地以及难以人工造林的陡坡地，进行封山育林。通过封山育林和辅助技术措施，减轻或解除生态胁迫因子，使现有植被朝顶极群落演替。

1) 造林技术。石山地区造林是石漠化治理见效最快的唯一途径，选择适宜的造林树种是石山造林成功的关键。由于中国石漠化土地分布范围广，气候条件和生物组成的变化较大，可用于石漠化生物治理的植物种类较多，目前治理中采用的物种达100种以上，南北之间有所不同。例如，在北热带和南亚热带区域，主要有任豆、香椿、菜豆树、榕树、苏木、台湾相思、喜树、蚬木、肥牛树、蒜头果、吊丝竹、木豆、山葡萄、金银花、扶芳藤、量天尺等；在中亚热带和北亚热带区域，主要有柏木、侧柏、圆柏、白花泡桐、麻栎、栓皮栎、杜仲、乌桕、漆、桑、火棘、紫穗槐、金银花、花椒等。

苗龄与造林成活率关系密切，苗龄太小，苗木过于弱小，抵御恶劣环境的能力差，造林成活率低；苗龄太大，苗木过于高大，不仅加大造林难度，而且苗木蒸腾作用增加，需要水分多，根系受伤严重，恢复困难，同样导致成活率不高。所以，应针对不同树种的特点，确定合适的苗龄，一般苗龄以1~1.5年为宜。

由于石灰岩溶地区土壤的特殊性，石漠化治理也必须采取特殊的方式。首先，造林整地不能炼山，并应尽可能保留石山上的原生植被。原生植被不仅能给新造林起到遮阴、提高造林成活率的作用，也能起到水土保持的作用，而且能为今后形成多树种立体混交林奠定基础。其次，适当控制密度，过密不仅大量破坏原生植被，而且对今后的林木生长也不利；过疏则造林效果慢，甚至起不到造林效果。因此，造林密度应控制在900~1050株/km^{2}为宜，且密度不能强求一致，只能采取"见缝插针"的方式，且造林苗木最好都能用营养袋苗，如有困难，也应采取营养苗、裸根苗、种子直播并举的技术路线。根据石山土壤情况，在土层相对较厚，并能保持相当水量的地方，采用裸根苗；在土层较薄，保水量少的地段，采用营养袋苗；而在石缝、石隙，采用种子直播。最后，必须掌握好造林时机，2~3月为造林定植的适宜季节，选择在阴雨天，且定植坑已经湿透时造林。苗木定植后，在定植坑面盖上杂草、枯枝或小石块，有条件的最好能盖上薄膜，这样能减少土壤水分蒸发，提高造林成活率。

2) 种草技术。①工艺流程。围栏—落实承包人—管护利用—草地监测。②草地改良工艺流程。清除有毒有害植物—半垦或免耕—补播改良草场—配套养畜—草地监测。③人工种草工艺流程。土地开垦—整地—土壤处理—施肥—播种—压实—田间管理—草场利用和管理。

3）封禁。森林植被是生态环境建设的主体，而封山育林是恢复和建设植被最省钱、最省工的办法。封山育林就是以封禁为手段，利用林木天然更新能力、植物群落自然演替规律，使疏林、灌木林、散生木林、荒山等林业用地自然成林。封山育林形成的森林结构是由乔木、灌木、草本组成的立体结构，其根系也在地下组成立体结构，深根、浅根合理分布于不同的土层，能充分利用不同土层中的水分和养分，故有利于植被的恢复和生长，从而能提高石山岩溶地区植被盖度，而且封山形成的林分生态功能最全、生态效益最高。

石漠化地区自然条件恶劣，生态环境脆弱，交通不便，采用大面积人工造林或飞机播种造林的方式来恢复植被，往往事倍功半，成效并不理想，而且由于人工造林难以模拟自然演替过程，形成的林分结构简单，在生物多样性、生态功能性、群落稳定性等方面无法与自然恢复的天然林相比。

研究表明，中国西南石漠化地区实行生态治理（全面封育）后，从退耕的石漠化土地到形成草本群落，需要 3~5 年，从草本群落到灌木群落需要 5~10 年，从灌木群落到喀斯特森林需要 30~40 年，形成接近顶级的喀斯特森林大约需要 100 年。利用生态自然力恢复岩溶植被虽然需要的时间较长，但投资少、可操作性强、效果明显。例如，1993 年广西实施岩溶山区封山育林工程，封育面积 236 万 hm^2，涉及 35 个石山面积占全县面积 30% 以上的重点石山县，至 1998 年底，森林覆盖率由原先的 5% 提高到 8.19%。在长期执行封育的弄岗国家级自然保护区，现存的岩溶山地常绿季节雨林面积达 77.1km²，其森林覆盖率高达 96.37%，成为广西森林覆盖率最大的自然保护区。因此，生态治理是石漠化地区植被恢复和生态重建最直接、最经济、最有效的技术措施。

（2）生物治理技术

生物治理技术是指利用现有的生物技术，通过人工途径恢复和重建岩溶山地森林生态系统的措施。在石漠化的生物治理中，形成了多种生物治理模式。按用途划分有用材林、经济林、防护林、薪炭林和特用林；按生长型划分有乔林型、灌木型、草本型和藤本型；按结构划分有林果药结合模式、用材薪柴饲料多用途林模式、乔灌草结合模式、经药藤蔓植物治理模式、林粮间作模式等；按工程的性质划分有采矿地复垦恢复模式、退耕还林还竹还草模式、种质资源保存模式等；按更新方式划分有人工更新、人工促进天然更新和天然更新等。

这些模式在石漠化治理中都得到了不同程度的推广应用，并取得了良好的治理效果。例如，广西百色市平果县果化镇是典型的岩溶山区，由于耕地极少（人均不到 0.5 亩），石山区脆弱的生态系统在遭到人类长期干扰后，绝大多数演变成全裸的光头山。石漠化加剧了石山区的气候恶化，水源枯竭，耕地丧失，生存环境遭到严重破坏。在饱尝生态破坏的恶果之后，从 1982 年开始，村民在石漠化的土地上造林，经过 10 多年的不懈努力，累计共种植任豆 6667hm²。任豆具有很强的恢复与重建功能，在石漠化的退耕地上造林，3~5 年即可郁闭成林，使光头山重新披上了绿装。生态环境的改善使已经断流的泉水重新复流，人畜饮水有了保障，旱地变成了水田。

生态重建给石山区带来了希望的曙光，极大地增强了人们恢复岩溶植被和生态环境的信心。人工治理石漠的积极性高涨，1995～1998年，广西百色市完成岩溶山地造林2.1万hm^2，加快了石漠化地区植被和生态环境的恢复。

1）人工诱导植被恢复技术。木工小流域中度石漠化地区多分布在峰丛中下部、坡麓地带和海拔850～1000m的区域，应在峰丛中下部和较陡坡麓地带进行生态恢复建设，营造适宜当地生长且水土保持功能较好的苗木，如花椒、香椿等。苗木宜采用块状混交方式栽植，可适当密植并加强后期人工抚育，以保证苗木成活率。在海拔850～1000m的区域，可密植生态效益与经济效益相结合的植物，如金银花等。孔落箐小流域中度石漠化地区多分布在峰丛中部，坡缓土薄，水土流失严重，治理过程中以稳定当地生态系统顺向演替为目标。流域内可规划为新生产用地的地类数量极少，治理技术主要是人工诱导植被恢复，采用"经济型灌草+水保林"间作治理方式，选择喀斯特地区先锋物种金银花、花椒等进行栽植，栽植过程中要留足后续补植苗木，种植密度约为2m/株，待灌草形成一定规模之后，再栽植生态价值较高的树种，如女贞、刺槐等，形成林灌草复合生态结构。

2）经济林草配套规范种植技术。在土壤条件较好、坡度相对较缓的坡麓地带采取"经果林（石榴、核桃）+花椒"、"经果林（枇杷、脐橙、柑橘）+经济型牧草（黑麦草、三叶草）"和"花椒+矮秆经济作物（如辣椒、花生、豌豆）"的治理方式。

3）林草配置技术。木工小流域轻度石漠化地区土地利用结构单一，2009年花江示范区农村社会经济调查数据表明，木工村和孔落箐村90%左右的养殖饲料仍以玉米为主。通过在>25°坡耕地和其他草地大力发展经济型牧草（多年生黑麦草、白车轴草），根据禾本科和豆科牧草混播比例（约3:1）进行条播撒播，并在稳定已有林草配置结构的基础上，引进新草种光叶苕子、串叶松香草、百喜草等，这样能保证四季牧草供给和牧草的多样性。

4）特色经济林果种植技术。木工小流域气候干热，光照较强，降水量较少，特别适合热带、亚热带水果生长，宜选择市场前景好、收益回报高、对生长条件要求不是很严格的火龙果进行规模化种植。种植时一般行距6～7m，株距3～4m，每公顷36 570穴，每穴3～4株。管理过程中采用有机肥，注意灌溉和排涝，防积水，避免细菌、真菌感染。孔落箐小流域土地"梯化"程度较高，宜发展区域性特色果木林。为形成具有独特竞争力的产业，结合市场发展需求和当地村民发展意愿，可大力发展枇杷、脐橙种植，进一步优化、规范林粮间作模式。

（3）工程治理技术

1）水柜：修建家庭水柜、地头水柜和排洪渠是岩溶地区治山治水的有效措施之一。

2）沼气池：推广使用沼气池，寻找替代能源，减轻割草砍柴对岩溶山地植被的压力，有效缓解石漠化发展。

（4）生物与工程治理技术

生物与工程治理技术是指以生物措施与工程措施相结合治理石漠化的技术。如何保护好岩溶山区土壤，扩大耕地面积，提高土地的利用面积和效率是石漠化治理实现可持续发展的关键。主要措施有炸石集土，砌墙保土，坡改梯地，梯地种植高效的农作物、经济作物或林木。这样既减少了床土流失、保护了土壤，也使农业稳产高产。

爆破造隙蓄水凿岩挖坑培土植树造林法。所谓的爆破造隙蓄水凿岩挖坑培土植树造林就是在坡度适宜且无地质灾害等不良环境地质问题的地形地貌有利地带，按照一定网度钻取 2~3m 深的炮眼，装上适量硝酸铵炸药及雷管，通过爆破将岩体适当震松，利用爆破漏斗的一系列裂隙作为地下水储集介质而构建局部地下水仓，并在地表凿岩挖出 0.5~1m 深坑，然后培土植树。

（5）管理技术

据统计，中国西南石漠化严重的黔、滇、桂三省（自治区）的平均人口密度为 163 人/km²，比全国平均人口密度 113/km² 高出 44.2%，人均耕地 0.96 亩，比全国人均耕地少 1/3。三省（自治区）岩溶山区的人均耕地面积比三省（自治区）的平均水平还要低得多。目前，石漠化治理过程中的社会经济措施主要是"控制人口增长，提高人口素质"、"异地安置，生态移民"和"项目带动，发展中小城镇"。

14.2.2　评价方法和结果

14.2.2.1　评价方法

（1）评价指标体系

石漠化地区生态治理技术评价指标体系参照已有成果，并在此基础上略作修改。考虑到技术效益–生态效应下的"基岩裸露率"与"石漠化面积比率"存在重复表达的问题，本研究中将原有的"基岩裸露率"替换成"林草覆盖率"指标，具体见表4-5。

（2）指标权重的确定

指标权重的大小直接反映了各个指标的相对重要性，所以各个评价指标权重的确定在石漠化生态治理技术评价中占有非常重要的地位。由于数据限制，采用德尔菲法与层次分析法相结合的方法分析和确定各指标权重。

14.2.2.2　评价结果

云南省西畴县是石漠化的典型地区，2011 年被列为全国石漠化综合治理重点县，曾被外国专家称之为"基本失去人类生存条件的地方"。西畴县江东小流域属国家农业综合开发水土保持项目兴街项目区，治理和监测数据较为完整。石漠化治理技术评价指标体系及其权重见表14-1。

根据现有的评价体系和指标权重，基于三级指标量化得分结果，可基于分层权重分布依次推算出二级和一级指标定量评价结果（表14-2 和表14-3）。在此基础上，最终得到坡改梯、水保林、经果林和封山育林这四项技术最后的适宜性综合总得分（表14-4）。

表 14-1　石漠化治理技术评价指标体系及其分层权重

目标层	一级指标		二级指标		三级指标	
	指标	权重	指标	权重	石漠化治理技术	权重
石漠化治理技术评价	技术成熟度	0.2241	技术完整性	0.3665	技术结构 D1	0.561
					技术体系 D2	0.439
			技术稳定性	0.3944	技术弹性 D3	0.383
					可使用年限 D4	0.617
			技术先进性	0.2391	创新度 D5	0.487
					领先度 D6	0.513
	技术应用难度	0.1499	技能水平需求层次	0.4818	劳动力文化程度 D7	0.375
					劳动力配合程度 D8	0.625
			技术应用成本	0.5182	技术研发或购置费用 D9	0.583
					机会成本 D10	0.417
	技术相宜性	0.2983	目标适宜性	0.2821	生态目标的有效实现程度 D11	0.498
					经济目标的有效实现程度 D12	0.307
					社会目标的有效实现程度 D13	0.195
			立地适宜性	0.3649	地形条件适宜度 D14	0.355
					水资源条件适宜度 D15	0.645
			经济发展适宜性	0.1847	技术与产业关联程度 D16	0.569
					技术经济发展耦合协调度 D17	0.431
			政策法律适宜性	0.1683	政策配套程度 D18	0.655
					法律配套程度 D19	0.345
	技术效益	0.2292	生态效益	0.4232	石漠化面积比率 D20	0.603
					林草覆盖率 D21	0.397
			经济效益	0.3591	人均纯收入 D22	0.438
					土地生产力 D23	0.562
			社会效益	0.2177	区域农户应用和发展理念 D24	0.375
					辐射带动程度 D25	0.625
	技术推广潜力	0.0985	技术与未来发展关联度	0.6578	生态建设需求度 D26	0.541
					经济发展需求度 D27	0.459
			技术可替代性	0.3422	优势度 D28	0.539
					劳动力持续使用惯性 D29	0.461

注: 目标层为"石漠化治理技术评价", 生态技术适宜效果

表 14-2　基于三级指标技术全得分推出二级指标全得分

二级指标	权重	封山育林	水保林	经果林	坡改梯
技术完整性	0.3665	4.04	4.26	4.49	4.44
技术稳定性	0.3944	4.83	4.72	4.32	4.41

续表

二级指标	权重	封山育林	水保林	经果林	坡改梯
技术先进性	0.2391	3.40	3.65	4.15	3.64
技能水平需求层次	0.4818	3.83	4.19	4.30	3.66
技术应用成本	0.5182	4.48	3.50	3.84	2.55
目标适宜性	0.2821	3.96	4.27	4.46	4.07
立地适宜性	0.3649	4.79	4.59	4.59	4.40
经济发展适宜性	0.1847	3.32	4.23	4.90	4.24
政策法律适宜性	0.1683	4.87	4.76	4.75	4.24
生态效益	0.4232	3.40	2.60	2.21	2.41
经济效益	0.3591	2.19	2.88	4.08	2.82
社会效益	0.2177	3.78	3.94	4.57	3.63
技术与未来发展关联度	0.6578	4.25	4.33	4.43	4.17
技术可替代性	0.3422	3.96	3.67	2.92	3.13

表 14-3　基于二级指标技术全得分推出一级指标全得分

一级指标	权重	封山育林	水保林	经果林	坡改梯
技术成熟度	0.2241	4.20	4.30	4.34	4.24
技术应用难度	0.1499	4.16	3.83	4.06	3.09
技术相宜性	0.2983	4.30	4.46	4.64	4.25
技术效益	0.2292	3.05	2.99	3.39	2.82
技术推广潜力	0.0985	4.15	4.10	3.91	3.81

表 14-4　石漠化生态治理技术适宜性评价结果

治理技术	封山育林	水保林	经果林	坡改梯
综合得分	3.95	3.96	4.13	3.70
排名	3	2	1	4

　　基于现有的评价指标体系和量化模型，对西畴江东小流域的四项治理技术进行了适宜性评价。各项治理技术的评价总分结果排序由大到小依次为经果林（4.13 分）>水保林（3.96 分）>封山育林（3.95 分）>坡改梯（3.70 分）。这几项技术的适宜性评价总分均处于 3.70~4.13，且差值较小，可知这几项技术在石漠化治理中均较为成熟、方便使用、适合当地使用。但相对于其他三项技术而言，石埂坡改梯技术效益相对较差，不容易推广。经果林的技术成熟度较高，技术应用难度较低，技术的地方相宜性也较高，技术效益出色，能兼顾生态、经济和社会效益，同时具有一定的推广潜力，决定了其综合适宜性得分最高。水保林具有较高的技术成熟度、相宜性和推广潜力，能保证较高生态效益的同时能兼顾一定的经济效益和社会效益，因此综合得分较高。封山育林技术应用难度低、推广潜

力大，虽然经济效益不高但生态效益显著，因此其综合得分虽比水保林的低，但实际相差不大（0.01 分）。石埂坡改梯的技术应用难度相对较高，技术效益不高，经济效益和社会效益较低，推广潜力不大，因此综合得分最低。

14.3　主要评价结论和治理措施布局

14.3.1　主要评价结论

面临的严峻的生态环境问题和经济发展困境，该流域治理以调整产业结构，发展产业开发用地为重点，同时对水土流失和石漠化进行综合治理，防止环境与灾害影响，以提高区内土地生产力。实施了围绕以蓄水、制土、造林为核心的治理体系，开展以坡改梯、封山育林、培育种植经果林、水保林等关键技术为主的石漠化生态治理技术。基于量化评价结果，结合当地治理项目实施的具体效果，对这四项技术的应用情况进行更深入的分析。

经果林得分最高，这主要是因为其投入较低但收益较高，且能有效的保水保土。但由于当地农户为了提高果树成活率，改善果树的水肥供应，对果树下面的杂草都进行了铲除，破坏了近地面的林草覆盖，加之栽植时间短，苗木本身就小，不能及时对表土进行有效覆盖，致使经果林水土保持作用受到影响。

水保林得分较高，源于其投入较少（基本没有采取整地措施）的同时能带来一定的经济收入，且能有效减少水土流失和石漠化。但由于栽植的树苗树龄小，其生态效益尚未得到很好的体现。

封山育林得分和水保林的相近，主要是由于封禁治理前期投入最少，而且由于流域内良好的水热条件有利于植被生长和恢复，依然能有效控制水土流失和石漠化的发展。

相比之下，坡改梯得分最低，主要是因为坡耕地石漠化严重，地里有很多孤石，难以进行土埂坡改梯工程，只能采用以炸石为主的石埂坡改梯。"炸石造田"巨大的经济和人力投入，在短期内难以实现效益的最大化。坡改梯工程的实施虽然增加了研究区的耕地面积，改善了当地农业生产条件，改变以往土层薄、水土易流失、耕地质量差的情况，但土地生产力决定了其长期的效益并不是很高，且建造过程中严重破坏地表原貌、财力和人力成本消耗太大。

总体来看，封山育林、经果林、水保林的生态技术治理成本低、见效快、效益高，是理想的石漠化生态治理技术。而"炸石造田"的石埂坡改梯技术虽然能立竿见影地减少水土流失，但投入太大，经济效益有限，不是一项性价比高的石漠化治理技术。

14.3.2　存在问题及治理方向

（1）坡耕地比例较高，适合进行坡改梯

流域内坡耕地面积约占耕地面积的 46.4%，其中 >15° 的陡坡耕地约占耕地面积的30%。坡耕地面积较大、陡坡耕地比例较高，同时不合理的放牧破坏了地表植被的恢复，人地矛盾突出，造成严重的水土流失，石漠化问题愈发凸显。一方面，坡耕地水土流失产生的泥沙还会淤积塘堰和沟道等，降低水利设施调蓄功能和天然河道泄流能力，影响水利设施效益的发挥，加剧洪涝灾害。另一方面，水土流失使土地更加贫瘠，减少粮食作物产量，加剧流域内的贫困。因此，流域内适合也非常有必要开展坡改梯。

（2）森林覆盖率低，适宜增加水保林面积

林地是人类利用土地资源的重要方式，对于山地地区更是如此。流域内林草植被覆盖率达 40.5%，在土地利用构成中占有重要地位，这反映了流域内作为山地为主的土地利用的一个突出特点。但是，森林覆盖率仅为 2.9%，且林下基岩裸露率较高，土地生产潜力不大，也不利于规模开发，但生态潜力较强，可通过封山育林结合人工辅助进一步恢复其生态功能。同时，流域内应增加水保林面积，对于流域内的宜林荒山荒坡都应该种植水保林。

（3）经果林面积偏小，适合推广种植经果林

流域内经果林面积明显偏小，近几年在各级政府的大力扶持下，经果林产业得到很大发展，流域属亚热带高原季风气候，适宜各种植物生长，生物资源的开发利用潜力很大，是一些经济价值很高的特用林、经果林生长的极佳地，因此，针对区内山区多的特点，还应更大范围推广经果林，充分利用规划区得天独厚的自然条件，增加土地利用中经果林的比例。

（4）基础设施不完善，适宜增加水利设施

坡耕地多分布在山腰或山脚的洪积扇区，是小流域内的主要经济作物产区，具有较大的土地生产开发潜力，也是岩溶地区农业综合开发水土流失重点治理的主要区域。但受地形条件、水资源分布等的限制，农业基础设施建设还相对比较落后，现有的水利设施老化、损毁严重，不能充分发挥有效灌溉效益。加之坡耕地几乎无配套水利基础设施，水利化程度低，使得区内耕地产出率不高，处于广种薄收的状况。需通过修建水窖等措施解决灌溉，提升整个区内农业灌溉条件。

14.3.3　治理措施布局

江东小流域治理本着重点进行生产用地的水土保持改造和生产能力提高，促进生态用地最大化和植被自然恢复的原则，进行治理措施综合布设。生产用地的水土流失主要发生在坡耕地上，规划治理中以坡改梯和经济果木林及与坡改梯相配套的坡面水系工程为重点进行综合布设；生态用地的水土流失主要发生在生产用地周边植被难以自然修复的侵蚀劣地，以及流失强度为轻度和中度以上的疏林地和荒山荒坡上，规划治理中以水保林和封禁治理为重点进行综合布设。

江东小流域治理面积 10.0km²，其中石埂坡改梯治理面积 22.37hm²，原有的 311.89hm²荒山荒坡进行水保林建设，原有的 5.46hm² 经果林扩大到 15.90hm²，原有的 649.98hm²疏幼林全部实施封禁治理。除此之外，还有小流域标志碑 1 块，封禁治理标志碑 3 块，水窖34 口，沉沙池 34 口，作业便道 0.56km，机耕道路 0.99km，下田口 28 座，沉沙井 11 口。

（1）坡改梯

在坡耕地上进行石埂坡改梯 22.37hm²。治理后的坡度在 15°以下，石坎牢固，田面平整。

（2）水保林

在土层较薄，岩石出露多的荒山荒坡和坡度较陡的退耕坡地上抚育幼林 311.89hm²，栽植墨西哥柏 311 890 株，栽植红椿 208 031 株。整地规格、苗木质量、栽植密度、栽植方法符合设计标准。

（3）经果林

在现有坡度较大并且群众自愿种植的坡耕地上种植经果林 15.90hm²，主要种植柑橘、香脆李，整地规格、苗木质量、栽植密度、栽植方法符合设计标准。

（4）封山育林

在水土流失中轻度、植被郁闭度 0.29、具有一定数量母树或根蘖更新能力较强的疏幼林地、荒山荒坡、裸露地补种墨西哥柏，采用全封或轮封的方式结合封禁治理 649.98hm²。制定封禁管理制度，由当地政府行文公告，明令禁止任何人不得擅自在封禁区内进行砍伐、采薪、割草、放牧等生产性活动，确保封禁区内林灌草防护功能迅速得到恢复。

（5）其他配套措施

1）坡面水系及水利工程。江东小流域坡改梯为无水源地块，需通过修建水窖解决灌溉。结合流域内气候情况，在坡改梯的地块内布设蓄水池，并配套修建生产道路、引水管道、沉沙池等，坡改梯地块内采取截、引的合理配置，保护农田，并可引水利用，修建 30m³ 水窖 34 口。

2）生产道路。机耕道路 0.99km、作业便道 0.56km，路面拓宽、平整、路基调平、路面砂砾石垫层、结合实际地形增设和完善道路排水沟。机耕道路沿道路内侧布置排水沟，排水沟符合当地实际情况。

3）保土耕作措施。在流域内无法退耕、土层较厚的坡耕地上进行等高沟垄耕作、间作套种、深耕等保土耕作措施 220.42hm²。

14.4　生态技术推介

根据石漠化强度、交通条件、人均耕地状况、所在坡面位置的不同获得不同石漠化治理背景类型下坡面尺度的石漠化治理技术集合。根据坡面尺度的石漠化治理技术集群和技术库层级关系，将同类技术归并，分类组合形成小流域尺度石漠化治理技术配置模式，并在此基础上提炼总结出小流域和区域尺度的石漠化治理技术配置建议。基于小流域尺度下石漠化治理技术配置的结果，以经济发展和生态建设为导向，提炼总结出区域尺度的石漠化治理技术配置建议，具体配置结果见表 14-5。

表 14-5　不同尺度石漠化治理技术配置建议

石漠化强度	交通条件	人均耕地	坡面位置	坡面尺度技术集群	小流域尺度技术配置建议	区域尺度技术综合配置模式
轻度	好	富余	坡上	造林种草技术//草本饲料/防护堤/集水储水技术//播种抗旱, 育种抗旱, 引水供水技术, 集水储水技术//防护堤/集水储水技术/小管出流灌溉	人工恢复＋饲料作物（种草育种, 发展畜牧）＋护坡植物（固氮植物篱）＋沟道防护工程＋坡面水系工程＋连坡排洪工程＋节水技术＋土壤碱改良（酸碱调节）	生态养殖＋绿色发展
			坡中	造林种草技术//草本饲料, 木本饲料//固氮植物篱/小管出流灌溉, 低压管道输水//育种抗旱, 调亏灌溉//集水储水/渠道防渗灌溉		
			坡下	造林种草技术//木本饲料//固氮植物篱/石谷坊//拦沙坝, 防护堤//拦沙/排涝技术, 集水储水技术, 引水供水技术//落水洞治理/调亏灌溉//小管出流灌溉, 低压管道输水//渠道防渗灌溉/酸碱调节剂		
		不足	坡上	造林种草技术//中药材, 饮料林, 用材林//草本饲料/抗旱植物/抗旱种植/播种抗旱, 育种抗旱//集水储水技术, 引水供水技术//条带种植/物理覆盖保灌/水肥灌/渗灌, 滴灌/小管出流灌溉, 植物修复, 菌根修复, 微生物修复	人工恢复＋经济林草＋饲料作物（种草畜牧）＋瓜蔬菜作物（新鲜蔬菜）＋花卉作物+护坡植物（经济/固氮植物）＋坡面整地工程（坡改梯）＋沟道防护工程＋坡面水系工程＋连坡排洪工程＋能源工程（太阳能小水电/节能技术＋节水技术＋土壤改良＋土壤修复（植物/动物修复, 微生物修复）	特色农业＋生态旅游
			坡中	造林种草技术//中药材, 经果林, 香料林, 饮料林, 用材料, 纤维林//经济植物篱, 固氮植物篱//坡改梯/石谷坊//引水供水技术, 集水储水, 调亏灌溉//条带种植/复种/轮作/间作//调亏灌溉/渗润灌溉, 湿润灌溉, 滴灌//水肥根灌, 深耕翻土法/绿肥培养//换土法, 植物修复, 菌根修复		
			坡下	造林种草技术//中药材/经果林, 油料林//经济植物篱, 千花精油/经济植物篱//坡改梯//引水供水技术/落水洞治理//条带种植//复种/根系分交替灌溉/湿润灌溉, 轮作/调亏灌溉//渠道防渗灌溉//有机废弃物/酸碱调节剂/化学沉淀修复, 氧化还原修复/植物修复, 动物修复, 微生物修复		
	差	富余	坡上	集水储水技术, 引水供水技术//集水储水技术, 低压管道输水	护坡植物（固氮植物篱）＋坡面水系工程＋连坡排洪＋农耕技术（少耕）＋节水技术	基础农业＋绿色发展
			坡中	固氮植物篱//播种抗旱, 引水供水技术//少耕/播种抗旱, 育种抗旱//落水洞治理/调亏灌溉/小管出流灌溉, 低压管道输水		
			坡下	固氮植物篱//拦沙排涝技术, 集水储水技术, 引水供水技术//条带种植, 育种抗旱, 播种抗旱//小管出流灌溉/调亏灌溉, 低压管道输水		
		不足	坡上	中药材//集水储水技术, 引水供水技术//条带种植, 育种抗旱, 播种抗旱, 微生物修复, 菌根修复	经济林草（中药/香料）＋瓜蔬作物（固氮植物篱）＋护坡植物（固氮植物篱）＋坡面水系工程＋连坡排洪工程＋能源工程（沼气/节能技术）＋农耕技术＋节水技术＋土壤改良＋土壤修复（植物/微生物/菌根修复）	特色农业＋绿色发展
			坡中	中药材//生物覆盖保墒, 耐储运墒//播种抗旱, 育种抗旱, 等高耕作, 沟垄耕作, 条带种植, 引水供水技术//调亏灌溉/小管出流灌溉, 低压管道输水/绿肥植物//深耕翻土法/植物修复, 微生物修复, 菌根修复		
			坡下	中药材//沼气技术/节能技术//耐储运墒//等高耕作, 沟垄耕作, 条带种植, 引水供水技术, 集水储水, 生物覆盖保墒, 落水洞治//理//沼/低压管道输水/小管出流灌溉/调亏灌溉/小管出流灌溉//深耕翻土法/植物修复, 微生物修复, 菌根修复		

续表

石漠化强度	交通条件	人均耕地	坡面位置	坡面尺度技术集群	小流域尺度技术配置建议	区域尺度技术综合配置模式
中度	好	富余	坡上	生物结皮、造林种草技术//草本饲料//防护堤/集水储水技术、引水供水技术//集水储水技术、育秧抗旱//小管出流灌溉	人工恢复（生物结皮）+饲料作物（种草种树，发展畜牧）+护坡植物+坡面整地工程（穴坑整地）+沟道防护工程+坡面水系工程+连道排洪工程+土壤技术+节水技术+土壤改良（酸碱调节）	生态养殖+绿色发展
			坡中	生物结皮、水土保持植物、造林种草技术//草本饲料、木本饲料//引水供水技术、育秧抗旱//播种抗旱、渠道防渗灌溉		
			坡下	造林种草技术//木本饲料//石谷坊、拦沙坝、防护堤//落水洞治理、调亏灌溉//小管出流灌溉、集水储水技术、引水供水技术//渠道防渗灌溉、酸碱调节剂		
		不足	坡上	造林种草技术//中药材、饮料林、用材林//石谷坊、防护堤//育秧抗旱//播种抗旱、一钵数苗//菌根修复	人工恢复+经济林树，发展畜牧+新鲜蔬菜+花卉作物+护坡植物（水土保持植物）+坡面整地工程（穴坑整地）+沟道防护工程+坡面水系工程+连道排洪工程+能源工程+农耕技术（穴状种植，节能技术）+水土保持技术+节水技术+土壤改良	特色农业+绿色发展
			坡中	造林种草技术//中药材、经果林、香料林、纤维林、饮料林//引水供水技术、集水储水技术//育秧抗旱、抗旱植物、播种抗旱//渠道防渗灌溉、绿肥植物（固土剂）、客土法//植物修复、菌根修复		
			坡下	造林种草技术//中药材、经果林、香料林、纤维林//石谷坊、拦沙坝、防护堤//花椒油、拦沙坝、小水电站//落水洞治理、调亏灌溉//小管出流灌溉、集水储水技术、引水供水技术、节能技术//渠道防渗灌溉、低压管道输水//植物修复、菌根修复、化学沉淀修复、客土法、化学吸附修复		
	差	富余	坡上	半封轮封//水土保持植物篱//穴坑整地//集水储水技术、引水供水技术//小管出流灌溉	封山育林（半封封）+人工恢复（薪）+经济林草（水土保持植物）+炭林+护坡植物（水土保持植物篱）+坡面整地工程（穴坑整地）+坡面水系工程+连道排洪工程+农耕技术（免耕）+节水技术	绿色发展+生态修复
			坡中	半封轮封//水土保持植物、薪炭林//穴坑整地//调亏灌溉//小管出流灌溉、低压管道输水		
			坡下	半封轮封//拦沙排涝技术//育秧抗旱、播种抗旱//集水储水技术//引水供水技术、低压管道输水		
		不足	坡上	中药材//穴坑整地//集水储水技术、引水供水技术//小管出流灌溉、菌根修复	经济林草（中药/香料）+瓜蔬作物（耐储运）+坡面整地工程（穴坑整地）+坡面水系工程+能源工程（沼气）+农耕技术（绿肥植物）+节水技术+土壤改良（植物菌根修复）	特色农业+绿色发展
			坡中	中药材、香料林、饮料林//耐储运//穴坑整地//调亏灌溉//育秧抗旱、播种抗旱//集水储水技术、菌根修复、植物修复		
			坡下	中药材、香料林//耐储运//一钵一苗、一钵数苗//育秧抗旱、拦沙排涝技术//集水储水技术、引水供水技术//调亏灌溉//小管出流灌溉、生物覆盖、菌根修复、节能技术、低压管道输水//植物修复、菌根修复		

续表

石漠化强度	交通条件	人均耕地	坡面位置	坡面尺度技术集群	小流域尺度技术配置建议	区域尺度技术综合配置模式
重度	好	富余	坡上	生物结皮、绿化先锋植物，造林种草技术，引水供水技术	人工恢复（生物结皮/先锋植物）+水土保持植物（种草养殖）+阔料植物（边坡防护）+坡面整地工程（穴坑整地）+坡面水系质质喷附技术+土壤改良（酸碱调节）	绿色发展+生态养殖
			坡中	生物结皮，水土保持植物，造林种草技术，引水供水技术		
			坡下	造林种草技术/植被护坡，植生袋技术，厚层基质喷附技术		
		不足	坡上	造林种草技术/中药材，用材林/草本饲料/穴坑整地/集水储水技术，引水供水技术/一苗//一钵一苗//植物修复、菌根修复	人工恢复+经济林草（中药/香料）+用材林+饲料作物（种草养殖）+瓜蔬作物（新鲜蔬菜）+花卉作物+护坡植物（边坡防护）+坡面整地工程（穴坑整地）+坡面水系连地排洪工程+连地排灌工程+能源工程（太阳能/节能技术）+坡面整地（穴状种植）+土壤改良+耕地（酸碱）+土壤修复（植物-菌根修复）	特色农业+生态养殖+生态旅游+绿色发展
			坡中	造林种草技术/中药材，香料林，用材林/草本饲料/固土法/客土法/植物修复，菌根修复		
			坡下	造林种草技术/中药材，香料林/新鲜蔬菜/盆花作物，干花精油，植被护坡/植生袋技术，引水供水技术/连地排水系统/太阳种植/太阳能节能技术/节能技术/一钵一苗/酸碱调节剂，保水剂，水土保持技术/植物修复，菌根修复		
	差	富余	坡上	全面封禁/绿化先锋植物/穴坑整地/集水储水技术，引水供水技术/休耕	封山育林（全面封禁）+人工恢复复+护坡植物+坡面整地工程（穴坑整地）+坡面水系工程+农耕地（休耕）	生态修复+绿色发展
			坡中	全面封禁/水土保持植物/穴坑整地/集水储水技术，引水供水技术		
			坡下	全面封禁/植被护坡/集水储水技术，引水供水技术		
		不足	坡上	中药材/穴坑整地/集水储水技术，引水供水技术/一钵一苗//植物修复，菌根修复	经济林草（中药/香料）+瓜蔬作+物（耐储运菜）+坡面整地工程（穴坑整地）+能源工程（节能技术）+农耕地（穴状种植）+农耕地（穴状种植）+土壤改良（植物）+土壤修复+菌根修复	特色农业+绿色发展
			坡中	中药材，香料林/耐储运菜/穴坑整地/穴坑整地/植被护坡/植物修复，菌根修复		
			坡下	中药材，香料林/耐储运菜/集水储水技术，引水供水技术，菌根修复		

注：表中第五列坡面尺度技术集群中，符号"//"表示不同属于同一个一级分类，"/"表示同属于一二级分类，","表示同属于一个二级分类下的四级分类，表示同属于一级分类但不同属于同一个二级分类。坡上部位包括活地底部，山麓和山坡下部；坡上部位包括山顶和山坡上部。坡面水系工程是一切坡面种植和生产活动必备技术，因此配置视当地具体条件和需求而定。

第15章 黄土高原罗玉沟流域水土流失治理技术效果对比分析

15.1 研究区概况

15.1.1 研究区位置

罗玉沟流域地处天水市北郊,流域中心位于105°37′E,34°38′N,处于黄土高原的南部边缘,是渭河支流藉河的一级支沟。该流域位于黄河水系的渭河流域和长江水系的嘉陵江流域交汇处,是水土流失治理的关键区域,也是"退耕还林工程"的示范区。罗玉沟流域呈狭长形,沟系分布为羽状,面积约72.8km²,主沟长21.63km,流域内有大小支沟138条。桥子沟小流域位于罗玉沟流域内部,面积2.241km²,由一对东西相邻的小流域组成,有治理管护小流域位于东侧(桥子东沟),无治理管护小流域位于西侧(桥子西沟),桥子东沟总面积1.266km²,桥子西沟总面积0.975km²。

15.1.2 自然与社会经济现状

罗玉沟流域为半干旱大陆性气候,年平均气温10.7℃,1月平均气温-2.3℃,7月平均气温22.6℃。该流域多年平均降水量554.2mm(1986~2016年),年降水量最小值330.1mm,最大值842.2mm,汛期(5~10月)平均降水量429.6mm,6~9月降水量占年降水量的60%以上,年蒸发量1293.3mm。无霜期184天,年日照时数2032h。流域内水资源主要靠降水补给,常水流量很小,流域内沟道径流以地表径流为主,沟道多为季节性洪沟,旱季无径流,雨季经常暴发山洪,形成了由5级沟道组成的树枝状水系网。罗玉沟流域内乔木均为人工植被,近年经济林发展较快,以苹果、花椒、樱桃、核桃为主。流域内乔木主要为刺槐、油松、侧柏,灌木主要为白刺花、紫穗槐、花椒等,草本植物以豆科、禾本科、菊科、蔷薇科居多,如紫苜蓿、草木樨、赖草、白草及蒿类等。

罗玉沟流域隶属天水市秦州区玉泉镇、中梁镇,以及麦积区的新阳镇。《2019年天水市国民经济和社会发展统计公报》显示,2019年末全市常住人口336.89万人,其中城镇人口142.46万人,占常住人口(常住人口城镇化率)的42.29%,乡村人口194.43万人,占常住人口的57.71%。2019年天水市粮食作物播种面积473.03万亩,油料播种面积89.56万亩,蔬菜播种面积84.69万亩,中药材播种面积23.11万亩。2019年全市农村居民人均可支配收入8439元,人均消费支出9519元,农村居民恩格尔系数为27.7%。

15.1.3　水土流失治理工程简介

罗玉沟流域水土流失治理以项目为导向,本地区近 30 年实施的主要治理项目为退耕还林工程及"黄河水土保持生态工程甘肃省天水耤河示范区项目"。退耕还林工程共两期,第一期实施时间为 1999～2008 年,第二期实施时间为 2014～2016 年,造林类型分为生态林和经济林两种。"黄河水土保持生态工程甘肃省天水耤河示范区项目"迄今为止共进行两期,第一期实施时间为 2000～2004 年,第二期实施时间为 2007～2010 年,主要治理措施包括梯田工程、林草种植(乔木林、灌木林、经济林、种草)、小型蓄排工程(水窖、涝池、谷坊、沟头防护)及淤地坝等。

15.2　生态技术筛选与评价

15.2.1　技术清单

自 20 世纪 90 年代以来,在有治理管护小流域采取了许多治理措施,包括生物措施、梯田、淤地坝等工程措施(图 15-1),在无治理管护小流域没有相关措施。在前期阶段(1990～2004 年),有治理管护小流域以植被恢复和修建梯田为主;在后期阶段(2005～2018 年),以修建淤地坝为主(表 15-1)。1990～2004 年,有治理管护小流域梯田比例大幅提高,至 25.65%,植被覆盖率提高到 33.39%。2005～2018 年,有治理管护小流域没有实施更多的植被恢复或梯田建设,修建淤地坝是主要治理措施,共修建了 19 个淤地坝,其中 2 个中型淤地坝,17 个小型淤地坝。中型淤地坝位于干流上,每个蓄水坝的蓄水量约为 23 万 m³;小型淤地坝的蓄水量为 1.93 万～2.55 万 m³。

(a)植被措施　　　　　　　(b)梯田　　　　　　　(c)淤地坝

图 15-1　有治理管护小流域的水土流失治理措施(2019 年 4 月)

表 15-1　两个小流域水土流失治理措施对比

流域	时间	植被覆盖率/%	梯田面积占比/%	淤地坝数量/座
无治理管护小流域	1990 年	3.03	2.83	0
	1990 年后新增	0	0	0
有治理管护小流域	1990 年	17.77	0.53	0
	2004 年	33.39	25.65	0
	2018 年	35.75	27.10	19

15.2.2　评价方法

15.2.2.1　数据来源

（1）气象数据

1988～2018 年的降水量数据来源于天水水土保持科学试验站及国家地球系统科学数据中心。

（2）径流、输沙数据

径流量、泥沙量来源于天水水土保持科学试验站及文献数据（陈月红，2008；晏清洪等，2013），这些径流量和泥沙量数据均由罗玉沟相关水文站观测而来。

15.2.2.2　数据分析方法

（1）径流、泥沙计算

径流模数［RM，$m^3/(km^2 \cdot a)$］代表单位面积的产流量，输沙模数［SM，$t/(km^2 \cdot a)$］代表单位面积的产沙量，含沙量代表单位径流的泥沙含量（SC，t/m^3），计算公式为

$$RM = R/A \tag{15-1}$$
$$SM = S/A \tag{15-2}$$
$$SC = S/R \tag{15-3}$$

式中，A 为流域的总面积；R 为年径流量（m^3/a）；S 为年输沙量（t/a）。

（2）Mann-Kendall 检验

本研究应用 Mann-Kendall（M-K）趋势检验和突变检验对降水量、径流量、泥沙量等指标进行分析，检验降水量、径流量、泥沙量随时间的变化趋势，以及是否有突变年份。

（3）Mann-Kendall 趋势检验

Mann-Kendall 非参数检验不需要数据遵从一定的分布，不受少数异常值的干扰，因此被广泛应用到水文气象数据的时间序列趋势分析中。设时间序列 X_i（$i=1$，2，3，…，n），先比较其与后面数值 X_j（$j=i+1$，…，n）的大小，当 $X_j > X_i$ 时，统计量记为 1，否则记为 0；然后计算统计量的总和 S 及其方差 V；最后计算趋势检验统计量 Z 值。其中，S 计算方法如下：

$$S = \sum_{i=1}^{n-1}\sum_{j=i+1}^{n} \mathrm{Sgn}(x_j - x_i) \tag{15-4}$$

$$sgn(x_j - x_i) = \begin{cases} +1 & x_j - x_i > 0 \\ 0 & x_j - x_i = 0 \\ -1 & x_j - x_i < 0 \end{cases} \tag{15-5}$$

方差 Var 的计算公式为

$$Var(S) = \frac{n(n-1)(2n+5) - \sum_{i=1}^{m} t_i(t_i-1)(2t_i+5)}{18} \tag{15-6}$$

将 S 标准化，得到检验统计量 Z 值：

$$Z = \begin{cases} \dfrac{S-1}{\sqrt{Var(S)}} & S > 0 \\[3mm] 0 & S = 0 \\[3mm] \dfrac{S+1}{\sqrt{Var(S)}} & S < 0 \end{cases} \tag{15-7}$$

假设原序列无趋势，如果 $-Z_{1-\alpha/2} \leqslant Z \leqslant Z_{1-\alpha/2}$，接受原假设；如果 $Z_{1-\alpha/2} \leqslant Z$，或者 $Z \leqslant -Z_{1-\alpha/2}$ 则拒绝原假设，即该序列变化趋势显著。$Z > 0$ 表示序列呈上升趋势，$Z = 0$ 表示序列无变化趋势，$Z < 0$ 表示序列呈下降趋势，Z 的绝对值越大，说明该时间序列的变化趋势越显著。给定显著性水平 $P<0.05$，经查正态分布表可知，对应的置信度水平 $Z_{1-\alpha/2} = 1.96$，即当 $-1.96 \leqslant Z \leqslant 1.96$ 时，变化趋势不显著；$1.96<Z$ 或 $Z<-1.96$ 时，变化趋势显著。

（4）Mann-Kendall 突变检验

Mann-Kendall 突变检验是用来检测水文气象要素变化趋势发生突变的方法。对于一个具有 n 个样本量的时间序列 X_1，$\cdots$，X_n，假设该序列无趋势，并构造统计变量 S_k，其计算方法如下：

$$S_k = \sum_{i=1}^{k} r_i \qquad k = 2, 3, \cdots, n \tag{15-8}$$

$$r_i = \begin{cases} +1 & x_j > x_i \\ 0 & x_j < x_i \end{cases} \tag{15-9}$$

式中，秩序列 S_k 是第 i 时刻数值大于 j 时刻数值的总个数。假设产生的时间序列 S_k 随机独立，近似服从正态分布，定义统计量：

$$UF_k = \frac{S_k - E(S_k)}{\sqrt{Var(S_k)}} \qquad k = 1, 2, \cdots, n \tag{15-10}$$

式中，$UF_1 = 0$；$E(S_k)$ 和 $Var(S_k)$ 分别是累计数 S_k 的均值和方差，当 X_1，X_2，$\cdots$，X_n 相互独立且连续分布时，由式（15-11）和式（15-12）算出：

$$E(S) \frac{k(k-1)}{4} \tag{15-11}$$

$$Var(S_k) \frac{k(k-1)(2k+5)}{72} \tag{15-12}$$

将时间序列 X 逆序排列再重复上述过程，同时使 $UB_k = -UF_k$（$k = n$，$n-1$，$\cdots$，1），$UB_1 = 0$。将统计量 UF_k 和 UB_k 两个统计量的正序时间序列曲线同时绘制在同一张图上，如

果 UF_k 或 UB_k 的值大于 0，表明序列呈上升趋势，反之呈下降趋势。若曲线超过临界直线（±1.96），表明上升或下降趋势显著。如果 UF_k 和 UB_k 两条曲线在临界线之间出现交点，交点所对应的时刻即是突变开始的时间。

（5）保水率、保土率计算

保土率（RR_{soil}）与保水率（RR_{water}）的计算使用 Gong 等（2014）的计算方法，计算公式如下：

$$RR_{soil} = 1 - \frac{SM_{RW}}{SM_{NW}} \times 100\%$$ （15-13）

$$RR_{water} = 1 - \frac{RM_{RW}}{RM_{NW}} \times 100\%$$ （15-14）

式中，SM_{RW} 是有管护治理小流域的年均输沙模数 $[t/(km^2 \cdot a)]$；SM_{NW} 是无管护治理小流域的年均输沙模数 $[t/(km^2 \cdot a)]$；RM_{RW} 是有管护治理小流域的年均径流模数 $[m^3/(km^2 \cdot a)]$；RM_{NW} 是有管护治理小流域的年均径流模数 $[m^3/(km^2 \cdot a)]$。

15.3　生态技术效果对比分析

15.3.1　径流模数变化分析

由图 15-2 可知，有治理管护小流域的径流模数低于无治理管护小流域，1988～2018 年，有治理管护小流域径流模数多年平均值为 5.1×10^3 $m^3/(km^2 \cdot a)$，无治理管护小流域为 13.3×10^3 $m^3/(km^2 \cdot a)$。两个小流域的径流模数在 1988 年最高，有治理管护小流域径流模数为 43.6×10^3 $m^3/(km^2 \cdot a)$，无治理管护小流域为 73.3×10^3 $m^3/(km^2 \cdot a)$。

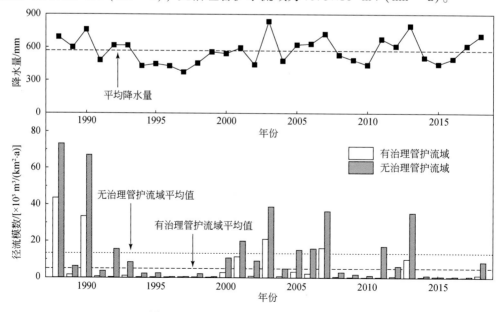

图 15-2　1988～2018 年桥子沟径流模数

表 15-2 显示，1988～2018 年，有治理管护小流域与无治理管护小流域径流模数的 M-K 检验的 Z 值均为负，但两个小流域径流模数 M-K 检验的 Z 值均在 95% 置信区间内 （$1.96 > Z > -1.96$），有治理管护小流域为 -1.70，无治理管护小流域为 -1.36。结果表明，两个小流域径流模数在 1988～2018 年有所下降，但是这种下降趋势并不显著。

表 15-2 1988～2018 年径流模数的 M-K 检验

指标	流域	M-K 检验 Z 值	趋势	显著性
径流模数	有治理管护流域	−1.70	下降	不显著
	有治理管护流域	−1.36	下降	不显著

15.3.2 输沙模数变化分析

在两个小流域中，输沙模数与径流模数的变化类似（图 15-3），有治理管护小流域的输沙模数低于无治理管护小流域。1988～2018 年，有治理管护小流域输沙模数的多年平均值为 1.4×10^3 $t/(km^2 \cdot a)$，无治理管护小流域为 4.3×10^3 $t/(km^2 \cdot a)$。1988 年无治理管护小流域输沙模数最高，为 23.8×10^3 $t/(km^2 \cdot a)$，1990 年有治理管护小流域输沙模数达到最高，为 14.9×10^3 $t/(km^2 \cdot a)$。2017 年两个小流域的输沙模数最低，有治理管护小流域仅为 $54.3 t/(km^2 \cdot a)$，无治理管护小流域为 92.4 $t/(km^2 \cdot a)$。在降水量较高的年份 （1988 年、1990 年、2003 年、2007 年和 2013 年），有治理管护小流域的输沙模数仅为无治理管护小流域的 70%、41%、34%、24% 和 19%。

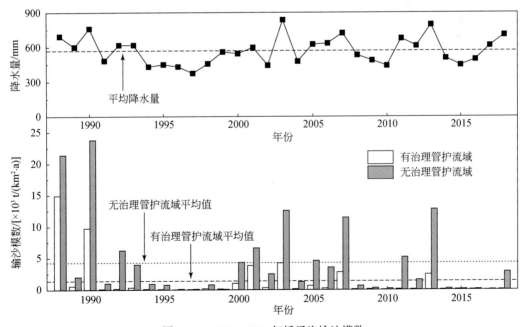

图 15-3 1988～2018 年桥子沟输沙模数

表 15-3 显示，1988~2018 年，有治理管护小流域与无治理管护小流域输沙模数的 M-K检验的 Z 值均为负，其中有治理管护小流域输沙模数的 Z 值（–2.35）显著低于临界值–1.96，而无治理管护小流域输沙模数的 Z 值（–1.73）未超过临界值。结果表明，1988~2018 年，输沙模数在有治理管护小流域下降，且下降趋势显著，而在无治理管护小流域有所下降，但下降趋势不显著。

表 15-3　1988~2018 年输沙模数的 M-K 检验

指标	流域	M-K 检验 Z 值	趋势	显著性
输沙模数	有治理管护流域	–2.35*	下降	显著
	无治理管护流域	–1.73	下降	不显著

＊代表差异显著。

15.3.3　水土保持功能分析

图 15-4 对比分析了 1988~2004 年和 2005~2018 年两个时段有治理管护措施的保水、保土效益。1988~2004 年，有治理管护小流域年均保土率为 65.6%，年均保水率为 69.7%。2005~2018 年，年均保土率为 75.4%，年均保水率为 74.4%。

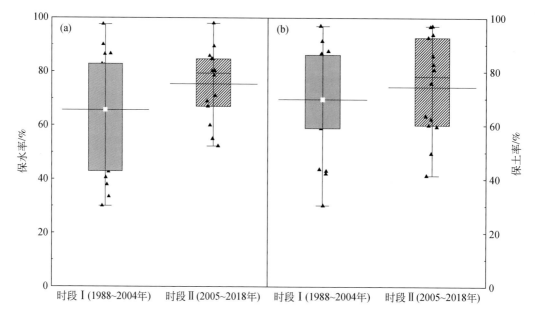

图 15-4　桥子沟流域水土流失有治理管护措施的保水保土效益

表 15-4 显示了经 M-K 趋势检验得出的保土率和保水率在 1988~2004 年、2005~2018 年两个时间段的趋势。1988~2004 年，保土率、保水率的 Z 值均为正（0.12 和 0.12），表明保土率和保水率在 1988~2004 年有所增加。但 Z 值并未超过临界值

（1.96>Z>-1.96），故此上升趋势不显著。2005～2018 年，保土率、保水率的 Z 值均为负（-1.10 和-1.20），表明在保土率、保水率在 2005～2018 年有所下降。但 Z 值并未超过临界值（1.96>Z>-1.96），故此下降趋势不显著。

表 15-4　桥子沟治理区保水保土效益的 M-K 检验

指标	时间	M-K 检验 Z 值	趋势	显著性
保水率	1988～2004 年	0.12	上升	不显著
	2005～2018 年	-1.10	下降	不显著
保土率	1988～2004 年	0.12	上升	不显著
	2005～2018 年	-1.20	下降	不显著

15.4　结论与讨论

1988～2018 年，桥子沟有治理管护小流域年径流量、年输沙量均低于无治理管护小流域，而单位径流输沙量在两个流域基本没有差异且年际变化小。在此期间，两个小流域的径流量、输沙量、单位径流输沙量均呈下降趋势，仅有治理管护小流域输沙量、无治理管护小流域的单位径流输沙量下降趋势显著。1988～2018 年，径流量和输沙量与降水量具有较好的相关性，单位径流输沙量与降水量相关性较差。随降水量上升，无治理管护小流域的径流量、输沙量增加较快。前期（1988～2004 年），有治理管护措施的保土率、保水率均高于 60%，且呈上升趋势（不显著），后期（2005～2018 年），保土率、保水率均高于 74.4%，呈下降趋势（不显著）。

在桥子沟流域，植被恢复和梯田建设带来的水土保持效益大于淤地坝建设带来的水土保持效益，这与 Wang 等（2016）的研究一致。植被冠层可以拦截降水，其错综复杂的根系能够固定和保持土壤（Liu et al.，2014；Porada et al.，2018）。许多研究表明，黄土高原大规模植被恢复带来蒸腾耗水量急剧攀升，已经引起该区域的可利用水大量减少，加剧了现有的水资源短缺（Chen et al.，2008；Feng et al.，2016；Hu Y F et al.，2019）。

淤地坝对土壤的保持效益受其大小、储量和使用寿命的影响（Ali et al.，2017；惠波等，2020），其中，中、小型淤地坝的使用寿命通常不超过 10 年。桥子沟治理小流域的淤地坝建于 2005～2006 年，这意味着它们很可能都已超过其使用寿命，这可能是研究区内淤地坝对土壤、降水保留效益相对较低的原因（Ali et al.，2017）。淤地坝有立竿见影的防洪减沙作用，但从长远来看其对水土流失的治理属于短期效应，不能从根本解决水土流失问题，且淤地坝需要定期维修和加固（Castillo et al.，2007；Zhao et al.，2017；惠波等，2020）。相反，植被恢复对水土流失的治理作用属于长期效应，能从根本治理水土流失问题。因此将淤地坝与植被恢复、梯田建设等措施结合起来，对于水土流失治理将更为有效。

1988～2018 年，有治理管护小流域的年均输沙模数显示出显著下降的趋势，而无治理管护小流域未显示出显著的下降趋势。与我们研究结果相似的是 Zuo 等（2016），他们发现皇甫川流域通过改变土地利用结构，使产水量（相当于本研究中的径流模数）和泥沙产量（相当于本研究中的输沙模数）分别下降了 25.3% 和 40.6%。Yue 等（2014）研究发现，梯田、水库、淤地坝等水土流失治理工程减少了河口镇和龙门之间黄河段的泥沙负荷量（相当于本研究中的输沙模数）。

黄河流域 20 个气象站的降水记录显示，1951~2000 年，黄河流域年降水量显著下降（Xu et al., 2010；Gao et al., 2016）。年降水量是引起黄土高原地区年径流量和年泥沙量下降的重要因素（Hu Y F et al., 2019）。然而，在本研究中，两个小流域具有相同的年降水量，且年降水量 1988~2018 年未呈现下降的趋势，因此本研究中水土流失治理措施带来的保水、保土效益显著。

植被重建应当充分考虑当地环境条件。首先，植被类型及种类的选择考虑当地土壤及气候条件，优先考虑本地物种（Fu et al., 2017；卢琦等，2020）。其次，植被种植量要合理，生态耗水量与社会经济用水量需要达到平衡，这对于实现生态系统和经济社会的可持续发展都是至关重要的（Feng et al., 2016；Ge et al., 2020）。在本研究中，有治理管护小流域的年径流量明显低于无治理管护小流域的年径流量，我们需要进一步的研究说明这种水土流失治理带来的生态收益是否超过潜在成本，以及是否需要采取进一步的措施来实现生态经济社会的可持续发展。

本研究重点关注降水量和径流量、泥沙量的关系。然而许多研究表明，径流量、泥沙量在很大程度上与单一降水事件的关系更为密切（Li et al., 2019；Bai et al., 2020）。例如，Fang 等（2011）针对万家桥流域的 40 次降水事件研究发现，其中最高的 9 次降水事件的降水总量占全部降水量的 50%，其产生的径流总量、泥沙总量分别占 40 次降水事件径流总量、泥沙总量的 58% 和 90%。因此，有必要分析单次降水事件与径流量、泥沙量之间的关系。

第16章 三江源退化高寒草地治理技术分析

本研究旨在辨识和评价三江源草地退化案例区生态技术及其效益,识别技术需求优先级。选取青海省玛多、玛沁、久治和贵南4县,利用自然生态–社会经济耦合系统及多维评价方法,结合参与式社区评估和利益相关者问卷调查方法,构建生态技术生态效益、社会效益、经济效益的评价指标体系;对生态技术、草地综合利用及生态衍生产业的生态效益、社会效益、经济效益及技术需求进行评价,提出生态治理和生态产业协同发展方案。

16.1 背景和目标

16.1.1 三江源草地退化区自然与社会经济特征

(1) 三江源概况

三江源位于我国西部、青藏高原腹地、青海省南部,为长江、黄河和澜沧江的源头汇水区,地理位置为89°24′E ~ 102°27′E,31°39′N ~ 37°10′N。行政区域涉及青海省果洛藏族自治州、海南藏族自治州、玉树藏族自治州、黄南藏族自治州全部行政区域的21个县以及格尔木市的唐古拉山镇,总面积39.5万km²[①]。气候类型为典型的高原大陆性气候,冷热两季交替,干湿两季分明,年温差小,日温差大,日照时间长,辐射强烈。气象灾害多,危害严重,常见大风、沙暴等天气。平均海拔3500 ~ 4800m,具有明显的土壤垂直地带性分布规律,其中以高山草甸土为主,沼泽化草甸土较普遍,冻土层发育。植被类型有针叶林、阔叶林、针阔混交林、灌丛、草甸、草原、沼泽等,草地植被中,高寒草甸一般分布在海拔3500 ~ 4500m,甚至更高海拔区域,高寒草原主体分布在海拔3200 ~ 3800m,高原沼泽植被分布在沼泽湿地和低洼积水地。三江源特殊的地理位置和高寒多风干旱的气候,造成其生态环境脆弱,极易遭受破坏,作为亚洲生态安全屏障,其生态环境状况影响当地和周边地区的生态功能(孙鸿烈等,2012),如水源涵养、生物多样性保护、水土保持和碳源/汇功能,而且对南亚和东南亚国家生态安全和区域可持续发展也具有不可忽视的作用。

根据第七次全国人口普查数据,2020年底,三江源行政区域内总人口为136.60万人。经济以草地畜牧业为主,但生产水平相对较低,生产方式落后,社会经济基础薄弱。青藏高原牧民的生存高度依赖草地生态环境,因而存在生计单一化、低水平等问

---

① 《青海三江源生态保护和建设二期工程规划》(2013 ~ 2020年)。

题，当地牧民较少直接参与生态环境保护和决策制定过程（Shen and Tan，2012）。三江源生态环境问题主要表现为草地退化与沙化加剧，水土流失日趋严重，草原鼠害猖獗，源头产水量减少，生物多样性急剧萎缩，保护管理难度大等（赵新全等，2011；邵全琴等，2012）。

（2）案例区概况

本研究的案例区选择位于黄河源的青海省果洛藏族自治州玛沁、久治、玛多和海南藏族自治州贵南4个县，并在其重点生态退化治理区开展参与式调研（表16-1）。受全球气候暖干化、过度放牧及鼠害和经济发展等因素影响，该区高寒草地退化明显，黑土滩治理形势严峻。研究区农牧业人口占比70%以上。

表16-1 三江源案例区基本情况

州名	县名	平均海拔/m	草地类型（占比/%）	人均收入/(元/a)
果洛	玛多	4420	高寒草甸（41） 高寒草地（30） 高寒沼泽（28）	4606
	玛沁	4312	高寒草甸（43） 高寒沼泽（30）	6083
	久治	4146	高寒草甸（72）	4065
海南	贵南	3368	山地草地（50） 高寒草甸（43）	6800

在对三江源草地生态系统保护和恢复过程中，主体功能区的划分在分区、分类保护和治理中起到了重要作用。主体功能区划的理念是遵循自然规律，尊重自然、顺应自然、保护自然，根据不同国土空间的自然属性确定不同的开发方式和开发内容；区分不同国土空间的主体功能，根据主体功能定位确定不同区域差异化发展方向和主要开发任务；增强生态产品生产能力，规范开发秩序；有利于从源头扭转生态环境恶化趋势，实现可持续发展。因此，基于主体功能区划的生态技术需求评估，为开展生态治理和提出生态产业协同发展方案提供科学依据。

根据2014年青海省政府印发实施的《青海省主体功能区划》，考虑不同区域的资源环境承载能力、现有开发强度和未来发展潜力，研究区涉及三类主体功能区。

1）重点开发区域：调研的乡镇包括贵南县塔秀乡、森多乡和过马营镇。该区强化对经济增长、吸纳人口、质量效益、产业结构、资源消耗、环境保护以及基本公共服务覆盖面等方面的评价，发展目标是成为特色农牧业产业化基地。

2）限制开发区域：调研的乡镇包括玛多县花石峡镇，玛沁县大武镇、大武乡、东倾沟乡，久治县白玉乡、门堂乡。农产品主产区强化对农产品保障能力的评价；重点生态功能区主要考核大气和水体质量、水土流失和荒漠化治理率、森林覆盖率、草场植被盖度、草畜平衡、生物多样性保护等指标。发展目标是建成全国重要的生态安全屏障，积极发展生态畜牧业、高原生态旅游业和民族手工业。

3）禁止开发区域：调研乡镇包括玛多县扎陵湖乡、玛查里镇，玛沁县下大武乡、雪山乡，久治县索乎日麻乡、哇尔依乡。主要考核依法管理的情况、自然保护地和遗产地等保护对象的完好程度以及保护目标实现情况等内容。发展目标是保护重要的自然生态、历史文化区域，严格控制人为干扰。

16.1.2　三江源退化高寒草地治理生态技术清单及其分析

国务院批准实施的《青海三江源自然保护区生态保护和建设总体规划》（2005～2010年）和《青海三江源生态保护和建设二期工程规划》（2013～2020年），旨在遏制生态环境恶化，包括鼠害防治、退耕还林、退牧还草、建设养畜、黑土滩治理、草原防火等22项工程措施，从生态保护与建设和农牧民生产生活保障等方面改善当地的生态环境及生存条件。研究区主要的生态恢复工程和措施如下。

1）退牧还草工程：自2003年开始针对退化草地逐步实施以草定畜，严格控制载畜量，进行草场围栏封育，禁牧、休牧、划区轮牧，恢复草原植被，解决农牧民可持续生计问题。自2011年起，围栏建设政府投资补助20元/亩（其中中央占80%，县及县以上地方配套20%）。自2016年起，草原奖补10～12元/亩，草畜平衡补贴2.5元/亩。

2）黑土滩治理工程：针对植被盖度30%以下的、坡度较缓、土层较厚、海拔相对较低的"黑土型"退化草地①，在不破坏或少破坏原有植被的前提下，采用机械作业方式补播适宜高寒草甸和草原生长的多年生禾本科优良牧草，结合鼠害防治、禁牧（补播第1年至第2年返青期）等措施，达到退化草地治理和改良的目的。补播的草种主要有中华羊茅（*Festuca sinensis*）、早熟禾（*Poa annua*）、垂穗披碱草（*Elymus nutans*）和燕麦（*Avena sativa* L.）等，草地补播政府投资补助20元/亩。

3）草原有害生物防控工程：针对鼠害危害草地，用生物毒素大规模集中连片灭治，连续巩固3年，大面积防治后，日常用鼠夹捕杀。同时，在草场上设置招鹰架和鹰巢，为鹰类提供居住环境，增加鼠类天敌。目前仍以生物毒素灭鼠为主，此外还包括草原虫害防治和毒草地治理。

4）建设养畜：为降低天然草地放牧压力和解决草畜矛盾，在一般保护区人工种植青稞（*Hordeum vulgare* L. var. nudum Hook. f）和燕麦，经整地、施肥等田间管理，在收获期刈割饲草或青干草；新鲜牧草置于厌氧环境下经过乳酸发酵、加工，制成多汁、耐储藏的饲料。自2011年起，人工饲草地建设中央投资补助160元/亩；为实施退牧还草的牧户建设舍饲棚圈，中央投资补助3000元/户。

5）生态移民工程：本着"政府引导，牧民自愿"的原则，将草地重度退化或生态环境极度脆弱地区（海拔4500m以上）的牧户集中或分散安置在青海本省乡镇以及县城或州政府所在地。政府通过发放移民资金补贴、组织创业技术培训和设立生态管护员岗位等，确保迁出移民重新定居后的顺利转产转业。

研究结果显示，三江源退化草地生态治理主要采用人工草地、草地松耙、人工补播等

---

① "黑土型"退化草地是指青藏高原海拔3700m以上的高寒环境条件下，以嵩草属为建群种的高寒草甸草场严重退化后形成的一种大面积次生裸地或原生植被退化呈丘岛状的自然景观，俗称黑土滩。

单项技术，或者几种技术的综合使用（技术模式）。

（1）单项技术

三江源退化草地生态治理单项技术主要包括人工草地、牧草选育和毒杂草防除 3 项生物类，化学+生物鼠害防治 1 项工程类，草地松耙、人工补播、草地施肥、草地刈割 4 项农耕类，载畜量管理、围栏封育、生态补偿、合理放牧利用等 9 项其他类，共计 17 项（图 16-1）。不同技术的定义、工艺、作用原理、适用范围、技术特点和难点以及效果评价均有所差异（表 16-2 和表 16-3）。例如，在牧草选育技术方面，我国三江源区牧草的引种和驯化栽培源于 20 世纪 60 年代初，经过多年的研究筛选培育出适宜高寒草甸区的牧草品种，包括多年生牧草如垂穗披碱草、中华羊茅和早熟禾，以及一年生牧草如燕麦和芜青（*Brassica rapa* L.）。通过对牧草的越冬率、覆盖度、生育物候期、产量及群落结构观测，共筛选出适应性较强的 17 种作为三江源区"黑土型"退化草地植被恢复适宜的草种。

图 16-1　三江源生态治理单项技术云图

我国在补播技术方面的研究区域主要集中在青藏高原高寒草甸，尤其是"黑土型"退化草地。补播的物种包括细茎冰草（*Agropyron trachycaulum* cv. Slender）、垂穗披碱草、无芒雀麦和冷地早熟禾以及驴食草、紫苜蓿等豆科牧草。此外，三江源地区适宜的补播时间多在 5 月上旬至 6 月上旬，草种上繁草主要为垂穗披碱草、老芒麦，下繁草主要为青海草地早熟禾、青海扁茎早熟禾、早熟禾、星星草、碱茅、中华羊茅。单播时上繁草的播种量为 $30\sim45kg/hm^2$，下繁草为 $10\sim15kg/hm^2$；混播时上繁草的播种量为 $20\sim30kg/hm^2$，下繁草为 $8\sim10kg/hm^2$（表 16-2）。

围栏封育适合轻度、中度、重度退化的天然草地，一般应根据当地草地面积及草地退化的程度进行逐年逐块的轮换封育，轻度退化草地禁牧封育需要 $2\sim3$ 年的时间，中度退化草地需要封育 5 年左右才能使其植被恢复到初始状态。围栏主要是为了防止家畜进入封

表 16-2　三江源生态治理单项技术及其特点

技术名称	技术类型	定义	工艺描述	作用原理	适用范围	技术特点	技术难点/存在问题	效果评价
人工草地	生物	人工种植适生草种植物形成的草地	对于重度和极度"黑土型"退化草地通过建植栽培、半栽培的手段进行恢复	可改善植物—土壤的根际环境条件,使草地土壤功能恢复或改善	地势相对平缓开阔,土壤质地和水热条件较好的退化草地	对草地植被恢复和土壤功能改善效果明显	因地制宜地选择适生植物,保证植被成活率	能够快速恢复植被,且提供优质高产的牧草
草地松耙	农耕	在不破坏天然草地植被的情况下,对草皮层进行划缝切割的一种草地培育措施	深度一般以 10～20cm 为宜,行距以 20～40cm 为宜,最好在旱春土壤解冻 2～3cm 时进行;采用缺口重耙耙地 2 遍,耙地深度 13～18cm	清除草地上的枯枝残株,以利于新的嫩枝生长;松耙表层土壤,有利于水分和空气的进入;消灭葡匐性杂草和高生杂草	干旱区的退化草地	用于根茎禾草或根茎疏丛型的退化草地恢复	松耙深度与行距	提高土壤通透性,有利于草地的人工补播下种和人工土补播的种子入土出苗
人工补播	农耕	在不破坏或少破坏原有植被的前提下,补播适宜生长的优良牧草	补播时间多在 5 月上旬至 6 月上旬,草种主要为垂穗披碱草、老芒麦、青海草地早熟禾、星星草、碱草、早熟禾、中华羊茅。单播时以早熟禾的播种量为 30～45kg/hm²,混播时为 10～15kg/hm²;繁草为 10～30kg/hm²,土繁草的播种量为 20～30kg/hm²,下繁草为 8～10kg/hm²。补播草地第 1 年补播后至第 2 年的返青期绝对禁牧,此后可放牧	提高了草群高度、植被盖度和地上生物量,且禾草类生物量一直都占据主要部分,草地的经济价值得以提高	土层较厚、地势平坦的撂荒地和裸露面积较大的中度退化草地或重度退化退化草地	与补播地段土壤环境条件的优劣密切相关,补播前应对应草地面面和牧草种子进行施肥、短芒等技术处理(辛玉春,2014)	影响原生植被种间竞争关系,补播后的物种丰富度无规律性(王庆华和施万忠,2015)	可明显改善高寒退化草地地上和地下生物量,有效增加禾草类和莎草类植被,补播 3 年后,土壤表层物理性状,养分以及土壤微生物含量有所增加
草地施肥	农耕	为改善草地土壤肥力实施的人工措施	以含氮量为 46% 的尿素或牛羊粪为主。氮肥的施用量为 34.5～51.75kg/hm²,牛羊粪为 15000～30000kg/hm²。以追肥为主,雨前撒施,可进行条施或应用施肥机施肥。6 月中旬至 7 月上旬牧草返青后期为宜	恢复退化草地植物群落多样性,提高草地生产力	土壤贫瘠的退化草地	施肥时间与施用量对效果影响较大	需准确把握施肥量	有效提升土壤肥力,改善土壤质量

续表

技术名称	技术类型	定义	工艺描述	作用原理	适用范围	技术特点	技术难点/存在问题	效果评价
载畜量管理	其他	一定放牧时期内，一定草原面积上，在不影响草原生产力及保证家畜正常生长发育的同时所能容纳放牧家畜的数量	—	生态平衡条件下的最大放牧率	已有放牧地和潜在放牧地	以草定畜	难以量化，管理困难	缓解放牧压力，提高草地生产能力
化学+生物鼠害防治	工程	采用化学和生物相结合的方法，加大防治规模和力度，坚持综合防治，连片治理，实现草原灭鼠	轻度区：招鹰墩+草地浅耕翻耙，补播改良；严重区：药物灭治+招鹰墩+补播改良+计划放牧或禁牧封育，以达到长期控制害鼠密度的目的	天敌和药物相结合进行灭鼠；改良草地，减少鼠类食源和栖息空间	鼠害频发的退化草地	见效快	避免形成二次环境污染	植被盖度提高40%~50%，产草量增加1565.7kg/hm²，草地植被由含杂类草地演替为以小嵩草、矮嵩草为主的草地类型
牧草选育	生物	引种和驯化栽培适合的牧草，是维持草地生态系统平衡的有效措施	20世纪60年代初进行牧草的引种和驯化栽培，发现垂穗披碱草、中华羊茅和冷地早熟禾等多年生牧草、燕麦和芜青等一年生牧草适宜于高寒草甸区	种植多年生牧草，在几年内可形成致密的草皮，有效地抑制杂草	退化草地	关键草种筛选以及牧草混播的播种量，播种方法尤其重要	成本高，周期长	鲜草产量增加了9130.92kg/hm²，牧草高度60~80cm，植被盖度提高30%~60%
围栏封育	其他	利用网围栏将沙化草地封闭一定时期，并禁止人为活动，使放牧草地休养生息，提高草地生产能力的技术	围栏与放牧、植被、生物多样性、植物物种丰富度应等内容	轻度退化草地禁牧封育需要2~3年，中度退化草地需要封育5年左右才能使其植被恢复到初始状态	适用于天然草地、人工草地以及自然保护区等的网围栏和刺丝围栏建设。中度退化草地的自然恢复	投资少，见效快，简便易行，适宜大面积推广（辛玉春，2014；赵燕等，2017）	过长时间的围栏封育可能会对草地生物群落产生不利影响，恢复期长	封育当年植被盖度、高度和地上部分生物量分别平均提高20%~40%、5~10cm和40%~50%；封育3年后分别平均提高108%~120%、15~25cm和140%~150%，植被有效恢复，草地荒漠化得到有效防治

续表

技术名称	技术类型	定义	工艺描述	作用原理	适用范围	技术特点	技术难点/存在问题	效果评价
草地刈割	农耕	模拟放牧的一种有效手段，不仅直接关系到当年收获干草的数量和品质，而且也间接影响到以后草地质量的维持和提高	每年的 8 月 1 日、8 月 15 日、9 月 1 日、9 月 15 日刈割，定样方面积为 1m×1m，5 次重复，留茬高度 5cm	保持组分种群的相对恒定，对群落组成结构、土壤养分含量、地上生物量及营养元素的储存和分配等产生良好影响	退耕地、弃耕地或肥水条件很好的荒草地	适宜的刈割时期、刈割频次和刈割留茬率高度是技术要点	不同的留茬高度、刈割频次与刈割时期，会使草地生产力、植被被割草群落多组成与群落多样性发生改变	刈割对高寒草甸植被生长特征的影响，在初期开始加强，但随着时间推移，显著提升种群丰富度，但对群落生物量无显著影响
生态补偿	其他	以政府为主导，市场交易易为基础，生态评估作为参考，由监督机构进行监督反馈，社区牧民参与，补偿主体和补偿方式多样性的草地生态补偿机制。补偿途径包括货币补偿、实物补偿、智力补偿和技术补偿等	生态补偿机制的补偿主体为政府部门（中央政府和牧区政府）、政府企业和社区；补偿客体为牧区政府和牧民	依据"破坏者付费、使用者付费、受益者付费、保护者得到补偿"的原则，生态补偿的主体根据补偿利益相关者在特定保护生态事件中的责任和地位加以确定	退化生态系统	包括政策制定、政策实施和政策反馈三个阶段	未形成统一的补偿标准和机制	有利于实现生态资源可持续利用，优化社会经济配置，提高效率，促进生态环境保护和区域的协调发展
生态移民	其他	因自然环境恶劣或其承载能力不堪重负，当地不具备就地扶贫的条件而将当地人整体迁出	政府主导型移民	解决地区条件恶劣及其难度大的问题；解决生态环境重大的问题	自然环境脆弱，不适合过多人为干扰的区域	规模大，投资多，成本高	移民后的管理、监测与发展	阻止生态脆弱区环境的进一步恶化，缓解人口、资源与环境的矛盾
合理放牧利用	其他	试验地放牧强度依据当地牧草畜平衡放牧标准设置，牧草利用率为 30% 为轻度放牧	可以提高根际及根外微生物根系活性，并进一步刺激激植物根系产生大量分泌物，保护植株或提高高寒植物生长、促进生物量的提高	防治停止放牧或管理恢复后出现大量无价值的灌草丛	轻度和中度退化草地	须进行长时间动态监测，判断放牧强度	监管困难，对农牧户要求高	有效利用草场资源，增加养殖户收入，实现生态建设和经济增长的双赢目标

续表

技术名称	技术类型	定义	工艺描述	作用原理	适用范围	技术特点	技术难点/存在问题	效果评价
禁牧/休牧/轮牧	其他	为解除因放牧对植被产生的压力，改善植物生存环境，促进植物（恢复）生长，长期/短期禁止放牧利用	一般要求有围栏设施，围栏建设应符合《草原围栏建设技术规程》(NY/T 1237—2006)的规定	植被围封保护，禁止放牧、刈割，使草场逐渐复原	过度放牧而导致生态环境严重恶化的草地	经济、简单高效	影响当地农牧民的生产生活，成本高，见效慢	可使牧草休养生息，提高草地生产能力
毒杂草防除	生物	防除以醉马草、黄花棘豆、狼毒、黄帚阔叶毒草等为主的毒杂草植物	选择性放牧等生物学除草法以及化学药物除草法	在毒草最佳生物候期（7月下旬至8月上旬）用浓度0.3%草甘膦对毒草集中密集喷撒	草皮聚结、土壤板结、通气透水性差的高寒草地	对可食牧草和非靶标生物安全；药剂利用的有效成分残效期短，对环境无污染	短期内无法改变草群结构	平均灭毒杂草97.6%，第2年根部腐烂率达100%，植被盖度提高到35%，优良牧草产量增加360kg/hm²
暖棚养羊	其他	建立暖棚减少牲畜体能热量消耗	—	在高寒牧区冷季利用暖棚养羊可减少牲畜体能热量消耗，便于畜群集约管理，提高生产力	高寒草地		农牧户参与积极性低；政府统一规划建设的力度不够	成畜死亡率下降6.86%，仔畜成活率提高15.8%，产毛量提高0.21kg，羔羊平均增重4.57kg/只，提高资源利用率，减轻草地压力
自然恢复	其他	自然维持自身生态平衡，由干扰状态恢复至原始状态的能力	自我恢复	自然的自我修复能力	具有一定恢复能力的退化区	减少人为干扰	恢复周期长	恢复草地生产能力，维系草地生态系统平衡
舍饲养殖	其他	有重点地选择基础条件较好的养殖户，引导建设家庭牧场，走集约化、科学化、规范化的现代化的养畜之路的养殖模式	对草食家畜进行圈养，通过科学的饲养方式，提高畜产品产量，使性畜增长增重，采取退牧还草补贴，牧民建设性畜棚圈、建设饲草料基地和改良品种等	提高动物适应性，快速繁殖，提高养殖户的经济效益	因过度放牧形成的退化草地	养殖成本低，经济效益高	标准化舍饲养殖棚圈的建设成本高；农牧户养殖积极性降低，导致性畜的存栏量与草棚面积减少	增加牧草产量，提高牧草品质

表16-3　三江源生态治理技术模式及其特点

模式名称	工艺描述	技术组成	提高产量/收入	防风固沙	水源涵养	土壤保持	生态维护	荒漠化	退化草地	轻度	中度	重度	技术来源	技术发展阶段
			实施效果					适用退化类型		适用退化程度				
草原草甸区原生植被恢复保护模式	封山与抚育相结合，退耕退林还草工程、生态移民、生态建设与生态补偿机制	轮封轮牧、鼠害防治、补播、生态移民+生态补偿			√	√	√					√	周华坤等，2003	成熟
高寒草甸"黑土型"退化草地综合治理模式	采用植被重建为主的人工恢复技术，以刈割利用为目的，选择一年生或多年生牧草草种，在坡度小于7°的退化草地上建植刈用型人工草地；以家畜放牧利用为目的，选择适口性好、耐牧性强的草种，在坡度小于25°的滩地和缓坡地退化草地及改良的放牧型人工草地；建植及改良的生态型人工草地	鼠害防治、草地翻耕、刈用型草地、放牧型草地、生态型草地、封育+禁牧、生态移民		√		√	√		√	√	√	√	国家林业局，2016	成熟
家畜饲养两段技术模式	通过"暖季放牧+冷季舍饲补饲、育肥"的两段式生产模式，加快性畜出栏，减少天然草场减压增效的目的	畜棚养殖、划区轮牧、人工草地合理放牧、农牧复合种植、饲草品种选育	√			√	√		√		√		科学技术部，2012	较成熟
牧草越冬管护技术模式	初霜前（人工牧草留茬或间刈割）一越冬前后（施肥、灌水、助干保温防寒）一仲冬期间（采用烧燃、熏蒸、施用化学保温剂及加盖覆盖物等措施防寒越冬）一返青前（焚烧枯枝残茬）	围栏养殖、轮牧、封育、牧草刈割、草地施肥		√	√	√			√	√	√	√	技术库*	较成熟
轻度退化高寒草地恢复模式	采用减牧放牧压为主的近自然恢复技术	自然恢复、合理放牧利用、载畜量管理		√	√	√			√	√			技术库	较成熟
中度退化高寒草地恢复模式	采用半自然恢复技术，可通过补播牧草、建成放牧型半人工草地。在草种选择上以中华羊茅、星星草、冷地早熟禾和扁茎早熟禾为主。该地早熟禾和扁茎早熟禾的农艺流程为拦肥一围栏一施肥一撒播一轻耙一施肥一镇压模式，适当混播上繁草种。该地补播混播上繁草种拦肥一撒播一耙糖覆土一镇压	人工草地、生态移民、生态补偿、封育+补播+灭除杂草+施肥		√	√	√			√	√	√	√	技术库	较成熟

续表

模式名称	工艺描述	技术组成	实施效果					适用退化类型		适用退化程度			技术来源	技术发展阶段
			提高产量/收入	防风固沙	水源涵养	土壤保持	生态维护	荒漠化	退化草地	轻度	中度	重度		
重度退化高寒草地恢复模式	采用免耕补播和有害生物防控为主的半自然恢复技术，播种深度大粒种子为2~3cm，小粒种子为0.5~1cm，需用化肥或牛羊粪作基肥，氮肥的施用量为30~60kg/hm²，磷肥的用量为60~120kg/hm²，牛羊粪用量为22 500~30 000kg/hm²	鼠害防治、施肥、禁牧、毒草防除、免耕补播、封育	√		√	√	√		√			√	技术库	较成熟
天然草地退化治理模式	退化严重草地采用松耙+补播（垂穗披碱草37.5kg/hm²）+底肥（尿素112.5kg/hm²，磷酸氢二铵37.5kg/hm²）；中度退化草地采用松耙+补播+防除毒杂草+施肥（实施第2年）；轻度退化天然草地采用封育+施肥（实施第2年施尿素150kg/hm²）	松耙+补播+防除毒杂草+施肥、封育+施肥	√		√	√			√	√	√	√	技术库	较成熟
高寒沙化草地综合治理模式	封育期间禁止放牧、刈割，使草场恢复；灭除以醉马草、黄花棘豆、狼毒、黄帚橐吾等阔叶草为主的毒杂草植物；采用生物和化学防治相结合的方法，坚持综合防治、连片治理、灭除鼠害；冷季利用暖棚集约管理，减少牲畜个体能热量消耗，便于畜群集中育肥，提高生产力	禁牧封育、毒杂草防除、化学+生物鼠害防治、牧草选育、暖棚养羊	√			√		√		√	√	√	技术库	较成熟
鼠害综合防治模式	人工草地建植优化农艺措施，主要是灭鼠、翻耕一耙磨一撒播（或条播）一镇压等工序	草地翻耕+松耙+围栏、封育+划区轮牧、化学+生物鼠害防治	√		√	√	√		√	√	√	√	刘晨，2003	成熟

续表

模式名称	工艺描述	技术组成	实施效果					适用退化类型		适用退化程度			技术来源	技术发展阶段
			提高产量收入	防风固沙	水源涵养	土壤保持	生态维护	荒漠化	退化草地	轻度	中度	重度		
退化草地改良与恢复模式	采用封育以及人工辅助更新方式进行恢复，以控制载畜量+施肥+毒杂草防除为主	草地松耙+施肥+围栏+补播、化学+生物鼠害防治、毒杂草防除、牧草刈割+青肥，载畜量管理			√	√	√		√			√	马玉寿，2006	成熟
退化草地围栏封育技术模式	轻度退化草地封育 2~3 年后可恢复至初始状态，中度退化草地则需 5~8 年，而重度退化草地，由于草地植物群落中优良牧草几乎消失，自然繁殖更新能力极低，仅靠封育在短期内难以恢复至初始状态，必须采用其他改良措施，进行人工群落的配置	舍饲养殖、以草定畜、松耙+补播+防除、毒杂草+施肥、轮封轮牧			√	√	√		√	√	√	√	技术库	较成熟

* "技术库"指中国科学院地理科学与资源研究所承担的科学技术部国家重点研发计划项目"生态技术评价方法、指标体系及全球生态治理技术评价"建立的生态治理技术库。下同。

育草地。单纯的封育措施只是保证了植物正常生长发育和种子更新的机会，而植物的生长发育能力还受到土壤透气性、供肥能力、供水能力的限制。因此，在草地封育期内需要结合松耙、补播、施肥和灌溉等培育改良措施。例如，退牧还草工程起到了围栏封育的作用，但还需要解决草地和牲畜品种改良以及治沙、灭鼠治虫等问题，如不进行综合治理，退牧还草工程的生态效益和经济效益将很难显现（叶晗和朱立志，2014；张海燕等，2015）。例如，在青海达日县，由于过度放牧和严重鼠害，形成的黑土滩非常严重，如果单靠围栏禁牧恢复植被非常困难，亟须进行灭鼠、人工种草、施肥、灌溉等综合治理，否则仅靠自然恢复难以取得成效。实践中，缺少综合治理措施，围栏管理措施没有完全落实，管理难度较大。虽然大多数项目区制定了围栏管护规定，但由于各地草原监理人员数量有限，项目中又未安排围栏管理费，多数仍依靠牧民自觉自愿进行维护，因此，围栏被拆、被盗的现象屡有发生。

草地施肥以含氮量46%的尿素和牛羊粪为主，氮肥的施用量为 $34.5 \sim 51.75 \mathrm{kg/hm^2}$；牛羊粪用量为 $15\,000 \sim 30\,000 \mathrm{kg/hm^2}$。青海省地方标准《"黑土型"退化草地人工植被建植及其利用管理技术规范》（DB63/T 603—2006）对追肥也制定了相应的规范，以生态恢复为目标的黑土滩人工草地植被建成后可以不施肥。以牧用为目标的黑土滩人工草地植被，建植后的第3年起每年或隔年在牧草分蘖—拔节期追施尿素1次，总用量为 $75 \sim 150 \mathrm{kg/hm^2}$。草地施肥以追肥为主，雨前撒施，有条件时可进行覆土或用施肥机施肥。因此，施肥技术相关的研究内容主要聚焦于土壤的氮循环、改善土壤的生产力、土壤总磷、土壤营养成分、生物量以及生物多样性等方面。

草地治理需要多重外部环境和政策的配套支持。草地生态系统的独特资源和景观功能，使其具有较强的外部经济性，在退化区域治理过程中，除了采用适宜的治理技术之外，在生态补偿机制、移民政策、产业配套、资金支持等多方面需要有国家层面的政策和制度提供长期稳定保障。

分析结果显示，退化草地治理技术呈现以下趋势：从单一技术利用到多种技术综合利用；更加注重地域分异，因地制宜治理的理念得到普遍认可；精细化治理趋势明显，针对同一类型的退化草地，结合退化等级综合评价结果，按照退化程度的轻重采取不同治理方式；高科技的逐步渗入，3S技术①在草地退化分析中广泛应用，基因技术在培育和遴选优质适宜牧草中得到重视，测土配方施肥和专用肥技术在人工草地建植中受到更多重视；除单纯的治理和重建之外，发展产业经济或实行生态移民等政策，使草地恢复在产业或政策层面有了更多支持。

（2）技术模式

在退化草地的实际恢复过程中，不能只依靠一种单独的技术，通常是几种技术结合使用形成技术模式，如中度高寒退化草地一般采用"封育+补播""封育+补播+施肥""施肥"三种技术措施建立半人工草地；重度退化草地可根据草地退化程度以及当地气候和地

---

① 3S技术是遥感技术（remote sensing，RS）、地理信息系统（geography information systems，GIS）和全球定位系统（global positioning systems，GPS）的统称。

形等条件采用"封育+补播+施肥"或"建植人工、半人工草地"的模式，适用于海拔3500~4500m、年均气温在0℃以下、坡度小于25°的地方。

在调研的基础上，梳理了12项主要的三江源生态治理技术模式（表16-3），从退化程度来看，包括轻度、中度、重度退化高寒草地恢复模式以及高寒草甸"黑土型"退化草地综合治理模式4项。从退化问题来看，包括针对植被退化的草原草甸区原生植被恢复保护模式，针对鼠害的鼠害综合防治模式以及针对家畜放牧问题的家畜饲养两段技术模式和牧草越冬管护技术模式，共计4项。从退化草地类型来看，包括天然草地退化治理模式和高寒沙化草地综合治理模式2项，此外，还有退化草地改良与恢复模式和退化草地围栏封育技术模式2项针对性较强的治理模式。

16.1.3　生态技术模式配置目标

为实现恢复生态环境、提升生态功能、提高资源环境承载力、扶贫减贫、实现绿色可持续发展等生态文明建设目标，针对不同类型和不同程度的退化草地配置相应的技术模式，包括优良牧草的筛选与人工草地建植、鼠害综合控制、牲畜管理等（赵新全等，2011）。针对三江源典型生态系统退化问题和已有治理措施，本研究辨识和挖掘了适用于不同条件的生态技术及其配置模式，以满足生态文明建设需求（图16-2）。

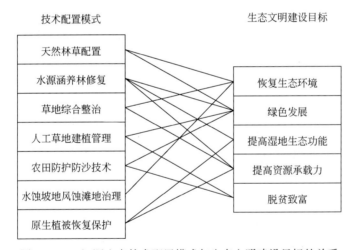

图16-2　三江源生态技术配置模式与生态文明建设目标的关系

16.2　基础数据和研究方法

16.2.1　基础数据

（1）空间数据

为了分析植被覆盖的变化，使用了2000~2016年 MOD13Q1：MODIS/Terra Vegetation

Indices 16-Day L3 Global 250m SIN Grid NDVI 遥感影像（https：//ladsweb. modaps. eosdis. nasa. gov）。研究区行政区划边界从全球变化科学研究数据出版系统获取（张镱锂等，2014）。使用光能利用率模型卡内基－埃姆斯－斯坦福方法（Carnegie-Ames-Stanford Approach，CASA）计算的草地净初级生产力、1km×1km 网格的土地利用和县界的 shp 格式数据均来自中国科学院资源环境科学与数据中心。使用 ENVI 和 ArcGIS 软件进行数据处理与空间分析。

（2）调研数据

2017 年 7 月 19 日～8 月 6 日，研究团队前往三江源区青海省果洛藏族自治州和海南藏族自治州的玛沁、久治、玛多、贵南等重点生态退化治理区开展参与式调研，同时以专家、机构座谈（15 人次）和牧户问卷调查（195 户）等形式深入了解高寒草地生态系统退化等问题的演变趋势、生态治理现状与效果、生态技术研发应用和技术需求情况，获取数据图件资料 20 余套，收集研究区生态衍生产业及社会经济数据，辨识三江源草地退化治理现有的生态技术模式。

16.2.2 研究方法

（1）空间分析

将 2000～2016 年逐年生长季的 NDVI 遥感影像进行大气校正和几何校正处理，生长季影像使用为 3 月底至 8 月数据（张宪洲等，2015）。使用最大值合成法计算 NDVI 年平均值，运用二元模型（李苗苗等，2004）计算研究区植被盖度（fc）：

$$fc = (NDVI - NDVI_{min}) / (NDVI_{max} - NDVI_{min}) \quad (16-1)$$

式中，NDVI 表示像素的 NDVI 值；$NDVI_{min}$ 和 $NDVI_{max}$ 分别表示贫瘠土壤和植被的 NDVI 值。本研究中，$NDVI_{min}$ 和 $NDVI_{max}$ 分别通过 NDVI 值 5% 置信区间的下限和上限计算得到（李苗苗等，2004）。使用 ArcGIS 的 Cell Statistics 工具计算 2000 年实施治理和恢复工程以来的期初（fc_b）和期末（fc_c）的植被盖度。

使用 ArcGIS 的栅格计算器计算植被盖度变化：

$$\Delta fc = fc_b - fc_c \quad (16-2)$$

式中，Δfc 表示植被盖度的变化；fc_b 和 fc_c 分别表示期初和期末的 fc 值。

采用自然断点法将 fc 值分为 5 类：Ⅰ为极低覆盖（fc<10%），Ⅱ为低覆盖（fc = 10% ～30%），Ⅲ为中等覆盖（fc = 30% ～50%），Ⅳ为高覆盖（fc = 50% ～70%），Ⅴ为极高覆盖（fc>70%）。

使用标准偏差法将 Δfc 分为 5 类：显著增加（Δfc > 0. 10），轻微增加（Δfc = 0. 01 ～0. 10），无变化（Δfc = -0. 01 ～0. 01），轻微减少（Δfc = -0. 10 ～ -0. 01），显著降低（Δfc < -0. 10）。为了避免极端年份气候的影响，分别使用 2000～2005 年的 NDVI 年平均值和 2011～2016 年的 NDVI 年平均值作为期初值和期末值。

（2）构建评价指标体系

根据三江源草地生态系统退化区高寒气候和生态经济系统特征，通过专家咨询、实地调研和问卷调查，结合文献资料中的常用指标，基于典型性、系统性、可比性和数据可获取性原则，定量和定性指标相结合，构建生态技术与生态衍生产业的社会经济效益评价指标体系，该指标体系能较为全面地反映研究区生态恢复的社会经济效益（表 16-4）。

表 16-4　生态技术与生态衍生产业的社会经济效益评价指标体系

	类型	指标	指标描述	单位
社会效益指标	客观指标	就业岗位	生态技术实施（包括衍生产业）所带来就业岗位数量	个
		贫困人口	对当地精准扶贫的贡献	户
		受教育年限	受教育程度	年
		知识和技能掌握	当地居民参与知识和技能培训次数	次
		恩格尔系数	食物支出金额在总家庭支出金额中所占的比重	%
		减轻自然灾害	减少自然灾害损失	万元
		基础设施改善投入	基础设施建设（如道路、住房、医院、垃圾处理）情况	万元/人
		生态治理居民参与度	当地居民参与生态治理的人数	人
	主观指标	生活环境满意度	居民生态环保意识提高程度	定性
		生活水平满意度	居民对生活水平满意程度	定性
		社会关系和谐度	生态技术对社会关系影响	定性
		对生态恢复工程的认知度	当地居民知晓并了解生态恢复的人数比例	%
		参与意愿	当地居民愿意参与生态恢复的人数比例	%
		习俗与文化传承	生态技术对当地宗教习俗与文化传承影响	定性
经济效益指标	区域尺度	生产资料投入	实施生态恢复所需的设备、工具、原料等	元/单位面积
		劳动力投入	实施生态恢复所需的劳动力投入	人月/单位面积
		传统产业经济产出	畜牧业与种植业产出、农产品品质改善程度（产值）	元/单位面积
		衍生产业经济产出	衍生产业（如旅游业）所产生的经济效益（产值）	元/单位面积
		收益/成本比率	单位面积经济收益和成本的比值	元/单位面积
	农牧户尺度	居民养殖纯收入	包括出售牛羊、奶制品、动物毛绒制品等纯收入	元/(a·户)(人)
		居民补贴性收入	补贴性收入包括退耕还林、退牧还草、扶贫政策所涉及的补贴	元/(a·户)(人)
		居民非农业收入	工资性收入和家庭经营性收入（如出售虫草、经营家庭旅馆及旅游业等）	元/(a·户)(人)
		居民可支配收入	居民家庭能用于安排家庭日常生活的收入	元/(a·户)(人)
		居民消费总支出	居民用于消费的总支出	元/(a·户)(人)
		居民食物消费支出	居民用于食物消费的支出	元/(a·户)(人)

1）社会效益指标：社会效益指标衡量生态技术与生态衍生产业对社会稳定、人口、教育、文化方面的影响。客观指标由就业、文化教育、可接受性、社区参与度等维度构成，均为定量指标，具体衡量生态技术与生态衍生产业提升就业、扶贫减贫、提升受教育水平、能力建设、减灾、改善基础设施、当地居民的参与程度，如相关技术和产业的发展带动的就业岗位（人数）、知识和技能培训次数、受教育年限增加等。主观指标由满意度、认知度、参与意愿等维度构成，具体衡量当地居民生活水平和社会关系满意度、对相关治理工程的认知度、参与生态技术与生态衍生产业的意愿及其对宗教信仰和习俗的影响，如对生态环保意识的提高程度、对生活水平的满意程度、对邻里关系的改善程度、是否了解/愿意参与生态恢复、技术的使用是否改变生产和生活习俗等。

2）经济效益指标：经济效益指标衡量应用生态技术与生态衍生产业为当地牧民带来的直接经济收益，反映在收入和投入产出效率方面，关系到生态治理对当地经济社会可持续发展的长远利益和贡献。在区域尺度上，主要衡量生态技术与生态衍生产业带来的投入/产出效益，对比传统和衍生产业的农牧业投入与产出量、生产资料和劳动力投入量、单位面积的投入/产出效率，其值越小，表明为区域发展带来的经济效益越高。在农牧户尺度上，衡量户均纯收入和消费支出的结构与数量变化，包括养殖和补贴性等农业收入，打工、采挖虫草等非农业收入以及食物消费支出等，全面核算生态技术实施或生态衍生产业发展为农牧户家庭带来的实际收益。以上指标数据均可通过统计资料和问卷调查获取。

16.3　退化草地治理技术效果评价

16.3.1　生态技术模式应用

从玛沁县、玛多县、贵南县和久治县的牧户调查和机构调研可以发现，研究区 195 个受访牧户采用了 5 种主要生态技术：围栏封育、禁牧、灭鼠、人工建植/补播草地、饲草种植+舍饲畜棚。其中，围栏封育+灭鼠（C 模式）应用的牧户数量最多（45 户）；其次是只采用围栏封育（A 模式），有 43 户受访牧户应用；39 户采用围栏封育+灭鼠+饲草种植+舍饲畜棚（E 模式）；35 户采用围栏封育+灭鼠+人工建植/补播草地（D 模式）；最后有 33 户仅采用禁牧（B 模式）方式进行生态治理。其中，灭鼠以化学措施为主、物理灭鼠（鼠夹）和生物灭鼠（鹰架）为辅；人工建植/补播草地主要建植或补播披碱草、早熟禾、中华羊茅等多年生草本科植被；饲草地播种燕麦、青稞等一年生草本科植被。

采取草地恢复措施的主要目的在于增加可食用性牲畜草场和饲料，调研的牧户中，采用 C 模式的牧户数量最多（45 户），其拥有相对较少的草场面积（179.1hm²/户）；其次，分别有 43 户、39 户和 35 户采用 A 模式、E 模式和 D 模式，采用 E 模式的牧户户均人口数最多（6.1 人）且草场面积最小（137.5hm²/户）；采用 B 模式的牧户家庭草场面积最大，平均每户拥有 925.0hm² 草场（表 16-5）。

表 16-5　研究区牧户采用的生态技术模式

技术模式	户数	户均人口	受教育年限	草场数量		户均牲畜数量	
				草场总面积 /(hm²/户)	夏季草场面积 /(hm²/户) 及占比/%	牦牛/头	羊/只
A	43	5.0	3.8	514.0	317.5 (61.8)	46.2	32.8
B	33	4.3	4.8	925.0	—	—	—
C	45	5.5	3.7	179.1	91.2 (50.9)	64.4	32.2
D	35	5.7	4.3	250.3	128 (51.1)	76.6	164.0
E	39	6.1	4.6	137.5	75.7 (55.1)	67.7	132.7
平均	39	5.3	4.2	401.2	122.5 (30.5)	52.3	70.8

注：—表示生态移民禁牧后无放牧草场。

　　牧民在重点开发区内采用数量最多的三种模式分别是 E 模式（40.4%）、C 模式（25.5%）和 D 模式（19.1%）。限制开发区中有 76.8% 的牧民采用 C 模式（28.0%）、A 模式（26.8%）和 D 模式（22.0%）。禁止开发区牧民大多首选 B 模式（34.8%）和 A 模式（24.2%）。位于重点开发区的牧户拥有的草地最少，但其平均纯收入水平最高；禁止开发区的牧户拥有最多的草地，但其平均纯收入水平最低（表 16-6），禁牧后牧民的生计方式相对单一，主要以禁牧补贴收入为生。重点开发区的牧户用相对小的草地面积饲养更多的牲畜（户均 96.8 只藏绵羊和 63.4 只牦牛），其户均藏绵羊数量为限制开发区和禁止开发区牧户的 1.35 倍和 1.91 倍，其户均牦牛数量为限制开发区和禁止开发区的 1.13 倍和 1.61 倍。重点开发区利用低海拔的地理条件，更多地应用 E 模式和 D 模式保护和治理高寒退化草地。

表 16-6　调研区三类主体功能区基本情况

主体功能区	面积占比/%	技术模式（受访户数）	户数	户均人口/人	受教育年限/年	平均海拔/m	草场面积/(hm²/户)	纯收入/(元/户)
重点开发区	11.8	A (5)、B (2)、C (12)、D (9)、E (19)	47	5.9	5.2	3 376	91.7	79 970.1
限制开发区	38.3	A (22)、B (8)、C (23)、D (18)、E (11)	82	4.9	3.4	4 279	412.6	70 356.5
禁止开发区	49.9	A (16)、B (23)、C (10)、D (8)、E (9)	66	5.2	3.9	4 355	699.2	45 736.3
总计/平均	100.0	—	195	5.3	4.2	4 003	401.2	65 354.3

16.3.2 生态技术总体评价

由牧户快速评估结果可知，5 种生态技术的总体评估效果由好到差依次为围栏封育、饲草种植+舍饲畜棚、禁牧、人工建植/补播草地和灭鼠。主要原因为 80% 以上的牧户围栏由政府投资，自行投入少，且围栏架设多为一次性投入，后期维护投入较少，围栏作为草场边界，起到防止牲畜进入封育区、减少人际关系矛盾的作用（Hua et al.，2013）；灭鼠的整体效果得分比其他 4 种技术低，政府工程主导的发放和施放鼠药一般每年 1 次或隔年 1 次，灭鼠不连片，效果不可持续，需要牧户自行投入，每年灭鼠 2 次及 2 次以上，才能达到较好效果，有利于草场恢复；饲草种植和人工建植/补播草地的"中等"和"较差"效果主要源于干旱少雨的自然条件及缺少必要的田间管理。

研究表明，在多项生态技术的组合应用中，单项技术的效果发挥更佳，如"围栏封育+灭鼠+饲草种植+舍饲畜棚"技术组合中的围栏封育比仅应用单项技术的效果更好（表 16-7）。

表 16-7 三江源案例区生态技术效果评价结果

生态技术	技术组合	户数	快速评估结果											
			非常好(5)	占比/%	较好(4)	占比/%	中等(3)	占比/%	较差(2)	占比/%	非常差(1)	占比/%	平均分
围栏封育	—	162	92	56.8	65	40.1	3	1.9	2	1.2	0	0	4.5
	仅围栏封育	43	28	65.1	12	27.9	2	4.7	1	2.3	0	0	4.6
	围栏封育+灭鼠	45	25	55.6	19	42.2	0	0	1	2.2	0	0	4.5
	围栏封育+灭鼠+人工建植/补播草地	35	17	48.6	17	48.6	1	2.8	0	0	0	0	4.5
	围栏封育+灭鼠+饲草种植+舍饲畜棚	39	27	69.2	12	30.8	0	0	0	0	0	0	4.7
灭鼠	—	119	1	0.8	58	48.7	33	27.8	26	21.9	1	0.8	3.3
	围栏+灭鼠	45	1	2.2	21	46.7	10	22.2	12	26.7	1	2.2	3.2
	围栏+灭鼠+人工建植/补播草地	35	0	0	16	45.7	10	28.6	9	25.7	0	0	3.2
	围栏+灭鼠+饲草种植+舍饲畜棚	39	0	0	21	53.9	13	33.3	5	12.8	0	0	3.4
禁牧	—	33	1	3.0	24	72.7	6	18.2	2	6.1	0	0	3.7

续表

生态技术	技术组合	户数	非常好(5)	占比/%	较好(4)	占比/%	中等(3)	占比/%	较差(2)	占比/%	非常差(1)	占比/%	平均分
人工建植/补播草地	围栏+灭鼠+人工建植/补播草地	35	1	2.9	20	57.1	6	17.1	7	20.0	1	2.9	3.4
饲草种植+舍饲畜棚	围栏+灭鼠+饲草种植+舍饲畜棚	39	5	12.8	27	69.2	5	12.8	2	5.2	0	0	3.9

16.3.3　生态效益评价

　　2000～2015 年研究区草地植被盖度整体提高。Ⅳ类（高覆盖）和Ⅴ类（极高覆盖）草地植被盖度从 58.4% 增加到 60.6%，Ⅰ类（极低覆盖）和Ⅱ类（低覆盖）草地植被盖度从 24.0% 降低到 21.6%。

　　贵南县和玛多县草地植被盖度增加最明显。贵南县 40% 的受访牧户采用 E 模式，其饲草地和舍饲畜棚比例最高，研究期内，贵南县极高覆盖和高覆盖草地面积占比增加 7.6%，低覆盖和极低覆盖草地面积占比分别由 6.4% 和 14.4% 下降到 4.6% 和 11.4%。拥有三江源国家公园的玛多县，各有 40.7% 的受访牧户采用 A 模式和 B 模式，极高覆盖和高覆盖草地面积占比增加 1.9 个百分点，极低覆盖和低覆盖草地面积占比减少 3.4 个百分点。玛沁县 43.1% 的受访牧户采用 D 模式，其余依次为 E 模式（17.7%）、C 模式（15.7%）和 A 模式（15.7%）、B 模式（7.8%），从 2000～2005 年到 2011～2016 年，玛沁县高覆盖草地面积占比增加 1 个百分点，低覆盖草地面积占比下降 0.5 个百分点。久治县 48.9% 的受访牧户采用 C 模式，其余依次为 E 模式（20.9%）、A 模式（18.6%）、B 模式（11.6%），同时，2000 年以来，9.2% 的草地植被盖度表现为显著降低。

　　分析表明（图 16-3），不同主体功能区的草地植被盖度也发生空间分异，重点开发区的植被盖度值和 NPP 增幅最明显，贵南县 40.9% 的牧户采用 E 模式，另有 19.1% 的牧户采用 D 模式；其Ⅴ类和Ⅳ类地植被盖度从 58.9% 增加到 67.6%，Ⅱ类和Ⅰ类草地植被盖度从 20.8% 下降到 16.0%。限制开发区中，有 54.8% 的牧户采用 A 模式和 C 模式，13.4% 的牧户采用 E 模式。该区 NPP 增长 6.7%，Ⅰ类和Ⅱ类草地植被盖度分别下降 1.4 个百分点和 5.8 个百分点，Ⅴ类和Ⅳ类草地植被盖度分别下降 2.0 个百分点和增加 15.4 个百分点。其中，久治县白玉乡的 fc 显著下降，100% 的牧民采用 A 模式和 C 模式。禁止开发区的 NPP 增长 10.0%，Ⅴ类和Ⅳ类草地植被盖度分别增长 5.0 个百分点和 24.4 个百分点，Ⅰ类和Ⅱ类草地植被盖度分别下降 0.6 个百分点和 2.7 个百分点。位于三江源国家公园内的玛多县扎陵湖乡 83.3% 的牧户实行禁牧（B 模式）。

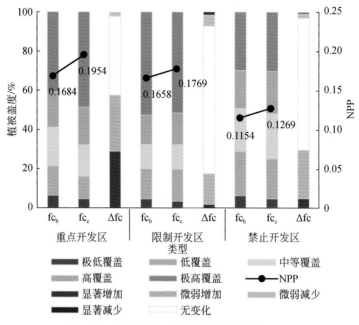

图 16-3 不同主体功能区的植被盖度和 NPP

16.3.4 经济效益评价

生态治理的经济效益直接体现在牧户的收入上，表 16-8 中均为户均纯收入，其中，出售牲畜收入包括出售牛羊、奶制品、动物毛绒制品等收入；补贴收入包括退耕还林和退牧还草政策（草原奖补、草畜平衡）所涉及的补贴收入；藏药收入包括出售冬虫夏草、川贝母等收入；其他非农业收入包括工资性收入和家庭经营性收入，如打工、经营家庭旅馆及旅游业等收入。

表 16-8 研究区生态技术的经济效益

生态技术模式	农业收入						非农业收入						总纯收入	
	出售牲畜收入		补贴收入		总农业收入		藏药收入		其他非农业收入		总非农业收入			
	元 (%)	Sig.	元 (%)	Sig.	元 (%)	Sig.	元 (%)	Sig.	元 (%)	Sig.	元 (%)	Sig.	元 (%)	Sig.
A	12 516.5 (21.8)	—	19 807.1 (34.5)	—	32 323.6 (56.2)	—	16 285.7 (28.3)	—	8 881.4 (15.4)	—	25 167.1 (43.8)	—	57 490.7 (100.0)	—
B	0	—	20 143.0 (56.4)	0.002**	20 143.0 (56.4)	0.002**	1 800.0 (5.0)	0.001***	13 793.3 (38.6)	0.106	15 593.3 (43.6)	0.017*	35 736.3 (100.0)	0.045*
C	19 972.7 (36.8)	0.112*	8 730.5 (16.1)	0.471	28 703.2 (52.9)	0.501	16 126.7 (29.7)	0.326	9 413.3 (17.4)	0.835	25 540.0 (47.1)	0.754	54 243.2 (100.0)	0.673
D	23 473.2 (26.4)	0.133*	8 372.5 (9.4%)	0.322	31 845.7 (35.8)	0.385	42 193.5 (47.5)	0.042*	14 807.4 (16.7)	0.163	57 000.9 (64.2)	0.068	88 846.6 (100.0)	0.295

续表

生态技术模式	农业收入						非农业收入						总纯收入	
	出售牲畜收入		补贴收入		总农业收入		藏药收入		其他非农业收入		总非农业收入			
	元(%)	Sig.	元(%)	Sig.	元(%)	Sig.	元(%)	Sig.	元(%)	Sig.	元(%)	Sig.	元(%)	Sig.
E	37 182.6 (40.9)	0.002***	10 772.5 (11.9)	0.353	47 955.1 (52.8)	0.026*	14 142.9 (15.6)	0.455	28 725.7 (31.6)	0.897	42 868.6 (47.2)	0.846	90 823.7 (100.0)	0.047*
平均	19 018.8 (29.1)	—	13 448.5 (20.6)	—	32 467.3 (49.7)	—	18 019.1 (27.6)	—	14 867.9 (22.7)	—	32 887.0 (50.3)	—	65 354.3 (100.0)	—

注：显著性分析均与 A 模式围栏封育对比。

$*0.01 < P \le 0.05$，$** 0.001 < P \le 0.01$，$*** P \le 0.001$。

研究区内受访牧户的户均年纯收入约为 65 354.3 元，高于全国农村户均纯收入 38 834.8 元（国家统计局，2016）和全省平均水平 32 763.3 元（青海统计局和国家统计局青海调查总队，2016）。农业收入（出售牲畜、畜牧业相关补贴）和非农业收入（藏药和其他收入）分别占 49.7% 和 50.3%。收入结构排序为出售牲畜（户均 19 018.8 元，占总收入的 29.1%）>藏药（户均 18 037.8 元，占总收入的 27.6%）>其他（户均 14 867.9 元，占总收入的 22.7%，包括生态管护员、公务员等工资收入和旅游业收入等）>补贴（户均 13 448.5 元，占总收入的 20.6%）。

在重点开发区，收入由高到低依次为出售牲畜（55.8%）>藏药（20.0%）>其他（16.2%）>补贴（8.0%）。贵南县分别有 40.4% 和 19.1% 的牧户采用 E 模式和 D 模式，与其他县相比，贵南县牧户出售牲畜的收入更高。在限制开发区，收入由高到低依次为藏药（45.8%）>出售牲畜（23.8%）>其他（15.8%）>补贴（14.6%）。大约有 54.9% 的牧户采用了 A 模式和 C 模式；22.0% 的牧户采用了 D 模式，主要分布在玛沁县的下大武和东倾沟以及久治的门堂和白玉，这个区域出产高质量的冬虫夏草和川贝母。在禁止开发区，收入由高到低依次为出售牲畜（39.5%）>藏药（28.6%）>补贴（16.1%）>其他（15.8%），该区 34.8% 的牧户由于禁牧获得了更多的补贴，从 2016 年开始，包括禁牧和搬迁的牧民每人可领取 9000 元禁牧补贴，搬迁后的新生儿也可以领取禁牧补贴（图 16-4）。

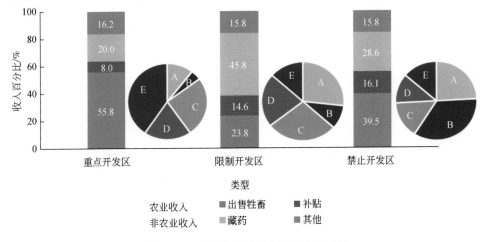

图 16-4　不同主体功能区牧户收入差异

16.3.5　社会效益评价

如表 16-9 所示，D 模式和 E 模式更有利于牧民生活水平的提高，同时减贫作用更明显。E 模式显著提高牧民的生活满意度，而 B 模式显著降低牧民的生活满意度，主要受出售牲畜收入减少的影响。随着禁牧移民工程的实施，牧民搬入城镇，对提高其教育水平和减贫有显著正向作用。

表 16-9　研究区 2017 年生态技术的社会效益

生态技术模式	减贫		教育水平		生活水平		满意度	
	贫困户数	百分比/%	受教育年限/年	Sig.	食物消费/[元/(人·a)]	恩格尔系数/%	生活满意度	Sig.
A	8	18.6	3.2	—	4685.4	52.1	8.2	—
B	0	0.0	6.8	0.001***	5333.3	59.7	7.2	0.021*
C	4	8.9	3.7	0.054	3937.5	55.2	7.9	0.273*
D	1	2.6	4.6	0.039*	4676.7	43.7	8.8	0.039*
E	2	5.7	4.3	0.052	4618.2	39.1	8.1	0.436
平均	3	7.2	4.5		4650.2	50.0	8.04	

注：显著性分析均与 A 模式围栏封育对比；户均净收入低于 3000 元/a 为贫困户；恩格尔系数为食物支出金额在总家庭支出金额中所占的比重，达 59% 以上为贫困，50%~59% 为温饱，40%~50% 为小康，30%~40% 为富裕，低于 30% 为最富裕；生活满意度为牧民对生活水平的自评分，其评分范围为 1~10，1 为非常不满意，10 为非常满意。

*0.01<P≤0.05，*** P≤0.001。

根据文献和牧户调查情况建立了社会效益评价指标（表 16-10），以评价生态技术的应用对牧户保护认知和意愿的影响，分析不同主体功能区牧户保护认知和意愿及其行为选择的差异。

表 16-10　2017 年牧户生态保护认知和意愿指标及其阈值

认知和意愿指标	阈值/单位	评价标准				
		1	2	3	4	5
参与程度	1~5	不参与	政府投资	政府投入（材料），自行投工	偶尔自行投入	每年主动自行投入、完全参与
技术效果满意度（草地恢复状况）	1~5	非常差	较差	一般	较好	非常好
生态保护认知	1~5	从未听说	不太了解	基本了解	比较了解	非常了解和理解
生态保护意愿	1,3,5	不愿意	—	愿意（政府投入）	—	愿意（自行投入）
治理成本（灭鼠、围栏、购买草种、雇工等）	元/(户·a)	<1 000	1 001~3 000	3 001~5 000	5 001~10 000	>10 001

结果表明（图 16-5），重点开发区的总体社会效益最好，除保护认知水平外，其他 4 个维度的得分均为最高。禁止开发区牧民的保护认知和技术效果满意度均高于限制开发区，这是由于对草原恢复和治理的补贴与政策得到了很好的宣传，并且在三江源国家公园（玛多县扎陵湖乡）的生态移民和生态恢复实践中得到贯彻，增设的生态管护员岗位增加了非农就业机会。牧民的保护意愿、治理成本及参与程度的得分为重点开发区>限制开发区>禁止开发区，与年均纯收入排序相同（79 970.1 元>70 356.5 元>45 736.3 元）。

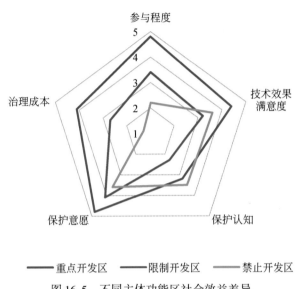

图 16-5　不同主体功能区社会效益差异

16.4　结论与讨论

16.4.1　主要结论

1）辨识和挖掘了三江源退化高寒草地治理技术及模式，包括人工草地、草地松耙等 17 项单项技术，草原草甸区原生植被恢复保护、高寒草原草甸"黑土型"退化草地综合治理等 12 项技术模式。

2）在牧户尺度，三江源研究区牧民采用的 5 种主要生态技术包括，围栏封育、禁牧、灭鼠、人工建植/补播草地、饲草种植+舍饲畜棚。不同技术模式的经济效益表现为，年均家庭总纯收入从高到低依次为 E 模式（围栏封育+灭鼠+饲草种植+舍饲畜棚）>D 模式（围栏封育+灭鼠+人工建植/补播草地）>A 模式（围栏封育）>C 模式（围栏封育+灭鼠）>B 模式（禁牧）；社会效益表现为，D 模式和 E 模式更有利于牧民生活水平的提高，同时减贫作用更明显。E 模式显著提高牧民的生活满意度，而 B 模式显著降低牧民的生活满意度，主要受出售牲畜收入减少的影响。

3）在三类不同主体功能区尺度，2000～2016年，重点开发区牧民更多采用E模式（围栏封育+灭鼠+饲草种植+舍饲畜棚），其生态技术模式应用的生态效益优于限制开发区和禁止开发区；重点开发区生态技术模式应用的经济效益最高；重点开发区生态技术模式应用的社会效益比其他区域更为积极，尤其是牧民对于草地保护和退化草地治理的认知和意愿方面。

16.4.2 讨论

（1）技术模式需求

根据上述技术经济效益分析结果，研究区技术需求可以从以下方面加以考虑：牧户的农业收入和非农业收入比例几乎相等，从收入结构看，出售牲畜收入>藏药收入>其他收入>补贴收入，由于市场价值和需求高，除了出售牲畜收入外，藏族传统医药如冬虫夏草和川贝母等的收入也是当地牧民主要的收入来源。不同的生态治理模式对牧民的收入结构和数量影响不同，年均家庭总纯收入从高到低依次为E模式>D模式>A模式>C模式>B模式。模式E对提高牧户的出售牲畜收入有显著作用；模式B使牧民失去出售牲畜收入，但补贴收入显著增高。采用A模式和B模式的牧户，政府补贴仍是其主要收入来源，分别占总收入的34.5%和56.4%，原因是政府补贴依据草场面积，而采用A模式和B模式的牧户家庭草场面积相对较大。分析发现，生态技术的实施对现阶段非农业收入无显著影响。故从技术模式的经济效益角度，三江源退化高寒草地技术模式需求优先级排序为E模式>D模式>A模式>C模式>B模式。同理，从技术模式的经济效益角度，三江源退化高寒草地技术模式需求优先级排序为E模式>D模式>A模式>B模式>C模式。

（2）启示

本研究结果对退化草地管理具有以下启示：特殊的气候地理条件和敏感脆弱的生态环境特征，决定了三江源区草地生态恢复和治理的技术难度远远高于低海拔地区，牧民的受教育水平影响生态工程技术效益的发挥。除了传统畜牧业和当地特色的虫草、藏药采挖外，应该拓宽牧户生计来源，使之更加多样化，如发展生态旅游、生态畜牧业等。中央和地方财政应该扶持现有小规模经营的生态畜牧业和生态旅游合作社，包括补贴牧草、生产设备以及开展相关的能力建设培训等。决策者需要应对诸如藏民受教育水平普遍较低、交通可达性差、当地牧民直接参与度低（Shen and Tan，2012）等一系列挑战，以保证生态技术实施的生态效益、经济效益和社会效益。

基于生态技术需求评价结果，探索生态保护管理体制和规范长效的生态补偿机制是未来研究的方向。具体包括：实现禁牧草场面积动态增加，加快生态经济的形成规模，解决区域发展过程中生态环境保护和当地藏族牧民的生存发展之间的矛盾（Foggin，2008）。

第三部分

全球典型生态治理技术演化与评价

第 17 章　全球典型生态退化治理技术清单分析

经过多年的生态治理实践，国内外已经积累了大量生态治理技术。具体区域生态治理时，针对不同的退化问题，选择怎样的技术；针对不同生态技术在生态恢复中的作用和特点，结合生态治理目标、退化阶段、驱动要素等，采用什么技术、怎么应用、应用时间范围以及成本估算等问题，都应当进行全面的考量。在面向"一带一路"的建设中，需要推广生态治理技术的中国经验和方案，引进国外先进的生态治理技术。然而，当前缺乏中国和全球其他国家主要退化生态治理现有技术的梳理。因此，针对当前典型脆弱生态治理技术实践需求和典型退化生态治理技术知识体系缺乏的问题，系统梳理了中国和全球其他国家主要退化生态治理现有技术、模式及应用案例，生成科学系统的长清单，可应用于国内外退化生态治理技术的比对、筛选、评价和推广。

17.1　目的与方法

17.1.1　全球典型生态退化治理技术清单构建目标

（1）支撑生态治理技术评价

长期以来，我国生态技术的研发和应用始终与国家重大生态治理工程密切相关，针对我国不同发展阶段和不同地区出现的不同生态问题，研发和引进了大量生态技术，但从生产实践效果分析，关于生态技术及其理论方面的研究长期滞后于生产实践需求，一方面带来技术研发的重复投资，造成资金的浪费；另一方面造成生态治理成果稳不住，治理工程结束后出现反弹，或出现边治理、边破坏的局面（甄霖和谢永生，2019）。

针对不同类型的生态治理技术、工程、模式开展生态治理技术评价，遴选发现与当地生态环境状况、经济文化水平相适宜的生态治理技术，是中国生态文明建设的内在要求。理清生态治理技术存量现状，系统收集整理国内外现有的生态治理技术长清单，将有利于开展生态治理技术评价，以及有针对性地推介优良生态治理技术。

（2）构建生态治理技术推广应用工具箱

系统梳理国内外现有的生态治理技术，厘清针对特定退化问题，面向具体区域的生态治理技术，描述相关技术的定义和原理，将为生态治理技术推广利用提供可选的工具箱。

（3）促进生态治理技术引进与交流

自"一带一路"倡议提出以来，在生态环保合作领域，中国积极与沿线国家深化多双边对话、交流与合作，强化生态环境信息支撑服务，推动环境标准、技术和产业合作，取得了积极进展和良好成效。生态治理技术"引进来、走出去",是"绿色丝绸之路"建设的必然趋势,而梳理全球生态治理技术清单,将有利于宣传生态治理技术中国经验和中国方案,促进引入国外先进的生态治理技术,并对国内生态治理提供关键技术服务,从而有力支撑中国和全球生态治理,有助于促进实现"一带一路"提出的"共建绿色丝绸之路、形成中国国际竞争新优势"的愿景(甄霖等,2016)。

17.1.2 全球典型生态退化治理技术清单构建方法

17.1.2.1 清单构建技术路线

在生态退化治理技术清单研制中,综合采用了文献综合集成方法、文献计量方法、知识概念图制作方法、数据库开发研制方法、文本挖掘与命名实体识别技术,技术路线如图 17-1 所示。

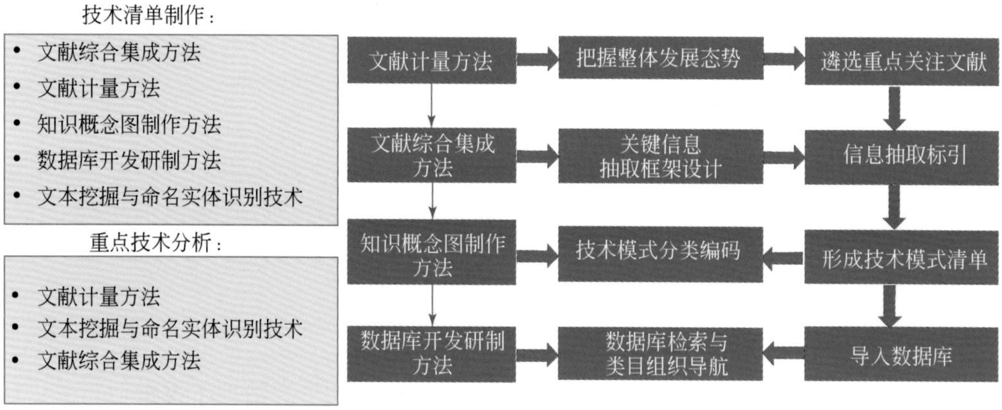

图 17-1　生态退化治理技术清单研制技术路线

首先运用文献计量方法把握整体发展态势,遴选重点关注文献;其次进行文献综合集成,设计关键信息的抽取框架,并运用命名实体识别技术和人工信息抽取标引进行生态治理技术信息的抽取标引,形成技术模式清单;再次在文献综合集成方法基础上,采用知识概念图,对生态治理技术和模式进行分类编码;最后开发研制数据库,将完成的生态治理技术长清单、生态治理模式清单、全球生态治理应用案例导入数据库,实现数据库的检索与类目组织导航。

17.1.2.2 知识组织体系

(1)技术分类框架

将国内退化生态治理技术按照技术类型分为工程类、生物类、农耕类、其他类四大类;工程类包括工程治沙、水土保持、盐碱地治理、脆弱生态监测、新能源利用等类目;生物类包括植树造林、生物固沙技术、盐碱地生物改良、退化草地恢复、植被护坡、生物节水技术、植物选育等类目；农耕类包括植物篱、覆盖技术、留茬处理技术、间作套种技术、轮作技术、保护性耕作、改变土壤物理性质为主的耕作技术、改变微地形、土壤改良技术、保墒技术、盐碱地农业改良技术等类目；其他类主要指相关的政策和管理措施包括中国生态文明政策体系、中国生态治理与修复相关法规、其他生态治理与修复政策法规与管理措施等类目（图 17-2）。

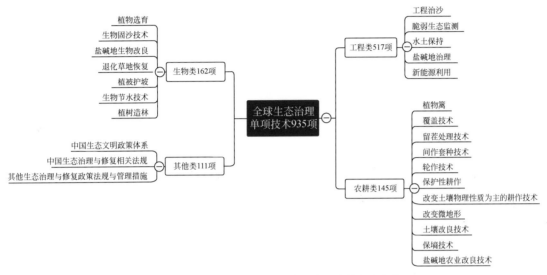

图 17-2　全球生态退化治理单项技术清单概念框架

（2）数据整理规范

第一，列出生态技术的名称，该命名基于约定俗成、技术标准或其他可靠来源。第二，给出技术的定义。第三，说明生态技术作用原理，包括生态技术作用机理、解决的关键问题。第四，该项生态技术的细目，即其所属的二级分类。第五，生态技术工艺描述，用简短的文字描述其主要工艺。第六，说明该项生态技术适用的退化类型，包括水土流失、荒漠化、石漠化或其他退化类型。第七，指出该项生态技术适合的地域，对中国而言，包括 I 东北黑土区、II 北方风沙区、III 北方土石山区、IV 西北黄土高原区、V 南方红壤区、VI 西南紫色土区、VII 西南岩溶区和 VIII 青藏高原冻融侵蚀区；对全球而言，可按照气候区划分，包括赤道气候区、干旱气候区、暖温带气候区、冰雪气候区和极地气候区。第八，列举该项生态技术应用案例所在地区或流域名称。第九，注明该项生态技术信息的参考文献。

（3）应用案例关键字段规范

1）主要退化原因选定：土壤水蚀、土壤风蚀、化学性土壤退化、物理性土壤退化、生物性退化、水量下降等。土壤水蚀包括表土流失/地表侵蚀、冲沟侵蚀/沟蚀、块体运动/滑坡、河岸侵蚀。土壤风蚀包括表土流失、风蚀风积、场外劣化效应。化学性土壤退化包括肥力下降和有机质含量下降（非侵蚀所致）、土壤污染、盐化/碱化。物理性土壤退化包括压实、熟化和结壳、由于其他活动而丧失生物生产功能。生物性退化包括植被覆盖减少、栖息地丧失、数量/生物量减少。水量下降包括干旱化、地表水量的变化、地下水/含水层水平的变化、地表水质下降。

2）年降水量：年降水量按照 ≤250mm、251～500mm、501～1000mm、1001～1500mm、1501～2000mm、2001～3000mm、3001～4000mm、>4000mm 进行标引。

3）气候类型：气候类型按照干旱、半干旱、湿润、半湿润、热带、亚热带、温带进行标引。

4）坡度类型：坡度类型按照平原地带（0%～2%）、平缓地带（3%～5%）、适缓地带（6%～10%）、山峦地带（11%～15%）、丘陵地带（16%～30%）、陡峭地带（31%～60%）、极陡峭地带（>60%）进行标引。

5）地貌类型：地貌类型按照高原/平原、山脊、山丘斜坡、山峦斜坡、麓坡、谷底进行标引。

6）海拔：海拔按照 0～100m、101～500m、501～1000m、1001～1500m、1501～2000m、2001～2500m、2501～3000m、3001～4000m、>4000m 进行标引。

7）土层深度：土层深度按照非常浅（0～20cm）、浅（21～50cm）、中等深度（51～80cm）、深（81～120cm）、非常深（>120cm）进行标引。

（4）清单编码规则

单项生态技术以大写英文字母代表大类编码，共分四大类：A（工程类）、B（生物类）、C（农耕类）、D（其他类），以大类编码加 3 位阿拉伯数字顺序码代表小类编码，以小类编码加 2 位阿拉伯数字顺序码代表生态技术项编码。

生态技术模式编码由两位字母的分区编码+四位顺序码确定。中国的生态技术模式分区编码包括 BS（Ⅰ东北黑土区）、NS（Ⅱ北方风沙区）、NR（Ⅲ北方土石山区）、LP（Ⅳ西北黄土高原区）、SR（Ⅴ南方红壤区）、SP（Ⅵ西南紫色土区）、SK（Ⅶ西南岩溶区）、TP（Ⅷ青藏高原冻融侵蚀区）；中国以外其他国家的生态技术模式分区编码包括 SC（冰雪气候区）、EC（赤道气候区）、AC（干旱气候区）、WT（暖温带气候区）。根据生态技术内容，结合生态治理需求分析框架，基于专家知识，分别确定了各项生态技术适用的生态退化类型、生态退化程度和生态治理需求。

所属脆弱生态区参考 2008 年环境保护部发布的《全国生态脆弱区保护规划纲要》，分为东北林草交错生态脆弱区、北方农牧交错生态脆弱区、西北荒漠绿洲交接生态脆弱区、南方红壤丘陵山地生态脆弱区、西南岩溶山地石漠化生态脆弱区、西南山地农牧交错生态脆弱区、青藏高原复合侵蚀生态脆弱区、沿海水陆交接带生态脆弱区。

最终形成的单项生态技术表包括生态技术类别、生态技术代码、生态技术名称、适用退化类型、适用退化程度、治理需求、适用地域、技术来源、技术应用案例等信息；生态技术模式表包括技术模式代码、技术模式名称、技术简介、适用退化类型、适用退化程度、适用地域、技术组成、治理需求、实施国家、技术来源、技术应用案例等信息。

17.1.2.3　人工与机器结合的关键信息抽取方法

基于对生态治理单项技术及生态治理技术模式的相关信息分析，确定了如表 17-1 和表 17-2 所示的模板，通过机器自动识别和人工判读的方式，从发表的论文中进行相关信

表 17-1　生态治理单项技术清单模板

生态技术类别	生态技术代码	生态技术名称	定义	作用原理	细目	工艺描述	适用退化类型	适用地域	所属生态脆弱区	技术应用/实施案例/研究区	技术应用国家	参考文献
工程类（举例）	A00201-01-01-02	围埝蓄水池式沟头防护工程	沿沟边修筑一道或数道水平半圆环形沟埝，拦蓄上游坡面径流，防止径流排入大沟道。沟埝的长度、高度和蓄水容量按设计来水量而定	拦截与蓄存从山坡汇集而来的地表径流	围埝蓄水池式沟头防护工程	当沟头以上汇水面积较大，并有较平缓的地段时，则可开挖围埝蓄水池式	水土流失	中国-北方土石山区 中国-西北黄土高原区	北方农牧交错生态脆弱区、西北荒漠绿洲交接生态脆弱区	陕西、山西、黄土高原	洪都拉斯、布基纳法索、尼日尔、阿富汗、埃塞俄比亚、叙利亚	王振飞，2020；《山西省水土保持重点工程运行管理办法》；https://qcat.wocat.net/en/wocal/

表 17-2　生态治理技术模式清单模板

适用地域	水土保持分区	序号	生态技术模式编码	名称	技术组成（根据文献梳理）	适用退化类型（可多选）	技术来源	技术应用案例
I 东北黑土区（举例）	BS	0015	BS0015	大兴安岭低山丘陵侵蚀沟水土保持林模式	沙丘漫岗顶部机械大犁开沟整地和混交造林、缓坡沙地乔灌草混交防护林网造林、沟头边修筑沟边埂和沙棘造林、封禁轮牧、含同和半含同技术	水土流失	国家林业局，2016	内蒙古自治区科尔沁右翼前旗

323

息的抽取。

为了提高相关信息的抽取效率，将文本挖掘技术中的命名实体识别技术用于中文文献信息抽取（马建霞等，2020）。选择时间、地名和生态治理技术名称抽取模型。选用深度学习方法中循环神经网络（recurrent neural network，RNN）的变体双向长短期记忆模型（Bi-LSTM）为基础模型，再结合条件随机场（conditional random fields，CRF）模型进行实体标注。优化模型的输入信息，获取精准的训练语料，在相关中文文献的基础上，分析资源环境领域的中文文献中时间实体、地名实体和生态治理技术名称出现的特点等，得到相关知识库作为新增训练语料，提升模型抽取效率。基于 Bi-LSTM+CRF 神经网络模型，对 1978~2017 年荒漠化、石漠化和水土流失治理领域收录在 CNKI 的文献中的脆弱生态治理技术、地名实体、时间实体进行自动抽取和标记。该研究框架主要包括模型构建阶段和后处理阶段（图 17-3）。模型构建阶段主要包括语料预处理、词向量的训练。后处理阶段主要包括将测试语料放入模型进行识别，并对识别结果进行处理。

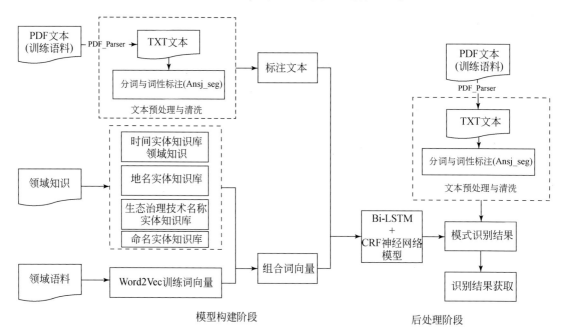

图 17-3　生态治理技术抽取与分析研究框架（模型构建阶段和后处理阶段）

最后将抽取出来的生态治理技术名称、实施时间、地点等关键信息输入数据库存储，作为分析和后期生态治理技术库建设的基础与参考。

17.1.2.4　资源集成平台设计

针对生态环境及其生态退化问题，遴选相关关键词，基于专家咨询和文献计量，补充完善关键词，构建和调整检索式，在 WOS、CNKI 数据库中进行检索；在德温特专利检索平台、智慧芽、incoPat 中进行专利检索；在 CNKI 标准文献库、中国标准服务网等系统中进行标准检索；搜集整理相关权威机构报告、典型企业技术信息等，设计制定知识组织规范，形成生态治理技术词表，确定元数据框架和标引规范，构建全球生态治理技术集成平台，包括文献库、专利库、标准库，以及将全球生态治理技术清单、中国生态治理模式清单、全球生态治理技术应用案例等导入数据库，构建全球生态治理技术数据库、中国生态治理模式数据库、全球生态治理技术应用案例数据库。生态治理技术集成建库方案如图17-4 所示。

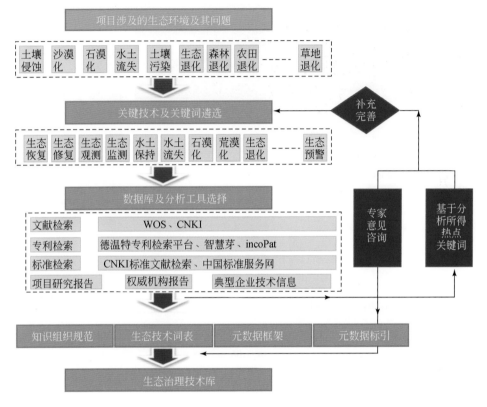

图 17-4　生态治理技术集成建库方案

　　为了统一集成展示脆弱生态治理技术相关知识和成果，将生态治理技术文献库、专利库、标准库，以及全球生态治理技术数据库、中国生态治理模式数据库、全球生态治理技术应用案例数据库进行整合，建立脆弱生态治理与修复领域知识资源中心（http：//grver. llas. ac. cn/）（图 17-5）。

　　平台提供了利用网络进行检索浏览的便利途径。其中全球单项生态技术库可以从技术名称、适用地域、适用退化类型、所属地域、所属生态脆弱区、技术应用/实施案例/研究区、技术应用国家等途径检索。中国生态治理技术模式数据库，可以从模式名称、适用地域、适用退化类型、适用生态脆弱区、实施省市县等途径检索。全球生态治理技术应用案例数据库可以从案例标题、实施国家、土地退化类型、年降水量、气候带、平均坡度等途径检索。

(a)脆弱生态治理与修复领域知识资源中心主页

(b)生态治理技术文献库

(c)中国生态治理模式库

(d)全球生态技术库

图 17-5　脆弱生态治理与修复领域知识资源中心

17.1.3　全球典型生态退化治理技术清单数据来源及统计

　　基于脆弱生态治理技术中英文期刊论文，以及"十五"以来国家部署的脆弱生态治理相关的重要项目的成果，抽取和标引全球生态治理技术、中国生态治理技术模式。

　　全球生态治理技术应用案例翻译整理了 WOCAT 数据。1992 年，WOCAT 网络首次开始从专家那里收集关于保护性农业和可持续土地管理实践方面的信息。1994 年 10 月 WOCAT 项目组利用 Microsoft Access 开发并建成 WOCAT 项目数据库系统，并于 1998 年 4

月出版了 CD 光盘（1.0 版本）（杨学震和聂碧娟，2000）。2014 年，该网络发展成为一个联盟，并得到《联合国防治荒漠化公约》的承认，被推荐为可以获得最佳实践数据的来源。由于 WOCAT 项目数据库中的生态治理技术多来源于第三世界国家，从期刊论文中补充、筛选了美国、澳大利亚等国的脆弱生态治理技术。

（1）全球生态治理技术长清单数据统计分析

共整理汇总了 935 项生态治理单项技术①。其中包括 258 项在国外 96 个国家广泛实施应用的技术（美国 97 项、日本 45 项、俄罗斯 29 项、澳大利亚 27 项）。在中国实施的技术中，陕西、甘肃、内蒙古、宁夏、新疆实施的技术最多。

国内生态治理技术按实施地类型分布（图 17-6），应用的技术中，西北黄土高原区的技术最多，有 544 项；北方土石山区的技术有 530 项；北方风沙区的技术有 451 项。

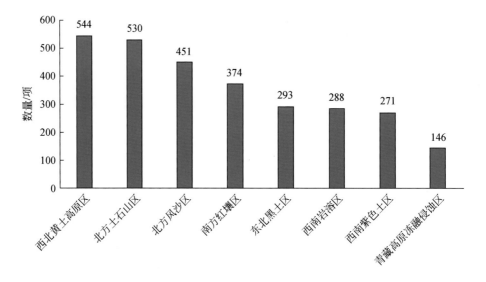

图 17-6　全球生态治理技术长清单整体分析（国内）——实施地类型分布

国外生态治理技术按照实施地气候带分析，赤道气候区最多，涉及 267 项生态治理技术；干旱气候区和暖温带气候区较多，分别为 218 项和 207 项；冰雪气候区 92 项；极地气候区最少，仅有 9 项（图 17-7）。

按技术类型分布（图 17-8），全球应用的技术中，工程类 517 项，占 55%；生物类 162 项，占 17%；农耕类 145 项，占 16%；其他类 111 项，占 12%。

按退化类型分布（图 17-9），全球应用的技术中，荒漠化治理技术 559 项，占 40%；水土流失治理技术 541 项，占 38%；石漠化治理技术 160 项，占 11%；退化草地治理技术 158 项，占 11%。

---

① 某项单项技术或技术模式可能对应多个技术类型、实施地类型、生态脆弱区，并在多个国家或地区实施。

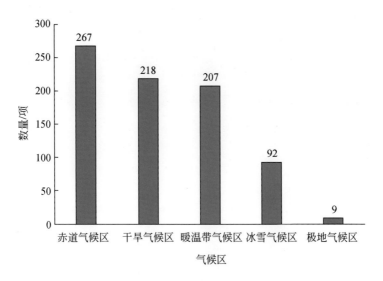

图 17-7　全球生态治理技术长清单整体分析（国外）——实施地气候带分布

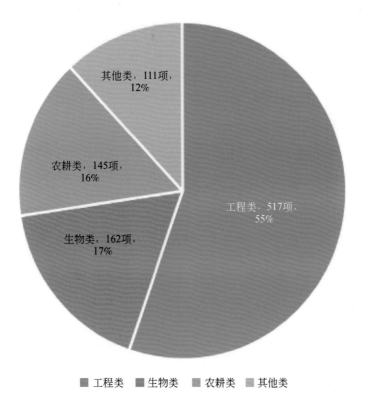

图 17-8　全球生态治理技术长清单整体分析——技术类型分布

结合利用 Bi-LSTM+CRF 的抽取结果和人工标引数据，将中国不同类型的生态治理技术对应到与之相关联的时间段上，统计每个时间段的不同类型生态治理技术的占比（图 17-10）。

统计分析显示，随着技术的发展和对生态治理认知的进步，综合措施和管理措施的占

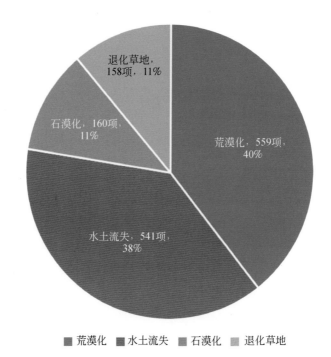

图 17-9 全球生态治理技术长清单整体分析——退化类型分布

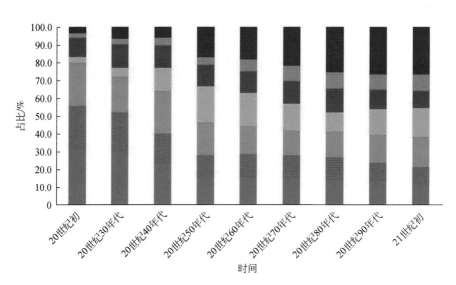

图 17-10 中国生态治理技术演化

比呈现增加趋势；生物措施、农耕措施和工程措施的占比在近几年虽然略有下降，但整体占比一直较高，因而依然是目前主要的治理措施；化学措施在 20 世纪 50 ～ 60 年代有一段快速增加，在 70 ～ 80 年代略有下降，但在 90 年代以后又出现增加，原因可能是化学措施在 50 年代提出并得到了应用，但由于技术等各方面不成熟带来了部分负面效应，在 70 ～

80 年代减少了化学措施的使用，但随着技术的发展和化学制剂的进步，90 年代以后又出现了一批新的化学材料及相应的措施。

（2）中国生态治理技术模式清单数据统计分析

共整理汇总了 566 项生态治理技术模式。其中主要的生态治理技术模式来自内蒙古，其次是甘肃，再者是四川（图 17-11）。

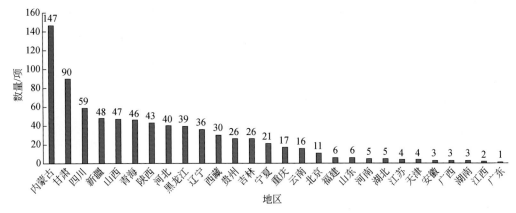

图 17-11　中国生态治理技术模式清单分析——地区分布

按退化类型分布，针对荒漠化的有 344 项，占 52%；针对水土流失的有 251 项，占 38%；针对石漠化的有 14 项，占 2%；针对其他的有 56 项，占 8%（图 17-12）。

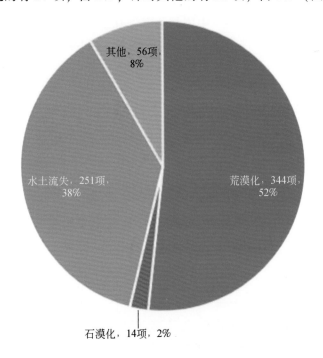

图 17-12　中国生态治理技术模式清单分析——退化类型分布

按实施地类型分布，北方风沙区有 163 项，西北黄土高原区有 115 项，北方土石山区有 109 项，东北黑土区有 68 项（图 17-13）。

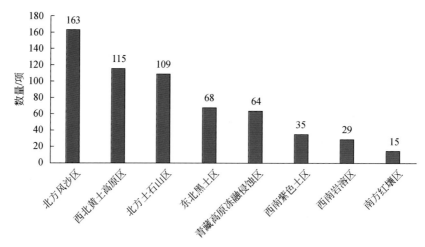

图 17-13　中国生态治理技术模式清单分析——实施地类型分布

（3）全球生态治理技术应用案例数据统计分析

通过翻译整理 WOCAT 数据，形成了全球生态治理技术应用案例数据库，便于中国用户使用和了解全球生态治理技术应用案例情况。

共搜集整理来自 84 个国家的 793 件案例（表 17-3）。从国别分布来看，塔吉克斯坦、乌干达、埃塞俄比亚三个国家最多，中国相关案例有 21 件。从七大洲分布来看，亚洲和非洲的案例较多，分别有 311 件和 296 件，欧洲次之，有 140 件，而南北美洲和大洋洲的案例较少，大洋洲最少，仅有 3 件。从生态技术的大类分布来看，工程类（37.83%）和农耕类（33.17%）较多，生物类和其他类较少。从案例针对的退化类型来看，针对水土流失的案例最多，共有 644 件，占 81.21%，针对石漠化和盐碱化的案例较少，占比都不超过 1%。

表 17-3　全球生态治理技术应用案例分析——主要实施国家　　　　（单位：件）

序号	国家	案例数量	序号	国家	案例数量
1	塔吉克斯坦	63	12	柬埔寨	19
2	乌干达	55	13	瑞士	18
3	埃塞俄比亚	52	14	阿富汗	17
4	尼泊尔	48	15	意大利	16
5	肯尼亚	42	16	尼日尔	15
6	菲律宾	34	17	印度	14
7	西班牙	28	18	突尼斯	14
8	坦桑尼亚	23	19	乌兹别克斯坦	13
9	中国	21	20	老挝	13
10	南非	20	21	希腊	11
11	马里	20	22	孟加拉国	11

　　从技术案例的实施时间来看（图 17-14），45.52% 的技术实施不到 10 年（2011 年及以后实施），说明近年来生态治理技术发展迅速。25.73% 的技术实施时间在 10～50 年，17.15% 的技术属于传统技术，实施时间超过 50 年。从技术引入方式来看，793 件案例中，372 件技术"通过项目/外部干预"引入，占 46.91%，其次为"通过土地使用者的创新"和"通过实验/研究"引入，分别占 34.07% 和 28.19%。其他引入方式包括政府支持、第三方介绍等。就生态治理技术应用案例针对的退化治理目标而言［图 17-14（b）］，478 件案例的目标为减缓土地退化，373 件案例的目标为预防/防止土地退化，257 件案例的目标为修复已退化的土地，而适应土地退化的案例较少。从单项技术组来看，793 件案例共涉及 247 个单项技术组，其中超过 10 件案例的单项技术组共有 29 个（表 17-4）。

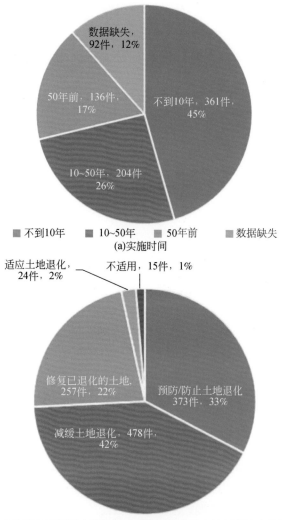

图 17-14　全球生态治理技术应用案例的实施时间和退化治理目标

表 17-4   全球生态治理技术应用案例分析——主要单项技术组   （单位：件）

序号	单项技术组	案例数量	序号	单项技术组	案例数量
1	施用有机肥	34	16	大田轮作	13
2	农林间作	32	17	作物间作套种	12
3	水平梯田	30	18	阻沙滞沙带状防风固沙造林	12
4	免耕	29	19	石埂	12
5	堆肥	28	20	集水整地	12
6	直播种草	27	21	护坡林造林	12
7	水土保持灌草覆盖	25	22	地埂植物篱	12
8	全年封禁	24	23	引水沟渠	11
9	少耕	19	24	土质蓄水池	11
10	农田秸秆覆盖	18	25	径流集水沟	11
11	划区轮牧	14	26	围埂蓄水池式沟头防护工程	10
12	土质排水沟	13	27	水土保持沟	10
13	生物病虫鼠害防治	13	28	牧草刈割	10
14	护岸护滩林造林	13	29	沟垄种植	10
15	滴灌	13			

17.2   典型生态退化治理技术清单分析

17.2.1   水土流失

水土保持技术措施指防治水土流失，保护及合理利用水、土、植物资源的各项技术措施，主要由工程措施、生物措施以及农耕措施三大类组成（刘宝元等，2013）。根据典型生态退化治理技术清单统计，全球涉及水土保持及水土流失治理的技术共 541 项。在水土保持技术中，工程措施包括 21 大项、127 小项、272 项具体技术，生物措施包括 14 大项、50 小项、174 项具体技术，农耕措施包括 8 大项、65 小项、69 项具体技术，另有其他措施 8 大项、26 小项。主要水土保持措施及技术概念框架如图 17-15 所示。

（1）西北黄土高原区

西北黄土高原区的土壤侵蚀类型可以从自然动力和人为动力两个方面划分，自然动力有水力侵蚀、重力侵蚀、风力侵蚀、冻融侵蚀和动物侵蚀 5 种类型。西北黄土高原区还有一些特有的侵蚀方式，如潜蚀和流泥。潜蚀以机械侵蚀为主，破坏地面完整，促进沟蚀发展。流泥有稀释性流泥、黏性流泥和塑性流泥三种，晋西和陕北出现的"浆河"就是流泥的表现（李艳丽，2011）。

西北黄土高原区水土保持的工程措施大致可分为沟道治理工程、坡面治理工程和护岸工程三类。沟道治理工程主要包括淤地坝、拦沙坝、沟头防护工程、土石谷坊、引洪漫

图 17-15　水土保持技术清单概念框架

地、沟道蓄水工程以及滑坡防护工程等。坡面治理工程主要包括梯田工程（水平沟、水平台地、山边沟），引水、蓄水和排水工程等。护岸工程主要包括导流堤、护岸堤和丁坝等。生物措施主要包括水土保持林建设、草牧业建设。水土保持林包括坡面防护林、侵蚀沟道防护林、分水岭地带防护林、沟坡防护林、水土保持经济林、沟头防护林、护岸护滩林、水库防护林、道路防护林等。水土保持林建设宜采用人工造林、封山育林、飞播造林相结合，乔木、灌木和草本相结合的方式。草牧业建设较多采用禁封、封育、轮休轮牧等方式。农耕措施有退耕还林还草、改变微地形、覆盖措施等。

西北黄土高原区可分为山地区、丘陵区、黄土塬和黄土台塬区、沟谷平原区四个区域（郑好等，2021）。例如，沟谷平原区治理，平缓沟坡往往采用水平沟、水平阶、反坡梯田、大鱼鳞坑、经济林、用材林；沟道主要采用乔灌固沟林，柳谷坊、小块沟台地、防冲林等；沟底常采用淤地坝、骨干坝、谷坊、围井、建池、整治沟台地、沟底防护林、护岸林等。

（2）东北黑土区

东北黑土区的侵蚀主要表现为多种土壤侵蚀类型，包括水力侵蚀、风力侵蚀、冻融侵蚀、重力侵蚀和人为侵蚀作用下的坡耕地侵蚀和沟道侵蚀，具体体现为严重的面蚀以及浅沟、切沟侵蚀，同时全区土壤侵蚀具有较强的地带性规律（沈波等，2003）。东北黑土区北端以冻融侵蚀表现最为明显，东南端以水力侵蚀表现最为明显，西端则以风力侵蚀表现最为明显。东北黑土区侵蚀外营力具有明显的季节性周期变化，冬季多冻融作用，春季多风力作用，夏秋则多流水作用。因此，流水、风力和冻融作用是东北黑土区最主要的三大外营力（范昊明等，2004）。

东北黑土区现有的水土保持措施从治理主题上主要可以分为坡面治理措施和沟道治理措施两大类。从治理具体措施上可以分为生物措施、工程措施、农耕措施三大类。生物措施主要是营造水土保持林、经果林、护埂林、农田防护林、水流调节林、退耕还林还草等。工程措施主要针对坡面治理，包括开挖竹节壕、截流沟。坡面上的浅沟、切沟等线状侵蚀以削坡、填埋为主，沟道治理以工程措施为主，主要是在沟底修建跌水、谷坊、塘坝以及水库等水利设施。农耕措施主要有地埂植物带、秸秆还田、改垄、坡改梯、水平梯田、坡式梯田等梯田工程等。

东北黑土区面积广大、地质地貌复杂、水土流失形式多样，要按照因地制宜的原则采取分区治理。按照地貌类型和水土流失特点将东北黑土区划分为漫川漫岗区、丘陵沟壑区、水蚀风蚀交错区、天然林保护区和平原区。其中漫川漫岗区、丘陵沟壑区、水蚀风蚀交错区为重点治理区（鄂竟平，2008）。

漫川漫岗区主要是坡耕地和侵蚀沟治理。治理要从整体出发形成体系，从坡上到坡下布设三道防线，形成梯级综合防治体系，建立坡、水、田、林、路综合防治型生态农业模式。丘陵沟壑区水土流失发生的主要区域为坡耕地、荒山荒地、侵蚀沟、疏林地等。坡顶治理以植树造林为主、种草植灌为辅；采取分水岭防护林与水流调节林相结合，水源涵养林、用材林与水保经济林相结合；坚持多林种、多层次、多功能、低成本、高效益的防护体系配置模式；做到网、带、片相结合，乔、灌、草相结合，防护、经济、用材林相结合。水蚀风蚀交错区的主要特征是地势开阔平坦，植被稀少，土地利用方式以农业和畜牧业为主，主要采取"乔灌草结合建设植物网带"的治理模式。

(3) 南方红壤区

南方红壤区土壤侵蚀类型多样复杂，以水力侵蚀为主，主要水土流失类型有面状侵蚀、沟状侵蚀、崩岗侵蚀。侵蚀发生地点具有一定的区域性，果园侵蚀与林下侵蚀严重。坡地果园之所以会发生严重的水土流失，主要是因为大强度的集中降水。崩岗侵蚀是南方红壤区特有的水土流失类型，集中分布于长江流域、珠江流域和东南沿海流域（林盛，2016）。

南方红壤区水土保持主要采用生物治理与工程治理。生物治理主要包括水土流失自然生态修复、等高草灌带治理、植物篱坡耕地治理、小穴播草治理、生态林草复合治理、马尾松综合改造、秋豆春种幼龄果园覆盖等模式；工程治理主要包括果园坡改梯、茶果园节水灌溉、山地水利、生态河岸等模式。

崩岗侵蚀作为南方红壤区最严重的水土流失类型之一，是该区域生态环境退化程度最高的表现形式。崩岗是一个复杂的系统，主要由集水坡地、沟头（沟壁）、崩积体、崩岗沟底和冲积扇等子系统组成。其中，集水坡地表土层已全部消失，红土层尚存或粗沙土层出露，土壤干旱瘠薄，表层沙化，酸性强；沟头（沟壁）粗沙土层或碎屑层出露，土壤贫瘠；崩积体土体疏松、贫瘠，表层水分条件较差；崩岗沟底表土为石英沙层，养分缺乏，但水分条件较好；冲积扇细沙、粉沙与粗沙层理明显，养分缺乏（阮伏水，2003）。崩岗治理过程中，要将其作为一个系统来进行综合治理，根据水土流失的原因和特征，对集水坡地、沟头（沟壁）、崩积体、崩岗沟底、冲积扇分别采用适宜的综合治理模式。

17.2.2　荒漠化

全球生态治理技术长清单收录荒漠化治理技术 546 项，荒漠化治理技术概念框架如图 17-16 所示。荒漠化治理技术主要从阻、固、防、监、用、调六方面展开，体现了生态治理技术从征服自然、利用自然到人与自然和谐相处的思想演进。其中阻主要体现在中国沙漠和农牧区交错地带，阻滞风沙的技术，如沙障等；固主要体现在以工程、生物、化学等手段治理流动/固定沙丘的技术；防主要体现在防护林建设、耕地保护等；监主要体现在脆弱生态监测技术；用主要体现在利用沙产业、荒漠绿洲产业等因地制宜的生态产业；调主要体现在利用政策手段，调节人和自然、自然要素之间、人与人之间的关系，如退耕还林还草、生态补偿、绿色金融、生态移民、耕地修养等。

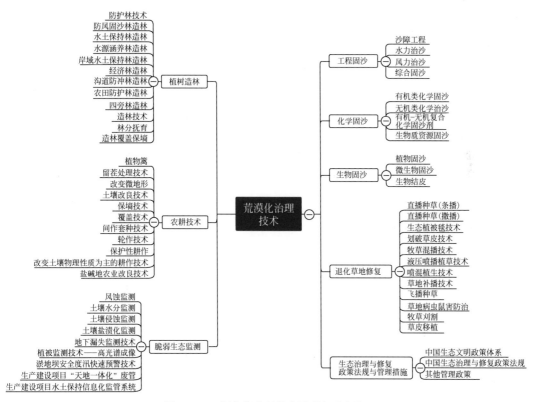

图 17-16　荒漠化治理技术清单概念框架

（1）工程固沙

风沙危害治理中，栽植防风固沙林等植物固沙技术是持续有效的风沙危害治理措施，但是植物治沙技术应用必须有工程措施的辅助（刘虎俊等，2011）。特别是在干旱缺水的地区，生物措施经常无法实行，强行应用植物治沙，不但起不到防沙治沙的作用，反而大量消耗地下水，成为造成植被退化、土壤风蚀、环境恶化的隐性因素。因此，工程措施成为风沙危害防治不可替代的措施之一。工程固沙常用的技术是沙障技术，沙障按照不同材料分为植物材料、无机材料、有机化工材料和有机可降解材料等。从沙障形态看，高立式沙障在阻止沙丘前移和阻滞过境风沙流上具有优势，多用于沙漠公路、铁路沿线风沙防护。低立式沙障能改变下垫面、增加地面粗糙、减小风力、截留水分，提高沙层含水量，有利于固沙植物的存活。平铺式沙障是固沙型沙障，多用于流动沙丘治理。近年来，在工程固沙方面也出现了新型固沙设备，提高了工程固沙的效率。

（2）化学固沙

化学固沙是在荒漠化土地表层施用有机或无机化学材料，以提高地表沙土的稳定性和保水性，或对盐碱化土地进行脱盐处理，从而达到固定流沙、改良和治理荒漠化土地的目的（王丹等，2006）。该技术的优点是施工简便、见效快，可迅速改良荒漠化土地，为植物生长创造良好的水土条件，若与植物固沙相结合，能大大提高植物的成活率，改善生态环境工程建设的质量和效率。其固沙原理包括黏结作用、表层覆盖作用、水化作用、沉淀作用、聚合作用。

化学固沙往往需要与工程固沙、植物固沙措施相互配合使用，形成综合性的防护体系（赖俊华等，2017）。研究和开发具有耐水蚀、耐冻融、耐风蚀及抗紫外线辐射性能，对环境没有污染，对植物无副作用，成本低廉的固沙材料是今后化学固沙的发展方向。

（3）生物固沙

生物固沙中最常见的是植物固沙技术。植物固沙技术以旱生灌木和沙生草本植被等活体材料设置防风阻沙的障碍物。植物固沙技术是指在沙漠地区种植植被，从而能够有效抑制沙漠进一步侵蚀，改善沙漠的生态环境。植物固沙的重点是根据当地的水文及气象条件选择、配置合适的植物，设计有效的植物防护体系及结构。

1）固沙植物选择。固沙植物的选择与当地的降水、温度以及沙丘的部位等密切相关。刘媖心（1988）经过多年的实践和研究总结出如表 17-5 所示的规律。近年来，固沙植物的选择注意到了与人类健康的关系，如沙蒿可能导致过敏性鼻炎，陕西省榆林市林业和草原局称，为治理黄沙，榆林市实施飞播造林，主要采用种间混播方式，沙蒿占总播种量的1/5，榆林市沙蒿保存面积328.5万亩，为应对沙蒿引发的过敏问题，"十三五"以来，榆林市已全面停止人为种植沙蒿（张田勘，2020）。

表 17-5　荒漠化治理不同区域适宜的固沙植物

降水量分区	适宜固沙植物	沙丘部位	适宜固沙植物
400～500mm 年降水量沙区	乔木、灌木、半灌木固沙区。这个区可配置适当面积或比例的乔木树种	流动沙丘迎风坡	沙蒿、柠条锦鸡儿、细枝岩黄耆、中间锦鸡儿、细枝山竹子
250～400mm 年降水量沙区	灌木、半灌木固沙区。这个区一般不用机械沙障	流动沙丘背风坡	黄柳、乔木状沙拐枣、头状沙拐枣、沙木蓼、红果沙拐枣。沙冬青可为后期植物种

续表

降水量分区	适宜固沙植物	沙丘部位	适宜固沙植物
200～250mm 年降水量沙区	植物必须加沙障等防护措施		
200mm 以下年降水量沙区	灌溉或低湿沙地植物固沙区		

2) 固沙植物的配置。天然群落有灌木、半灌木，多年生和一年生草本，固沙植物需要不同生活型、不同根系类型、不同演替阶段的植物物种互相配合。选择固沙植物既要生长快的先锋植物，又要较为稳定、耐旱的演替中期植物。先锋植物生长迅速，寿命较短，多水平根系。演替中期植物生长较慢，但寿命较长，根系多斜生。人工植物群落也应模仿自然，才能营造稳定的人工植被。一般乔灌木根系较深，半灌木根系较浅。固沙植物既要群居，互相防护风沙，又要有足够的营养面积，不能密集，宜带状栽植。

3) 固沙植物的引种。乡土植物长期与当地生态环境相适应，选择植物时以乡土种较为稳妥，可靠；但过量繁殖少数种，致使物种单纯，易遭病虫危害，故而任何植物都不能单纯过量推广，必须引进一些优良固沙植物种。

4) 固沙植物的盖度。水资源短缺已经成为制约干旱、半干旱区生态良性发展的主要因素。保持近自然的水文动态过程，确保降水能够渗漏到土壤深层或者补给地下水，已经成为防沙治沙等生态修复的核心问题。杨文斌等（2021）提出的低覆盖度治沙技术理论支撑了中国防沙治沙走向多树种带状混交、乔灌草复层结构、人工治理与自然修复耦合、植被稳定性提高的新阶段，该技术已纳入《造林技术规程》（GB/T 15776—2016）。

（4）植树造林

防护林是以发挥防护效应为基本经营目的的森林的总称（姜凤岐等，2003），既包括人工林，也包括天然林。从生态学角度出发，防护林可以理解为利用森林影响环境的生态功能，保护生态脆弱地区的土地资源、农牧业生产、建筑设施、人居环境，使之免遭或减轻自然灾害，或避免不利环境因素危害和威胁的森林。全球生态治理技术清单收录了有关防护林造林技术 78 项，主要包括水土保持林造林技术、水源涵养林造林技术、防风固沙林造林技术、农田防护林造林技术、沟道防冲林造林技术、经济林造林技术。

总结近半个世纪防护林造林经验，在应对防护林退化问题时应树立三个理念：一是近自然理念。树种要优先选择乡土树种；要多营造混交林；合理进行封育保护，依靠自然力量修复退化林分。二是因地制宜理念。根据当地实际情况，本着宜林则林，宜草则草，宜荒则荒的理念，重点应该放在对现有林，特别是退化林分的改造和林地保护抚育上来，要切实做到适地适树。年均降水量 200mm 以下又无灌溉条件的，不宜营造乔木树种，尤其不宜发展用材林，而应以灌木林为主。遵照《造林技术规程》（GB/T 15776—2016），采取适宜的造林密度。三是生态福祉理念。注重生态和经济相结合，在充分发挥防护林生态功能的同时，逐步提高林地的经济效益，促进林粮、林草、林药结合，防护林和经济林结合，注重林下经济的发展，最大限度地发挥防护林的多种功能。

（5）农耕技术

荒漠化治理主要涉及的农耕技术有保护性耕作、轮作休耕、间作套种技术、植物篱、留茬处理技术、改变微地形、土壤改良技术、保墒技术、覆盖技术等。

1）保护性耕作。保护性耕作是近年来重要的可持续农业技术。结合保护性耕作工艺特点，其关键技术分为秸秆残茬处理、免少耕施肥播种、土壤深松和杂草病虫害防治。其工艺过程为收获后进行秸秆处理，必要时进行深松或耙地，冬季休闲，春季免耕播种，田间管理及收获。其配套机具主要分为秸秆还田机械、免耕施肥播种机械、深松机械及植保机械。中国特色的保护性耕作体系（高焕文等，2003），指该作业工艺和机具能满足中国及第三世界国家地块小、动力小、经济欠发达、既要保持水土又要提高产量的要求。其特点为：①用小型保护性耕作机具在小地块上实现了保护性耕作；②保护性耕作能在贫瘠土地上获得较高产量；③增加表土作业，改善免耕播种质量；④综合防治杂草。

2）轮作休耕。轮作休耕是耕作制度（亦称农耕制度）的一种类型或模式（赵其国等，2017）。轮作，是指在同一田块上不同年度间有顺序地轮换种植不同作物或以复种方式进行种植。休耕，亦称休闲（fallow），是复种的对义词，是指耕地在可种作物的季节只耕不种或不耕不种的方式。在农业生产上，耕地进行休闲（休耕），其目的主要是使耕地得到休养生息，以减少水分、养分的消耗，并积蓄雨水，消灭杂草，促进土壤潜在养分转化，为以后作物生长创造良好的土壤环境和条件。根据休耕时间长短，可将休耕分为季节性休耕、全年休耕和轮作休耕。

3）水土保持耕作。水土保持耕作技术，指通过改变微地形，增加地表覆盖或改善土壤物理性质等，提高土壤抗蚀性，减轻土壤侵蚀，防止土壤退化，起到水土保持作用的耕作栽培措施（吴发启，2012）。黄土高原水土保持耕作技术体系（张金鑫，2009）包括等高耕作法、坑田与地孔田、抗旱丰产沟、隔坡水平沟、大垄沟种植技术、垄作区田、垄膜沟种植法、草田轮作、粮草带状种植、秸秆覆盖、少耕法与免耕法、深松耕法等。东北黑土区水土保持耕作技术（孙传生等，2006）包括秸秆覆盖技术（秸秆粉碎还田覆盖、整秆还田覆盖、留茬覆盖、使用土壤控制剂覆盖）、免耕少耕播种技术、等高耕作、修筑地埂、修筑梯田、提高土壤有机质含量、黑土农田水利建设等。紫色土坡耕地水土保持耕作技术（刘刚才等，2001）包括聚土免耕、横坡种植、顺坡种植、顺坡垄作、平作、横坡垄作、秸秆覆盖等。

（6）脆弱生态监测技术

脆弱生态监测的内容可归纳为生物物理和社会经济两个方面，具体包括土壤、植被、水文、地质地貌、气候要素、社会经济因子等。常用的脆弱生态监测技术主要采用人工地面观察、测量和建立生态监测站，基于"3S"技术进行监测。

（7）生态治理与修复政策法规与管理措施

在脆弱生态治理方面，除了工程、植物、化学、生物、农耕等技术手段外，政策与管理也在调节人与自然、人与人的关系中发挥了重要作用。

中国生态文明制度体系框架中，与脆弱生态治理修复密切相关的制度（王海芹和高世楫，2016）主要由自然资源资产产权制度、国土空间开发保护规划制度、资源总量管理和全面节约制度、资源有偿使用和生态补偿制度、环境污染治理体系、环境治理和生态保护市场体系、绩效评价考核和责任追究制度组成。此外，全球生态治理技术清单还梳理了国内外荒漠化治理领域相关的其他政策、管理措施 56 项。

17.2.3　石漠化

中国喀斯特石山区主要分布在以云贵高原为中心的贵州、云南、广西、四川、重庆、湖南、湖北及广东八省（自治区、直辖市）。土地石漠化加剧了地域生态系统的脆弱性，降低了生态系统的承载力，对地区经济社会的持续发展危害极大。

收录石漠化治理技术 160 项，其中工程技术 57 项，生物技术 44 项，农耕技术 28 项，其他技术 31 项（图 17-17）。

石漠化地区生态治理与修复"水是龙头，土是关键，植被是根本，区域生态经济双赢、农民脱贫致富是目标"（曹建华等，2008）。石漠化生态治理与修复重点针对少土、缺水、植被立地困难、贫困落后等问题，从水、土、植被、产业结构调整入手展开。

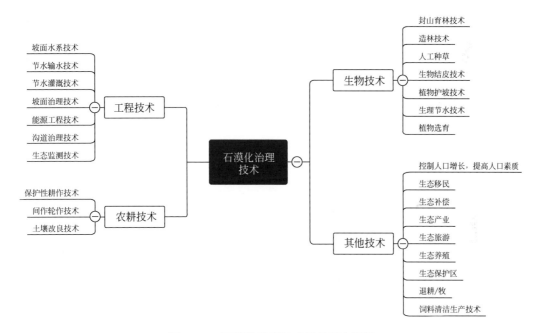

图 17-17　石漠化治理技术清单概念框架

（1）石漠化地区水资源高效开发利用技术

水资源是岩溶生态系统形成、发展、演化、稳定的基础和依据。工程性缺水和水资源利用效率低是石漠化地区的两个主要问题（苏维词等，2006）。在勘察岩溶区地质发育条件、岩溶作用规律、水文地质结构和水文过程，掌握岩溶地下水含水介质特征、地下水赋存及运移规律的基础上，对不同类型的地下水资源采取相应的开发技术（邓艳等，2016）。

1）表层带岩溶水的开发利用技术。对表层岩溶水资源开发主要通过洼地水柜蓄水、山腰水柜蓄水、水柜山塘储水、灌渠引水、山麓开槽截水、泉口围堰和洼地底部人工浅井提水等方式。

2）高位地下河及岩溶大泉开发利用技术。在地下水资源丰富的地区，可以直接利用地下河和岩溶大泉改变地表土地利用方式，转变农田产业结构，具有显著的经济及社会效益。

3）浅埋地下河天窗、溶潭竖井等提水技术。对岩溶蓄水构造及富水块段区域主要通过钻井、开挖大口井和溶潭竖井等天然露头点直接抽提水。安装抽提设备直接抽提竖井的地下水，引到高位水柜中，配套输水管道系统，解决饮水和灌溉问题。

4）地下河堵洞成库和地下河出口建坝蓄水技术。对地下水资源丰富的地区可以使用地下河堵洞成库、地下河出口建坝蓄水等技术。堵洞成库是目前地下河水开发利用最为常见的工程技术，通过对地下河主干管道的堵塞，可以大幅度提高水位。

5）农村小型水利水保技术。农村小型水利水保技术主要包括修建蓄水池、水窖、山塘、排洪渠、截水沟、鱼鳞坑、灌溉（引水）渠、沉沙池，具有排洪、蓄引水、拦沙等作用，在西南岩溶地区水土资源保护、促进作物增产和农民增收方面发挥了重要的作用。

6）水资源高效利用技术。在水资源开发利用的基础上，实施节水型农业，提高水资源利用率。节水技术包括农艺节水技术、生物（生理）节水技术和节水灌溉技术等。农艺节水技术有种植制度优化节水、抗旱品种的筛选与引进、覆盖保墒、化学制剂保水等技术。生物（生理）节水技术有分区交替灌溉、局部灌溉和生育节水灌溉等技术。节水灌溉技术则有滴灌、微喷灌、涌泉灌和地下渗灌等技术。

（2）石漠化地区植被恢复技术

重点考虑岩溶地区适生植被物种筛选与培育、人工诱导栽培、耐旱植被群落优化配置、植被复合经营、生态衍生产业培育等（苏维词等，2006）。

1）封山育林与自然修复。封山育林是石漠化地区最直接、最有效、最经济的治理措施，仅从生态恢复的角度来看，在岩溶地区采用自然途径进行石漠化治理的效果要优于人工途径。对岩溶土地中生态功能较好的乔灌林地以及重度以上石漠化土地中基岩裸露度超过70%或土层厚度小于20cm、现阶段难于实施治理的未利用地，纳入封山管护范畴，采取林草植被自然修复策略。

2）因地制宜造林种草。首先对宜林地、无立木林地、疏林地、未利用地等，因地制宜地选择乡土树种及优良种质资源实施人工植树造林，重点培育水土保持、水源涵养等功能为主的生态防护林；其次对岩溶地区生态功能低下、低质低效林分，通过抚育采伐、补植、修枝、浇水、施肥、人工促进天然更新以及视情况进行割灌、割藤、除草等森林抚育措施，促进目的树种生长，通过调整树种组成、林分密度、年龄和空间结构，平衡土壤养分与水分循环，改善林木生长发育的生态条件，缩短森林培育周期，提高木材质量和工艺价值，发挥森林多种功能；最后对石漠化土地中生态功能低下、地表草被稀疏的草地及规划宜草地，实施封育、改造与人工种草等措施，提高草地质量。结合退耕还林工程，大力推广林下种草，配套建设棚圈、青贮窖等设施，加快草食畜牧业发展，尽力提升地表植被覆盖，减轻水土流失。栽针留灌抚阔技术在岩溶地区造林时优势明显。石漠化地区植物护坡技术也很常见，根据植物的不同可以分为灌木护坡、草本护坡、藤本护坡、香根草篱护坡等。

3）退耕还林还草。对岩溶地区 25°以上坡耕地和重要水源地 15°~25°坡耕地，强制纳入退耕还林还草工程，重点营造水源涵养、水土保持等生态防护林；对基岩裸露超过 50%、水土流失严重、土地生产力低下以及江河源头、城镇及风景区周边等生态区位重要、不适宜继续耕种的石漠化坡耕地，纳入退耕还林还草工程，选择优良种质资源，优先发展特色经果林、林药、林草等生态经济型产业（吴协保等，2019）。

4）不同石漠化退化阶段的生态治理技术。不同石漠化退化阶段的岩溶生态系统对人类活动承载能力的差异决定了要采取的石漠化治理措施不同（杜文鹏等，2019）。①在重度石漠化地区采取的治理措施以生态移民、封山育林等自然恢复措施为主；考虑到自然恢复周期较长等问题，在条件允许的情况下，可以采用人工播种、补植、种草等林草措施以及铺设人工土、喷注草种泥浆等工程措施来推动植被顺向演替，加快石漠化治理进程。②对中度石漠化地区进行生态治理，宜采取生态恢复与经济发展相结合的治理措施，应该在减轻人口压力、追求生态效益的同时，通过营造经济林果、种草养畜、改善耕作条件等措施兼顾经济效益。③对轻度石漠化地区进行治理主要是通过宣传教育减少人类不合理的土地开发利用活动，并通过配套措施降低人类土地开发利用活动带来的负面效应。对潜在石漠化地区进行治理应该以水土保持等预防保护措施为主，同时采取相应措施，调整优化产业结构，解决土地利用错位问题。

（3）石漠化地区产业结构调整

妥善处理好经济发展与生态保护的关系，做到治石治穷，绿色富民。一是加强沼气、太阳能、节能灶和小水电等农村能源开发建设；二是推进小城镇建设和易地扶贫搬迁（生态移民）；三是促进农村经济产业结构调整，大力发展特色林果、林药、特色畜牧业与林下经济等绿色产业；四是充分利用岩溶地区独特的喀斯特地貌、生物景观与人文资源优势，鼓励建设石漠公园、石漠化综合治理示范小区和特色村镇等，引领区域生态旅游业、乡村旅游业发展。

（4）石漠化监测技术

石漠化地区的水土综合整治生态监测，综合利用"3S"技术对不同时间序列的石漠化遥感影像进行处理，提取岩石裸露率、生物覆盖度、水体面积、土地利用状况等，以达到监测石漠化治理区的生态修复成效。无人机对水土流失和水土保持措施的监测具有快捷灵活、携带方便、分辨率高且造价低廉的特点，现已广泛运用于石漠化监测项目中。目前遥感技术只能判译解读地表水土流失特征，尚无切实可行的遥感监测技术用于地下水土流失监测。小流域/坡面定点监测和人工模拟降水是当前主要的地下水土流失监测手段（戴全厚和严友进，2018）。通用土壤流失方程（universal soil loss equation，USLE）、修正通用土壤流失方程（RUSLE）及后期水蚀预报模型（WEEP）等是世界范围内应用广泛的土壤侵蚀预报模型。岩溶地下水土流失的核示踪技术可用于土壤漏失的监测和研究。探地雷达的应用是多学科交叉应用的成果，该技术能使人更直观地了解土壤漏失途径及地下岩溶管道系统的分布情况。

17.3 主 要 结 论

面向全球生态治理研究与实践需求，针对中国和全球其他国家主要脆弱生态治理现有技术知识体系缺乏的问题，系统梳理了中国和全球其他国家主要脆弱生态治理技术、模式及应用案例，生成科学系统的长清单，可为全球脆弱生态治理技术的推广应用提供知识工具箱，为推进面向"一带一路"建设，宣传生态治理的中国经验和方案，引进全球生态治理技术起到重要参考作用。这是生态技术及重大生态工程评估的重要基础工作，具有重要的科学意义和应用价值。

针对需要解决的科学问题设计了全球脆弱生态治理技术及模式清单框架，采用文献综合集成、知识概念图制作和数据库开发研制等方法，搜集整理了全球脆弱生态治理技术935项、脆弱生态治理技术模式566项、全球生态治理技术应用案例793件，并将其划分为工程类、生物类、农耕类、其他类等类型；按照荒漠化治理、水土流失治理、石漠化治理等应用领域进行了脆弱生态治理技术的知识概念图制作，上述数据以文本及网络检索数据库两种形式提交，便于用户检索以获得相关技术信息。

经过对全球典型生态退化治理技术的系统梳理和分析发现：全球典型生态退化治理技术已经积累了较为丰富的经验，在荒漠化治理方面，形成了阻、固、防、监、用、调的特色，不仅利用工程类、生物类、农耕类的技术手段，也将调整人与自然、人与人之间关系的政策措施与纯技术措施相结合。在水土流失治理方面，针对特定地区的水土流失问题，形成了因地制宜的技术体系。在石漠化治理方面，重点针对少土、缺水、植被立地困难、贫困落后等问题，从水、土、植被、产业结构调整入手，形成了中国特色的生态治理技术体系。

总体来看，生态治理的近自然理念、因地制宜理念、生态福祉理念在中国的典型生态退化治理技术中日渐凸显，从水、土、植被、区域生态经济双赢、农民脱贫致富、乡村振兴、社会发展等几个方面系统考虑生态治理问题，体现了从征服自然、利用自然到人与自然和谐相处的治理思路，取得了良好的治理效果。

第18章 全球不同退化类型生态技术时空演化特征分析

18.1 目的与方法

18.1.1 目的

通过国内外文献挖掘，运用国外100年及国内60年实际数据资料，结合生态技术辨识和分类方案，总结国内外典型退化区域采用的关键生态技术和生态技术组合，刻画关键生态技术演变特征，为我国主要退化生态系统类型的治理与修复提供参考。

18.1.2 数据来源与分析方法

本研究基于文献刻画生态技术演化特征，数据来源类型多样，包括但不限于期刊论文、学位论文、会议论文、图书、专利、标准、年鉴、行业报告等，文献数据库主要包括CNKI、WOS核心库和DII、智慧芽、国家知识产权局专利数据库等。

对多源数据，采用文献计量分析法、内容分析法，结合文献阅读进行综合对比分析，采用的分析工具有Excel、TDA、Origin、VOSViewer等。

18.2 典型生态退化治理技术演化

在水土流失、荒漠化、石漠化、退化草地四种典型退化生态系统类型中，积累形成的治理技术数以千计，目前已基本形成较完整的治理技术体系，包括退化程度判断和监测技术、物理化学生物综合四类治理技术、产业化利用技术三大类。

基于前述生态技术评价方法体系和三阶段评价法对四种典型退化生态系统治理技术进行了分阶段评价，并遴选出17项核心关键技术，每项各选取一项具有典型性的具体技术（水土流失治理3项，即淤地坝、残茬覆盖、种草；荒漠化治理6项，即机械沙障、飞播造林或种草、滴灌技术、化学固沙剂、生物结皮固沙技术、沙漠光伏发电；石漠化治理4项，即植物篱、防渗漏水窖凹槽等结构、高效有机循环农业生产系统、坡改梯；退化草地治理4项，即牧草补播、围栏封育、草地改良机、轮牧技术）进行了细致分析与评价，本研究对每种退化生态系统各选一项为例进行阐述。

18.2.1 水土流失治理技术

18.2.1.1 总体情况

水土流失治理技术有 22 000 余项，整体可划分为研究与管理、治理两个大类。研究与管理分为水土保持机理研究、管理系统两个中类。治理包括生物方法、工程方法、化学方法、综合方法、自然恢复、农耕 6 个中类，农耕中的种植类是占比最大的类别，占总量的 2/3。水土流失治理技术中，当前较为薄弱的是：基于监测的预防预警和综合化、流域化、智能化管理技术，以及基于地域分异的技术组合优选方法。

水和土是极为重要的自然资源，是人类赖以生存的基础。为了控制和减少水土流失，我国早在 2000 多年前就在平原修沟洫畦田、在山区修梯田，美国早在 1890 年就建造水土保持林。近百年来，世界各国对水土流失治理工作认识日益深刻，多国开展了有目标的治理实践（周作亨，1994）。美国在 1914 年就已有了农牧区径流量及径流强度资料积累，自 1934 年 5 月 "黑风暴" 事件后，开始制定水土保持流域发展的长远规划，并通过了《水土保持法》，设立了相关的管理中心和技术研究中心。澳大利亚的治理始于 19 世纪 30 年代，立法、管理和科学研究三措并举。日本在 1953 年发生明治以来最大洪水后，从法律、经济和技术等多方面开展水土流失治理。朝鲜自 1961 年起修梯田。菲律宾自 1972 年进行水土资源调查，采用植物治理和工程治理技术相结合，开发利用和保护相结合的思路开展水土流失治理。尼泊尔自 1974 年起修拦沙坝和梯田、造林，进行水土流失综合治理。印度 1936 年开始建高埂式梯田治理坡耕地、1952 年坡改梯、1977 年修拦沙坝。新西兰在治理中采取了侵蚀沟造林、牧场防护林、荒山全面造林、灌木编篱、等高沟垄耕作、海岸沙丘植树种草、建防风林带、重播追肥、修排水沟、建护岸工程、加强土地利用管理等一系列水土保持措施。

从水土流失治理技术总体时间演化图来看（图 18-1），20 世纪 60 年代以前主要是生物治理和工程治理技术，如植树造林、坡改梯、梯田。1960 ~ 1999 年，美国在土壤改良剂、地表覆盖技术（如纤维覆盖、聚合物膜、可降解覆盖等）上有长足发展，同时期的苏联仍以工程技术为主，如梯田、水平沟、水平阶、沟渠，后期才出现等高植物篱和保护性耕作技术。进入 21 世纪，植物毯、土壤稳定剂、肥料、保护性耕作，以及多技术综合运用措施大量出现，技术向精细化、综合化方向发展，且治理向整体可持续目标迈进。

国内水土流失研究和治理工程已有 60 多年历史，在此过程中，基于技术、结合水土流失区的实际情况，因地制宜地发展出了多种治理模式、范式（蔡强国等，2012）。在治理模式形成过程中，技术的演变特征也有展现，典型的如黄土高原南小河沟流域的治理、黑土水土流失区治理、北京的土石山水土流失治理。治理的整体技术脉络表现为从工程、到工程与生物技术相结合、再到多类型技术综合应用的规律。

1）黄土高原南小河沟流域的治理，1951 ~ 1954 年主要治理技术是工程技术（淤地坝、土谷坊、柳谷坊、地边埂），自 1954 年后才开始了农、林、牧、水等综合治理技术，1964 ~ 1969 年采用了水平条田、塘坝技术，1970 ~ 1979 年为水平条田、植树造林技术，

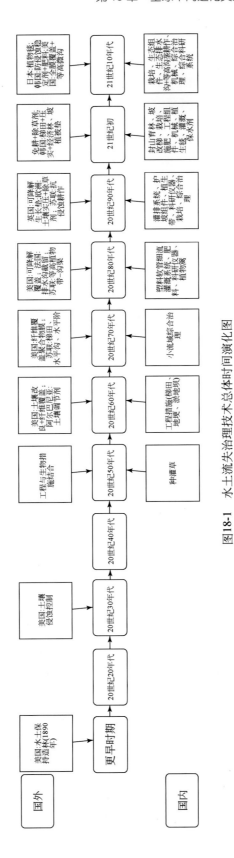

图18-1　水土流失治理技术总体时间演化图

1980~2000 年为治理工作退化期，2001~2010 年有梯田、植树造林、谷坊、水利设施（水窖、涝池）等。黄土高原丘陵沟壑区的治理技术演变过程经历了重视工程措施阶段（小流域坝系）、逐渐强调工程措施和生物措施相结合阶段（梯田、沟道坝系、草灌种植、谷坊）、以经济效益为主探索生态效益阶段（拦蓄降水、草灌种植）、生态–经济建设综合治理阶段（经果种植、生态农业体系）、高标准精细化治理新阶段（封禁）。

黄土高原南小河沟流域水土流失治理的发展和变迁（表 18-1）总体上呈现出的技术演变规律是早期以工程技术为主，中期以工程和生物技术为主，后期则进一步演变为多类型技术的细化使用、综合使用。

表 18-1 黄土高原南小河沟流域水土流失治理的发展和变迁

时段	水土流失治理模式演变	水土流失治理技术演变
1951~1959 年	生态保护为主	工程技术：淤地坝、土谷坊、柳谷坊、地边埂
1960~1979 年	粮食生产为主	水平条田、塘坝、植树造林
1980~2000 年	经济发展为主	治理工作有一定程度的退化
2001~2010 年	综合治理与开发	梯田、谷坊、水窖、涝池、植树造林

2）黑土水土流失区治理始于 20 世纪 50 年代，黑龙江省拜泉县生态示范区在治理过程中，60 年代以调整垄向为主，70 年代以修筑坡式梯田为主，80 年代后期综合配置生物、工程和农耕相结合的技术，90 年代形成了"三道防线"立体防护体系，进入 21 世纪后，重视治理与社会、经济发展和生态安全协调发展，"粮牧企经庭"立体开发，形成了水土保持型农业体系（李国强，2009）。水土保持技术经过了单一技术治理、多类技术小流域综合治理、立体防护技术、水土保持型生态农业综合技术的发展历程。

3）北京的土石山水土流失治理始于 1951 年，治理历程可分为 4 个阶段：1981 年前主要是梯田、坝阶、护地坝等工程技术；1981~1990 年是林草技术、工程技术与保土耕作技术相结合的综合治理；1991~2003 年治理与发展经济结合；2004 年至今以水资源保护和生态环境质量的明显改善为目标，提出了"清洁、卫生、生态"小流域的综合治理理念。

在技术演化图中，中国水土流失治理初期的技术是种植灌草，20 世纪 60 年代各类工程措施（梯田、地埂、淤地坝等）出现，之后 70 年代"小流域综合治理"技术被广为采用，80~90 年代灌溉技术、水土流失机理研究、植物篱技术、护坡植生技术、防水土流失植物种的栽培技术密集出现，进入 21 世纪后，出现工程组件的模块化、机械设备、水分的微观保持技术、防水土流失植物种及农作物的栽培和施肥技术、多技术组合的综合治理、对水土流失机理进行研究的综合科研系统等技术。随着对水土流失机理的认识越来越深刻，技术实施的效果和效益也可以更准确地被监测与度量，技术向精细化发展的条件越来越完备，与此同时，为达到综合治理目标，达到生态、经济和社会的综合平衡与可持续，技术综合化发展的特点也逐渐凸显。

在空间尺度上，首先存在大、中、小区域尺度的空间差异。即便在一个小尺度治理区域内，治理时也需要考虑海拔、坡度、降水量、地貌类型等的区别，因地制宜采用不同治理技术，从而体现出技术的空间差异性。以地貌类型为例，黄土高原水土流失综合治理范式中塬面、沟坡、沟谷的治理技术不同（赵诚信，1994）（表 18-2）。坡度也是水土保持中重要的影响因素之一，东北黑土区的水土流失治理中，小于 3°坡面采用横坡垄作技术，3°~5°修坡式梯田，5°~7°修水平梯田，大于 7°则采用退耕还林还草技术（王敬军等，1996）。治理技术的空间演化在类型上基本不存在差异，如在中国主要水土流失区治理过程中，生物技术、工程技术、农耕技术三大类别都有使用，差异在于具体种植或耕作的植物不同，采用的工程技术受原材料和地貌类型影响而有不同，具体采用哪种技术或技术组合，根本原则是"因地制宜"，并结合治理目的，考虑经济成本和可持续性。

表 18-2　黄土高原沟壑区不同地貌类型水土流失治理措施

地貌类型	治理技术
塬面	田间工程措施、耕作措施、田路防护林网、果园、植物护埂、小型径流拦蓄工程、沟头防护工程
沟坡	田间工程措施、耕作措施、植物护埂、坡面工程措施、植物护坡
沟谷	治沟骨干工程、沟底防冲林、小型拦蓄工程、排灌工程、植物护埂

治理技术鲜少单独使用，通常是综合使用，并根据治理地的实际情况、治理目的等，因地制宜地配置多项技术，如河北省张家口市目前水土保持技术配置结构有 4 种类型（和继军等，2011）。

18.2.1.2　代表性技术——淤地坝

淤地坝，别称聚湫、沟坝地，在一些文献中，水坠坝、沟道坝系、小流域坝系为其关联名称（马管等，2020），是指在各级沟道中，以拦泥淤地为目的而修建的建筑物，其拦泥淤成的地叫坝地（胡建军等，2002），是黄土高原丘陵沟壑区特定的自然条件和社会条件下的特殊产物（李敏，2003）。淤地坝在黄土高原地区尤其是黄河中游多沙区的应用尤为广泛（张根锁和刘红卫，2004；史学建，2005；付凌，2007；杨启红，2009；魏霞等，2012；王答相和马安利，2014；曲婵等，2016；陈晓征，2020；党维勤等，2020；杭朋磊，2020），过去 50 年间，仅黄土高原就建成淤地坝超 10 万座（赵恬茵等，2020）。国外淤地坝主要关注淤地坝建设之后沟道形态的改变，对植被产生的影响程度以及侵蚀速率的估算（Castillo et al.，2007；Boix-Fayos et al.，2007），淤地坝对地下水的修复、补给量的估算，并通过时域反射技术（time domain reflectometry，TDR）测定了淤地坝筑坝材料的含水量（Muralidharan et al.，2007；Previati et al.，2012）。国内淤地坝研究内容主要分为工程建设与管理（坝系规划布设、工程建设、小流域坝系相对稳定及灾害防治）和水土保持效益及环境影响（拦沙减蚀效益）两大类（韩慧霞，2007；吴星权，2012；李传福等，2019；李璐霞，2019；肖培青等，2003，2020），淤地坝建设从单纯拦泥淤地向流域坝系综合高效利用，从单坝控制向坝系综合控制方向发展。专利技术则集中在坝体设计及施工方法、泥沙淤积情况调查和评估方法、淤地坝的环境效应评估方法。

淤地坝技术从分类上看，主要包括工程建设（工程设计及工程施工）技术、工程管理技术、环境效应评估技术（表18-3）。

表18-3　淤地坝技术分布

技术大类	技术小类	技术名称
工程建设	工程设计	工程结构设计和应用技术、建构坝体的材料和技术，放水工程中的涵道和卧管等建筑物，溢洪道的尺寸设计和调洪演算
	工程施工	爆破松土、拖拉机碾压、水坠筑坝、梯级成坝、三维激光扫描技术、遥感技术
工程管理	—	遥感技术、数字流域技术、云计算技术
环境效应评估	—	淤地坝建设环境效应评估指标系统、径流影响定量测定技术

从专利上看，研究淤地坝技术并申请专利的国家分布广泛，重点集中在中国、日本、俄罗斯、韩国、美国这五个国家，但不同国家对不同类型研究成果的侧重点不同、对专利的重视程度不同，研究活跃度存在较大差距。与论文数据对比发现：美国更倾向于相关科技论文的发表，日本对专利的重视程度更大，而中国两者参与程度都较高。从淤地坝技术研究的活跃度来看，日本、中国和俄罗斯发表的专利数量占到全部技术相关专利的70%以上，其研究活跃程度较高。总体来看，涉及装置、部件类的技术最多，主要分布在中国、日本、俄罗斯、法国；在工程方面，中国涉及该技术的专利数量最多，其他国家的专利数量普遍较少；在方法方面，各国的相关成果都比较少，其中中国和日本成果相对较多；在材料方面，中国的专利数量最多，为19项，全球对此类型技术的研究都相对匮乏。从技术类别分布来看，方法类技术主要分布于中国、美国、印度、意大利和西班牙；监测、评价类技术主要分布于中国、美国、西班牙和意大利；原理类技术中国近2~3年涉及较多；工艺类技术主要分布于印度、伊朗和中国；装置类技术主要分布于中国和美国；材料类技术仅中国、美国、印度、日本和瑞士拥有，数量也都为1~3项。从内容来看，中国的淤地坝技术主要运用于黄土高原，以小流域为单元，骨干坝和中小型淤地坝相互配套，建设沟道坝系；日本直接在沟道中修建混凝土坝、砌石坝等各种坝以达到水土保持的目的；美国在建坝时关注更多的是如何沉积的问题；韩国在治理水土流失过程中多采用谷坊等工程措施来应对威胁交通、耕地和村庄的沟壑地区。整体上，筑坝新材料和新技术、监测预警预报技术、淤地坝病险加固技术缺乏，急需加强。

结合论文（图18-2）和专利数据（图18-3），从时间演化历程上看，1991年以前，研究多集中在施工方法、坝体结构、溢流设施、植物谷坊、加固装置方面，技术集中于苏联和美国。1991~2000年侧重溢洪道设计、石谷坊、淤地坝、堤坝施工方法、加固装置技术的研究，具体包括由混凝土单元块拼装坝体的方法、喷洒聚氨酯泡沫塑料加固堤基和堤顶等技术，技术集中于日本和美国。进入21世纪后，韩国和中国的技术数量迅速增加，中国的谷坊坝、拦沙坝、淤地坝三个方面技术集中，在堤坝结构与防护、消能结构和水利生态墙方面技术较多，美国的技术基本分布在水利生态墙和植物谷坊领域，印度则集中在坝体设计和选址技术。近十年来，印度开始对渐进式淤地坝、组合式坝展开研究。美国在专利方面的研究有所欠缺，仅重点研究了坝面建造材料、坝体防护结构、连接材料、织物谷坊方面的专利，但其研究起始时间早（1981 年），并率先将土工织袋运用于堤坝建设，且有许多开创性的专利，研发实力相对更强。中国的技术在 2000 年后才大量出现，与美国存在近 20 年的时间差，在时间线上与印度平行，中国的技术类型多元，几乎涵盖了该领域的技术类别，印度则集中于坝体设计和选址、加固装置和防渗材料上，说明中国的技术比印度的体系更完整。技术呈现出设计与施工技术先行、巩固与完善技术紧随其后，逐步向细化、组合化、模块化、生态化发展的规律。

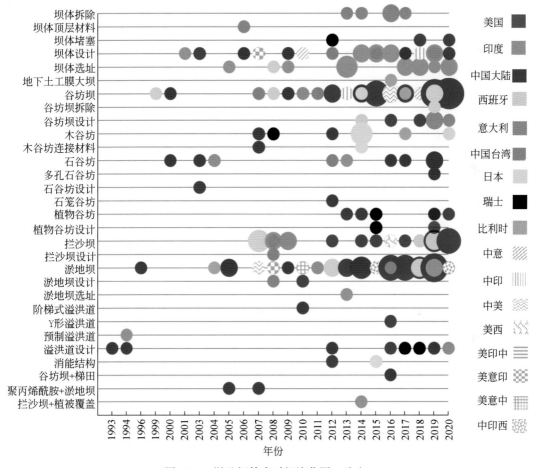

图 18-2　淤地坝技术时间演化图（论文）

18.2.1.3　总结

水土流失治理技术演化特征：国内外的演化过程均表现出从生物到工程，再到工程与生物相结合、多类型技术综合应用的特点。技术向精细化、综合化方向发展，治理以可持续为目标，是未来技术发展的方向。

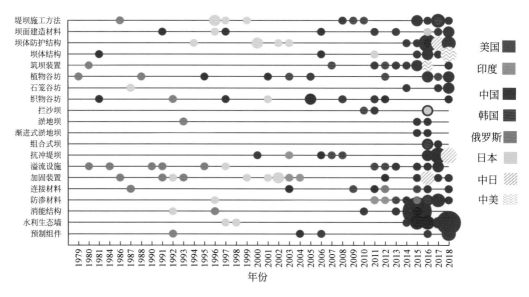

图 18-3　淤地坝技术时间演化图（专利）

18.2.2　荒漠化治理技术

18.2.2.1　总体情况

荒漠化治理技术数量接近 4000 项，已经形成了类别结构完整、多领域均有涉及的技术体系，包括荒漠化判断（认识荒漠化机理、监测荒漠化变化）、治沙（治理荒漠化）、沙产业（利用沙区资源，既是治理途径又是治理目标）三个大类。主要分布在四大技术领域：沙区药用食用植物资源的种植、植物资源精深加工、各种农林机具加工机械及配件、机械沙障。技术的薄弱点在于设施农业、特有植物资源的精深加工、沙区动物养殖、全产业链机械的自动化衔接、沙障技术的对比和适宜性评价等领域。

荒漠化防治是全球环境保护的热点研究领域，几十年来，随着防治技术的日趋成熟，很多国家都根据自身实际情况，总结出了防治荒漠化的成功经验，这些防治技术基本以生物技术和工程技术为主。在以色列，由于干旱少雨，荒漠化现象十分严重，主要采用节水灌溉、污水回收利用等荒漠化防治技术来提高水资源利用效率，经过多年的尝试，积累了丰富的实践经验。美国从立法、高科技技术、生物措施等多方面入手，治理本国荒漠化土地，通过立法保障各项治理措施有效推进，提高民众防治荒漠化的法律意识；采用高科技技术对荒漠化地区的光、热、风能进行综合开发利用；在生物措施方面，采取对草场合理轮牧的方式保护草场，对天然植被采取封育措施，重视植被破坏后的复垦与管理工作。德国在治理荒漠化方面一直在走法制化道路，德国环境法明确规定，环境破坏后要做到三点：一是恢复原貌；二是不能改变原有利用方向；三是在荒漠化治理过程中不能留有残毒以及以毒攻毒。非洲作为荒漠化严重地区，由于经济、技术等多方面的原因，在荒漠化治理方面长时间未取得良好效果，曾经在 FAO 的帮助下，放牧方式由游牧改为打井、定点供水的方式，造成了以井为中心向外辐射的荒漠化现象，并未有效防止荒漠化。随着科技的进步，一些先进国家把遥感、航天技术、风洞等先进技术手段应用于荒漠化土地监测，通过预测其未来发展趋势，从而采取相应防治对策，并向机械化、产业化方面发展。目前，国际上荒漠化研究与发展的总趋势是：从景观生态系统入手，研究系统中各组成单元的相互关系，着重于环境保护、植被重建与提高，以及合理开发利用荒漠地区资源，从而实现生态—经济—环境—人口的可持续发展。这种研究趋势与技术相辅相成，后期的技术已不仅仅关注退化的治理或生态的恢复，而是同时兼顾经济和社会效益，为荒漠化地区的可持续发展提供支撑。

从技术的整体来看，荒漠化治理技术国内外发展不均衡。早在 1316 年，德国在海岸荒漠化防治中就采用了海岸沙地造林/沙障工程/埋设松枝或芦苇形成网格沙障的方式进行治理，中国治理技术较早的记录是 1750 年甘肃民勤使用插风墙（遮蔽耕之）防沙，但规模化开展荒漠化治理是在中华人民共和国成立后才开始的。1914 年美国开展土壤侵蚀定位观测，为荒漠化治理提供第一手资料。20 世纪 30 年代，北非、西亚、印度采用高立式塑料网方格、水泥条沙障、平铺式沙障、立式沙障等多种死沙障治沙。40～60 年代，国内外都大力使用各种死沙障、植物固沙方式治理荒漠化，方法基本类似。70～90 年代差异化渐趋明显，国外开始注重从改善和调节沙漠地区土壤条件、水分利用等角度，从更深入的内在机理认识角度治理荒漠化，如日本排水洗盐技术、沙漠集水装置，还有关于改善土地资源的沙漠土壤改良剂，我国仍沿用沙障和围栏等技术。进入 21 世纪，国内外又呈现出齐头并进的态势，而且中国的治理技术在种类分布上更为多元和多样，包括各类植物沙障、用柴、草、树枝、黏土、卵石、板条等材料建立的外观多样的机械沙障等，样式繁多。随着地理信息系统、遥感等计算机技术的迅猛发展，荒漠化监测、治理等相关研究也进入了一个新阶段，通过 GPS 确定固定样线的位置、遥感解译标志，然后通过地理信息系统进行荒漠化现状分析、监测以及预测未来发展趋势的技术被广泛开发和应用于荒漠化防治中（傅蓉，2001；高会军等，2005；吴波等，2005；李晓琴等，2006；赵玲和胡文英，2006）。此时的技术更加注重系统性、可持续性，美国也开始注重沙漠清洁能源的充分利用，中国的技术在各个分类上向深耕细作发展，并且形成了完整的技术体系，涵盖了三次产业的各个层面，从以治为目标，发展为以治为基础、以可持续性利用和发展为目标，多学科门类、多产业联动的治理技术格局，带动了一系列相关产业的发展，推动了生态产品市场的发育，如光伏发电、特色经济林、特殊中药种植与加工（图 18-4）。

18.2.2.2　代表性技术——沙障

沙障是采用各种材料在沙面上设置机械或植物障碍物，以此控制风沙流动的方向、速度、结构，改变蚀积状况，达到防风阻沙、改变风的作用力及地貌状况等目的的设施，是沙质荒漠化地区风蚀工程防治技术的主要措施之一。目前，集合多源数据的分析，对沙障分类有了新认识，提出了沙障命名为"治沙原理+设置方式+材料"形式（宁宝英等，2017）。本节重点陈述沙障技术时间演化、规律及趋势。

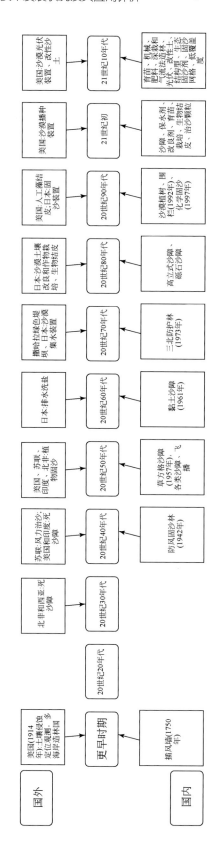

图18-4　荒漠化治理技术总体时间演化

（1）沙障技术时间演化

多途径、多类型文献抽取的沙障技术时间表显示，早在 700 年前，沙障就被用来治理沙害，随着时间推移和技术进步，沙障的材料和形式越来越多样化，使用范围从西欧沿海国家转移到苏联，之后在西亚、北非扩展，中华人民共和国成立后，中国的沙障治沙才广泛铺开（表 18-4 和图 18-5）。

表 18-4　沙障使用时间演化

区域	时间	技术名称	应用地域
国外	1316 年	海岸沙地造林/沙障工程/埋设松枝或芦苇形成网格沙障	德国
	1660 年	海岸沙地造林/沙障工程/石楠枝条沙障	丹麦
	1709 年	海岸沙地造林/沙障工程	匈牙利
	1770 年	海岸沙地造林/沙障工程	奥地利
	1779 年	海岸沙地造林/沙障工程/立式沙障	法国
	1826 年	平铺式沙障、行列式沙障和压草式沙障	美国
	1830 年	草方格沙障	埃及
	1840 年	半隐蔽式沙障/草方格沙障	俄国
	1880 年	灌木固沙	俄国
	1904~1932 年	行列式沙障、压草式沙障/沙障内栽种灌木	
	1917 年后	多种机械沙障（特别是半隐蔽式沙障）	俄国
	1930~1939 年	高立式塑料网方格、水泥条沙障	西亚、北非
	1930~1939 年	平铺式沙障	西亚、北非
	1930~1939 年	植物活沙障/立式沙障	印度
	1940~1949 年	工程防沙技术/风力治沙	苏联
	1940~1949 年	立式或平铺沙障，并结合固沙植物建立活沙障	印度
	1940~1949 年	高立式沙障	美国
	1950~1959 年	以松树为主的人工林	苏联
	1950~1959 年	黑梭梭牧场防护林	苏联
	1950~1959 年	乔灌木造林	美国
	1953 年	立式沙障/活沙障	印度
	1953 年	输沙断面工程	苏联
	1953 年	沙障与植物固沙	利比亚、埃及、也门、以色列、阿尔及利亚、澳大利亚、突尼斯、沙特阿拉伯
国内	1750 年	插风墙（遮蔽耕之）	中国甘肃民勤
	1942 年	植物固沙	中国陕西靖边
	1951 年	乔灌混交（刺槐+紫穗槐）	中国河北西部
	1951 年	柴草分开沙，沙障+植树	中国陕西榆林

区域	时间	技术名称	应用地域
国内	1949～1952 年	沙蒿沙柳活沙障	中国陕北榆林、靖边
	1949～1955 年	旱柳高秆造林	中国内蒙古伊克昭盟*
	1950～1959 年	植物固沙	中国辽宁章古台科尔沁沙地
	20 世纪 50 年代初	乔灌草结合，"植物固沙为主，人工沙障为辅"的综合治沙法	中国辽宁章古台
	1956 年	草方格沙障为代表的各种沙障	中国宁夏沙坡头试验站
	1950 年代末	麦草半隐蔽式沙障	中国包兰铁路沙坡头段
	1958 年	黄柳沙障	中国辽宁西部
	1961 年	黏土沙障	中国甘肃民勤绿洲西侧
	1981 年	砾石沙障、高立式沙障（阻沙栅栏）	中国宁夏沙坡头
	20 世纪 80 年代末	竖立沙袋	中国格尔木铁路
	1995 年	植物网格沙障	中国吉林松原扶余区
	1995 年	防沙尼龙网栅栏	
	1997 年	煤矸石沙障	中国毛乌素沙漠南缘
	1997 年	花棒带状沙障	中国陕西榆林金鸡滩矿区
	1999 年	踏郎黄柳沙障	中国内蒙古巴林右旗科尔沁沙地
	1999 年	芦苇沙障	中国内蒙古巴林右旗
	2002 年	尼龙网/塑料经编网/涤纶包心丝网	中国海岸沙丘
	2003 年	塑料方格沙障	中国甘肃民勤
	2003 年	带状高立式芦苇沙障	中国内蒙古呼伦贝尔西北部的陈巴尔虎旗
	2004 年	沙柳沙障/土壤凝结剂沙障	中国内蒙古鄂尔多斯的伊金霍洛旗
	2006 年	高立式钢筋混凝土沙障	中国京萨高速公路 K1054、K1064 处
	2007 年	土工格栅沙障（聚丙烯薄板）	中国风洞模拟
	2007 年	PLA 沙障	中国内蒙古阿拉善盟吉兰泰镇
	2008 年	沙袋沙障	中国内蒙古锡林郭勒盟浑善达克沙地207 国道

＊今鄂尔多斯市

（2）沙障技术演化规律

分析发现，沙障技术研究具有以下规律。

1）需求驱动：从研究的国别来看，早期的实践研究以国外有砂质海岸的国家和沙漠分布广泛的国家为主，且均是在较强的国家经济需求驱动下实施的，如保护农田、保护铁路公路、保护油田等。1316 年，德国埋设松枝或芦苇形成网格沙障治理沿海沙丘，开启了沙障研究，西欧多国、丹麦、波兰、美国等采用多种形式的沙障均保护海岸带的农田。

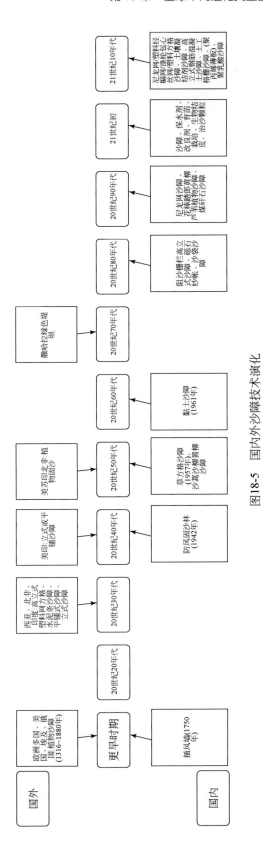

图18-5　国内外沙障技术演化

1830 年开始，埃及开始采用草方格沙障防治海岸沙丘对绿洲的影响。沙障成为海岸造林护田历史上的功臣之一。为保护铁路与公路，沙障研究得到进一步发展。1840 年，俄国采用低立式沙障拉平沙丘以保护中亚荒漠地区的铁路。19 世纪 80 年代，利用草方格、黏土等措施避免沙埋卡拉库姆沙漠铁路。十月革命后，半隐蔽沙障被运用于阿斯特拉罕沙漠的铁路修筑中，效果良好。立式沙障及活沙障固定流沙在印度修筑铁路时被发展。20 世纪 30 年代，在西亚和北非沙漠地区，为保证石油和天然气的大规模开发，采用高立式塑料网方格、水泥条沙障等保护公路。这些实践根据经验摸索和改进取得防护效果后，荒漠化治理整体形势由治转为防，甚至不再存在沙害问题，对沙障治沙机理探索的工作不再成为国外沙害治理的重点。

20 世纪 50 年代以后，沙障研究的重点区转移到中国。在经过 50 年代的早期热潮后，于 80 年代后真正受到重视，实践和理论相得益彰、互相助力，共同推动中国沙障的研究和实践，尤其是 1997 年至今，随着知识创新大潮兴起，国内研究者在沙障防护作用理论上开展了大量工作，这些理论上的进展，进一步推动了沙障的利用和发展。在 WOS 核心合集 SCIE 和 CPCI 数据库中的检索结果表明，国外对 sand barrier/checkerboard barrier 的研究主要集中于海岸沙丘沙障中沉积记录在气候反演中的应用，完全和治理沙害的沙障研究没有交集，真正有关沙漠沙障的研究基本由中国科学家开展。在 CNKI 数据库中，以"沙障"作为检索词，检索所有类型的文献，共有 1800 多篇（截至 2016 年 12 月），纵览这些文献的研究，包含了沙障的设置类型（分类、使用材料、命名方式）、设置技术、防护效益（防风固沙作用及其机理、土壤性状改善、植被生长恢复、小气候改善）、防腐研究（受损机制、应对措施）等相关的方方面面，研究全面而深入，实践和试验示范效果在报纸类型文献中多有报道。显然，即便中国是联合国指定的荒漠化治理技术培训国，许多国家都来学习中国治沙技术、经验和模式，也并非只有中国有强有力的科研力量能胜任和解决沙害防治技术，而是中国的资源环境问题伴随人口增长，三者间的矛盾非常突出和尖锐。在中国，即便在生态环境脆弱的荒漠化地区也生活着大量人口，防沙治沙不仅仅是环境层面的生态保护和改善，更是沙区民众的生存刚需。

2）科技驱动：沙障所用材料的演变，从传统环保型、到高科技非环保型、再到高科技环保型，材料从传统走向高科技，虽在环保过程中走过弯路，但环保始终是大方向，也是未来取向。材料从就地取材（一是就地，不需要运输成本；二是取材，当地该种原材料丰富，丰富也就意味着材料成本低廉，且在当时使用该种材料的机会成本低，当机会成本变高之后，就推动用材改变）的传统材质开始，如砂石、砾石、柴草、黏土等，这些传统沙障材料在流沙防治中仍然发挥着极大的作用，但原材料的来源及其运输条件限制了这些传统材料沙障的设置。因此，此类型材料只适用于特定的区域。之后随着科学技术与材料科学的发展，不断涌现出大量新型治沙材料，如土壤凝结剂、覆膜沙袋、尼龙网、塑料经编网、涤纶包心丝网等。麦草、黏土、塑料经编网及尼龙网沙障相继被应用，在某些沙区取得了较好的防风固沙效益。然而通过长期的实践发现，这些沙障的应用都出现了一定的局限性，如沙柳、麦草和其他柴草有易腐烂、易被风蚀等特点，需要后期维护；麦草沙障在设置三五年后就丧失其功能，就地重设又很困难；黏土沙障是一种不透风结构的固沙型沙障，其固定沙丘的性能较好，但只适用于有黏土层的地方，材料来源比较困难，对过境流沙的拦截作用不大；塑料经编网、尼龙网格等新材料内含多种化学成分，在实际应用中均对环境造成不同程度的二次污染（以及失去防护功能以后的残余碎片等所致）、材料容易老化、材料本身及设置成本均较高，使推广应用受限。

因此，寻找铺设操作简单易行、固沙效果好、材料低廉、易于获取的新型沙障材料成为防风固沙亟待解决的首要问题。研究者从多种途径和角度探寻，在低成本原材料的再发掘，新材料，防腐技术，理论、观测、监测和实验技术四大方面取得更多进展。

总之，科技进步在沙障研究中提供理论支持、发现更多材料、加强后期监测等一系列过程中都发挥巨大作用，从而依次解决了沙障设置中为什么这样设置、用什么材料设置、设置后效果如何三个根本问题。

3）发展理念驱动：使用沙障防风治沙的早期阶段，治沙是为了应对当时急迫的生存和发展需要，以防治风沙的治标为基本目的，对其作用原理、后续影响、不同沙障类型防治效益对比等方面既无动机也没有条件继续探索。目前，随着可持续发展理念和生态文明理念日益深入民心，沙障研究也向"生态与经济效益并举、治标与治本同行"的沙区产业化思路转变，在治理沙害的同时，沙区也建立起多种多样、因地制宜的可持续发展模式，从而调动起沙区民众保护治理成果的内在积极性。

（3）沙障技术演化趋势：矩阵式创新形态形成

机械沙障的材质、形状、结构等是该领域的主要技术点（表 18-5）。材质包括非生命体（黏土、砾石、板条、麦草、稻草、芦苇秆、棉花秆、玉米秆、葵花秆、胡麻秆等）、半自然材料（煤矸石、旧枕木柱、荆笆）、化工合成材料（聚乳酸纤维、聚酯纤维、塑料、聚乙烯、土工编织袋、尼龙网、水泥、沥青毡、高分子乳剂、棕榈垫、无纺布、土工格栅、土壤凝结剂、覆膜沙袋阻沙体）；依据不同设置方式呈现的沙障形状有五个分类角度，地面形状（格状、条带状、其他）、高度（高立式、低立式、隐蔽式）、孔隙度（通风型、疏透型、紧密型）、移动性（固定、可移动）、空间形状（平铺式、直立式）。

表 18-5　沙障材质、结构与形状

年份	材质	单体结构形状	拼接形式	实物
1986	塑料			膜、墙
1992	砂石			石化壳
1996	塑料、金属			网、屏、仿真树
2000	塑钢、沙、水泥			网、塑钢树、沙袋、预制板
2001	塑料、可降解材料			网、板
2002	塑料、植物纤维		蜂巢式、嵌件组合式	网、带
2003	塑料、钢铁、草纸		蜂巢式	网、屏
2004	塑料、植物纤维、聚合物网片、石膏板、石			网片、网、板、构件
2005	空心砖、塑料			坝、空心砖、沙袋
2006	塑料		套接式	网、板、坝、栅栏

续表

年份	材质	单体结构形状	拼接形式	实物
2007	砖、混凝土、棉花秆		牵拉式、集束式、栅栏式、串联式、旋转式	扣板、网、坝、墙
2008	塑料、秸秆、可降解材料、仿真树		压条紧固式、串联式	网、坝、墙、栅栏
2009	天然纤维、塑料	八形、双曲面		网、多孔板
2010	塑料、高密度聚乙烯	人形、三菱形、八形、	垂帘式、马鞍式、肠式	栅栏、坝、网笼
2011	轮胎、塑料、棉秆、杂木、可降解材料	八形、多边形	鳍裙式	坝、墙、栅栏、板
2012	黏土、植物纤维、塑料、葵花秆、混凝土	Z形、L形		板、栅栏、堤、埂、板、柔性网
2013	聚酯纤维	U形、S形、八形	旋转式、鱼鳞式、埋嵌式、畦式	栅栏、网、地膜、坝、板
2014	耐腐蚀土工格栅、砖、塑料、红柳秆、葵花秆、轮胎、砾石、沙袋、植物残根	卜形、个形	重叠拼接式	网、板、堤、砖阵
2015	抗老化塑料、植物纤维、秸秆、鹅卵石	U形	倾斜式、鱼鳞式	网、栅栏、墙
2016	塑料、秸秆、葵花秆、土工格室、棉花秆、麦草、PLA、无纺布、聚酯纤维	U形、M形	蜂巢式	网、板、栅栏
2017	砾石	V形		网、栅栏、板

随着材料的变迁，沙障从传统材料的一次性搭建改变为可组合构件的拼接，近10年出现了较多以沙障单体结构形状及拼接形式为技术点的专利，从沙障的单体结构形状有八形、人形、U形、卜形、个形、V形、Z形、M形、八形、三菱形、S形、双曲面；拼接后的整体形状有垂帘式、马鞍式、旋转式、重叠拼接式、蜂巢式、鱼鳞式、套接式、集束式、栅栏式、肠式，但沙障最终的实物外观呈现形式基本没变，仍为网、墙、板或栅栏等。总体来看，沙障技术的创新已经更清晰地呈现出材料、单体结构形状和拼接形式三者间的矩阵式创新趋势，这也为今后的技术创新提供了思路。

沙障技术演化受到社会经济发展需求、科学技术进步和发展理念三大因素共同驱动，并呈现出材料、单体结构形状和拼接形式三者间的矩阵式创新趋势，发展环境友好的生态技术，促进沙区产业化是沙障研究的方向。

18.2.2.3 总结

荒漠化治理技术演化特征：整体来看，20世纪60年代以前，主要是依靠植物或机械沙障治理，随后的30年国外在荒漠化形成机理的认识和利用上先行，并在集水、土壤改良剂、作物栽培、生物结皮等技术上领先。进入21世纪后，国内技术全面、深入、体系化发展，形成了治理与利用相辅相成的、完整的可持续治理技术体系。

18.2.3　石漠化治理技术

18.2.3.1　总体情况

石漠化治理技术数量 1200 项，初步形成体系，包括石漠化判断、治理、产业经济三个大类，监测与评价、科研仪器、生物治理、工程治理、化学治理、综合治理、农耕和工业等 10 个中类。四大主要技术领域为工程治理、水分利用、栽培种植、植物资源加工。石漠化治理技术领域存在明显不足，设施农业（温室环境调控技术、温室覆盖材料、作物储藏技术）、生命基因技术（尤其是养殖业）、机械及配件、土壤保持和防止土壤漏失的技术非常少，特有植物资源精深加工技术较少。

国外喀斯特地区对石漠化土地的治理主要采取以退为进的方式，在岩石裸露率较高的地区不实施工程措施，不改变其现状，只在一些土壤质量状况较好、土层较厚的干谷、洼地等地耕作，进行农业生产。例如，斯洛文尼亚和南斯拉夫在宜草地区发展畜牧业。还有很多国家凭借独特的喀斯特景观进行旅游开发，既推动了社会经济发展，又能较好地保存和保护喀斯特景观，典型的旅游地有意大利的奇伦托和迪亚诺河谷国家公园、新西兰的帕帕罗瓦国家公园、英国的约克郡河谷国家公园、美国的猛犸洞穴国家公园。工程措施和农耕措施一般不会产生水土流失，而且相对来说操作简单，造成国外对喀斯特石漠化治理的研究少之又少，相关的治理技术和治理成果也就屈指可数。从 20 世纪 70 年代直至 21 世纪初，治理的技术基本是以植物纤维覆盖、植物种植、土壤改良剂、保水技术等技术为主，扰动少，近 10 年美国出现水库建造的工程化治理技术（图 18-6）。

在我国，20 世纪 80 年代中期，"石漠化"概念进入人们的视野（袁道先和蔡桂鸿，1988）。结合科研进展、治理实践项目、治理成效出现时间，我国的石漠化治理可分为三个阶段：① 90 年代之前，坡改梯工程技术为主阶段。② 90 年代开始重视石漠化地区地表水与地下水转换的管理，工程性的水窖、山塘、水柜建设较多。③ 生态文明建设阶段，封山育林、退耕还林还草等生物技术成为主要治理措施，与这些生物技术相关的牧草种植、植被种植、肥料等技术大量出现。近 10 年内，技术向类型内细化、经济产业利用、原理机制探究、构件化工程防护、生态化方向发展，如工程防护中，大量的专利技术是关于构件化的护坡块、生态护坡基质的。具有生态和经济双重效益的作物栽培及后续产业化利用技术，为石漠化治理的综合可持续发展提供了根本性解决思路，对石漠化防治中水分转移转化、土壤漏失控制等原理机制的深入研究，为治理实践提供了坚实的理论支持。

在应用层面，土壤流失/漏失阻控技术是治理石漠化的核心关键技术。国内目前使用的此类技术主要是坡改梯和植物篱，但坡改梯未能有效阻截水土向下漏失，植物篱亦不完善。

18.2.3.2　代表性技术——植物篱

植物篱是指由植物组成的无间断性或接近连续的较窄而密集的植物带。其根部或接近根部互相靠近形成带状或由主、副林带组成网格状的短期内具有防护作用，形成封闭篱

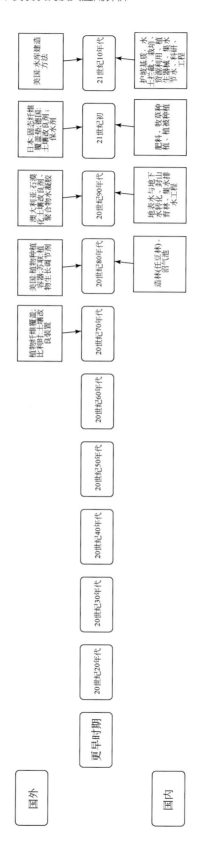

图18-6 石漠化治理技术总体时间演化

带，并且能生产出多种产品的植物群体（雷霆等，2002）。植物篱是国内外大量使用的十分有效的坡耕地植被恢复以及水土保育技术，对喀斯特石漠化地区石漠化治理起到重要作用。把植物篱的水土保持技术纳入石漠化治理的范畴，能够更好地实现喀斯特地区石漠化治理中水土保持的作用。植物篱的建设包括物种选择（当地原生物种、抗冻耐寒物种、引进适宜性物种、更大经济效益物种）、空间结构（灌草搭配空间布设）、物种组合。

植物篱技术治理石漠化在国外出现早，20 世纪 50 年代美国首先采用该技术，我国直至 90 年代才开始使用，但整体发展较快（图 18-7）。

（1）国外植物篱技术演化

18 世纪，Legrand 提出的喀斯特区地面塌陷、森林退化、旱涝灾害、原生环境中的水质污染等生态环境问题开始引起人们的重视，石漠化的治理研究从此拉开序幕。

20 世纪初，菲律宾农民在陡坡地上种植银合欢，用于控制坡地的侵蚀、保护地力。

20 世纪 30 年代开始出现于非洲尼日利亚东南部，农民在耕地上带状种植豆科灌木作为肥料和支撑材料，控制杂草，其间种植农作物。30 年代，荷兰殖民者把该项技术引入印度尼西亚东部的帝汶岛加以推广。

20 世纪 50 年代在美国正式出现，称为等高草篱，随后在非洲、美洲、南亚、东南亚、东亚等地区广泛传播。

1965 年，Hermandez 在菲律宾连续 4 年用银合欢与玉米间作（王姣雯，2015），减少了土壤侵蚀、增加了玉米产量。

20 世纪 70 年代，设于非洲尼日利亚的国际热带农业研究所（International Institute of Tropical Agriculture，IITA）提出该概念，进行树木与作物间作的试验研究，随后选择和评价了不同的成篱树种效益及其对地力影响，研究其如何适宜于小农户的技术，以及在大的农场应用的可能性，推荐了 10 种可供为篱的植物及其种植和管理技术（Fayemelihin，1986）。80 年代后植物篱进入到注重微观因素影响的、深入的研究。IITA 在尼日利亚设立了 80 个农民试验点，同时在中非和西非也设立了不少试验地；国际土壤研究与管理委员会（International Board for Soil Research and Management，IBSRAM）在亚洲组织了协作研究，1989 年成立了坡地可持续农业亚洲协作网，中国、越南、老挝、印度尼西亚、菲律宾、马来西亚等国协作研究，发现更多植物篱组合，如银合欢、香根草、千斤拔、皇竹草、灰毛豆等，证明其可控制水土流失、提高地力、增加作物产量。1989 年 IBSRAM 先后在中非、越南、马来西亚等国家进行了试验研究（Adisak，2002）。1985 年，植被过滤带被美国农业部列为"粮食安全法案保护计划"的重要组成部分。

20 世纪 90 年代，复合农林业已经发展成为农业、林业、水土保持学、土壤学、地貌学、自然地理学、生态与环境学、社会经济学、生物统计学及其他应用学科等多学科交叉研究的前沿领域（蔡强国和卜崇峰，2004）。同时，对植物篱效应的评价工作多有开展。国际上关于植物篱生态效益的研究已经取得一定进展，但对植物篱的空间结构、配置模式及其生态效益相关的深层次机理依然不明确，更难以研判其长期效果和后续效应（陈蝶和卫伟，2016）。

（2）国内植物篱技术演化

国内喀斯特地区水土流失研究主要分为三个阶段，20 世纪 60 ~ 70 年代的启蒙阶段、

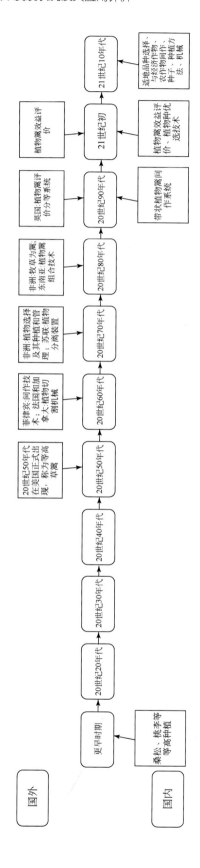

图18-7　植物篱技术国内外演化

80 ~ 90 年代的缓慢增长阶段和 2000 年至今的快速增长阶段，目前对喀斯特地区地表水土流失的研究已经趋于成熟。直至 20 世纪 90 年代，带状植物篱间作系统引入中国（Sun et al., 2008），自此开始使用植物篱技术防治水土流失。其实国内石漠化治理早在石漠化这一概念提出之前就已开展，在贵州山区，农民在坡地上等高种植桑、松、杉、茶、果树（如桃、李、杏、梨、樱桃等）护坡，罗甸县农民用金荞麦保护坡耕地的历史达到百年以上，其实质就是植物篱。

进入 21 世纪，植物篱技术在深化、细化、模式构建、示范推广（注重经济效益）、效益评价方面深入开展。在贵州（李裕荣等，2007）、四川（陈一兵等，2002）、云南（王燕等，2006）形成了多种植物篱模式。

近 10 年间，适地品种选择、经济作物、农作物间作、种植方法、机械装备技术大量出现。具体包括选种技术（侧重在几种效果突出的植物，如银合欢、皇竹草等，注重物种的地域适宜性）、布设技术与布设模式细化技术。我国植物篱品种选择取得显著进展，选出了一批适用于不同地区应用的品种：2010 年，香根草被引入贵州喀斯特山区进行水土保持试验研究（程李，2014）；2013 年，广西平果县果化镇应用薜荔植物篱技术、裸露石芽（红背山麻杆、金银花、赤苍藤、鲎豆）植物篱技术；2015 年，石漠化地区进行中药材（道地药材刺梨、金银花、仙人掌）标准化种植并发展其衍生产业；多项研究发现皇竹草治理石漠化效果显著；植物篱的优选植物种有香根草、皇竹草、黄花菜、鸭茅、黑麦草、刺梨等；水保植物有鲎豆、火龙果、牧草、金银花、薜荔、赤苍藤和山麻杆。

18.2.3.3　总结

石漠化治理技术演化特征：整体呈现从生物技术到工程技术、再到综合利用技术的发展演化规律。

18.2.4　退化草地治理技术

18.2.4.1　总体情况

退化草地治理技术有 4000 多项，并已形成门类齐全、结构完整的体系。根据技术的特征和要点，分为监测与评价、制度、建设与改良、管理、机械、综合 6 个大类。退化草地治理没有形成清晰的基于地域分异的"分区-分类-分级-分段"的治理技术体系。广泛应用于草地退化程度监测、判断和预警的"3S"技术，其使用细节中不同来源数据判读比较时的差异等技术问题仍需改进，在提供可比较的、实时数据等方面仍大有可为。高精尖的生命科学技术，如种质资源建设、优良牧草筛选、牧草性状培育改良等，目前在种质资源、种子搜集中已有制度和技术上的进展，但在后两者中急需更大突破。在技术的配套、规范化、可移植性上尚需明确。

经过一个多世纪的发展，退化草地治理技术已经形成门类齐全的技术体系，文献分析结果显示，围栏封育、轮牧、休牧、禁牧等自然修复措施对退化草地修复有着重要的意义，适用于各类型的草地，是退化草地植被和土壤恢复的有效措施；免耕补播、施肥、浅耕翻、划破草皮、切根等人工干预修复措施是中重度退化草地植被和土壤恢复的更重要、更有效的措施（金荣，2018；闫晓红等，2020）。

在国际上，早在1873年，加拿大就已出现通过灌溉提高草地产量的技术，在20世纪60年代以前，主要草地治理技术出现在美国、德国、澳大利亚、西班牙，而且明显以机械技术数量占优，美国在肥料和草地养分保持上也有专利技术出现。60年代后，人工草地建植技术全方位发展，包括制种、杀虫、除草剂、补播技术及机械等，进入21世纪，在牧草选育、土壤改良剂、毒杂草防治、青贮方面技术增加。围栏封育技术则贯穿始终，但在不同阶段技术侧重点不同。从时间演化角度看，整体上呈现为从机械类技术到耕作技术、再到人工草地技术、生物基因技术、智能化技术演化的脉络（图18-8）。

国内从20世纪80年代开始，重视退化草地的治理工作，早期的治理技术以林草间作、人工草地建植、松土补播、封育、喷灌、施肥等耕作类人工干预修复技术为主，90年代的显著特征是机械类技术大量出现，包括推动式捕蝗虫机、割草机、播种器、草毯、饲草加工机等，围栏和飞播技术也大量出现；进入21世纪，在牧草选育、补播方式及机械方面发展迅速，近10年来，则在飞播、土壤改良剂、毒杂草防治方面发展迅速。近两年，智能牧场技术依托飞行器、传感器和卫星遥感技术的发展，成为技术的新亮点。国内的技术发展呈现出发展迅速、全面铺开、跟进国际先进技术水平的速度在加快等特点。从时间演化角度看，整体上呈现为从耕作技术到机械技术，再到生物基因技术、智能化技术演化的脉络。

技术演化脉络的国内外对比显示：①国内草地治理开始时间晚，但技术演化速度快。国外早在100多年前就已有草地管理和治理的理念与技术，而我国的草地治理则在20世纪80年代才真正开始。近10年的草地治理技术在类型和数量上均与国际保持相似水平，越是先进技术，跟进国际先进技术水平的速度越快，如智能牧场技术与国外几乎同步。②在技术发展的时段上，主要技术出现时段基本落后国外十年。③国内外早期技术分布存在明显区别。国外在70年代以前的技术以机械技术为主，之后才发展到以耕作技术为主，我国恰好相反，这很可能与草地面积、制造业发展水平等国情有关。

18.2.4.2　代表性技术——围栏封育

围栏封育是退化草地生态治理的一种重要技术手段，尤其是在半干旱地区，它是大面积恢复和扩大沙生植被的最经济、最有效的治理措施。它主要是通过限制垦荒、放牧、砍伐等人为活动，使草原、森林生态系统在自身更新能力下得以恢复。作为近自然恢复技术的代表，其对草地土壤养分与理化性质、植被群落结构与特征均产生积极影响（刘凤婵等，2012；刘小丹，2015；汪海霞等，2016；聂莹莹，2017；王国庆等，2017；陈亭亭等，2020；秦丽萍等，2020）。理论研究中重要的新进展是认识到围栏封育并非时间越久越好，应该根据实际情况选择是否继续进行围栏封育。在实践层面，围栏封育还具有投资少、见效快的优点，故被广泛应用（Turner，1990；Meissner and Facelli，1999；杨晓辉等，2005）。

国外围栏封育技术早在1873年就已出现于加拿大，之后不断发展，但在不同阶段技术侧重点不同。我国关于草场封育的研究始于20世纪中叶。

围栏封育技术的核心是围栏技术，因论文较少提及技术细节，本节以专利揭示围栏技

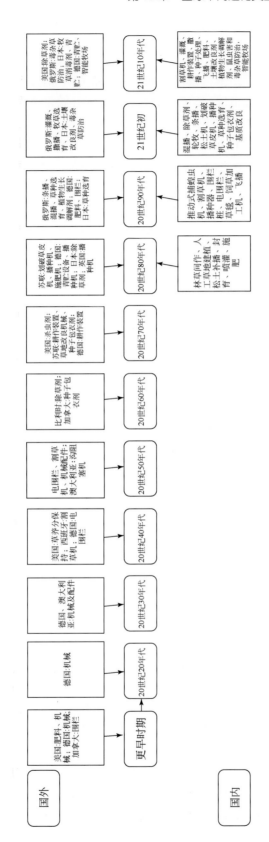

图18-8　退化草地治理技术总体时间演化

术演化过程及规律。综合多源数据，检索得到 383 项专利技术。最早的技术出现于 1873 年，中国最多（113 项），德国、日本紧随其后，分别为 76 项和 55 项。

从专利揭示的技术细节看，围栏技术时间演化过程的逻辑较为简单（表 18-6），从 1873 年围栏放牧技术在加拿大出现后，直至 1948 年德国开始电围栏研究，中间大部分时间是技术空窗期。之后直至 20 世纪末，整体技术可分为围栏元件和电围栏两条分支线路演化，一方面是围栏的各种配套元件，包括围栏门、门把手、柱、网、杆、支架、连接件、电线、旋转装置、计数设备等的改进和完善；另一方面是电围栏的各种电气化和电子设备的完善及改进，包括网、脉冲发生器、绝缘子、面板、开关、感应与监测装置、电线卷收器、导电绳、电线、固定件、电力保护器等。进入 21 世纪后，最显著的变化是增加了围栏安装机械（砼柱震动台具）类技术，近 3 年来，又增加了围栏使用机械和智能牧场技术。

表 18-6　围栏技术时间演化过程

时间	国家	主要技术点
1873 年、1875 年	加拿大	围栏放牧技术出现，便携式饲养围栏
1948~1968 年	德国	电围栏（涉及其电气装置、电线过滤器、弹簧门等相关的改进）
1969~1979 年	德国、美国、苏联、罗马尼亚	围栏元件（围栏柱、围栏支架、围栏门）、电围栏（铁丝网、脉冲发生器）
1981~1982 年	苏联	围栏元件（可折叠的开放式半球形元件、线圈支撑元件、连接线、旋转装置）、电围栏（脉冲发生器、电路触发装置）
1983~1985 年	德国、日本、苏联	围栏元件（交叉支柱、安装结构、隔板、外壳设置可对准孔、三角形框架元件）、电围栏（绝缘子、开关、电流检测方法、有孔的可供电缆穿过的可折叠面板）
1986~1990 年	德国、日本、苏联、美国	围栏元件（套管、空心梁、马槽、多线围栏、移动物体计数器、有色聚酰胺锚固丝）、电围栏（电池式围栏、电路脉冲检测器、电线、绝缘体、不锈钢与铜制成的多股围栏线、电动塞式围栏、电源装置、复合绞线、不同直径线圈的螺旋线）
1991~1999 年	德国、日本、俄罗斯、美国、中国	围栏元件（可移动元件、围栏网、横向钢连接配件、预应力混凝土空心围栏桩）、电围栏（便携式自动开闭式电动栅栏门、保护性脉冲监控电路、金属线导体元件的电围栏、倾斜开关、具有传感器监测的围栏、不导电金属网、导体、立柱、T形开口的绝缘固定件、监测装置、电力保护器）
2000~2010 年	德国、美国、日本	围栏元件（立柱、管状轨道安装、插座、纠偏桩、铰链、可分离把手、滑动门、锁扣紧线器、杆、墙支架）、围栏安装机械（砼柱震动台具）、围栏材料（玻璃复合材料以环氧树脂或乙烯基酯树脂为基材，以玻璃纤维为增强材料）、电围栏（太阳能电池控制器、绝缘子、光电传感器、供电器、支架、门开关、门把手、电线卷收器、导电绳、电线）
2011~2017 年	日本、德国、中国	围栏元件（支柱及稳定器、中心开口式梭式升降门装置、自闭门转筒和轴、架空线金属配件、用于通过网或股延长围栏高度的接合板、纵向上带有槽的管状围栏柱、高透气性铜合金拉伸网）、围栏安装机械（具有防逆扣的绳缆车、拉紧绳绞车、履带行走机构、螺丝辅助工具、紧绳绞盘）、电围栏（拉紧围栏钢丝卷盘的张紧器、电气设备的外壳绳、高压脉冲发生器、弹性电气围栏、电线缠绕装置、防止动物远邻近牧场的电动围栏、带有可打印电围栏指示信息织物条的电线、防止农产品遭受野生动物损害的电子牧场围栏装置、防疫配电杆、单开门式电梯门装置、磁网壳结构、绳股连接器、围栏置换辅助装置、电压检测指示灯、横截面为C型钢结构的围栏杆体、微控制器控制的电动牧场围栏装置、绞合带）

时间	国家	主要技术点
2018 年至今	中国、日本、德国、美国	围栏元件（活动式、折叠式、拼接式围栏、带刺胶带、具有钢丝夹持器的导线柱）、围栏使用机械（围栏编制机、围栏拆除装置）、电围栏（智能电子围栏）、智能牧场（手机放牧智能管理牧场、智能电子围栏、牲畜数量监控系统、牧群控制方法和系统、基于物联网的畜禽养殖监测系统）

总体而言，围栏元件和电围栏是围栏技术最大的两个分类，且贯穿至今，围栏元件向活动式、折叠式、拼接式发展，电围栏技术已经成熟，近三年出现数量明显减少。在前期电围栏技术充分发展的基础上，代之崛起的是智能牧场技术，包括手机放牧智能管理牧场、智能电子围栏、牲畜数量监控系统、牧群控制方法和系统、基于物联网的畜禽养殖监测系统等。在自动化管理的基础上，结合大数据、平台管理和遥感技术而生发的新型围栏技术，将成为今后的发展方向和趋势。

退化草地治理技术演化特征：整体上呈现为从机械类技术到耕作技术、再到人工草地技术、生物基因技术、智能化技术演化的脉络。

18.3　国内外对比分析

我们针对 17 项核心关键技术进行了国内外对比分析，并根据对比分析结果，提出了引进和推介建议。本节以草方格技术为例展示分析步骤和结果（表 18-7 和表 18-8）。

表 18-7　草方格技术国内外对比

技术类别	机械沙障
具体技术名称	草方格
技术描述	一种防风固沙、涵养水分的治沙方法。利用废弃的麦草一束束呈方格状铺在沙上，再用铁锹轧进沙中，留麦草的 1/3 或一半自然竖立在四边，然后将方格中心的沙子拨向四周麦草根部，使麦草牢牢地竖立在沙地上
国内对该技术的掌握程度	国内技术领先，草方格治沙堪称典范者当属穿越腾格里沙漠的包兰铁路两侧的绿色长城。除此之外，堪称典范的还有辽宁省固沙造林研究所在浩瀚的科尔沁沙地里凭借科技治沙创造出的绿色奇迹
国内外该技术的发展现状	国内核心专利：一种高寒区沙害治理活草方格建植方法（CN110004905A）（IPC 分类号 E02D3/00，A01G17/00）；一种基于流场分析的沙化土地植被恢复方法（CN107211695A）（IPC 分类号 A01G1/00；A01G17/00）；国外核心专利：一种沙漠绿化方法（KR10-2009-0120085A）（IPC 分类号 A01G1/00）分析
国内该技术优势	①发展和使用历史长；②我国是世界上受荒漠化危害最严重的国家之一，科学有效，积极稳妥地治理沙漠是国家战略；③科研院所多，具有固沙造林研究所
国内该技术劣势	成本高、周期长、效率低、技术功能单一、沙地防火有压力、蚀积
国内该技术在全球的地位（领先、等同、落后）	领先
治理效果初步评估（经济效益、生态效益、社会效益）	它为治理荒漠化提供了最好的利器，人为地引入一些耐寒、抗旱、耐风沙的乔木树种或有经济意义的灌木树种，培育沙产业，可造福一方百姓。如今随着科技发展，现综合考虑结合方差分析、回归分析、结构方程模型，提取土壤微生物多样性与植物多样性的阈值和指示类群，可以模拟表征各种草方格造林模式的效果

技术类别	机械沙障
技术引进的可行性	随着科技的发展，特别是草方格治沙机和草方格机器人的发明，以及先进的科学建模方式将会使该技术的某些短处得以克服
技术引进的主要障碍	科学合理地确定配套技术和种植结构
参考文献或技术资料来源	邓时容. 2018. 基于草方格沙障与微生物岩土技术的治沙方法. 科技风，(26)：214. 龙艳华，李洪印，杨成刚，等. 2014. 草方格固沙技术在国外管道工程中的应用. 天然气与石油，32（1）：40-42，62，9. 翟庆虎，夏小东，何万义，等. 2011. 宣化县黄羊滩流动沙地草方格沙障固沙技术研究. 河北林业科技，(3)：11-12. 丁连刚，严平，杜建会，等. 2009. 基于三维激光扫描技术的草方格沙障内蚀积形态监测. 测绘科学，34（2）：90-92.

表 18-8　草方格技术国内外发展现状分析

分类号	国内典型专利	国外典型专利	总结
E02D3/00	CN110004905A 一种高寒区沙害治理活草方格建植方法：该方法由年降水量为 400～800mm 的高寒半湿润区活草方格建植模式和年降水量为 200～400mm 的高寒半干旱区活草方格建植模式组成。所述高寒半湿润区活草方格建植模式是指先在流动沙丘的顶部和流动沙丘与流动沙地之间的风口处设置死草方格，然后在其余部位建植活草方格；所述高寒半干旱区活草方格建植模式是指先在流动沙丘的顶部和流动沙丘与流动沙地之间的风口处设置死草方格，然后其余部位按死草方格、活草方格顺序交替带状设置，且活草方格采用宽带状建植；所述活草方格由建植种生长形成。该方法在固沙控制沙害的同时又能够生产牧草，具有生态功能和生产功能协同提高的优点		从专利分布情况看，中国在草方格的专利申请在申请数量、发明领域、创造性等方面都比国外领先，具有明显的优势。中国具有该领域的领先技术，同时中国具有领先的沙区丘间地生态经济圈，探索兼顾生态效益和经济效益的植被恢复技术
A01G1/00	CN107211695A 一种基于流场分析的沙化土地植被恢复方法，垂直于主害风向布设草方格沙障，并在合适的季节在草方格沙障内的弱风区播种先锋植物，轻度覆土，利用草方格沙障的防风固沙作用自然覆土，待先锋植物能够进行更新演替后飞播灌木物种，促进生态恢复。快速、经济、有效，生态修复成功率高，适用于大多数的沙地改造，且技术简单，易于普及	KR10-2009-0120085A 一种沙漠绿化方法，该方法包括在沙漠上展开和覆盖一个喷雾片。将植物的种子、沙子和泥炭藓混合在喷雾片上。肥料撒在喷雾片上，水被喷洒在喷雾片上。在前喷雾片上还设置了另一个喷雾片。植物种子被播种在后者的喷雾片上。第三喷涂片铺开在后一喷雾片上。植物种子、沙、泥炭藓以 1：1：50 的体积比混合，在植物种子上添加壳聚糖，喷雾片由稻草制成	

续表

分类号	国内典型专利	国外典型专利	总结
A01G17/00	CN109258274A 一种荒漠化防治方法，该方法采用天然植被与人工植被融合建植技术进行荒漠化防治。该方法融合天然植被的荒漠–绿洲过渡带植被建设和生态保育技术，最大限度地利用和保护了天然植被，形成了梭梭–泡泡刺、沙拐枣–梭梭、泡泡刺–沙拐枣–梭梭的天然植被与人工植被有机融合的混合群落。这种混合群落，形成株高2m以上（梭梭）、0.5~1.5m（沙拐枣）和0.1~0.5m（泡泡刺）的多层次冠层结构，增强了防风固沙效应		从专利分布情况看，中国在草方格的专利申请在申请数量、发明领域、创造性等方面都比国外领先，具有明显的优势。中国具有该领域的领先技术，同时中国具有领先的沙区丘间地生态经济圈，探索兼顾生态效益和经济效益的植被恢复技术
A01G22/00	CN201910484149A 丘间地生态经济圈的优化利用方法，具体涉及一种丘间地生态经济圈的优化利用方法，从丘间地底部至顶部，依次设置水田圈、果树经济林圈、防护林保护圈、草方格生物固沙带；果树经济林圈环绕在最底部的水田圈外围，防护林保护圈环绕在果树经济林圈外围，最外围为草方格生物固沙带。该方法可以较好地维系沙地局部地区脆弱生态环境的恢复与稳定，构成局部封闭式生态系统的良性循环，形成防沙–治沙–沙地资源开发有机结合的统一格局		

　　据表18-7和表18-8，对草方格技术的国内外应用分析总结如下：①地位和优劣势。中国具有该领域的领先技术，中国具有领先的沙区丘间地生态经济圈、探索兼顾生态效益和经济效益的植被恢复技术。中国的优势在于使用历史长、经验丰富、科研力量充足。不足之处包括成本高、周期长、效率低、技术功能单一、沙地防火有压力、蚀积。②国内外现状总结和适用性分析。从专利分布情况看，中国草方格专利申请在申请数量、发明领域、创造性等方面领先，具有明显优势。随着科技的发展，特别是草方格治沙机和草方格机器人的发明，以及先进科学建模方式的发展将会使该技术的某些短处得以克服。③推介建议。可向国外推介该技术，需要克服的障碍在于科学合理地确定配套技术和种植结构。

第19章　全球典型生态退化区生态技术评价

精准筛选具有地域针对性和退化问题针对性的生态技术,是生态治理能够长效运行的重要支撑,同时可为区域可持续发展政策制定提供实证参考和科学依据,为生态文明和绿色命运共同体建设提供借鉴。本章采用国内外实地考察、半结构访谈、利益相关者结构式问卷调查、参与式社区评估、关键人物访谈等方法,结合文献计量分析、联合国相关国际组织报告分析,识别了全球典型生态退化区的生态技术,构建了包括技术应用难度、技术成熟度、技术效益、技术相宜性、技术推广潜力5个方面的生态技术评价指标,并对生态技术进行多维度评价。

19.1　案例区概况

本研究开展的问卷调研共涉及 52 个国家,其中亚洲、非洲、欧洲、美洲和大洋洲的国家数分别为 24 个、12 个、9 个、4 个和 3 个。亚洲具体包括中国、日本、蒙古国、韩国 4 个东亚国家,菲律宾、老挝、泰国、印度尼西亚、马来西亚 5 个东南亚国家,尼泊尔、斯里兰卡、印度、巴基斯坦、孟加拉国 5 个南亚国家,土耳其、伊朗、以色列、约旦、叙利亚、阿富汗、巴勒斯坦 7 个西亚国家,哈萨克斯坦、塔吉克斯坦、乌兹别克斯坦 3 个中亚国家;非洲具体包括尼日利亚、多哥和尼日尔 3 个西非国家,乍得(中非国家),埃塞俄比亚、肯尼亚 2 个东非国家,赞比亚、马拉维、莱索托和南非(南非国家),利比亚和埃及(北非国家);欧洲具体包括挪威(北欧国家)、西班牙(南欧国家)、英国和荷兰(西欧国家)、奥地利和德国(中欧国家)、俄罗斯(东欧国家)、斯洛文尼亚和希腊(南欧国家);美洲具体包括美国、加拿大、墨西哥和秘鲁 4 个国家;大洋洲具体包括澳大利亚、新西兰和巴布亚新几内亚 3 个国家。其中水土流失代表性国家为土耳其、菲律宾、泰国、埃塞俄比亚、肯尼亚、赞比亚、哈萨克斯坦,荒漠化代表性国家为哈萨克斯坦、印度、伊朗、蒙古国、约旦、俄罗斯、澳大利亚,石漠化代表性国家为斯洛文尼亚。

国内共涉及 61 个典型退化区,分布在内蒙古、宁夏、甘肃、陕西、新疆、贵州、广西、云南等多个省(自治区)。水土流失代表性地区包括甘肃定西市、甘肃天水市及陕西榆林市;荒漠化代表性地区包括甘肃敦煌市、甘肃武威市民勤县、宁夏中卫市沙坡头区、宁夏吴忠市盐池县、内蒙古锡林郭勒盟;石漠化代表性地区包括广西百色市平果县果化镇、广西河池市环江毛南族自治县、贵州毕节市鸭池镇、贵州安顺市关岭布依族苗族自治县、云南红河哈尼族彝族自治州泸西县。

19.2　数据来源与评价方法

19.2.1　数据来源

(1) 问卷调查

问卷调查分三次进行：2017 年 9 月在《联合国防治荒漠化公约》第十三次缔约方大会（内蒙古鄂尔多斯）期间，研究组采用便利抽样方法开展半结构访谈，访谈对象为参会代表，包括政府部门代表及研究人员等，通过面对面问答式的深入互动交流，获得国外水土流失治理技术应用情况及技术打分；2018 年 7 月对国内从事生态治理的专家学者及政府部门技术人员进行问卷调研，采用面对面访谈和邮寄式问卷填答的方式进行调研。2020 年 11 月通过邮件等线上方式对国内外相关专家、学者进行问卷调研。三次调研共回收问卷 243 份，有效问卷 220 份，有效回收率为 90.53%。其中国外有效问卷 108 份，涉及日本、菲律宾、尼泊尔、印度、土耳其、伊朗、哈萨克斯坦、尼日利亚、埃塞俄比亚、肯尼亚、埃及、挪威、西班牙、英国、荷兰、德国、俄罗斯、美国、澳大利亚等 51 个国家；国内有效问卷 112 份，涉及 61 个典型退化区。

(2) 文献分析

为了进一步识别和分析 2017~2020 年全球典型生态退化区不同生态技术应用产生的效果，基于 WOS、Scholar 和 Scopus 等在线数据库进行文献检索，并对相关文献进行分析，以期探讨生态技术在不同退化区的应用效果。共检索出 24 篇论文，包含土壤侵蚀、荒漠化、退化生态系统三类退化问题，覆盖 20 个国家/地区。

19.2.2　评价方法

(1) 评价指标

受访人员对技术的评价包括技术应用难度、技术成熟度、技术效益、技术相宜性、技术推广潜力 5 个方面（Zhen et al., 2017；Hu Y F et al., 2018）。其中，技术应用难度指技术应用过程中对使用者技能素质的要求及技术应用的成本；技术成熟度指对技术体系完整性、稳定性和先进性的度量；技术效益指生态治理技术实施后对生态、经济和社会带来的促进作用；技术相宜性指与实施区域发展目标、立地条件、经济需求、政策法律配套的一致程度；技术推广潜力指在未来发展过程中该项技术持续使用的可能性大小。

采用 Likert 5 点量表打分法，调查问卷中每项生态技术每个方面的打分最低为 0 分，满分为 5 分，具体的打分标准见表 19-1。为进一步简化分析，按照技术打分对 5 个维度进行分级，分级标准如下：1~2.5 分为低分，2.5~3.5 分为较低分，3.5~4.5 分为较高分，4.5~5 分为高分。

（2）评价指数计算

本研究构建综合评价指数（evaluation index，EI）用来反映技术修复效果，评价指数是定量反映不同区域、不同退化类型的技术与修复效果的指标。以技术效果评价指标为基础，将评价指数界定为技术在 5 个维度的得分与理想状态下满分的接近程度，计算公式如下：

$$EI = \frac{\omega_P \times Score_P + \omega_U \times Score_U + \omega_R \times Score_R + \omega_E \times Score_E + \omega_S \times Score_S}{\sum_{i=1}^{5} \omega_i \, Score_i}$$

式中，EI 为综合评价指数，取值范围为 0~1，EI≥0.9 为高，0.65 < EI < 0.9 为中，EI≤0.65 为低；i 为维度；$Score_P$、$Score_U$、$Score_R$、$Score_E$、$Score_S$ 分别为技术推广潜力、技术应用难度、技术成熟度、技术效益和技术相宜性的评价分数；ω_P、ω_U、ω_R、ω_E、ω_S 分别为 5 个维度的权重，本研究采用等权重法，均取 1；ω_i 为理想状态下第 i 个维度的权重，采用等权重法，均取 1；$Score_i$ 为理想状态下第 i 个维度技术的得分，本章取满分 5 分。

表 19-1　生态技术分级标准

指标	5 级	4 级	3 级	2 级	1 级
技术应用难度	非常容易	比较容易	一般	比较困难	非常困难
技术成熟度	完全成熟	成功应用	技术风险可接受	通过验证	关键功能得到验证
技术效益	非常高	比较高	中等	比较低	非常低
技术相宜性	效果非常好	效果良好	较有效	效果未达预期	效果不明显
技术推广潜力	非常高	比较高	中等	比较低	非常低

19.3　评价结果与分析

19.3.1　不同类型生态技术应用评价与分析

梳理与分析本研究获得的生态技术评价调查问卷，发现共涉及 52 个国家 101 项生态技术，这些技术主要被运用到水土流失、荒漠化、石漠化和退化生态系统的修复治理中（图 19-1）。

从技术类型来看，生物技术的综合得分最高（4.04 分），共包括 12 项技术，其中飞播种草技术的综合得分最高（4.4 分），在水土流失和荒漠化治理中均具有较高的技术推广潜力、技术成熟度、技术效益和技术相宜性。其次是林分改造技术（4.33 分），其技术推广潜力、技术成熟度、技术效益和技术相宜性较高，但技术应用难度较大，主要运用到哈萨克斯坦及中国黄土高原等水土流失区的治理中。乔灌草空间配置技术的综合得分也较高（4.3 分），其技术成熟度、技术效益和技术相宜性较高，主要用来治理中国福建长汀、甘肃定西等水土流失区以及中国宁夏盐池退化草地。防护林/缓冲林技术（4.21 分）主要被运用到水土流失的治理中，如埃塞俄比亚水土流失区及中国甘肃、山东、云南等水土流

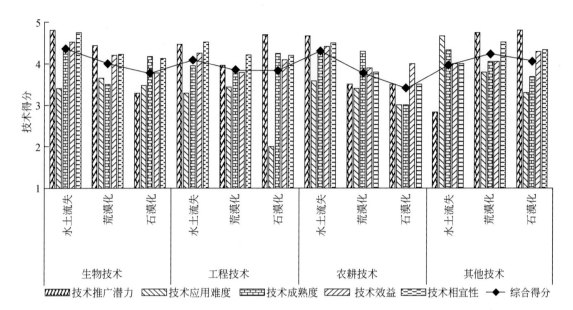

图 19-1　四类生态技术总体评价

失区。

农耕技术的综合得分为 4.03 分，共包括 9 项，其中耐盐碱作物技术的综合得分最高
（4.6 分），其技术推广潜力、技术成熟度、技术效益和技术相宜性较高，但技术应用难度
较大，主要运用到中国太仆寺旗贡宝拉格盐碱化草地的治理中。其次是保护性耕作技术
（4.42 分），其技术成熟度、技术效益和技术相宜性较高，在新西兰水土流失区应用广泛，
但其技术应用难度较大。生态/循环农业技术的综合得分也较高（4.41 分），技术推广潜
力、技术相宜性和技术效益较高，在日本滋贺县爱东町区及中国福建长汀县水土流失区应
用广泛，但技术成熟度待进一步提升。

工程技术的综合得分为 3.85 分，共包括 26 项，其中谷坊群技术的综合得分最高
（4.45 分），其技术推广潜力、技术成熟度、技术效益和技术相宜性较高，但技术应用难
度较大，主要运用在中国广东梅县水土流失区的治理中。其次是沙漠温室技术（4.43
分），其技术成熟度、技术效益和技术相宜性较高，在以色列荒漠化区应用广泛，但其技
术推广潜力较低、技术应用难度较大。炸石造地技术的综合得分也较高（4.4 分），是石
漠化治理中的特有技术，在中国广西环江、云南西畴石漠化区应用广泛。

其他技术的综合得分相对较低为 3.79 分，共包括 14 项，其中社区-牧民联合管理技
术的综合得分相对较高（4.3 分），其技术推广潜力、技术成熟度和技术相宜性较高，但
技术应用难度较大、技术效益较低，主要运用在哈萨克斯坦北部及蒙古国荒漠化区的治理
中。其次是以草定畜技术（4.2 分），其技术成熟度、技术效益和技术相宜性较高，在内
蒙古锡林郭勒退化草地应用广泛，由于适用区域为草地，其技术推广潜力较低。禁牧/休
牧/轮牧技术的综合得分也较高（4.1 分），其技术效益、技术相宜性和技术成熟度较高，
但技术成本较高，因此技术推广潜力较低、技术应用难度较大，在水土流失、荒漠化及退
化生态系统中均应用广泛，如土耳其、塔吉克斯坦水土流失区以及中国西藏、内蒙古、陕

西、四川等水土流失区，澳大利亚、蒙古国、伊朗及中国西北等荒漠化区，中国宁夏、内蒙古、西藏林周县等退化草地。

19.3.2 不同区域生态技术应用评价与分析

分析结果表明，目前有101项技术被应用到全球典型退化区的治理，其中亚洲52项、非洲14项、欧洲19项、美洲9项、大洋洲7项（图19-2）。

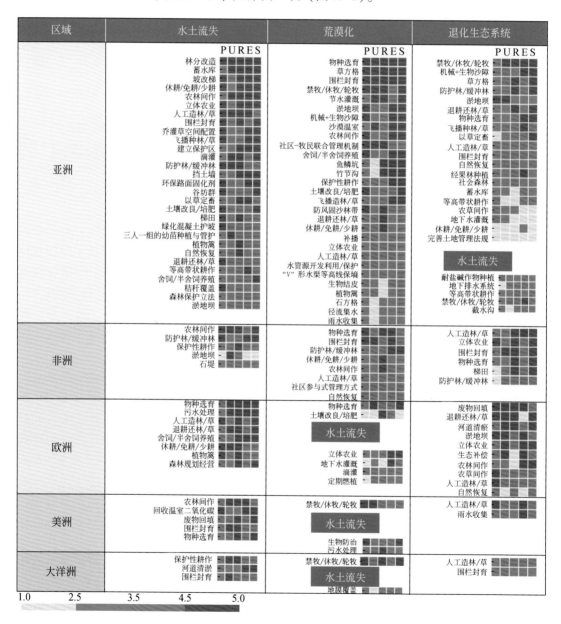

图 19-2　全球典型退化区生态技术评价结果对比

P、U、R、E、S分别指技术推广潜力、技术应用难度、技术成熟度、技术效益、技术相宜性

亚洲典型生态退化区的水土流失、荒漠化、退化生态系统治理技术的数量分别为 34 项、29 项和 20 项，其中水土流失治理中生物类、工程类、农耕类和其他类技术的数量分别为 8 项、11 项、7 项和 8 项，技术综合评价指数分别为 0.82、0.79、0.84 和 0.80。荒漠化治理中生物类、工程类、农耕类和其他类技术的数量分别为 7 项、12 项、6 项和 4 项，技术综合评价指数分别为 0.76、0.76、0.85 和 0.86。退化生态系统治理中生物类、工程类、农耕类和其他类技术的数量分别为 5 项、5 项、3 项和 7 项，技术综合评价指数分别为 0.75、0.77、0.55 和 0.62。其中蓄水库（工程类）、林分改造（生物类）、立体农业（农耕类）和围栏封育（其他类）4 项技术的综合评价指数均≥0.9，技术实施后修复效果好。

非洲典型生态退化区的水土流失、荒漠化、退化生态系统治理技术的数量分别为 5 项、8 项和 6 项，其中水土流失治理中生物类、工程类和农耕类技术的数量分别为 1 项、2 项和 2 项，技术综合评价指数分别为 0.82、0.64 和 0.90。荒漠化治理中生物类、农耕类和其他类技术的数量分别为 3 项、2 项和 3 项，技术综合评价指数分别为 0.84、0.75 和 0.77。退化生态系统治理中生物类、工程类、农耕类和其他类技术的数量分别为 3 项、1 项、1 项和 1 项，技术综合评价指数分别为 0.81、0.80、0.92 和 0.92。其中农林间作（生物类）、物种选育（生物类）、人工造林/草（生物类）、立体农业（农耕类）和围栏封育（其他类）5 项技术的综合评价指数均≥0.9，技术实施后修复效果好。

欧洲典型生态退化区的水土流失、荒漠化、退化生态系统治理技术的数量分别为 12 项、2 项和 10 项，其中水土流失治理中生物类、工程类、农耕类和其他类技术的数量分别为 3 项、2 项、4 项和 3 项，技术综合评价指数分别为 0.92、0.92、0.77 和 0.80。荒漠化治理中生物类和农耕类技术的综合评价指数分别为 0.84 和 0.6。退化生态系统治理中生物类、工程类、农耕类和其他类技术的数量分别为 1 项、4 项、3 项和 2 项，技术综合评价指数分别为 0.74、0.92、0.83 和 0.72。其中物种选育（生物类）、污水处理（工程类）、退耕还林/草（工程类）、废物回填（工程类）、河道清淤（工程类）、淤地坝（工程类）、立体农业（农耕类）、舍饲/半舍饲养殖（其他类）8 项技术的综合评价指数均≥0.9，技术实施后修复效果好。

美洲典型生态退化区的水土流失、荒漠化、退化生态系统治理技术的数量分别为 7 项、1 项和 2 项，其中水土流失治理中生物类、工程类、农耕类和其他类技术的数量分别为 2 项、3 项、1 项和 1 项，技术综合评价指数分别为 0.84、0.83、0.92 和 0.88。荒漠化治理技术的综合评价指数为 0.84。退化生态系统治理中生物类和工程类技术的综合评价指数分别为 0.88 和 0.80。其中农林间作技术的综合评价指数≥0.9，技术实施后修复效果好。

大洋洲典型生态退化区的水土流失、荒漠化、退化生态系统治理技术的数量分别为 4 项、1 项和 2 项，其中水土流失治理中生物类、工程类、农耕类和其他类技术的综合评价指数分别为 0.60、0.80、0.88 和 0.80。荒漠化治理技术的综合评价指数为 0.86。退化生态系统治理中生物类和其他类技术的综合评价指数分别为 0.76、0.68。技术综合评价指数均<0.9，技术实施后修复效果有待提升，技术及模式有待优化配置。

19.3.3　不同国家典型区生态技术应用评价与分析

通过对比各个国家生态技术的综合得分（表 19-2），结果表明，哈萨克斯坦的技术得分最高（4.75 分），日本、澳大利亚、美国、新西兰、中国、尼泊尔、斯洛文尼亚和土耳其 8 个国家的生态技术得分均处于较高水平（均 > 4 分），蒙古国、埃塞俄比亚、菲律宾、赞比亚和俄罗斯 5 个国家的生态技术得分处于一般水平（均位于 3.5 ~ 4 分），而印度、约旦、肯尼亚、泰国和伊朗 5 个国家的生态技术得分较低（≤3.5 分），其中伊朗最低（3.3 分）。

表 19-2　不同国家典型生态退化区生态技术评价

退化类型	国家	技术类型	技术数量	技术名称	技术评价/分				
					技术推广潜力	技术应用难度	技术成熟度	技术效益	技术相宜性
水土流失	埃塞俄比亚	生物	1	防护林/缓冲林	5	3	4	4	4
		工程	1	石堤	3	4	4	3	4
	菲律宾	生物	1	植物篱	4	3	5	4	4
		工程	1	梯田	4	3	3	4	4
	哈萨克斯坦	生物	1	林分改造	5	5	5	5	5
		工程	1	坡改梯	5	5	5	5	5
		农耕	3	休耕/免耕	5	3	5	5	5
				土壤培肥	5	3	4	4	4
				等高带状耕作	4	3	4	4	4
	美国	生物	1	生物防治	5	3	4	4	5
		工程	1	回收温室二氧化碳	5	3	3	3	5
	尼泊尔	工程	1	水资源开发利用/保护	4	3	5	5	4
		其他	1	三人一组的幼苗种植与管护	3	5	4	4	4
	日本	农耕	2	土壤改良	5	4	4	4	5
				生态/循环农业	5	3	4	5	5
	泰国	工程	2	梯田	5	2	5	3	4
				截水沟技术	3	2	3	3	4
	新西兰	工程	1	河道清淤	4	3	3	5	5
		农耕	1	保护性耕作	4	5	4	4	4
	土耳其	其他	2	禁牧/休牧/轮牧	3	4	4	5	2
				滴灌技术	3	5	5	4	5
	中国	生物	5	人工建植（造林种草）	4.8	3.4	4.6	4.6	5
			2	乔灌草空间配置	5	3	4	5	5
			1	林分改造	5	4	4	4	5
			2	防护林/缓冲林	5	4	4	4	5

续表

退化类型	国家	技术类型	技术数量	技术名称	技术评价/分				
					技术推广潜力	技术应用难度	技术成熟度	技术效益	技术相宜性
水土流失	中国	工程	6	梯田	5	3.42	4.58	4.17	4.83
			4	淤地坝	4.88	3.50	4.00	4.25	4.88
			1	谷坊群	5	4	4	4	5
			1	环保路面固化剂	5	3	3	5	5
			1	绿化混凝土护坡技术	5	4	4	4	4
			1	挡土墙	5	2	5	4	5
		农耕	1	生态/循环农业	5	4	4	4	5
		其他	1	禁牧/休牧/轮牧	2	4	4	3	4
荒漠化	哈萨克斯坦	生物	2	物种选育	5	4.5	5	5	4.5
		工程	2	草方格	5	5	5	5	5
				灌溉系统	5	5	5	5	5
		其他	2	封育	5	5	5	5	5
				社区－牧民联合管理	5	5	5	5	5
	尼泊尔	生物	1	人工建植（造林种草）	4	3	4	5	4
	澳大利亚	其他	2	禁牧/休牧/轮牧	5	3.5	5	3.5	4.5
	俄罗斯	生物	1	物种选育	3	5	4	4	5
		农耕	1	土壤改良	2	2	5	4	2
	肯尼亚	生物	1	人工建植（造林种草）	3	3	3	3	3
		农耕	1	旱作农业	3	5	3	4	4
	蒙古国	其他	2	禁牧/休牧/轮牧	5	4	5	3	4
				社区－牧民联合管理	5	4	4	2	3
	伊朗	工程	1	雨水收集	3	2	3	3	3
		其他	1	禁牧/休牧/轮牧	3	5	4	4	4

续表

退化类型	国家	技术类型	技术数量	技术名称	技术评价/分				
					技术推广潜力	技术应用难度	技术成熟度	技术效益	技术相宜性
荒漠化	印度	生物	1	防风固沙林带	5	3	4	3	3
		工程	1	"V"形水渠等高线保墒技术	3	3	4	3	4
	约旦	生物	1	人工建植（造林种草）	4	4	3	3	3
		工程	1	水资源开发利用/保护	4	4	3	3	4
	赞比亚	农耕	2	农林间作	4	3	5	4	3
				休耕/免耕	3	4	5	3	4
	中国	生物	2	人工建植（造林种草）	5	3.5	3.75	4.5	4.5
			2	防风固沙林带	5	3	4	5	4.5
			1	飞播种草	5	3	4	5	5
			1	生物结皮	4	3	2	4	3.5
			1	自然封育	4	5	4	3.5	4.5
		工程	1	淤地坝	5	4	4	5	5
			1	石方格	3	2	3	3	4
			3	草方格	4.33	3	5	4	5
		农耕	1	农林间作	5	3	4	5	5
		其他	2	禁牧/休牧/轮牧	5	3	5	4	5
			1	生态移民	4	3	3	3	4
			1	舍饲/半舍饲养殖	5	3	3	5	5
石漠化	斯洛文尼亚	生物	1	人工建植（造林种草）	3	4	5	4	5
		其他	1	建立自然保护区	5	3	3	4	4
	中国	生物	2	人工建植（造林种草）	3.5	3.25	4	3.75	3.5
			3	经果林	3.33	3.33	3.33	3.67	4
		工程	1	梯田	4	2	4.5	3.5	4
			1	草方格	5	1	5	5	4

续表

退化类型	国家	技术类型	技术数量	技术名称	技术评价/分				
					技术推广潜力	技术应用难度	技术成熟度	技术效益	技术相宜性
石漠化	中国	工程	1	水资源开发利用/保护	5	2	3	3	4
			1	炸石造地	5	2	5	5	5
			3	坡改梯	4.5	3	3.67	4	4
		农耕	1	土壤改良	3.5	3	3	4	3.5
		其他	5	封育	4.6	3.6	4.38	4.6	4.66

从生态技术推广潜力方面来看，日本、澳大利亚、美国、蒙古国、哈萨克斯坦和中国 6 个国家的得分较高（均>4 分），新西兰、斯洛文尼亚、埃塞俄比亚、菲律宾、印度、约旦和泰国 7 个国家的得分处于一般水平，而尼泊尔、土耳其、赞比亚、俄罗斯、肯尼亚和伊朗 6 个国家得分较低，其中俄罗斯生态技术的推广潜力综合得分最低，仅为 2.5 分。

从生态技术应用难度方面来看，哈萨克斯坦、土耳其、新西兰、蒙古国、约旦和肯尼亚 6 个国家的得分较高（均>4 分），日本、澳大利亚、斯洛文尼亚、埃塞俄比亚、赞比亚、俄罗斯和伊朗 7 个国家的得分处于一般水平，而美国、中国、菲律宾、印度和泰国 5 个国家得分较低，说明这些国家的生态技术的限制性较少，实用性较大。

从生态技术成熟度方面来看，澳大利亚、赞比亚、哈萨克斯坦、中国、尼泊尔、土耳其、蒙古国和俄罗斯 8 个国家的得分较高（均>4 分），日本、新西兰、斯洛文尼亚、埃塞俄比亚、菲律宾、印度和泰国 7 个国家的得分处于一般水平，其余国家得分较低。

从生态技术效益方面来看，哈萨克斯坦、日本、美国、新西兰、尼泊尔、土耳其和中国 7 个国家的得分较高（均>4 分），蒙古国、印度、约旦和泰国 4 个国家技术得分较低，其余国家均处于一般水平。

从生态技术相宜性方面来看，日本、美国、哈萨克斯坦、中国、澳大利亚、新西兰和斯洛文尼亚 7 个国家的得分较高（均>4.5 分），尼泊尔、埃塞俄比亚和菲律宾 3 个国家的得分处于一般水平，其余国家得分较低。

19.3.4　不同退化类型生态技术应用评价与分析

（1）水土流失治理生态技术分析与评价

生物类水土流失治理技术主要包括生物防治、林分改造、物种选育等 11 项；工程类主要包括蓄水库、坡改梯、谷坊群等 15 项技术；农耕类主要包括农林间作、休耕/免耕/少耕、立体农业等 9 项技术；其他类主要包括建立保护区、围栏封育、舍饲/半舍饲养殖等 10 项技术，共 45 项。水土流失治理中工程类技术运用最多，占治理技术总量的 33.33%，其次是生物类、评价类和农耕类技术，占比分别为 24.45%、22.00% 和 22.22%。综合 4 类技术来看，综合评价指数>0.9 的技术包括生物防治（生物类）、蓄水库（工程类）、林分改造（生物类）、坡改梯（工程类）、污水处理（工程类）、农林间作（农耕类）及物种选育（生物类）技术共计 7 项技术，其中工程类和生物类技术各占 43%，可见工程类和生物类技术在水土流失治理中效果较好，其他类技术虽然数量较多，但技术的综合评价指数均未超过 0.9，说明其他类技术在水土流失治理中的效果有待提升。

为进一步对比相同技术在不同国家治理水土流失的实施效果，以综合评价指数>0.9 且至少在两个国家应用为依据，筛选出林分改造、农林间作、物种选育 3 项关键技术（图 19-3）。林分改造技术实施后可增加植被盖度，改善小气候和土壤状况，在哈萨克斯坦北部修复效果显著，而在中国福建该技术的技术效益和技术成熟度有待提升。福建典型区采用混交林模式使土壤有机质提高了 43.96%（高培军等，2003），技术推广潜力和技术相宜性较高，但不同树种混交的修复效果差异较大，因此技术成本较高，技术应用难度较大。哈萨克斯坦北部与俄罗斯接壤，气候较湿润，通过林分改造的方式提高森林覆盖度，改善土壤状况，防止水土流失恶化，因而修复效果较好。

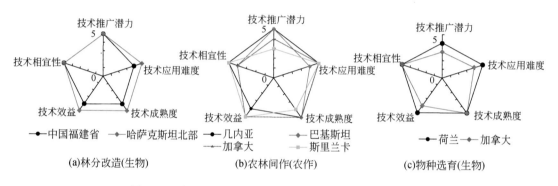

图 19-3 水土流失治理关键技术典型区域应用评价和对比

农林间作技术对于生态环境保护与修复以及农林业可持续发展均具有重要意义，间作系统林分密度越大，林冠层对径流量和侵蚀量的削减作用就越强，同时林叶凋落物可有效提升土壤有机质含量，增加粮食产量（褚军等，2020）。综合来看，几内亚的农林间作技术效果最好，其次是巴勒斯坦和加拿大，斯里兰卡最差。几内亚灌木林-农业间作（SRC）技术的技术相宜性、技术成熟度和技术推广潜力均较高，其经济效益可达 11 ~ 20 美元/（人·天），分别是种植甘薯［6 美元/（人·天）］和咖啡［9 美元/（人·天）］效益的 1.8 倍和 2.2 倍（Nuberg et al.，2017），但如何吸引广大农户参与其中是一大难题，宣传力度和后期管护困难，应用难度较大。巴勒斯坦农林间作技术实施后土壤含水量达 24.6%，有效减少 34% ~89% 的土壤水分流失，水土流失量可减少 45% ~94%（Salah et al.，2016），技术推广潜力、技术效益和技术成熟度均较高，但间作宽度会影响修复效果，因此确定合理的间作宽度并配以适宜树种所需的技术含量和成本较高，导致技术应用难度较大，技术相宜性有待进一步提升。斯里兰卡农林间作技术可使土壤有机质含量、有效磷含量和总交换性钾含量分别提高至 22%、20% 和 69%（Raveendra et al.，2021），此外，林叶凋落物可以显著提高农作物（茶叶）产量 13% ~21%（de Costa and Surenthran，2005），因此技术相宜性和技术效益均较高，但技术推广潜力、技术成熟度较低，技术成本高，技术应用难度较大。加拿大采用树种移植的方式进行间作，其中红橡和糖枫树移植存活率可高达

100%（Rivest and Cogliastro，2019），技术效益和技术成熟度较高，但 63% 的硬木和 55% 的杂交杨树存在树干分叉、冻裂和树干倾斜等问题，导致技术相宜性和技术推广潜力较低，生产力不稳定和技术应用难度较大是当地农户采用该技术的主要障碍。

加拿大和荷兰的物种选育技术效果较好，两地主要是培育农作物品种，缓解土壤中营养元素流失，其中荷兰作为农业大国一直坚持技术升级与转让，使该技术的应用效果得到了良好发挥。为减少由于春季耕作带来的水土流失，加拿大通过培育适合的冬季农作物和林草品种，使多个以草原为主的省份在相同耕作面积下冬小麦增产 18%，玉米增产 17%~21%，此外，大大减少了土壤磷流失，提高了土壤氮利用率（Larsen et al.，2017），该技术的技术相宜性和技术成熟度较高，但技术成本较高，技术效益和技术推广潜力较低。荷兰农业也通过微生物培养、物种选育等技术使土壤氮元素、磷元素剩余量在 2000~2016 年分别降低了 $43kg/hm^2$、$15kg/hm^2$，温室气体排放总量降低了 16 亿 t（张斌和金书秦，2020），技术相宜性、技术成熟度和技术效益均较高，但在短期内可能会影响农业总产出，因此技术推广潜力有待进一步提高。

（2）荒漠化治理生态技术分析与评价

生物类荒漠化治理技术主要包括物种选育、防护林/缓冲林、防风固沙林带等 8 项；工程类主要包括草方格、淤地坝、机械+生物沙障等 10 项技术；农耕类主要包括节水灌溉、等保护性耕作、农林间作等 6 项技术；其他类主要包括围栏封育、社区-牧民联合管理机制、舍饲/半舍饲养殖等 6 项技术，共 30 项。荒漠化治理中工程类技术运用最多，占治理技术数量的 30.33%，其次是生物类、其他类和农耕类技术，占比分别为 26.67%、20% 和 20%。综合 4 类技术类型来看，综合评价指数>0.9 的技术包括草方格（工程类）、围栏封育（其他类）、淤地坝（工程类）、节水灌溉（农耕类）及物种选育（生物类）5 项技术，其中工程类可占到 25%，说明工程类技术在荒漠化治理中不仅数量多且效果好。

为进一步对比相同技术在不同国家荒漠化典型区的治理效果，以综合评价指数>0.9 且至少在两个国家应用为依据，筛选出草方格、围栏封育、节水灌溉和物种选育 4 项关键技术（图 19-4）。草方格技术能够有效减轻风沙危害，促进局地生境恢复，改善土壤物理性质及养分循环，进而有效遏制荒漠化，因而被广泛应用于哈萨克斯坦和中国宁夏、内蒙古、陕西等荒漠化区，且在中国的治理效果较好。技术实施后，腾格里沙漠东南缘土壤有机碳含量、全氮含量可分别提高至 1.30~17.36g/kg、0.24~0.78g/kg，沙层含水率可增加 2%~3%，技术相宜性、技术效益、技术成熟度和技术推广潜力均较高，修复效果好，但麦草/稻草/芦苇等材料在 4~5 年后会风蚀腐烂，需重新补扎，因此具有一定的技术应用难度。哈萨克斯坦荒漠化典型区的技术效益和技术成熟度较高，但荒漠带草原占国土面积的 43.6%，麦草/稻草/芦苇等材料的匮乏导致技术相宜性和技术推广潜力较低（贾纳提等，2013）。

围栏封育技术适用于轻度至重度退化且具有一定自我恢复能力的区域，因此判断退化区域是否具备自我恢复能力是采用该技术的重要条件，对于不能自我恢复的区域应采取更多的人工干预措施进行修复。哈萨克斯坦围栏封育技术的综合评价指数最高为 1，其次是埃塞俄比亚（0.92）、中国（0.84）。哈萨克斯坦北部大量牧场实施封育管理后变成了半自然草原，草地牧草高度（69cm）是放牧草地牧草高度（4cm）的 17.25 倍，提升了草地

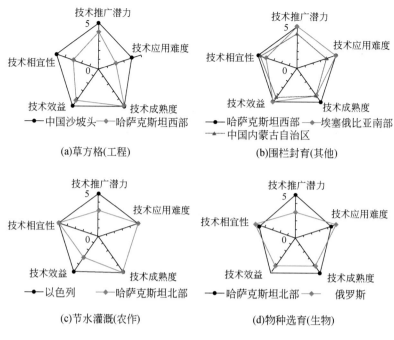

(a)草方格(工程)

(b)围栏封育(其他)

(c)节水灌溉(农作)

(d)物种选育(生物)

图 19-4 荒漠化关键治理技术典型区域应用评价对比

植被盖度并缓解了过度放牧的压力（Ronkin et al., 2020）。围栏通过改善植被多样性和再生情况对退化土地进行恢复（Eshetie et al., 2020），使埃塞俄比亚阿姆哈拉东北部的物种量、物种密度分别提高 1.8 倍、2 倍，技术效益、技术推广潜力较高，但对于严重退化的区域，技术相宜性和技术成熟度较低。青藏高原封育 6～10 年土壤碳素固持和水源涵养功能可分别提高 0.3g/m³、45mm，技术相宜性较高，但长期封育不如适宜恢复年限的效果好（张光茹等，2020），因此如何确定恢复年限是应用难点，大规模围栏不利于野生动物迁徙，技术成熟度和技术效益有待进一步提升（赵亮等，2020）。

节水灌溉技术可有效提高植被盖度、生物量及产量，并可通过提高土壤含水量改善土壤质量，进而修复退化土地。以色列节水灌溉技术已广泛运用于温室、沙漠地带、绿化带等区域，技术成熟度、技术效益、技术相宜性和技术推广潜力均较高，且其全国地下水已经形成了联网，技术应用难度小，因此综合评价指数得分较高为 1，而哈萨克斯坦节水灌溉技术是从中国新疆引进的并通过试验示范后进行大规模推广应用，综合评价指数得分为 0.84，技术有待进一步改良。技术实施后哈萨克斯坦土豆、棉花、番茄、小麦、甜菜的产量分别增加了 2.8 倍、2 倍、1.5 倍、3.5 倍和 4.7 倍，综合经济效益增加了 1.5 倍，显著提高了水利用率，改良了荒漠化土地（和瑞等，2010），技术相宜性和技术成熟度较高，但该技术对农户有较高的要求，且灌溉效率高低会直接影响技术的实施效果，若过度或低效的灌溉用水会导致农田盐渍化（Chen et al., 2020），因此技术推广潜力和技术效益有待进一步提升。

物种选育技术通过因地制宜地选择物种可有效提升植被盖度，防止荒漠化进一步恶化。技术实施后，哈萨克斯坦典型退化区表层土壤水分提升了 22%～30%（Lopez-Vicente and Wu，2019），垂直覆盖度可达到 95%（Akhmedenov，2018），技术效益、技术成熟度和技术推广潜力均较高，但育种成本较高，具有一定的技术应用难度。俄罗斯南部干旱地区通过培育耐旱耐盐饲料、盐生植物品种，恢复荒漠化草原的生物多样性和生产力（Shamsutdinov et al.，2016），技术相宜性较高，但成本较高，技术含量较高，技术推广潜力有待提升，两地相较，该技术在哈萨克斯坦的应用效果更好。

（3）退化生态系统治理生态技术分析与评价

生物类退化生态系统治理技术主要包括经果林种植、飞播种林/草、防护林/缓冲林等 5 项技术；工程类主要包括机械+生物沙障、草方格、蓄水库等 9 项技术；农耕类主要包括等高带状耕作、农草间作、立体农业等 5 项技术；其他类主要包括以草定畜、社会森林等 7 项技术，共计 26 项。其中工程类技术运用最多，占治理技术数量的 34.62%，其次是其他类技术、生物类技术和农耕类技术，占比分别为 26.92%、19.23% 和 19.23%。综合 4 类技术类型来看，综合评价指数>0.9 的技术包括废物回填（工程类）、河道清淤（工程类）和立体农业（农耕类）3 项技术，其中工程类技术由于其数量多且质量高，在退化林/草地治理中效果较好。立体农业在埃及尼罗河流域和荷兰林堡省退化草地治理中应用广泛，在两地的技术相宜性均较高，区别在于由于荷兰利用高新科技弥补不足，形成了高度发达的农业产业，技术效益和技术成熟度较高，技术应用难度较低。尼罗河流域的立体农业主要解决农业用水的循环使用问题，以确保农业区水资源的可持续发展，培肥制度以农家肥为主，土壤有机质含量比较高，小麦单产可达 9～12t/hm^2（冯永忠等，2013），技术推广潜力和技术成熟度较高，但农产品价格很低，导致农民从事农业生产的积极性不高。

以上分析表明，工程类技术在水土流失、荒漠化和退化生态系统治理中的数量均最多，且均取得了较好的效果。生物类技术在水土流失治理中的数量最多，且效果最好。农耕类技术在水土流失和退化生态系统治理中的效果较好，在荒漠化治理中有所欠缺。其他类技术在荒漠化和退化生态系统治理中的效果较好，但在水土流失治理中的效果较差。此外，为了实现生态、社会、经济综合效益，其他类技术越来越受重视，更强调多方利益相关者的参与，从而提高公众参与度，建立长效治理机制，但水土流失治理中其他类技术的综合评价指数均未达到 0.9，荒漠化和退化生态系统治理中也仅有 1 项技术的综合评价指数达到 0.9，表明目前其他类仍然缺少适当的技术和模式进行生态治理与修复，其原因可能包括缺少技术及其科学应用和管理的知识，以及土地、劳动力、投资或相关资源的不足。

19.3.5　生态技术空间差异性评价与分析

由于区域自然条件、社会经济、社会制度不同，不同退化类型的驱动力、表现形式呈现出空间异质性，从而形成了不同退化类型特有的治理技术和模式，但在实际治理过程中，有些技术在水土流失、荒漠化和退化林/草地治理中均有所应用，为进一步探讨相同技术对不同退化类型的治理效果，结合四个技术类型和三类退化问题，选择 8 项典型技术进行对比分析（图 19-5）。

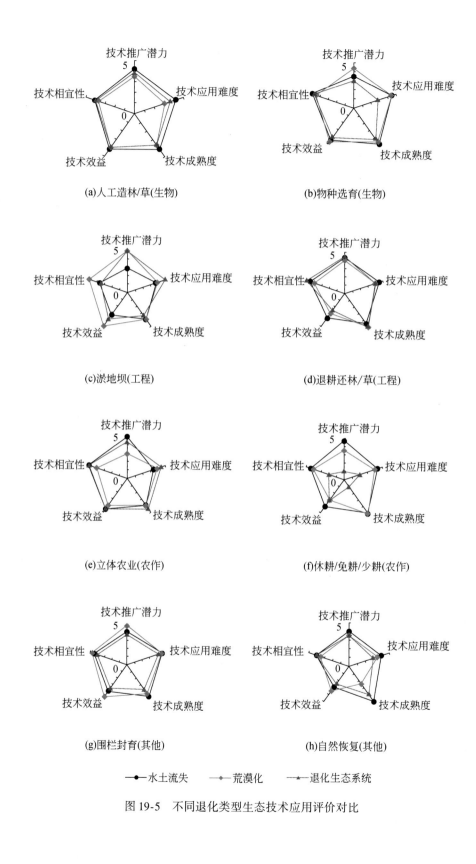

(a)人工造林/草(生物)

(b)物种选育(生物)

(c)淤地坝(工程)

(d)退耕还林/草(工程)

(e)立体农业(农作)

(f)休耕/免耕/少耕(农作)

(g)围栏封育(其他)

(h)自然恢复(其他)

—●— 水土流失　　—◆— 荒漠化　　—▲— 退化生态系统

图 19-5　不同退化类型生态技术应用评价对比

　　结果表明，人工造林/草是提高植被盖度、改善退化状况的有效途径，也是目前治理退化问题的常用技术。该技术在水土流失治理中的效果最好，退化林/草地次之，荒漠化治理效果相对较差，这主要是因为荒漠化地区进行大规模造林种草可能会引起水资源危机，因此技术应用难度较大，技术成熟度较低，导致治理效果较差。由于过度追求短期修复效果，许多地区出现树种单一、层次简单、结构不稳定等问题，但生态修复是一个漫长的演替过程，因此在使用人工造林/草技术进行退化治理时应充分考虑植被–水–气之间的影响机制。物种选育技术通过综合考虑当地水土资源承载力的实际状况，因地制宜地选择物种，从而达到改善环境、保护生态的目的。荒漠化地区由于水资源极度匮乏，选择或培育适合当地的节水植物可显著提升表层土壤水分 22% ~ 30%（Lopez- Vicente and Wu，2019），同时不同物种组合的生态种植模式，垂直覆盖度可达到 95%，可有效利用水资源、提升土壤质量并增加植被盖度（Akhmedenov，2018），因此该技术在荒漠化治理中的效果最好。而在退化林/草地治理中，尤其是农牧交错带地区由于利益驱使导致农户多选择经济林进行种植，而未能做到适地适树/草，导致技术推广潜力和技术效益较低，同时农户生态保护意识薄弱导致技术应用难度较大，因此治理效果较差。

　　淤地坝技术的应用较为广泛，尤其是在水土流失和荒漠化区。淤地坝作为工程技术不仅可以改善土壤状况，还可有效截留泥沙、缓解水资源匮乏。淤地坝在荒漠化治理中的效果最好（0.92），其次是退化林/草地（0.84），对水土流失的治理效果较差（0.71），如陕西水土流失区极端暴雨现象频发，淤地坝虽可有效截留泥沙总量 $1.11×10^6$ t（占土壤侵蚀总量的 26.36%），但仍有 $3.09×10^6$ t 的输沙量流入下游，因此技术效益、技术成熟度和技术相宜性均较低，后续应加强堤坝管理和施工技术标准，提高流域截沙效率和防洪安全（Bai et al.，2020）。技术实施后，以色列南部荒漠化区植被覆盖率、草本覆盖度和水分状况分别提高了约 57%、42.6% 和 68%（Helman and Mussery，2020），伊朗东北部荒漠化区利用淤地坝可收集的最大雨量达到 $135×10^6 m^3$（Toosi et al.，2020），成为淡水替代来源之一，技术相宜性、技术效益和技术推广潜力均较高。而退耕还林/草是从源头上防治土地退化和应对气候变化的重要措施，还可促进农村产业结构调整，对改善生态环境、维护国土生态安全发挥了重要作用。退耕还林/草在水土流失、荒漠化和退化林/草地治理中具有较高的相似性，均表现为技术成熟度、技术相宜性和技术推广潜力较高，但技术效益有待提升，主要是技术实施后短期内会影响农户经济收入，经济效益较低。

　　立体农业在促进农业可持续发展以及人与自然和谐共生中具有重要作用，国内外均注重技术实施后对土壤微量元素及其循环以及土地产出的影响，在退化生态系统治理中的综合评价指数最高为 0.92，技术效果最好，技术成熟度、技术效益、技术相宜性和技术推广潜力均较高，其次是水土流失（0.87），荒漠化治理效果较差（0.76），这主要是因为荒漠化区一般位于干旱/半干旱的生态环境脆弱区，风大雨少、土壤贫瘠等现实条件限制了农业的发展，实施立体农业的技术成本高，技术效益、技术相宜性和技术成熟度均较低，而退化生态系统则可通过立体农业技术提高资源利用率，技术成熟度、技术效益、技术相宜性和技术推广潜力均较高，如中国扬州市退化湿地建立水鸭共生生态系统有效提高了地表水中氮含量（14.76%）、磷含量（15.52%），提高了地表水和土壤中的氧含量，促进了氨氮向硝态氮的转化，进而促进植被生长，提高产量，还可降低径流中氮磷损失的潜在风险（可减少 2.25kg/hm²）（Wang et al., 2019）。日本施用堆肥污泥（composted sewage sludge, CSS），追施经处理后的城市污水（treated municipal wastewater, TWW），水稻产量提高了 27%，蛋白质含量提高了 25%，且没有重金属在土壤中积累的风险（Phung et al., 2020），从而缓解了耕地进一步退化。休耕/免耕/少耕属于保护性耕作措施，主要目的是防止土壤侵蚀，因此在水土流失治理中的效果最好，综合评价指数为 0.89，其次是荒漠化（0.78），退化生态系统修复效果较差（0.36），这主要是因为其能增加土壤肥力，减少 80% 左右的土壤流失，减少 50%~60% 的地表径流量（Chen et al., 2021），具有明显的保水、保土效果，因此在水土流失治理中技术成熟度、技术相宜性、技术效益和技术推广潜力均较高。而退化生态系统一般处于人为活动密集干扰区，休耕/免耕/少耕降低了农户短期经济收入，后期监管难度较大，成本较高，技术应用难度较大，且不适于低洼易涝土地、土壤质地黏重和耕层结构不良的土地，因此技术成熟度、技术效益和技术推广潜力较低。

围栏封育在水土流失、荒漠化和退化林/草地治理中具有较高的相似性，5 个维度评价结果差别不大，治理效果则是荒漠化最好（0.92），其次是水土流失（0.87），退化生态系统较差（0.76）。这主要是因为该技术适用于轻度至重度退化具有一定自我恢复能力的荒漠化区，而水土流失区治理过程中需要更多的人工干预措施才能起到保土保水的作用，如淤地坝等工程技术，退化生态系统治理中则需充分考虑人为活动的密集干扰，该技术会降低居民生态保护的积极性，且后期监管难度大，成本较高。自然恢复是指在生态退化系统没有达到阈值前提下，生态系统依靠其自然恢复潜力实现自我恢复的过程，在水土流失治理中效果较好，综合评价指数为 0.8，其次是退化生态系统（0.68），荒漠化治理效果较差（0.66），这主要是因为荒漠化区自然条件较恶劣，与水土流失和退化生态系统自然恢复相比，生态恢复难度较大，耗时较长。

19.4 结论与讨论

本研究通过对 52 个国家生态退化典型区开展的调查问卷进行分析，发现共计 101 项生态技术被运用到水土流失、荒漠化、石漠化和退化生态系统的修复治理中。从退化类型来看，水土流失治理技术的综合得分最高（3.98 分），包括飞播种草、林分改造等在内的 45 项技术；荒漠化治理技术的综合得分次之（3.87 分），包括防风固沙林带、生物结皮等在内的 30 项技术；其次是退化生态系统治理技术（3.82 分），包括补播改良、排碱沟等 26 项技术。此外，同一项生态技术常常被运用到不同类型的生态退化治理中，如飞播种草技术同时被运用到水土流失和荒漠化治理中，人工建植（造林种草）技术同时被运用到水土流失、荒漠化、石漠化以及退化生态系统治理中。不同技术在同一国家退化区应用的效果不同，同一技术在不同国家退化区的修复效果也存在差异，即技术具有地域差异性。这主要是因为自然条件、社会经济发展水平、群众认知以及需求不同导致应用效果因地而异，后续应注重技术实施后的长期监测与维护，以便及时调整技术要素增加技术生命力，获得更好的治理效果。因此，技术引进和推介时需要根据当地实际情况进行选择、改良和优化，有针对性地解决技术应用中存在的问题。

面对全球典型脆弱生态区生态退化日趋严峻这一问题，国内外在生态治理方面均做出了巨大努力，积累了数量众多的生态工程/技术，对遏制和缓解生态退化起到了关键性的作用。尽管目前针对不同退化类型形成了基本的治理技术和模式，并且各个国家和地区已经在生态治理工程实施过程中应用、示范和推广了一定数量的治理技术，但在实际治理过程中仍出现了部分失败或治理效果欠佳的生态治理案例。在一些国家和地区，仍然缺少适当的技术和模式进行生态治理，其原因可能是缺少技术及其科学应用和管理的知识，以及土地、劳动力、投资或相关资源的不足。随着公众生态保护意识的提高，其他类技术越来越受重视，但目前其他类技术的修复效果还不理想，利益相关者（政府+企业+社会组织+居民）参与到技术的初始应用到长期维护和效果还很不足，这些方面均有待提升。

群落结构修复过程中，群落结构恢复先于功能恢复，所以完善群落结构是退化生态系统修复的重点。目前已有的生态技术是在生态学原理基础上，通过人工干预手段，模拟自然群落的组织结构，从而组建人工优化的群落类型。例如，通过封山育林、林分改造、物种选育、梯田等生态技术进行生态恢复，以保证生态系统功能的正常发挥。目前生态修复大多是以"生态系统恢复至原始状态"为目标在原有生态技术的基础上进行分析评价，但未考虑未来人类发展模式与生态修复之间的关系，因此，后续研究中应充分考虑人与环境的协调发展，并非一味追求将生态系统修复至原始状态，应充分借助生态大数据、RS、GIS、无人机等新手段对未来发展模式下的生态退化进行修复，确立恢复目标以便为全球各个国家和地区的生态保护与修复提供理论依据。

由于区域自然条件、社会经济、社会制度不同，不同退化类型的驱动力、表现形式呈现出空间差异性，不同技术在同一区域应用的效果不同，同一技术在不同区域应用的效果也存在差异性。胡金娇等（2020）对治理青藏高原沙地的围栏封育、高山柳沙障、高山柳沙障+种草 3 种生态恢复技术的效果进行了对比，结果表明，围栏封育适用于轻度沙化草地，而重度沙化草地的生态恢复需采用植灌和种草结合的模式，可见不同技术在同一区域应用的效果不同，与我们的结论一致。而 Bai 等（2020）、Helman 和 Mussery（2020）、Toosi 等（2020）均对淤地坝技术的效果进行了研究，结果发现，淤地坝技术在中国、以色列南部和伊朗等不同国家的效果存在差异性，可见同一技术在不同区域应用效果存在差异性，应从退化原因、实际需求、现实条件出发，筛选优化适宜长效的技术及模式。同时，按照最大限度保留和维持原有生态系统自我调节、修复、平衡的原则，最小限度匹配人工修复措施，设计具体修复方案，以便提高最佳技术及技术组合的应用效果。

第20章 基于集成系统的全球典型生态退化区生态技术筛选、评价与推介

本研究集成了全球与中国生态退化及其治理需求、全球与中国生态技术应用案例、针对不同退化问题与治理需求的生态技术、生态退化与生态技术匹配、三阶段的生态技术评价方法体系以及典型生态退化区生态技术推介等研究成果，开发了生态技术评价平台与集成系统，以推动生态技术发展与创新，为我国和第三世界国家提供生态建设理论与技术服务，为推动生态学科发展和我国生态文明建设提供科学支撑。

20.1 生态退化与生态技术应用查询与显示

生态技术评价平台与集成系统综合了全球与中国生态退化空间数据、生态退化治理的技术需求以及已在生态退化区使用的各类生态技术。通过系统可以实现对全球与中国生态退化状况及技术需求进行查询与显示，同时也可以对已在退化区使用的生态技术进行查询。以下以全球生态退化及其技术应用为例进行介绍。

20.1.1 生态退化状况查询与显示

在生态技术评价平台与集成系统中，通过单击"生态退化"模块按钮进入生态退化查询与显示界面。在"区域"选项后面选择"全球"，可以进入全球生态退化空间分布界面。该界面显示了全球轻度、中度和重度的水土流失及荒漠化和石漠化三类生态退化问题的空间分布状况。该界面可以对"退化类型"和"退化程度"进行进一步筛选。例如，在"退化类型"仅勾选"水土流失"，在"退化程度"仅勾选"中度"，点选"筛选"按钮后，地图界面将仅显示全球中度水土流失区。单击"重置"按钮，地图窗口恢复初始状态，显示全球所有生态退化区。

同时，该界面还可以对全球生态退化基础信息及治理需求进行查询，主要包括该生态退化区所在的国家、生态区、生物地理区域、生物区系、退化类型、退化程度、退化区中文、技术需求、海拔、坡度、土壤厚度、降水、温度、人口密度、面积等信息。通过在系统界面单击"基础信息"按钮，然后在生态退化地图窗口点选某个生态退化图斑，界面将弹出该生态退化图斑的基础信息及技术需求（图20-1）。

此外，还可以在该界面查询生态退化区已使用生态技术的情况。通过点选"已用技术"按钮，然后在生态退化地图窗口点选某个生态退化图斑，将弹出一个表格，显示该区域已使用生态技术。弹出表格主要包括该生态退化图斑的斑块编码、国家、退化类型、退化程度、技术需求、技术类型、应用技术名称、技术或模式编号、技术组成等信息

退化区基础信息	✕
指标名称	指标取值
斑块编码	GD608052200295
国家简称英文	ARG
国家名称英文	Argentina
国家名称中文	阿根廷
生态区编号	60805
生态区中文	巴塔哥尼亚草原
生物地理区域中文	新热带植物区
生物区系中文	温带草原，热带稀树草原和灌木丛
退化类型	荒漠化
退化程度	中度
退化区中文	巴塔哥尼亚草原中度荒漠化区
技术需求综合	arz
技术需求综合中文	提高产量或收入、人居环境维护、…
技术需求来源	IPBES
海拔(m)	758.15
坡度(°)	1.74
土壤厚度(cm)	99.23
降水(mm)	21.06
温度(℃)	8.07
2015人口密度(人/…	0.82
面积(平方公里)	592171.65

图 20-1　全球典型生态退化及治理需求查询与显示

（图 20-2）。如果弹出表格为空白，则表明目前还未集成该区域使用生态技术或该区域没有相关生态技术使用。

型	退化程度	技术需求综合中文	技术类型	应用技术名称	技
	轻度	生态维护、蓄水保水	生物技术	人工建植(造林种草)	B001
	轻度	生态维护、蓄水保水	技术模式	社区土地上的生态系统季节性放牧管理[肯尼亚]	AC00
	轻度	生态维护、蓄水保水	生物技术	边界篱笆[肯尼亚]	C001
	轻度	生态维护、蓄水保水	生物技术	边界树－防风[肯尼亚]	B003
	轻度	生态维护、蓄水保水	工程技术	Murang'a持留沟[肯尼亚]	A022
	轻度	生态维护、蓄水保水	工程技术	道路径流管理－Nyeri[肯尼亚]	A006
	轻度	生态维护、蓄水保水	技术模式	Lolldaiga Hills牧场：轮牧和基于boma的土地开垦[肯尼亚]	EC00
	轻度	生态维护、蓄水保水	技术模式	牧场恢复通过减少入侵物种和草地重新种植和管理放牧[肯尼亚]	EC00
	轻度	生态维护、蓄水保水	工程技术	次表面水坝(SSD)[肯尼亚]	A026
	轻度	生态维护、蓄水保水	其他技术	基于指数的牲畜保险[肯尼亚]	D011

图 20-2　全球典型生态退化区生态技术应用查询

20.1.2　生态技术应用查询与显示

本研究集成了全球与中国生态技术应用案例 3000 多项，可以在系统中进行生态技术应用案例的查询与显示。在生态技术评价平台与集成系统中，通过点选"技术应用"模块按钮进入生态技术应用查询与显示界面。在"区域"选项后面选择"全球"，可以进入全球生态技术应用空间分布界面。该界面显示了技术模式与单项技术应用的空间分布状况，其中单项技术直接显示为某一类型单项技术，分别为工程技术、生物技术、农耕技术和其他技术。该界面可以对"技术类型"和"气候带"进行进一步筛选。例如，在"技术类型"仅勾选"工程技术"，在"气候带"仅勾选"干旱气候区"，点选"筛选"按钮后，地图界面将仅显示全球在干旱气候区使用的工程技术应用案例。单击"重置"按钮，地图窗口恢复初始状态，显示全球所有生态技术应用案例。本研究中气候带包括极地气候区、赤道气候区、干旱气候区、暖温带气候区和冰雪气候区。

该界面还可以进行全球生态技术应用查询。单击"信息查询"按钮，然后在生态技术应用地图窗口点选某个生态技术应用案例点，界面将弹出技术应用信息，包括技术类型、适用退化类型、应用技术名称、技术英文、技术或模式编号、技术组成、技术组成代码、技术来源、应用地点等信息。

20.2　全球生态技术查询与显示

本研究集成了来自文献库、专利库、生态治理实践中的生态技术，得到 400 余项单项生态技术和 770 余项生态技术模式。这些单项技术与技术模式是开展全球与中国生态退化治理的重要技术来源。

在生态技术评价平台与集成系统中，通过单击"生态技术"模块进入生态技术查询与显示界面。界面同时显示"单项技术"与"技术模式"（图 20-3）。对于单项技术，可以点选"单独显示"按钮来单独显示单项技术，点选"显示详情"按钮来显示每项技术的所有信息。单项技术表格信息包括大类代码、大类名称、中类代码、中类名称、生态技术代码、生态技术名称、适用退化程度、治理需求代码、治理需求、适用退化类型、适用水土流失、适用荒漠化、适用石漠化、适用退化草地、适用盐碱化、适用退化湿地、适用地域、技术应用案例、技术来源、备注等。单项技术分为工程技术、生物技术、农耕技术和其他技术。在大类选项后面选择"工程技术"，则单项技术表格中仅显示所有工程技术（图 20-4）。单击"重置"按钮表格恢复初始状态。同时，还可以在查询按钮前面键入需要查询的内容，进行生态技术查询。例如，键入"耕"，则所有单项技术名称中含有"耕"的生态技术将显示在下面表格中（图 20-5）。单击"重置"按钮表格恢复初始状态。取消单项技术的"单独显示"选中按钮，则界面同时显示单项技术与技术模式表格。

同样地，如果在技术模式下面点选"单独显示"按钮，则单独显示技术模式。技术模式表格显示信息包括适用地域、序号、技术模式代码、英文名称、技术模式名称、技术简

图 20-3 生态技术显示

图 20-4 生态技术筛选

介、适用退化类型、适用退化程度、技术组成、技术组成代码、治理需求代码、治理需求、技术来源、技术应用案例、国家、大洲、备注等信息。可对技术模式进行与单项技术类似的操作，包括水土保持分区的筛选以及技术模式名称的查询。此外，如果用户对某些筛选或查询出的单项技术与技术模式感兴趣，可以在菜单栏选择"数据导出"，将选中的单项技术或技术模式导出为 .csv 文件（图 20-6）。

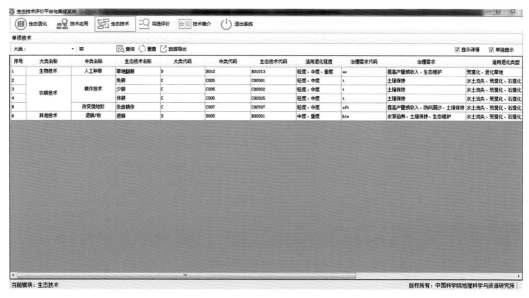

图 20-5　生态技术查询

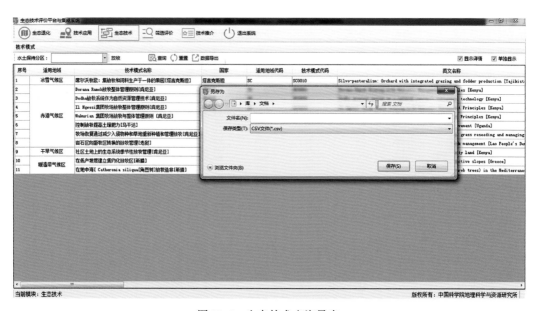

图 20-6　生态技术查询导出

20.3　基于集成系统的全球典型生态退化区生态技术智能筛选、评价与推介

20.3.1　生态退化区生态技术智能筛选

（1）生态退化区退化特征与生态治理技术需求确定

生态退化数据具有退化类型与退化程度等显示生态退化特征的信息。技术需求是指在确定其退化类型和程度基础上，考虑当地自然地理与社会经济特征，某个生态退化区需要解决生态问题所需要的技术措施。本研究中有时也称作"治理需求"。本研究中生态退化区的技术需求主要包括提高产量或收入、防风固沙、水源涵养、拦沙减沙、农田防护、坡耕地整治、侵蚀沟治理、人居环境维护、水质维护、土壤保持、生态维护、蓄水保水、防灾减灾 13 项。因此，不同生态退化区的技术需求存在差异。本研究在开展大量典型区问卷调查基础上，通过分析不同退化类型、退化程度与区域自然地理与社会经济背景来确定其技术需求，然后通过专家知识扩展到全球所有生态退化图斑，确定全球与中国生态退化图斑的技术需求（图 20-7）。

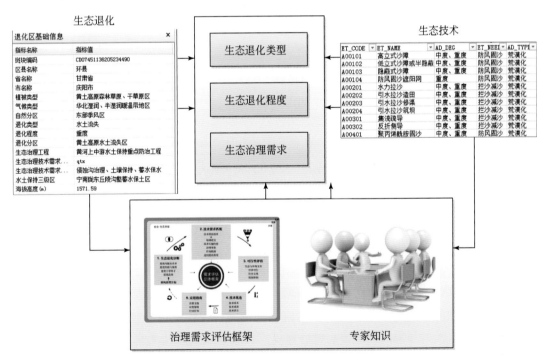

图 20-7　生态退化与生态技术动态智能匹配

在生态技术评价平台与集成系统中，生态退化区技术需求查询可以在"生态退化"模块实现。例如，通过在全球生态退化图中点选图斑，可获得该图斑的生态退化与技术需求

信息，该图斑编号为 GD310071324445，位于埃塞俄比亚，属于重度水土流失生态退化区，其技术需求为水源涵养、坡耕地治理、土壤保持等（图20-8）。这是从生态退化区方面来确定其生态治理需要解决的主要问题。

退化区基础信息	✕
指标名称	**指标取值**
斑块编码	GD310071324445
国家简称英文	ETH
国家名称英文	Ethiopia
国家名称中文	埃塞俄比亚
生态区编号	31007
生态区中文	埃塞俄比亚的山地草原和林地
生物地理区域中文	非洲热带地区
生物区系中文	山地草原和灌木丛
退化类型	水土流失
退化程度	重度
退化区中文	埃塞俄比亚的山地草原和林地重度…
技术需求综合	hptwx
技术需求综合中文	水源涵养、坡耕地整治、土壤保持…
技术需求来源	UNFCC & UNDP
海拔(m)	2182.64
坡度(°)	4.06
土壤厚度(cm)	55.65
降水(mm)	66.58
温度(℃)	21.46
2015人口密度(人/…	181.52
面积(平方公里)	10995.52

图20-8　特定生态退化区技术需求查询

（2）生态治理技术需求确定

本研究总共集成了400余项单项生态技术和770余项生态技术模式。每项单项技术与技术模式可用于某些特定的生态退化类型与退化程度，用来解决相应的生态问题，也就是对应于特定的治理需求。有的单项技术或技术模式可同时用于多种生态退化类型或多种生态退化程度，其对应的治理需求也不止一项。单项技术与技术模式适用的生态退化类型、退化程度和治理需求是基于大量生态技术应用案例的，在提炼该项技术过程中不断总结。在生态技术评价平台与集成系统中，可以通过"生态技术"模块来查看某项生态技术适用的生态退化类型、退化程度和治理需求（图20-9）。

（3）生态退化与生态技术智能筛选

全球和中国生态退化与生态技术是通过生态退化与生态技术中共同的字段"退化类型"、"退化程度"和"技术需求"（或"治理需求"）来智能匹配的。在生态技术评价平

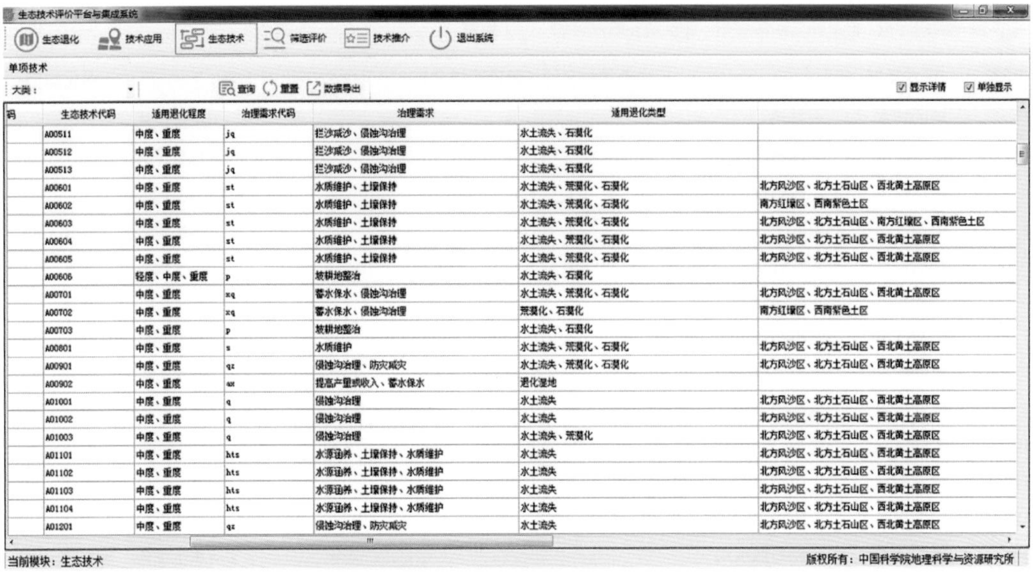

码	生态技术代码	适用退化程度	治理需求代码	治理需求	适用退化类型	
	A00511	中度、重度	jq	拦沙减沙、侵蚀沟治理	水土流失、石漠化	
	A00512	中度、重度	jq	拦沙减沙、侵蚀沟治理	水土流失、石漠化	
	A00513	中度、重度	jq	拦沙减沙、侵蚀沟治理	水土流失、石漠化	
	A00601	中度、重度	st	水质维护、土壤保持	水土流失、荒漠化、石漠化	北方风沙区、北方土石山区、西北黄土高原区
	A00602	中度、重度	st	水质维护、土壤保持	水土流失、荒漠化、石漠化	南方红壤区、西南紫色土区
	A00603	中度、重度	st	水质维护、土壤保持	水土流失、荒漠化、石漠化	北方风沙区、北方土石山区、南方红壤区、西南紫色土区
	A00604	中度、重度	st	水质维护、土壤保持	水土流失、荒漠化、石漠化	北方风沙区、北方土石山区、西北黄土高原区
	A00605	中度、重度	st	水质维护、土壤保持	水土流失、荒漠化、石漠化	北方风沙区、北方土石山区、西北黄土高原区
	A00606	轻度、中度、重度	p	坡耕地整治	水土流失、石漠化	
	A00701	中度、重度	xq	蓄水保水、侵蚀沟治理	水土流失、荒漠化、石漠化	北方风沙区、北方土石山区、西北黄土高原区
	A00702	中度、重度	xq	蓄水保水、侵蚀沟治理	荒漠化、石漠化	南方红壤区、西南紫色土区
	A00703	中度、重度	p	坡耕地整治	水土流失、石漠化	
	A00801	中度、重度	s	水质维护	水土流失、荒漠化、石漠化	北方风沙区、北方土石山区、西北黄土高原区
	A00901	中度、重度	qz	侵蚀沟治理、防灾减灾	水土流失、荒漠化、石漠化	北方风沙区、北方土石山区、西北黄土高原区
	A00902	中度、重度	ax	提高产量或收入、蓄水保水	退化湿地	
	A01001	中度、重度	q	侵蚀沟治理	水土流失	北方风沙区、北方土石山区、西北黄土高原区
	A01002	中度、重度	q	侵蚀沟治理	水土流失	北方风沙区、北方土石山区、西北黄土高原区
	A01003	中度、重度	q	侵蚀沟治理	水土流失、荒漠化	北方风沙区、北方土石山区、西北黄土高原区
	A01101	中度、重度	hts	水源涵养、土壤保持、水质维护	水土流失	北方风沙区、北方土石山区、西北黄土高原区
	A01102	中度、重度	hts	水源涵养、土壤保持、水质维护	水土流失	北方风沙区、北方土石山区、西北黄土高原区
	A01103	中度、重度	hts	水源涵养、土壤保持、水质维护	水土流失	北方风沙区、北方土石山区、西北黄土高原区
	A01104	中度、重度	hts	水源涵养、土壤保持、水质维护	水土流失	北方风沙区、北方土石山区、西北黄土高原区
	A01201	中度、重度	qz	侵蚀沟治理、防灾减灾	水土流失	北方风沙区、北方土石山区、西北黄土高原区

图 20-9　生态技术治理需求查询

台与集成系统中，通过点选“筛选评价”模块按钮，进入筛选评价模块，界面包括全球/中国生态退化空间分布和适用于该生态退化区的生态技术名称。生态退化与生态技术通过共同的“退化类型”、“退化程度”和“技术需求”（或“治理需求”）字段，在后台自动智能匹配。例如，我们“区域”后选择“全球”，出现全球生态退化分布图，在全球生态退化图中再次选择图斑编号为 GD310071324445 的生态退化区，右侧是根据退化类型（水土流失）、退化程度（重度）以及技术需求（水源涵养、坡耕地治理、土壤保持等）从生态技术库中筛选出的生态技术（单项或模式），大约有 356 项单项技术或技术模式（图 20-10）。

同时，在该界面下，当在右侧选中某项单项技术或技术模式时，根据选中生态技术的“退化类型”、“退化程度”和“技术需求”（或“治理需求”）字段，左侧生态退化分布图会自动筛选显示该项技术适用的所有生态退化区。

20.3.2　生态退化区生态技术评价

生态评价是对筛选或应用的生态技术开展评价，是后期挑选适用于生态退化区生态技术的基础。可根据数据获得情况分别开展第一阶段、第二阶段和第三阶段评价。

（1）第一阶段评价

第一阶段评价模型和参数适用所有生态技术类型。所有生态技术第一阶段评价模型的一级指标权重不变，通过输入技术成熟度、技术应用难度、技术相宜性、技术效益和技术推广潜力五项一级指标得分（每个不超过 5 分），得到该项生态技术的评价得分。

例如，在生态技术评价平台与集成系统中，针对图斑编号为 GD310071324445 的生态

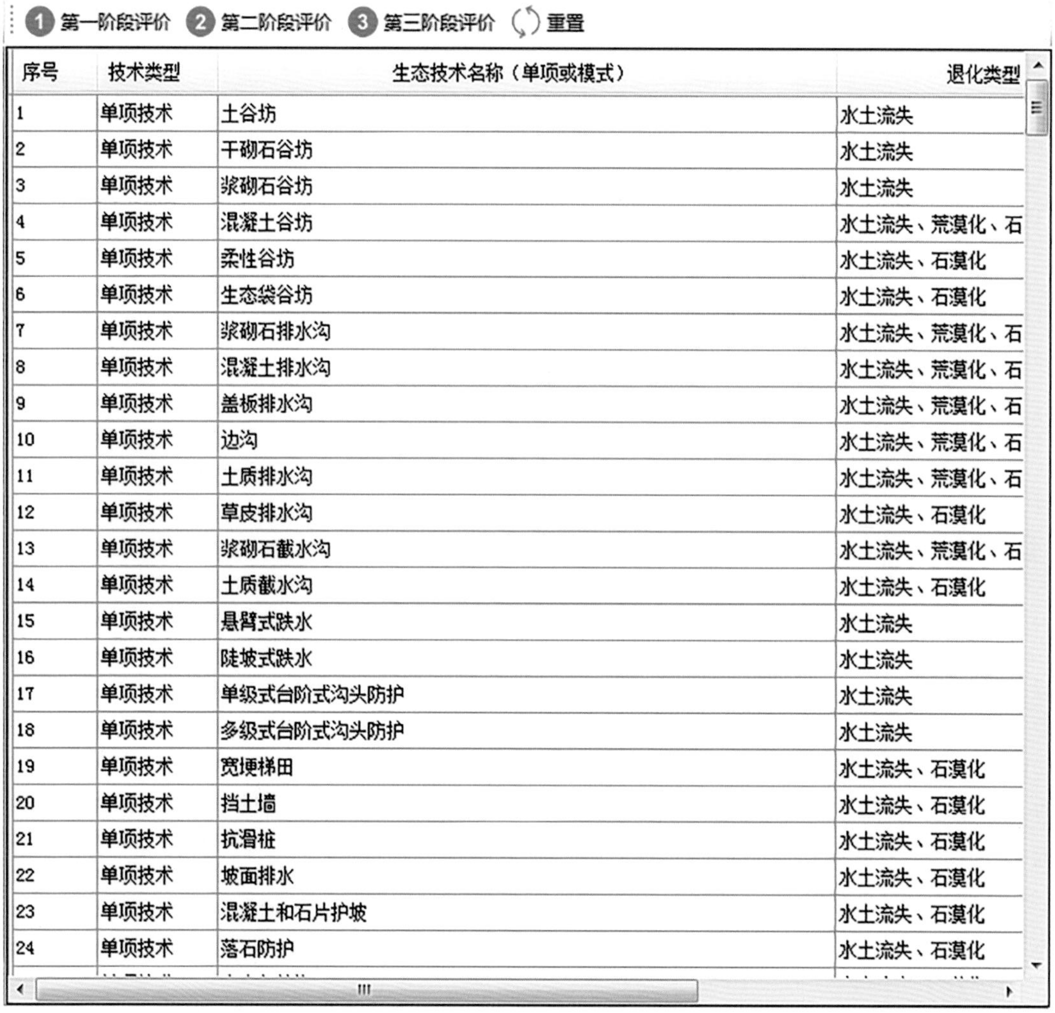

序号	技术类型	生态技术名称（单项或模式）	退化类型
1	单项技术	土谷坊	水土流失
2	单项技术	干砌石谷坊	水土流失
3	单项技术	浆砌石谷坊	水土流失
4	单项技术	混凝土谷坊	水土流失、荒漠化、石
5	单项技术	柔性谷坊	水土流失、石漠化
6	单项技术	生态袋谷坊	水土流失、石漠化
7	单项技术	浆砌石排水沟	水土流失、荒漠化、石
8	单项技术	混凝土排水沟	水土流失、荒漠化、石
9	单项技术	盖板排水沟	水土流失、荒漠化、石
10	单项技术	边沟	水土流失、荒漠化、石
11	单项技术	土质排水沟	水土流失、荒漠化、石
12	单项技术	草皮排水沟	水土流失、石漠化
13	单项技术	浆砌石截水沟	水土流失、荒漠化、石
14	单项技术	土质截水沟	水土流失、石漠化
15	单项技术	悬臂式跌水	水土流失
16	单项技术	陡坡式跌水	水土流失
17	单项技术	单级式台阶式沟头防护	水土流失
18	单项技术	多级式台阶式沟头防护	水土流失
19	单项技术	宽埂梯田	水土流失、石漠化
20	单项技术	挡土墙	水土流失、石漠化
21	单项技术	抗滑桩	水土流失、石漠化
22	单项技术	坡面排水	水土流失、石漠化
23	单项技术	混凝土和石片护坡	水土流失、石漠化
24	单项技术	落石防护	水土流失、石漠化

图 20-10　特定生态退化区生态技术智能匹配

退化区，我们在右侧适用生态技术中选择“干砌石防护”，单击菜单栏的“第一阶段评价”，弹出第一阶段评价窗口，窗口显示“生态技术（技术模式）名称”、可能的“技术实施地点（区域）”和退化类型。对应每项一级评价指标，在“生态技术评价得分”栏分别输入每项指标分值（不超过 5 分），单击确定，系统自动计算出该项生态技术综合得分并显示，再次单击确定，系统保存评价结果并退出第一阶段评价窗口（图 20-11）。利用同样的方法可以对其他生态技术开展评价。

（2）第二阶段评价

第二阶段评价模型和参数适用所有生态技术类型。生态技术第二阶段评价模型的二级指标权重不变，通过输入二级指标得分（每个不超过 5 分），计算出一级指标得分与总分。

例如，在生态技术评价平台与集成系统中，针对图斑编号为 GD310071324445 的生态退化区，我们在右侧适用生态技术中选择“传统水窖”，单击菜单栏的“第二阶段评价”，

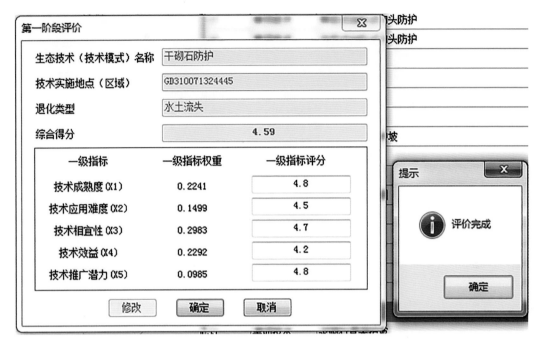

图 20-11　生态退化区筛选的生态技术第一阶段评价

弹出第二阶段评价窗口，窗口显示"生态技术（技术模式）名称"、可能的"技术实施地点（区域）"和退化类型。一级评价指标对应的"生态技术评价得分"栏为灰色，不能输入数据。在 12 项二级指标对应的"生态技术评价得分"栏分别输入每项指标分值（不超过 5 分），单击确定，系统自动计算出该项生态技术的一级指标"生态技术评价得分"和综合得分并显示，再次单击确定，系统保存评价结果并退出第二阶段评价窗口（图 20-12）。利用同样的方法可以对其他生态技术开展评价。

（3）第三阶段评价

水土保持、荒漠化、石漠化和退化草地的一级、二级评价指标和参数相同，但三级评价指标与参数均有差异。针对不同退化类型，系统自动选择适用的评价方法。通过输入三级指标得分、三级指标的 Logistic 回归系数与常数项，系统自动计算二级、一级指标得分与综合得分，保存一级、二级、三级指标得分和综合得分。其中，对不同地区而言，三级指标到二级指标的计算方法需要通过实地调研获取数据，通过 Logistic 回归模型计算回归参数。

例如，在生态技术评价平台与集成系统中，针对图斑编号为 GD310071324445 的生态退化区，我们在右侧适用生态技术中选择"护坡林造林"，单击菜单栏的"第三阶段评价"，弹出第三阶段评价窗口，窗口显示"生态技术（技术模式）名称"、可能的"技术实施地点（区域）"和退化类型。一级和二级评价指标对应的"生态技术评价得分"栏为灰色，不能输入数据。根据实地调研数据的 Logistic 回归模拟结果，输入 29 项三级指标对应的回归系数值和 14 项常数项。然后，在 29 项"生态技术评价得分"栏分别输入每项指

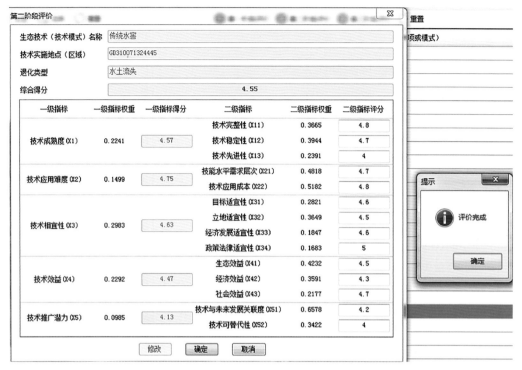

图 20-12　生态退化区筛选的生态技术第二阶段评价

标分值（不超过 5 分），单击确定，系统自动计算出该项生态技术的一级、二级指标"生态技术评价得分"和综合得分，再次单击确定，系统保存评价结果并退出第三阶段评价窗口（图 20-13）。利用同样的方法可以对其他生态技术开展评价。

图 20-13　生态退化区筛选的生态技术第三阶段评价

20.3.3　生态退化区生态技术推介

在完成前面技术筛选评价基础上，选出某项技术或模式生成一个包含技术相关信息、评价得分等的文档，进行技术推介，为生态退化治理提供参考。在生态技术评价平台与集成系统中，单击"技术推介"模块按钮，进入技术推介界面。界面菜单栏第二行，"区域"提供全球与中国生态退化区切换选择。"导出推介表"为选中某项评价过的生态技术后导出为"全球/中国生态退化区单项技术推介表"。界面左侧为评价过的某个生态退化斑块适用的生态技术，包括斑块编码、生态技术名称（单项或模式）、技术类型、第一阶段总分、第二阶段总分和第三阶段总分。界面右上部分为该生态退化斑块空间位置，界面右下侧为左侧选中的某项已评价过的生态技术的 5 项一级指标得分雷达图（图 20-14）。

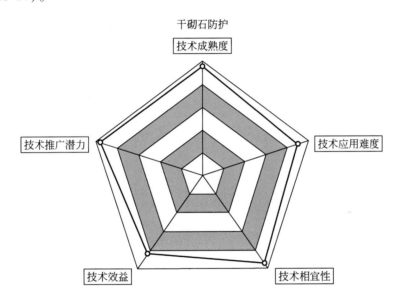

■ 第一阶段评分(4.59)

图 20-14　技术推介界面

"全球/中国生态退化区单项技术推介表"包含生态退化区基本情况、生态退化区分布图和筛选的生态技术 3 项内容。其中，中国生态退化区基本情况包括生态退化区编码、区县名称、省名称、市名称、退化类型、退化程度、退化分区、生态治理技术需求、海拔（m）、坡度（°）、年平均降水量（mm）、年平均温度（℃）、人口密度（人/km²）、地均GDP（万元/km²）、面积（km²）等信息。全球生态退化区基本情况包括斑块编码、国家名称中文、生态区中文、退化类型、退化程度、退化区中文、生态治理技术需求、技术需求来源、海拔（m）、坡度（°）、降水（mm）、温度（℃）、人口（人/km²）、面积（km²）等信息。全球与中国筛选的生态技术分为筛选的单项生态技术和筛选的生态技术模式。筛选的单项生态技术信息包括生态技术代码、生态技术名称、适用退化类型、适用退化程度、第一阶段评价总分、第二阶段评价总分和第三阶段评价总分。筛选的生态技术模式信息包括技术模式代码、技术模式名称、适用退化类型、适用退化程度、技术组成、第一阶段评价总分、第二阶段评价总分和第三阶段评价总分。

例如，针对 GD310071324445 的生态退化区，我们在左侧生态技术列表中选取"干砌石防护"技术，其第一阶段生态技术评价总分为 4.59，右上侧显示该退化区空间位置，右下侧为 5 项一级指标评价结果雷达图。选择"导出推介表"，将推介表另存为 Word 文件，单击保存。然后到相应位置找到该 Word 文件，打开后即为包含 GD310071324445 的生态退化区基本情况及其"干砌石防护"技术评价结果的生态技术推介表。

第 21 章　全球生态治理技术发展趋势

21.1　生态治理技术发展趋势

21.1.1　保护优先，自然修复为主

保护优先，就是把保护放在首位，加大环境保护力度，坚持预防为主、综合治理，以解决损害群众健康突出环境问题为重点，强化水、大气、土壤等污染防治，减少污染物排放，防范环境风险，明显改善环境质量。目前我国环境污染问题突出，环境状况总体恶化趋势尚未得到根本扭转，环境对经济发展和民生改善的制约作用强化。因此，必须牢固树立保护环境的观念，切实把保护放在优先位置，增强全社会环境保护意识，彻底改变以牺牲环境、破坏资源为代价的粗放型增长模式，不以牺牲环境为代价去换取一时的经济增长，不走"先污染后治理"的路子，着力加强环境监管，健全生态环境保护责任追究制度和环境损害赔偿制度，严格实施主要污染物排放总量控制，强化污染物治理，全面推行清洁生产，推动环境质量不断改善。

自然恢复为主，就是在生态上由人工建设为主转向自然恢复为主，加大生态保护和修复力度，保护和建设的重点由事后治理向事前保护转变、由人工建设为主向自然恢复为主转变，从源头上扭转生态恶化趋势。要实施重大生态修复工程，增加生态产品生产能力，巩固和扩大天然林保护、退耕还林还草、退牧还草等成果，推进荒漠化、石漠化和水土流失综合治理，保护好林草植被和河湖、湿地，对天然林地、天然草场、天然湿地实行严格的生态保护，扩大湖泊、湿地面积，保护生物多样性。对重点生态破坏地区实行顺应自然规律的封育、围栏、退耕还草还林还水等措施，生态恢复以自然恢复为主、减少人工干预。

坚持自然恢复为主，有利于提升环境承载力、利用自然恢复力、推进生态文明建设。从农业文明、工业文明再到生态文明，实质的区别就是人与自然的关系。只有正确认识人与自然的关系，才能理顺发展与保护的关系，找到科学发展的现实路径。尊重自然、顺应自然、保护自然，是对人与自然关系的深刻认识和准确把握。而自然恢复为主的方针，正是在这种大背景、大思路、大战略下提出的。大自然自身有修复能力，坚持自然恢复为主，就是要顺应大自然的规律，给大自然留下更多的空间，用自身的方法和节奏修复自己。坚持自然恢复为主，就可以避免人类对自然的干预，降低环境保护的成本，起到事半功倍的效果。坚持自然恢复为主，就可以给自然自我调节的机会，有利于拓展环境容量，提升环境承载力，让环境更加优美宜居。

21.1.2 多技术组合和技术模式应用

国内外在生态治理实践中，积累了数量众多的生态技术，建立了相关的理论、制度、法律（Nearing et al., 1989；托马斯·海贝斯等，2012）。基于技术具有强烈的应用性和明显的经济目的性及其与经济、社会、环境发展相辅相成的密切关系，生态技术的研发和应用也从单一目标为主演化为兼顾生态、经济、民生等多目标的复合模式（Bullock et al., 2011）。中国自"十五"以来，研发出了 200 余项核心技术及多项技术模式和技术体系，进行了最佳技术案例的总结和优选工作，其中，在水土流失、荒漠化及石漠化治理方面处于国际领先位置，研发出的干旱条件下造林技术、生物篱技术、工程-生物措施相结合的治理模式、节水保土技术等，90% 以上已经得到广泛应用。此外，针对区域发展和农民增收的需求，研发出了一系列的生态衍生产业，成为带动一些区域经济增长的新兴产业（董世魁等，2009）。

不同区域具有不同的自然环境，如气候、水文、地貌、土壤条件等，区域差异性和特殊性要求在生态修复时要因地制宜，具体问题具体分析。依据研究区的具体情况，在长期试验的基础上，总结经验，找到合适的生态治理技术。生态学原则要求生态修复应按生态系统自身的演替规律，分步骤、分阶段进行，做到循序渐进。生态修复应在生态系统层次上展开，要有系统思想。

生态修复要遵循"生物与环境相适应""生物多样性是生态系统稳定的必要条件"等自然规律，宜林则林、宜草则草、宜农则农、宜渔则渔。目前有部门热衷于制定生态修复的"国家标准""行业标准""推广模式"等。事实上，生态修复的地域差异性和生态异质性无处不在。自上而下的指导和规范虽必要，但不能忽视和抑制地方经验的作用。

生态环境问题归根结底是社会发展问题，要从社会经济层面寻求解决之道。只有社会经济发展了，才能解除人类活动对生态系统的干扰，进而修复生态。目前的生态修复工程往往在生态系统上下的功夫多，在社会经济发展上下的功夫少——这是"治标不治本"。生态修复还应该从空间尺度来认识：局地尺度（具体地块）的生态修复也能够直接针对生态系统进行人为干预，如平整土地、人工造林、开发水源等；区域尺度（宏观范围）的生态修复则应主要从社会经济发展上下功夫。

我国很多生态修复工程过度干预自然演替过程，导致缺乏可持续性，效果适得其反。生态修复效果好的地段反而都是自然恢复的，所以大自然才是最高明的"生态修复师"。生态修复应遵循人与自然和谐相处的原则，控制人类活动对自然的过度索取，停止对大自然的肆意侵害，依靠大自然的力量实现自我修复。此外，还要考虑生态修复的自然原则、美学原则等。但是，任何原则都是建立在以人为本、人与自然和谐相处这一最基本原则之上的。实施生态修复的基础是退化生态系统的现有状态，因此应因地制宜地实施区域的生态修复措施。

21.1.3 环境友好型新材料、新技术研发与应用

生态安全协同治理体系的有效运行离不开科学技术的支撑，应对和解决生态退化问题

归根到底要依靠科学技术进步。认识生态退化规律、识别生态退化的影响、开发适应和减缓生态退化的技术、制定妥善应对生态退化的政策措施等，无不需要科技工作的有力支撑。20 世纪 90 年代以来，生态退化成为重要的学科前沿，主要发达国家相继投入巨额资金开展研究，占据了生态科技领域的领先地位。应对生态退化的科学技术发展主要体现在两个方面：第一，对生态退化的科学认识。认识生态退化的机理关系对应对生态退化至关重要。开发包含碳循环过程、地球生物化学过程、陆面、冰盖和生态模式以及高分辨率的海洋和大气环流数值模式的气候系统模式。加深对生态退化机理的科学认识。第二，控制和减缓生态退化的技术开发。研发可再生能源和新能源技术、油气资源和煤层气勘探和清洁高效开发利用技术、先进核能技术、生物固碳技术和固碳工程技术。这些技术的创新，提高了应对生态退化的科技应用能力。

生态工程新材料、新技术是在人类认识到生态环境保护的重要战略意义和世界各国纷纷走可持续发展道路的背景下提出来的。对退化的生态体系进行修复和重建需要输入物质与能量，环境友好型新材料、新技术等的引入就是促进生态体系的良性恢复或循环。欧洲国家注重对产生污染的传统工艺以及废物的处理系统进行改进，达到缓解或消除环境污染的目的；美国则侧重于对不同污染地的土壤和水体的整治与修复，尤其是外源有机污染物的治理；日本重点关注解决全球性的环境修复，体现在以生物制氢为动力的研究和利用微生物对大气中的二氧化碳进行固定，以减轻和消除工业造成的温室效应问题。而我国研究最多的是荒漠化治理新材料、新技术。

生态安全治理不等同于降低经济效益，更不意味着限制发展。当前生态技术研究中的重要问题就是与市场需求脱节，导致成果转化率过低。因此在生态治理科研工作中要将研究与应用相结合。同时，应看到生态安全协同治理工作中蕴含着许多市场需求和经济增长点，在国家愈发强调生态安全保护的节点，应充分把握新兴绿色产业的发展空间。例如，布袋除尘设施、有机废水净化装置、循环水加氧设备等产业目前仍处于发展初期，应充分意识到环保产业未来的市场规模，引导资本向环保产业流入，加强环保产业的管理水平和产品质量，增强环保产业的生命力。在新型环保产业发展的同时，应积极通过市场消费需求的识别来带动科研的进展。科研成果的转化和技术应用企业的发展能够有效提振科研人员的信心，增强科技创新的动力，亦能够为科学研究的进行提供相应的物质支持。此外，市场对于生态保护技术的明确要求能够给予科研人员精准的研究方向，促进生态技术成果转化率的提高，避免"过度科研"及科研资源的浪费。在社会中应加大对绿色产业的扶持力度，充分运用市场机制，打破地方和行业保护，让环保产品能够在市场上进行自由竞争。此外要鼓励对绿色产品的消费，引导消费者选择采用生态保护技术的产品，树立社会公众的生态保护意识。

21.1.4　基于生态理念按需评价和应用生态技术

今后一段时间，对生态退化治理技术的研究和应用将集中在以下方面：

1）生态退化治理技术、模式的概念和理论的科学化、规范化、统一化。随着区域可持续发展和生态文明建设的深入，对生态退化治理技术的研发和应用在全球范围内引起了高度重视。这就需要对其概念和理论进行科学的界定，以研发出符合生态理念的退化治理和恢复技术，服务于生态建设和绿色发展。

2）生态退化治理技术评价方法、指标体系、评价模型的科学化、规范化、精准化、动态化和易操作性。目前缺乏科学合理的指标体系和方法模型，对已经研发和应用的生态退化治理技术及其组合予以评价、筛选和配置；相关研究和实践应用工作将有效节约研发成本，提高最佳技术及技术组合的推广和应用价值。

3）生态退化治理技术需求评估将在未来很长时间里对优选和配置针对治理目标、投入–产出率高、综合效益好的生态技术发挥关键作用。技术需求评估不仅仅对挖掘、评价和优选减缓气候变化的技术途径提供了系统的方法学基础，同时也对生态技术需求评估包括技术界定、评估、优选、技术差距及应用障碍分析等提供了方法支持，为优良生态技术的选择和推介奠定了基础。

4）生态退化治理技术需求的可行性评估。退化诊断（如退化类型、主导因子、退化阶段与强度、退化趋势等）和技术需求匹配（如技术作用原理、适用条件、作用部位、实施阶段等）是形成技术需求清单的基础，在此基础上，需要开展可行性评估，以便产生可行性强的技术清单。可行性评估通常需要从生态与环境状况、经济条件、社会文化可接受性、机制体制保障等方面加以衡量。从实际应用的角度来看，基于技术清单，技术的优选需要着重考虑技术成本、技术成效和技术潜力等，利益相关者的参与，在技术需求评估过程中起着至关重要的作用。

21.2　典型生态退化治理

不同退化区生态技术存在差异，其中，荒漠化、退化草地区生态技术以生物类为主，主要包括人工建植、防除毒杂草、划区禁牧/轮牧/休牧、生态补偿、舍饲养殖等；工程类技术主要为沙障技术。水土流失区技术以生态补偿为主。石漠化区技术以工程类为主，包括新型水窖、地坎/地埂保护、机整梯田等（甄霖等，2016）。

21.2.1　荒漠化治理

荒漠化的综合治理必须要和生物、物理、生化等各个领域相互协作，结合及综合应用生物、机械、化学等不同类别的工程技术才能够有效防止荒漠化。

（1）生物防风固沙技术

生物防风固沙技术是指利用乔木、灌木、草等高等植物、藓类、灌类等低等植物以及土壤微生物等进行防风治理，生物技术可采用乔、灌、草的结合，高等植物与低等植物及微生物的结合，先锋植物与后续植物的结合。治沙的植物有沙枣、胡杨、土麻黄、狼尾草等，这些植物不仅能够防风固沙，而且可以改良土壤，从而达到改善环境的目的。同时种植植物可以生产燃料、饲料、食物和药材等。在外围沙漠边缘，需要做的是封沙育草，在绿洲的前沿地带，营造防沙林带；在内部，构建农田防护林网，采取围封育林育草、人工造林种草、建设农田防护林网等技术体系，充分发挥林草植被防风固沙功能。

（2）机械工程防沙技术

机械工程防沙技术是指利用秸秆、树枝、板条、黏土、砾石等机械材料达到固沙、阻沙、输沙、导沙作用的工程技术。机械工程防沙技术由于收效快和几乎无须耗水，因此可以应用于缺水地区和流沙地区。乳化沥青固沙，设置沙障工程持久耐用，可以有效防治荒漠化。防风治沙工程措施要与节水保墒技术相结合，在沙害严重的特殊地段（如交通线、水渠、工矿和居民点等）适当采用机械措施也十分必要。

（3）化学固沙技术

利用天然的或者人工合成的有机或者无机胶凝材料固沙面，达到防止沙粒移动、保墒集水、改变土壤结构、改变地表温度等目的的技术被称为化学固沙技术。通常的做法是在流沙表面喷洒化学胶结物质，使沙粒固结在一起，形成一层抗风蚀的膜或壳，隔断风力对沙面的直接作用。

（4）光伏治沙技术

光伏沙漠生态电站是光伏治沙技术最主要的治沙模式，最大的特点就是把发展光伏和沙漠治理、节水农业相结合。电站的外围用草方格沙障和固沙林组成防护林体系，光伏板下安装节水滴灌设施，种植绿色经济作物，实现经济效益和生态效益的共赢。经过近几年的光伏治沙探索，光伏治沙方案已经日趋成熟，相信不久的将来，越来越多的沙化土地会因光伏治沙技术得到修缮。

（5）依托新技术科学防治

目前"3S"技术、节水节能技术、新材料（如生物地膜、无毒化学固沙剂等）都可以在进一步开发的基础上应用于防治荒漠化工程。从科学普及的层面上看，由于当地人民群众文化水平高低不一，必须强化科学技术的指导作用及服务功能，推广新技术在防治荒漠化中的应用，真正实现科学地防治荒漠化。荒漠化监测中使用的"3S"技术，干旱区植物生态恢复中的节水节能技术已经成熟，为解决能源问题而发展的小型太阳能和风能技术已在部分地区投入使用。将来需要重点发展的技术有抗旱、抗盐碱、抗风蚀植物品种培育，与播撒植物种子配合使用的无毒、无污染、透气透水化学固结材料和耐老化、耐打磨、具有一定塑性的工程防沙材料。

荒漠化治理应以保护优先、自然恢复为主。中国的荒漠化治理已从粗放型经济发展走向绿色、生态治理模式，这与国家经济发展水平、环境保护意识和人民素质提高紧密联系。由于荒漠化地区生态脆弱但水热条件较好的特点，当前荒漠化治理的重点在于以预防为主，采取封禁治理措施，增加植被覆盖，改变产业结构，改变传统的耕作方式，禁止乱砍滥伐和人类破坏环境的行为。在当前城镇化迅速发展情况下，荒漠化治理的切入点应该从减少人为扰动、疏解人口、减轻土地压力方面入手，优化土地利用结构，分区制定、科学规划漠化地区山水林田湖草的综合治理。

21.2.2　水土流失治理

现代化技术在水土流失治理过程中的应用非常广泛。水土流失治理工作需要汇聚多种资源,如天气变化情况、各地水土资源的储备情况、山地是否有滑坡风险等。这些数据通过现代技术手段的精确分析、统计和汇总能够更好地监测各地的水土流失动态。水土资源的监测能够及时指导各个地方的水土保持规划工作,对水土流失危害的发生能及时采取有针对性的预防措施。此外,现代技术的不断革新和应用加快了各种信息资源的快速传递,给人们的生活带来了极大便利,而水土流失治理工作的信息传递也同样离不开现代技术。应用一些特定软件来设定预警标准,形成合理的预警体系,能够快速地预测水土流失发生的可能性,并及时做出反应,避免灾害的发生。同时,利用现代技术将各方面的信息资源汇总起来,以数据库的形式加以保存,在统计分析过程中充分利用这些数据资源,就能够制定可行的水土流失治理方案。

水土流失主要发生在地表径流阶段,可以采取植物措施、工程措施、耕作措施等有效降低地表径流,达到保水保土的目的。通过现代技术手段能够较好地掌握区域水土流失状况,精准选择和配置不同的水土保持防护体系,达到更好的治理效果。

植物措施是治理水土流失的重要措施之一,通过种植柠条锦鸡儿、文冠果、刺槐、紫穗槐等乔灌木,种植紫苜蓿、驴食草等草类植物,增加地表植被,减少地表径流,达到治理水土流失的目的。由于各个地区的地质状况不同,水土流失也不尽相同。南方地区一般以石质土壤居多,水土流失程度较轻,而黄土高原地区土质疏松,水土流失严重。不同地区植被状况存在差异,水土流失危害程度也不同。西北地区干旱少雨,植被稀少,水土流失严重。南方地区降水量大,植被较好,水土流失较轻。因此,要充分利用现代技术构筑水土保持防护体系,因地制宜,科学论证,科学规划。利用耕作措施能够构筑水土保持防护体系。耕作措施主要包括顺坡耕作和等高线耕作。等高线耕作可有效拦截部分径流,适用于有一定坡度的耕地。在相对平缓的土地上,可以交互使用顺坡耕作和等高线耕作措施,这些都需要现代技术的有力支撑。土地利用现状、植被、土壤、地质等专题图可以通过遥感技术来获得,坡向、坡度、高程等指标可以通过地形图提取,降水量指标可以通过定位观测得到或降水等值线图得到。这些资料数据可为水土保持规划、水土流失防治等提供科学的方法、依据和先进的治理模式。随着这些现代科学技术在水土保持防护体系中的应用,将会大大提高水土保持规划的科学性,有力促进水土保持事业的跨越式发展。

水土保持生态治理必须以自然为主导,遵循自然规律,必须充分理解和掌握生物与生态因子之间的联系、自然界的演替规律和物种的共生、互惠、竞争、对抗关系等自然界的基本属性,并将其全面运用,依靠自然之力恢复自然,使其处于一个尽量自然的状态。另外,要想充分发挥生态系统的自我修复能力,恢复健康状态,必须根据各地区自身的自然条件进行划分,并依据其各自的自然地理环境和气候植被条件选定生态治理措施。同时,不同地区自然条件不尽相同,降水量、水土流失程度和森林的覆盖率、人口等方面都存在着很多不同,这些因素间接地导致生态治理的方法存在差异,因此,不能够简单地把某一地方的成功先例推而广之,效仿性地学习,而应该根据当地的自然条件和具体情况,具体问题具体分析,选择适合当地生态治理的技术。

21.2.3 草原生态退化治理

草原类型具有多样性,区域降水较少,而且土壤脆弱的特点,各种因素导致草原退化问题，对草原生态的修复需要采取多样化和集成化的治理技术。在过去很长时间，生态退化治理技术的应用缺乏地域针对性，并没有完全从实际需求出发来配置适宜的长效的技术模式；同时，对于已经应用的众多技术，缺乏效果的评估和适宜性评价。

目前比较常见的草原修复技术包括以下几种：①围栏封育。②飞播种草。③浅耕翻。④免耕补播。⑤除以上各修复技术外，常见的修复方法还包括划区轮牧和限时放牧，这样可以减少牧草消耗，使其能正常生长，不会因过度放牧而导致牧草大量消减。

虽然目前已有多种草原修复技术，但并没有形成一套完整的、合理的、成熟的修复技术集成化模式，在科学技术上始终缺少强而有力的支撑。以围栏封育技术为例，该技术目前被认为是草原修复过程中投资最少、最为省力、最为可行的方法，能确保土壤中形成和积累大量的有机质，但在实际应用中，仍存在明显的不足。首先，围栏封育并非自然恢复，而是采取人工的方式。通过围封方式减少家畜对草原的影响，使该范围内的植物生长出现强烈反弹。其次，围栏封育短期内确实可以令草原暂时恢复，但距离整体恢复还尚有一段距离。经过围栏封育，地域内的草原所呈现的恢复过程仅是一种短期反弹，是一种草原失衡的表现，无法对植被的恢复起到有效的作用。而且围栏内通常生长着大量的杂草，这会使草原形成一种封闭、不稳定、不完善的生态系统。此外，围栏封育不利于大面积推广，也影响草原牧区的生产生活方式。在草原上随处可见围栏，这会影响到交通运行和动物的自然活动，也对草原植被的自身发展造成巨大的影响。最后，围栏封育会使风滚植物的迁徙出现阻碍，也会对草原在自然状态下出现的积沙、积雪造成一定的影响，进而使草原生态系统特征出现变化。

21.2.4　生物多样性维持

生物多样性是人类社会赖以生存和发展的重要物质基础，与每个人的生产、生活息息相关。同时，世界各国也都有责任保护其本国的生物多样性，并应展开合作，以可持久的方式使用生物资源。生物多样性保护虽然取得长足的进展，但生物多样性下降的总体趋势尚未得到有效遏制。针对生物多样性保护，未来应做到以下几点。

（1）建立自然保护区实行就地保护

自然保护区是有代表性的自然系统、珍稀濒危野生动植物种的天然分布区，包括自然遗迹、陆地、陆地水体、海域等不同类型的生态系统。自然保护区是对生物多样性的就地保护场所，自然资源和生态环境是人类赖以生存和发展的基本条件，保护好自然资源和生态环境，保护好生物多样性，对人类的生存和发展具有极为重要的意义。自然保护区的主要功能是保护自然生态环境和生物多样性，确保生物遗传资源和景观资源的可持续利用，另外自然保护区还具备科学研究、科普宣传、生态旅游等重要功能。

（2）对珍稀濒危物种实施易地保护

在生物多样性分布的异地，通过建立动物园、植物园、树木园、野生动物园、种子库、精子库、基因库、水族馆、海洋馆等不同形式的保护设施，对那些比较珍贵的物种、具有观赏价值的物种或其基因实施由人工辅助的保护。这种保护在很大程度上是挽救式的，保护了物种的基因，但这种保护是被动的，长久以后，可能保护的是生物多样性的活标本。因为易地保护利用的是人工模拟环境，自然生存能力、自然竞争等在这里无法形成。当然，易地保护可以为异地的人们提供观赏的机会，带来一定的收入，进行生物多样性的保护宣传，在某种程度上可促进生物多样性保护区事业的发展。

（3）完善城市化建设，减轻人为压力，促进生物多样性的自我修复和保护

生物多样性面临的最大问题是生境的岛屿化、碎片化，出现这样问题的根本原因是人类活动的强烈干扰。如果通过城市化，人类主动给野生动植物留出地盘，那么通过自然生态系统固有的修复能力，可以实现生物多样性的有效保护。这一做法是发达国家比较成功的经验。在目前城市化迅速发展、气候日益变暖的今天，城市将是人类赢得生物多样性的主战场。另外，大量人口进入城市还会带来其他的问题，如城市病、环境污染等，这更需要从经营城市的角度，打造生态城市，吸引居民在城市安居乐业。

（4）发展生态旅游，提供生态就业，带动生物多样性就地保护

在非自然保护区或风景名胜地区，社区贫困是自然资源减少和生物多样性下降的最直接原因。在这样的地区，宜发展生态农业、生态旅游产业，通过城乡互动，吸引城市居民主动参与到经济落后但生物多样性丰富地区的保护，通过城市消费者的自觉消费带动生物多样性保护。经济水平低下是生物多样性保护的根本阻力，要想提高保护意识，必须首先提高生活水平。可以采取多种形式，通过多种渠道扶持并引导社区的经济发展。调整产业结构，改变对资源依赖型的传统生产方式；减少种植、养殖、放牧、捕捞等对自然资源破坏较大的产业；强化管理，提高劳动效率；引进技术、人才、资金，协助社区提高生产力水平。

第 22 章　全球生态治理组织管理

无论是过去、现在还是可预见的未来，人类还只能在地球生物圈中生存、繁衍与发展。在全球范围内，随着人类改造和利用自然能力与范围的不断提升，荒漠化、水土流失、自然生态系统缩小、生物多样性降低等生态退化趋势加速发展，对人类生存发展构成威胁，人类社会迫切需要有组织地主动利用生态治理技术，对生态环境进行保护修复，实现全球生态治理目标。

22.1　全球生态治理组织管理内涵和构成要素

一是全球生态治理的价值。即在全球范围内所要达到的理想目标，应当是超越国家、种族、宗教、意识形态、经济发展水平的全人类的普世价值。目前，关于全人类普世价值还并没有成型，但以应对人类共同生态环境挑战为目的的一些全球价值观（如一个地球、可持续发展、人类命运共同体、生态文明等）已开始形成并逐步获得国际共识。

二是全球生态治理的规制。即维护国际社会正常生态环境秩序，实现人类普世价值的规则体系，包括用以调节国际关系和规范国际秩序的所有跨国性的原则、规范、标准、政策、协议、程序等。

三是全球生态治理的主体。即制定和实施全球规制的组织机构，主要有三类：①各国政府、政府部门及亚国家的政府当局。②正式的国际组织，如联合国、世界银行、世界贸易组织、国际货币基金组织等。③非正式的全球公民社会组织。在三类生态治理主体中，尽管全球化正在削弱和限制国家的权力，但各国政府、政府部门仍然是全球生态治理中不可或缺的重要行为体；尽管很多正式的国际组织在全球生态治理中具有发挥作用的潜力，但联合国系统似乎有望成为全球生态治理的中心权威；尽管非政府组织包括跨国公司目前参与全球生态治理的能力还参差不齐，但由于非正式全球公民社会组织是直接的行动者，他们无疑将会发挥全球生态治理基础性行为体的作用。

四是全球生态治理的客体。指已经影响或者将要影响全人类的、很难依靠单个国家得以解决的跨国性问题，主要包括全球性气候问题、全球性环境问题、全球性资源问题和全球性生态系统退化问题等。

五是全球生态治理的效果。涉及对全球治理绩效的评估，集中体现为国际规制的有效性，具体包括国际规制的透明度、完善性、适应性、政府能力、权力分配、相互依存和知识基础等。

22.2　全球生态治理组织管理基本模式

全球生态治理包含全球层次治理和区域层次治理，实际上全球层次生态治理和区域层次生态治理不可分割，只有二者有机结合才能维持全球和地区生态秩序，满足和增进全球和地区共同生态利益。在各治理主体参与全球生态治理的过程中，由于其自身特色以及在国际体系中的不同地位，会形成国家中心治理、有限领域治理和网络治理三种不同的基本治理模式。

（1）国家中心治理模式

该治理模式以主权国家为主要治理主体，即主权国家在彼此关注的生态领域，出于对共同生态环境利益的考虑，通过协商、谈判而相互合作，共同处理问题，进而产生一系列国际协议或规制。尽管全球化削弱和限制了国家的权力，国家主权受到弱化，但是国家仍然在全球生态治理中发挥着极其重要的作用，国家仍然是全球生态治理中不可或缺的重要行为体。

（2）有限领域治理模式

该治理模式以国际组织为主要治理主体，即国际组织针对生态领域开展活动，使相关成员国之间实现合作，谋求实现共同生态利益。就国际机制而言，这些机制的成功运作是全球生态治理得以实现的重要方面，全球性问题有赖于国际机制的参与，如联合国、世界贸易组织、世界银行等。尽管其他一些国际组织（如八国集团、二十国集团、欧盟、亚太经济合作组织、东盟等）在全球和大区域生态治理中也有发挥作用的潜力，但人们普遍主张赋予联合国系统全球生态治理中心的权威，建立以联合国为中心的全球生态治理模式。

（3）网络治理模式

该治理模式以非政府组织为主要治理主体，即在现存的跨组织关系网络中，针对特定生态环境问题，在信任和互利基础上，协调目标与偏好各异的行动者的策略而展开的合作管理。非政府组织是全球生态治理的主体之一，全球治理离不开非政府组织，以非政府组织为主体的全球公民社会是全球生态治理的基础，非政府组织正在成为全球化时代处理全球生态环境问题和进行全球生态治理的关键力量。一般来讲，非政府组织在全球生态治理中正在发挥着如下作用：①为全球生态治理奠定意识形态基础；②为全球治理建立制度框架；③扩大参与全球治理的行为体。

上述全球生态治理模式仅是根据治理主体来划分和构建的，类似地，也可根据全球生态治理的价值、规制、客体等要素来归纳和总结。尽管全球生态治理模式多种多样，但多元多层合作治理是目前全球生态治理在运作中最为现实且最具普遍意义的治理模式，其他的全球生态治理模式，如国际机制主义与世界政府模式、罗斯诺"在国内-国外边疆上的治理"模式、国家共同治理主义模式等，也都正在成型之中。

22.3　全球生态治理组织管理发展现状

全球生态治理的对象是全球性资源环境生态问题，包括全球性气候问题、全球性环境问题、全球性资源问题和全球性生态系统退化问题，这些问题如果任其自由发展，将来必然危及人类的生存。自 1972 年联合国人类环境会议以来，资源、环境、生态问题一直是国际社会关注的一个重要议题。全球生态治理经过 40 多年的努力，已经形成了一个多层次、多主体共同参与的全球生态治理体系。这一体系涵盖人类资源、环境、生态的几乎所有领域，一些国际性资源、环境、生态甚至气候条约的制定也突破了原来的临时性而具有一定的制度性特征，资源环境生态因素已经内化为国际决策的一个因素，尽管人类社会在全球气候变化、可持续发展、臭氧层空洞、水土流失、土地荒漠化、森林和草地缩减、生物多样性减少、大气污染、通过国际贸易维持自然资源共享等方面取得了一些重要进展，但全球资源短缺、环境污染、生态退化的趋势并没有得到遏制和扭转，在全球生态治理方面存在以下三方面的突出问题，且正在制约着全球生态挑战的有效应对。

1）全球生态治理主体缺位。全球生态环境问题日益严重，但发达国家和发展中国家主张各异、利益各异，在生态环境问题上的"公地悲剧"仍然在世界范围内不断发展，相对于生态环境破坏的众多主体，当前全球生态治理却面临主体缺位的窘境，全球生态治理处于有名无实的状态。

2）全球生态治理失灵。全球生态治理面临着种种制度困境，国际权力结构未能充分展现全球生态治理机构的代表性，主权民族国家体系造成全球生态治理机制责任错位，国际机制复杂性引发全球生态治理政策失灵，各国理念分歧与竞争使得全球生态治理规范缺失，全球生态治理的价值共识难以达成，全球生态治理的顶层制度设计与基层制度完善都存在巨大差距，导致现行的国际生态治理机制仍不能有效应对全球挑战。

3）全球生态治理多边机制呆滞和低效。当今，总体来说多边机制呆滞和低效，全球生态治理在一系列功能领域面临空前的困难。无论要治理的问题是自然资源短缺，还是环境污染或生态系统退化以及生物多样性丧失，就这些问题而言全球治理规则的形成、调整和贯彻都非常困难。

全球生态环境问题日益严重，全球生态治理却有名无实，现行国际机制仍不能有效应对全球挑战，全球生态治理失灵的原因在于：①各民族国家在全球治理体系中极不平等的地位严重制约着全球治理目标的实现。富国与穷国、发达国家与发展中国家不仅在经济发展程度和综合国力上存在着巨大的差距，它们在全球生态治理的价值目标上存在很大的分歧。②目前已有的国际治理规制一方面还远远不尽完善，另一方面也缺乏必要的权威性。③全球治理的三类主体都没有足够的普遍性权威，用以调节和约束各种国际性行为。④各主权国家、全球公民社会和国际组织各自极不相同的利益与价值，很难在一些重大的全球性问题上达成共识。⑤全球生态治理机制自身也存在着许多不足，如管理的不足、合理性的不足、协调性的不足、服从性的不足和民主性的不足等。⑥世界主要大国事实上多奉行单边主义国际战略，对公正而有效的全球生态治理并不积极支持。⑦所涉及的广义和狭义的技术问题异常复杂而且新颖。

22.4　全球生态治理组织管理发展趋势

全球气候变化应对、联合国可持续发展目标等有限的进展，向人类展现了全球生态治理具有光明前景的一面，同时全球生态环境问题日益严重，全球生态治理失灵，现行国际机制仍不能有效应对全球挑战的严峻现实，向人类展现了全球生态治理面临诸多制约因素、前景并不乐观的一面。但不管怎样，为应对日益紧迫的全球生态风险挑战，出路在于努力构建全球生态治理的利益共同体，在以下方面进一步改进全球生态治理体系。

1）消除全球生态治理赤字。全球生态治理的一个突出特征是它具有公共产品属性。全球性气候问题、全球性环境问题、全球性资源问题和全球性生态系统退化问题等事关所有国家的利益，但全球生态治理的提供者通常并不能独占全球生态治理所带来的收益，因而缺乏供给的积极性。这就会引发全球生态治理中的供需失衡：一方面，全球性生态问题和风险越来越多；另一方面，全球生态治理供给不足。消除这种全球生态治理赤字是现在和将来全球生态治理需要努力完成的第一大任务。

2）推动全球生态治理民主化。全球生态治理的另一个特征是规则的非中性。作为全球生态治理的核心构件，国际规则对不同国家的影响是存在差异的。以温室气体减排规则为例，如果要求发达国家与发展中国家执行同样的减排标准，发展中国家经济将难以承受。而且在全球产业分工中，污染严重的初级产品加工业集中在发展中国家，如果执行同样的减排标准，对发展中国家并不公平。但是，由于全球生态治理规则具有非中性特征，每个国家都希望主导规则的制定，以更好地服务于自身利益。结果是全球生态治理长期由少数发达国家主导，不能体现广大发展中国家的诉求与全球经济格局的变化。推动全球生态治理民主化，是现在和将来全球生态治理需要努力完成的第二大任务。

3）解决发展缺位问题。全球生态治理要完成的第三大任务是解决发展缺位问题。全球生态治理的最终目的应该是促进各国共同发展。然而，现有的全球生态治理体系不能保证所有国家尤其是最不发达国家获得发展的机会，同时也不能保证所有参与经济全球化的群体获得同等受益机会。国际层面与国内层面的基尼系数持续攀升就是发展缺位的后果，也是当前一些国家出现逆全球化浪潮的主要根源。

总之，虽然全球生态治理体系在理论上和实践上还不十分成熟，尤其是在一些重大问题上还存在着很大的争议，但全球生态治理体系在实践和理论方面都具有积极的意义。尤其就实践而言，随着全球化进程的日益深入，各国的国家主权事实上已经受到不同程度的削弱，而人类所面临的生态等问题则越来越具有全球性，需要国际社会的共同努力。全球生态治理顺应了这一世界历史发展的内在要求，有利于在全球化时代确立新的国际生态秩序。当然，全球国际生态秩序实质上属于一种公共产品，在国际层面，解决公共产品供给不足需要大国作为全球生态治理的主导者做出更多努力和贡献，若大国拒绝提供公共产品将会削弱全球生态治理的功效，最终会导致国家之间的资源环境和生态冲突，全球生态治理就会有陷入瘫痪的风险。现行的全球生态治理体系是在发达国家主导下形成的，既有适应当时客观条件的一面，也存在不完善、不合理、不适应发展变化新形势的一面，当前，随着国际力量对比消长变化和全球性资源环境以及生态挑战日益增多，加强全球生态治理、进一步推进全球生态治理体系完善是大势所趋的必然选择。

参 考 文 献

艾尔·巴比.2005. 社会研究方法. 邱泽奇译. 北京：华夏出版社.

蔡强国，卜崇峰.2004. 植物篱复合农林业技术措施效益分析. 资源科学，(S1)：7-12.

蔡强国，朱阿兴，毕华兴，等.2012. 中国主要水蚀区水土流失综合调控与治理范式. 北京：中国水利水电出版社.

曹建华，袁道先，童立强.2008. 中国西南岩溶生态系统特征与石漠化综合治理对策. 草业科学，182 (9)：40-50.

陈蝶，卫伟.2016. 植物篱的生态效益研究进展. 应用生态学报，27 (2)：652-662.

陈建宏，杨彦柱.2013. 统计学基础. 北京：北京理工大学出版社.

陈渠昌，张如生.2007. 水土保持综合效益定量分析方法及指标体系研究. 中国水利水电科学研究院学报，5 (2)：95-104.

陈亭亭，孙士浩，王正莉，等.2020. 围栏封育对植被群落特征影响的研究进展. 农技服务，37 (9)：42-43.

陈文倩，丁建丽，谭娇，等.2018. 基于DPM-SPOT的2000～2015年中亚荒漠化变化分析. 干旱区地理，41 (1)：119-126.

陈晓征.2020. 基于高精度DEM的黄土淤地坝信息提取及特征分析. 南京：南京师范大学硕士学位论文.

陈亚宁.2009. 干旱荒漠区生态系统与可持续管理. 北京：科学出版社.

陈一兵，林超文，朱钟麟，等.2002. 经济植物篱种植模式及其生态经济效益研究. 水土保持学报，(2)：80-83.

陈永毕.2008. 贵州喀斯特石漠化综合治理技术集成与模式研究. 贵阳：贵州师范大学硕士学位论文.

陈月红.2008. 黄土高原丘陵沟壑区典型流域植被—侵蚀动力学过程研究. 北京：北京林业大学博士学位论文.

程国栋.2012. 中国西部生态修复试验示范研究集成. 北京：科学出版社.

程剑平，严俊，杨飞.2010. 学习以色列先进理念和技术，探索石漠化综合治理新思路——贵州岩溶地区石漠化综合治理与农业水资源高效利用的阶段性研究工作回顾. 教育文化论坛，2 (2)：92-98，133-136.

程李.2014. 香根草在贵州喀斯特山区的水土保持效应. 农技服务，(2)：59.

程雯.2019. 喀斯特石漠化治理中林灌草群落配置机理与优化调控技术. 贵阳：贵州师范大学硕士学位论文.

池永宽.2015. 石漠化治理中农草林草空间优化配置技术与示范. 贵阳：贵州师范大学硕士学位论文.

池永宽.2019. 喀斯特石漠化草地建植与生态畜牧业模式及技术研究. 贵阳：贵州师范大学博士学位论文.

褚军，金梅娟，佟思纯，等.2020. 杨树与小麦间作系统林冠层降雨再分配对地表径流和淋溶的影响. 水土保持通报，40 (2)：69-76.

代富强，刘刚才.2011. 紫色土丘陵区典型水土保持措施的适宜性评价. 中国水土保持科学，9 (4)：23-30.

戴全厚，严友进.2018. 西南喀斯特石漠化与水土流失研究进展. 水土保持学报，32 (2)：1-10.

党维勤，党恬敏，高璐媛，等.2020.黄土高原淤地坝及其坝系试验研究进展.人民黄河，42（9）：141-145，160.

邓艳，曹建华，蒋忠诚，等.2016.西南岩溶石漠化综合治理水–土–植被关键技术进展与建议.中国岩溶，35（5）：476-485.

董保军，闫连喜，刘铁山.2004.岸坡式蓄水池在山区集雨工程中的应用.河南水利，（4）：34.

董世魁，刘世梁，邵新庆，等.2009.恢复生态学.北京：高等教育出版社.

董世魁，刘世梁，尚占环，等.2020.恢复生态学（第二版）.北京：高等教育出版社.

杜文鹏，闫慧敏，甄霖，等.2019.西南岩溶地区石漠化综合治理研究.生态学报，39（16）：5798-5808.

鄂竟平.2008.中国水土流失与生态安全综合科学考察总结报告.中国水土保持，321（12）：3-7.

范昊明，蔡强国，王红闪.2004.中国东北黑土区土壤侵蚀环境.水土保持学报，18（2）：66-70.

冯永忠，向友珍，邓建，等.2013.埃及尼罗河流域农作制特征调研.世界农业，（2）：110-112.

付标，齐雁冰，常庆瑞.2015.不同植被重建管理方式对沙质草地土壤及植被性质的影响.草地学报，23（1）：47-54.

付凌.2007.黄土高原典型流域淤地坝减沙减蚀作用研究.南京：河海大学硕士学位论文.

傅伯杰.2013.生态系统服务与生态安全.北京：高等教育出版社.

傅蓉.2001.地理信息系统技术在荒漠化监测中的应用.林业资源管理，（4）：63-67.

高焕文，李问盈，李洪文.2003.中国特色保护性耕作技术.农业工程学报，（3）：1-4.

高会军，谭克龙，姜琦刚，等.2005."3S"技术在沙质荒漠化土地动态监测中的应用.地质灾害与环境保护，（2）：182-185.

高吉喜.2014.西南山地退化生态系统评估与恢复重建技术.北京：科学出版社.

高吉喜，杨兆平.2015.生态功能恢复：中国生态恢复的目标与方向.生态与农村环境学报，31（1）：1-6.

高培军，郑郁善，王妍，等.2003.杉木拟赤杨混交林土壤肥力性状研究.江西农业大学学报（自然科学），（4）：599-603.

龚克.2012.桂林喀斯特区生态旅游资源评价与开发战略管理研究.北京：中国地质大学（北京）博士学位论文.

郭卫东.2007.技术预见理论方法及关键技术创新模式研究.北京：北京邮电大学博士学位论文.

郭秀芬，潘懿.2016.广西百色市岩溶地区石漠化综合治理现状、模式、效果及建议.绿色科技，（4）：20-21，26.

国家发展和改革委员会.2015.全国主体功能区规划.北京：人民出版社.

国家林业局.2016.旱区造林绿化技术模式选编.北京：中国林业出版社.

国家林业局防治荒漠化管理中心.2012.石漠化综合治理模式.北京：中国林业出版社.

国家统计局.2016.2016中国统计年鉴.北京：中国统计出版社.

韩慧霞.2007.环境因素对淤地坝建设的影响研究.开封：河南大学硕士学位论文.

杭朋磊.2020.黄土高原淤地坝系洪灾溃决风险评价.西安：西安理工大学硕士学位论文.

何爱红，王亦龙，寇博轩.2012.中国自然保护区生态旅游开发模式选择探讨.资源开发与市场，28（7）：647-649，653.

何京丽.2013.北方典型草原水土保持生态修复技术.水土保持研究，（3）：299-301.

何克清，何非，李兵，等.2005.面向服务的本体元建模理论与方法研究.计算机学报，28（4）：524-533.

和继军，蔡强国，刘松波.2011.张家口不同侵蚀类型区水土流失治理模式及效益研究.水土保持通报，

31（5）：95-99.

和瑞，李富先，陈林，等.2010.滴灌技术在哈萨克斯坦大田作物上的应用效果及前景展望.现代农业科技，（14）：93-94.

侯剑华，王东毅.2020.基于SAO-ADV模型的学术论文创新性的测度方法研究.情报理论与实践，（11）：129-136.

胡宝清，陈振宇，饶映雪.2008.西南喀斯特地区农村特色生态经济模式探讨——以广西都安瑶族自治县为例.山地学报，（6）：684-691.

胡建军，牛萍，曹炜，等.2002.浅谈黄河上中游地区水土保持淤地坝工程的作用.西北水资源与水工程，13（2）：28-31.

胡金娇，周青平，吕一河，等.2020.青藏高原东缘半湿润沙地典型生态恢复模式的效果比较研究.生态学报，40（20）：7410-7418.

胡良军，李锐，杨勤科.2000.基于RS和GIS的区域水土流失快速定量评价方法.水土保持通报，（6）：42-44.

胡明.2012.安塞县水土保持综合效益评价分析.中国水利，（18）：45-47.

胡小宁，谢晓振，郭满才，等.2018.生态技术评价方法与模型研究——理论模型设计.自然资源学报，33（7）：1152-1164.

胡云锋，艳燕，于国茂，等.2012.1975～2009年锡林郭勒盟生态系统宏观格局及其动态变化.地理科学，32（9）：1125-1130.

胡云锋，董群，陈祖刚，等.2017.安卓手机的草地信息协同采集系统.测绘科学，42（6）：183-189.

胡云锋，张云芝，韩月琪.2018.2000～2015年中国荒漠化土地识别和监测.干旱区地理，41（6）：1321-132.

胡云锋，韩月琪，曹巍，等.2019.中国水土流失研究热点区的空间分布制图.生态学报，39（16）：5829-5835.

花蕊，周睿，王婷，等.2019.基于无人机遥感的高寒草原沙化模型及等级划分.中国沙漠，39（1）：26-33.

黄擎明.1990.技术评估——理论、方法与实践.杭州：浙江大学出版社.

黄善琦，夏榆滨.2006.基于领域元模型的PLM-ERP数据集成研究.工业控制计算机，19（5）：64-66.

惠波，惠露，郭玉梅.2020.黄土高原地区淤地坝"淤满"情况及防治策略.人民黄河，42（5）：108-112.

贾纳提，沙吾列，李学森，等.2013.哈萨克斯坦共和国人工草地建植的特点及借鉴.草原与草坪，33（4）：88-91，96.

姜凤岐，朱教君，曾德慧，等.2003.防护林经营学.北京：中国林业出版社.

蒋胜竞，冯天骄，刘国华，等.2020.草地生态修复技术应用的文献计量分析.草业科学，37（4）：685-702.

蒋忠诚，李先琨，胡宝清，等.2011.广西岩溶山区石漠化及其综合治理研究.北京：科学出版社.

金莲，马添苗，黄婷.2020.贵州省生态移民小城镇集中安置可持续发展模式分析.农村经济与科技，31（15）：148-150.

金荣.2018.退化草地恢复研究进展.内蒙古林业调查设计，41（5）：61-64.

荆克晶，鞠美庭.2005.对长春市绿地生态系统服务价值的探讨分析.南开大学学报（自然科学版），（6）：13-17.

景卫东.2008.厚层基质喷附技术在平程路边坡生态防护工程中的应用.交通世界（建养·机械），（1）：154-157.

克利福德·格尔兹.1999. 文化的解释. 纳日碧力戈等译. 上海：上海人民出版社.

赖俊华，张凯，王维树，等.2017. 化学固沙材料研究进展及展望. 中国沙漠，37（4）：644-658.

雷霆，于铖江，姜华.2002. 植物篱营建技术及效益分析. 内蒙古林业，（12）：29-30.

李秉略.2013. 喀斯特石漠化植被恢复技术措施及调查方法. 第十五届中国科协年会，中国科学技术协会、贵州省人民政府. 第十五届中国科协年会第19分会场：中国西部生态林业和民生林业与科技创新学术研讨会论文集. 中国科学技术协会、贵州省人民政府：中国科学技术协会学会学术部.

李传福，刘阳，党晓宏，等.2019. 鄂尔多斯砒砂岩区生态恢复研究进展. 内蒙古林业科技，45（1）：49-52.

李芬.2008. 黄土丘陵区纸坊沟流域农业生态安全评估. 杨凌：西北农林科技大学硕士学位论文.

李凤武.2004. 云南广南县石漠化现状及生物治理. 中南林业调查规划，（2）：14-16.

李国强.2009. 东北黑土区水土流失综合治理模式研究. 武汉：华中农业大学硕士学位论文.

李洪远，马春.2010. 国外多途径生态恢复40案例解析. 北京：化学工业出版社.

李阔，许吟隆.2015. 适应气候变化技术识别标准研究. 科技导报，33（16）：95-101.

李璐霞.2019. 岔口小流域淤地坝建设的盐碱化效应研究. 晋中：山西农业大学硕士学位论文.

李苗苗，吴炳方，颜长珍，等.2004. 密云水库上游植被覆盖度的遥感估算. 资源科学，（4）：153-159.

李敏.2003. 淤地坝在黄河中游水土流失防治中的作用. 人民黄河，25（12）：25-27.

李锐锋，刘带.2007. 生态技术缺位的原因分析. 科学技术与辩证法（4）：73-76，112.

李世东，刘某承，陈应发.2017. 美丽生态：理论探索指数评价与发展战略. 北京：科学出版社.

李姝，张祥祥，于碧辉，等.2021. 互联网新闻敏感信息识别方法的研究. 小型微型计算机系统，（4），685-689.

李显鹏，龙芝友，龚铭，等.2012. 林下种草养鹅放牧技术. 农技服务，29（6）：730-731.

李晓曼，张学福，宋红燕，等.2020. 专利文献技术要素识别方法研究——以纳米肥料领域为例. 图书情报工作，64（6）：59-68.

李晓琴，张振德，张佩民.2006. 格尔木土地荒漠化遥感动态监测研究. 国土资源遥感，（2）：61-63，78.

李艳丽.2011. 黄土地区土壤侵蚀特征及生态修复研究. 郑州：华北水利水电学院硕士学位论文.

李渝，蒋太明，陶宇航.2011. 猪–沼–粮、菜（果）循环农业模式能值分析. 贵州农业科学，39（1）：148-151.

李裕荣，尹迪信，韦小平，等.2007. 贵州植物篱梯化项目区农户对水保植物的参与式评价. 贵州农业科学，（5）：108-110.

廖建军，熊康宁，池永宽，等.2017. 多年生人工草地建植技术及其在石漠化治理中的应用. 家畜生态学报，38（12）：62-66.

林盛.2016. 南方红壤区水土流失治理模式探索及效益评价. 福州：福建农林大学硕士学位论文.

刘宝元，刘瑛娜，张科利，等.2013. 中国水土保持措施分类. 水土保持学报，27（2）：80-84.

刘凤婵，李红丽，董智，等.2012. 封育对退化草原植被恢复及土壤理化性质影响的研究进展. 中国水土保持科学，10（5）：116-122.

刘刚才，高美荣，张建辉，等.2001. 川中丘陵区典型耕作制下紫色土坡耕地的土壤侵蚀特征. 山地学报，（S1）：65-70.

刘国彬，上官周平，姚文艺，等.2017. 黄土高原生态工程的生态成效. 中国科学院院刊，32（1）：11-19.

刘国华，傅伯杰，陈利顶，等.2000. 中国生态退化的主要类型、特征及分布. 生态学报，20（1）：13-19.

刘虎俊，王继和，李毅，等．2011．我国工程治沙技术研究及其应用．防护林科技，(1)：55-59．

刘纪远．1997．国家资源环境遥感宏观调查与动态监测研究．遥感学报，(3)：225-230．

刘纪远，岳天祥，张仁华，等．2006．生态系统评估的信息技术支撑．资源科学，(4)：6-7．

刘俊国．2021．加大渐进式生态修复力度，深圳特区报．https://wxd. sznews. com/BaiDuBaiJia/20210430/ content_ 509835. html［2022-01-31］．

刘丽香，张丽云，赵芬，等．2017．生态环境大数据面临的机遇与挑战．生态学报，37（14）： 4896-4904．

刘小丹．2015．封育对退化草场植被恢复的影响研究．北京：北京林业大学博士学位论文．

刘英，李遥，鲁杨，等．2019．2000～2016 年黄土高原地区荒漠化遥感分析．遥感信息，34（2）：30-35．

刘媖心．1988．我国三北地区的植物固沙．中国沙漠，(4)：14-21．

刘震．2003．中国水土保持生态建设模式．北京：科学出版社．

娄岩，张赏，黄鲁成，等．2014．基于专利分析的替代性技术识别研究．情报杂志 (9)，27-32．

卢琦，雷加强，李晓松，等．2020．大国治沙：中国方案与全球范式．中国科学院院刊，35（6）： 656-664．

卢宗凡．1997．中国黄土高原生态农业．西安：陕西科学技术出版社．

罗鼎．2015．石漠化坡地植物篱保水固土技术与示范．贵阳：贵州师范大学硕士学位论文．

罗林，王兴明，孟天友，等．2009．喀斯特山区梯田与小型水工程集成配套的优化模式研究．中国水土保 持，(3)：41-44，60．

吕燕，杨发明．1997．有关生态技术概念的探讨．生态经济，(3)：47-49．

马管，李娜，马建霞．2020．中国淤地坝研究脉络演化分析．中国水土保持科学，18（5）：152-160．

马海芸，雍雅明，刘宗盛．2012．干旱半干旱区退耕还林还草工程效益综合评价——以榆中县为例．草业 科学，29（9）：1359-1367．

马佳泰．2014．生态技术文化的可行性探析．大连：大连理工大学硕士学位论文．

马建霞，袁慧，蒋翔．2020．基于 Bi-LSTM+CRF 的科学文献中生态治理技术相关命名实体抽取研究．数 据分析与知识发现，4（Z1）：78-88．

马玉寿．2006．三江源区"黑土型"退化草地形成机理与恢复模式研究．兰州：甘肃农业大学博士学位 论文．

马玉寿，周华坤，邵新庆，等．2016．三江源区退化高寒生态系统恢复技术与示范．生态学报，36（22）： 7078-7082．

倪少凯．2002．7 种确定评估指标权重方法的比较．华南预防医学，28（6）：54-55，62．

倪志扬．2020．喀斯特石漠化山地混农林业工程节水产业技术研究．贵阳：贵州师范大学硕士学位论文．

聂莹莹．2017．围栏封育下草甸草原植被动态研究．大庆：黑龙江八一农垦大学硕士学位论文．

牛铮，李加洪，高志海，等．2018．《全球生态环境遥感监测年度报告》进展与展望．遥感学报，22 （4）：672-685．

彭少麟．2007．恢复生态学．北京：气象出版社．

彭晚霞，王克林，宋同清，等．2008．喀斯特脆弱生态系统复合退化控制与重建模式．生态学报，28 （2）：811-820．

祁延莉，李婧．2014．用于知识流动测度的专利引文指标分析．中国基础科学，(2)：25-33．

乔梅，王继军，赵晓翠，等．2019．基于评价指标为潜变量背景下的纸坊沟流域水土保持技术评估．生态 学报，39（16）：5787-5797．

秦丽萍，白文丽，郑廷杰．2020．围栏封育对草地土壤养分改良效果的研究进展．中国牛业科学，46 （6）：20-23．

青海统计局，国家统计局青海调查总队．2016. 2016 青海统计年鉴．西宁：青海统计局，国家统计局青海调查总队．

曲婵，刘万青，刘春春，等．2016. 黄土高原淤地坝研究进展．水土保持通报，36（6）：339-342.

阮伏水．2003. 福建省崩岗侵蚀与治理模式探讨．山地学报，(6)：675-680.

阮光册，夏磊．2019. 基于 Doc2Vec 的期刊论文热点选题识别．情报理论与实践，42（4）：107-111，106.

邵全琴，樊江文，等．2012. 三江源区生态系统综合监测与评估．北京：科学出版社．

邵全琴，樊江文，刘纪远，等．2017. 重大生态工程生态效益监测与评估研究．地球科学进展，32（11）：1174-1182.

沈波，范建荣，潘庆宾，等．2003. 东北黑土区水土流失综合防治试点工程项目概况．中国水土保持，(11)：7-8.

沈滢．2007. 现代技术评价理论与方法研究．长春：吉林大学博士学位论文．

石博，熊康宁，李高聪，等．2014. 贵州喀斯特山区农村缺水现状及对策研究——以毕节撒拉溪示范区为例．人民长江，45（5）：79-82.

史学建．2005. 黄土高原小流域坝系相对稳定研究进展及建议．中国水利，(4)：49-50.

史运良，王腊春，朱文孝，等．2005. 西南喀斯特山区水资源开发利用模式．科技导报，(2)：52-55.

苏维词，朱文孝．2000. 贵州喀斯特生态脆弱区农业可持续发展的内涵与构想．经济地理，(5)：75-79.

苏维词，杨华．2005. 典型喀斯特峡谷石漠化地区生态农业模式探析——以贵州省花江大峡谷顶坛片区为例．中国生态农业学报，(4)：217-220.

苏维词，杨华，李晴，等．2006. 我国西南喀斯特山区土地石漠化成因及防治．土壤通报，(3)：447-451.

苏孝良．2005. 贵州喀斯特石漠化与生态环境治理．地球与环境，(4)：24-32.

苏永德，马瑞，马彦军．2016. 生态垫和覆袋沙障对梭梭林冠下土壤含水量的影响．中国农学通报，32（18）：130-135.

孙传生，黄长海，朱大为，等．2006. 东北黑土区水土保持保护性耕作措施探讨．水土保持研究，(5)：132-133，136.

孙鸿烈，郑度，姚檀栋，等．2012. 青藏高原国家生态安全屏障保护与建设．地理学报，67（1）：3-12.

田富华．2010. 滇东南喀斯特石漠化地区农业可持续发展模式初探——以西畴县为例．中国山区土地资源开发利用与人地协调发展研究．北京：中国科学技术出版社．

托马斯·海贝斯，迪特·格鲁诺．2012. 中国与德国的环境治理．李惠斌译．北京：中央编译出版社．

汪海霞，吴彤，禄树晖．2016. 我国围栏封育的研究进展．黑龙江畜牧兽医，(9)：89-92.

王答相，马安利．2014. 黄土高原小流域淤地坝系防洪安全技术研究取得新进展．人民黄河，36（10）：8.

王丹，宋湛谦，商士斌，等．2006. 高分子材料在化学固沙中的应用．生物质化学工程，(3)：44-47.

王国庆，杜广明，聂莹莹，等．2017. 我国围栏封育对群落特征影响的研究进展．黑龙江畜牧兽医，(13)：75-77.

王海芹，高世楫．2016. 我国绿色发展萌芽、起步与政策演进：若干阶段性特征观察．改革，(3)：6-26.

王恒松．2009. 贵州典型喀斯特单元生态治理区水土流失机理研究．贵阳：贵州师范大学硕士学位论文．

王继军．2008. 黄土丘陵区纸坊沟流域农业生态经济安全评价．中国水土保持科学，6（4）：109-113.

王继军．2009. 黄土丘陵区纸坊沟流域农业生态经济系统耦合过程分析．应用生态学报，20（11）：2723-2729.

王家录，李明军．2006. 花江示范区"一池三改"沼气生态庭院模式经济效益分析．贵州教育学院学报

（自然科学），（2）：77-81.

王姣雯.2015. 植物篱技术及其生态效益研究进展. 亚热带水土保持，27（1）：42-45, 53.

王敬军，汪景立，文凌宇，等.1996. 通双小流域综合治理效益分析. 中国水土保持，（5）：19-50.

王礼先.2004. 中国水利百科全书：水土保持分册. 北京：中国水利水电出版社.

王立明，杜纪山.2004. 岷山区域植物多样性及其与生境关系分析. 四川林业科技，（3）：22-26.

王庆华，姬万忠.2015. 天祝高寒退化草地补播恢复治理. 草业科学，9（4）：606-611.

王燕，宋凤斌，刘阳.2006. 等高植物篱种植模式及其应用中存在的问题. 广西农业生物科学，（4）：369-374.

王英.2009. 喀斯特石漠化地区旅游扶贫开发研究. 贵阳：贵州师范大学硕士学位论文.

王元素，罗京焰，李莉.2014. 贵州草地建植分区及其主推牧草选择. 贵州畜牧兽医，38（4）：62-64.

王振飞.2020. 黄土高原沟头防治措施浅析. 陕西水利，（1）：111-113.

王珠娜，潘磊，余雪标，等.2007. 退耕还林生态效益评价研究进展. 西南林学院学报，27（1）：91-96.

魏霞，李占斌，李勋贵.2012. 黄土高原坡沟系统土壤侵蚀研究进展. 中国水土保持科学，10（1）：108-113.

魏云洁，甄霖，胡云锋，等.2019. 黄土高原典型区水土保持技术评估与需求分析——以安塞为例. 生态学报，39（16），5809-5819.

吴波，苏志珠，杨晓晖，等.2005. 荒漠化监测与评价指标体系框架. 林业科学研究，（4）：490-496.

吴发启.2012. 水土保持农业技术措施分类初探. 中国水土保持科学，10（3）：111-114.

吴菲菲，栾静静，黄鲁成，等.2016. 基于新颖性和领域交叉性的知识前沿性专利识别——以老年福祉技术为例. 情报杂志，35（5）：85-90.

吴林霖，官云兰，李嘉伟，等.2019. 基于 MODIS 影像喀斯特石漠化状况研究——以贵州省为例. 国土资源遥感，31（4）：235-242.

吴协保，孙继霖，林琼，等.2009. 我国西南岩溶石漠化土地生态建设分区治理思路与途径探讨. 中国岩溶，28（4）：391-396.

吴协保，但新球，吴照柏，等.2019. 中国岩溶地区石漠化防治形势与对策研究. 中南林业调查规划，38（4）：1-8.

吴星权.2012. 流域治理技术应用进展. 农业科技与装备，（9）：64-66.

西北水土保持研究所，安塞县人民政府.1990. 黄土丘陵沟壑区水土保持型生态农业研究（上册）. 杨凌：天则出版社.

夏开宗，盛韩微，江忠潮，等.2011. 石漠化地区过滤收集路面雨水的公路利用系统. 中华建设，（10）：128-130.

肖沪卫，顾震宇.2011. 专利地图方法与应用. 上海：上海交通大学出版社.

肖沪卫，瞿丽曼，路炜.2015. 专利战术情报方法与应用. 上海：上海科学技术文献出版社.

肖培青，姚文艺，史学建.2003. 淤地坝建设回顾及其物理比尺模型研究展望. 水土保持研究，（4）：316-319.

肖培青，吕锡芝，张攀.2020. 黄河流域水土保持科研进展及成效. 中国水土保持，（10）：6-9, 82.

肖庆业.2016. 南方地区退耕还林工程效益组合评价研究. 北京：清华大学出版社.

肖万贤，刘江宁.2004. 企业数据集成模型的研究. 计算机工程与科学，26（5）：49-51.

肖玉，安凯，谢高地.2009. 基于元数据的区域功能信息与地理信息集成模式探讨. 资源科学，31（5）：867-874.

谢永生，李占斌，王继军，等.2011. 黄土高原水土流失治理模式的层次结构及其演变. 水土保持学报，25（3）：211-214.

辛玉春. 2014. 青海天然草地退化与治理技术. 青海草业, 23 (4): 44-49.

熊康宁, 梅再美, 彭贤伟, 等. 2006. 喀斯特石漠化生态综合治理与示范典型研究——以贵州花江喀斯特峡谷为例. 贵州林业科技, (1): 5-8.

闫晓红, 伊风艳, 邢旗, 等. 2020. 我国退化草地修复技术研究进展. 安徽农业科学, 48 (7): 30-34.

晏清洪, 原翠萍, 雷廷武, 等. 2013. 降水和水土保持对黄土区流域水沙关系的影响. 中国水土保持科学, 11 (4): 9-16.

杨启红. 2009. 黄土高原典型流域土地利用与沟道工程的径流泥沙调控作用研究. 北京: 北京林业大学博士学位论文.

杨苏茂, 熊康宁, 喻阳华, 等. 2017. 我国喀斯特石漠化地区林草植被恢复模式的诊断与调整. 世界林业研究, 30 (3): 91-96.

杨文斌, 王涛, 冯伟, 等. 2017. 低覆盖度治沙理论及其在干旱半干旱区的应用. 干旱区资源与环境, 31 (1): 1-5.

杨文斌, 王涛, 熊伟, 等. 2021. 低覆盖度治沙理论的核心水文原理概述. 中国沙漠, 41 (3): 1-6.

杨晓辉, 张克斌, 侯瑞萍, 等. 2005. 半干旱沙地封育草场的植被变化及其与土壤因子间的关系. 生态学报, 25 (12): 3212-3219.

杨学震, 聂碧娟. 2000. WOCAT 项目简介及我国开展项目建设的建议. 水土保持研究, 7 (3): 181-183.

杨艳萍, 董瑜, 韩涛. 2016. 基于专利共被引聚类和组合分析的产业关键技术识别方法研究——以作物育种技术为例. 图书情报工作, 60 (19): 143-148, 124.

杨志国, 孙保平, 丁国栋, 等. 2007. 浑善达克沙地东段风沙源治理模式初步研究——以内蒙古克什克腾旗为例. 干旱区资源与环境, (3): 83-88.

姚占雷, 许鑫. 2011. 互联网新闻报道中的突发事件识别研究. 现代图书情报技术, (4): 52-57.

叶晗, 朱立志. 2014. 内蒙古牧区草地生态补偿实践评析. 草业科学, 31 (8): 1587-1596.

尹航. 2015. 典型喀斯特地区水资源开发利用模式及效益——以马官溶洼水库等为案例. 重庆: 重庆师范大学硕士学位论文.

虞晓芳, 龚建立, 张化尧. 2018. 技术经济学概论. 北京: 高等教育出版社.

袁道先. 2003. 我国西南岩溶地区的石漠化问题. 2003 年中国—欧盟荒漠化综合治理研讨会, 北京.

袁道先, 蔡桂鸿. 1988. 岩溶环境学. 重庆: 重庆科技出版社.

云南林水环保工程咨询有限公司. 2016. 云南省西畴县兴街项目区江东小流域水土保持监测报告.

张斌, 金书秦. 2020. 荷兰农业绿色转型经验与政策启示. 中国农业资源与区划, 41 (5): 1-7.

张根锁, 刘红卫. 2004. 晋西黄土高原淤地坝试验研究进展及对今后工作的建议. 中国水土保持, (11): 30-31.

张光茹, 李文清, 张法伟, 等. 2020. 退化高寒草甸关键生态属性对多途径恢复措施的响应特征. 生态学报, 40 (18): 6293-6303.

张海燕, 樊江文, 邵全琴. 2015. 2000～2010 年中国退牧还草工程区土地利用/覆被变化. 地理科学进展, 34 (7): 840-853.

张海元. 2001. 甘肃河西走廊绿洲的荒漠化及治理对策. 甘肃农业, (2): 27-29.

张金鑫. 2009. 黄土高原主要类型区水土保持耕作技术体系研究. 杨凌: 西北农林科技大学硕士学位论文.

张克斌, 王锦林, 侯瑞萍, 等. 2003. 我国农牧交错区土地退化研究——以宁夏盐池县为例. 中国水土保持科学, (1): 85-90.

张敏, 张晓林. 2000. 元数据 (Metadata) 的发展和相关格式. 四川图书馆学报, (2): 63-70.

张田勘. 2020. 治沙植物沙蒿是否成了"公害". 中国农村科技, 8: 50-51.

张婷.2007.黄土丘陵沟壑区安塞纸坊沟流域景观格局及动态研究.杨凌：西北农林科技大学硕士学位论文.

张宪洲,杨永平,朴世龙,等.2015.青藏高原生态变化.科学通报,60（32）：3048-3056.

张镱锂,李炳元,郑度.2014.青藏高原范围与界线地理信息系统数据.全球变化科学研究数据出版系统.

张英俊,张玉娟,潘利,等.2014.我国草食家畜饲草料需求与供给现状分析.中国畜牧杂志,50（10）：12-16.

张俞,熊康宁,张锦华.2016.草地营养优化配置与牛羊健康养殖的研究进展与展望.黑龙江畜牧兽医,（17）：59-64.

赵诚信,常茂德,李建牢,等.1994.黄土高原不同类型区水土保持综合治理模式研究.水土保持学报,8（4）：25-30.

赵钢,许毅红,赵明旭,等.2002.草原区沙地放牧草地合理利用途径.干旱区资源与环境,（2）：68-73.

赵亮,李奇,赵新全.2020.三江源草地多功能性及其调控途径.资源科学,42（1）：78-86.

赵玲,胡文英.2006.新疆昌吉市土地荒漠化监测与评价分析.云南地理环境研究,（4）：31-34,40.

赵其国,滕应,黄国勤.2017.中国探索实行耕地轮作休耕制度试点问题的战略思考.生态环境学报,26（1）：1-5.

赵恬茵,王志兵,吴媛媛,等.2020.淤地坝沉积泥沙解译小流域土壤侵蚀信息研究进展.水土保持研究,27（4）：400-404.

赵新全,等.2011.三江源区退化草地生态系统恢复与可持续管理.北京：科学出版社.

赵燕兰,周青平,曾鹏,等.2017.沙化草地植被恢复治理技术研究综述.草原与草业,29（3）：7-11.

赵阳,文庭孝.2018.专利技术信息挖掘研究进展.图书馆,（4）：28-36,43.

甄霖,谢永生.2019.典型脆弱生态区生态技术评价方法及应用专题导读.生态学报,39（16）：5747-5754.

甄霖,曹淑艳,魏云洁,等.2009.土地空间多功能利用：理论框架及实证研究.资源科学,31（4）：544-551.

甄霖,王继军,姜志德,等.2016.生态技术评价方法及全球生态治理技术研究.生态学报,36（22）：7152-7157.

甄霖,胡云锋,魏云洁,等.2019.典型脆弱生态区生态退化趋势与治理技术需求分析.资源科学,41（1）：63-74.

郑好,刘行刚,张升东.2021.黄河上中游水土流失防治技术要点.中国建设信息化,（6）：71-73.

周华坤,周立,赵新全,等.2003.江河源区"黑土滩"型退化草场的形成过程与综合治理.生态学杂志,22（5）：51-55.

周群,周秋菊,冷伏海.2018.基于科技媒体视角的研究前沿识别方法研究与实证.现代情报,38（2）：62-67,74.

周作亨.1994.国内外水土保持发展的动态综述.江西水利科技,（1）：87-92.

资源环境领域技术预测工作研究组（ETFGC）.2015.国内外资源环境领域技术竞争力综合报告.北京：国内外资源环境领域技术竞争力综合报告,国家发展和改革委员会.全国主体功能区规划.北京：人民出版社.

左良军.2017.基于专利地图理论的专利分析方法与应用探究.中国发明与专利,（4）：29-33.

Adisak S. 2002. Management of sloping land for sustainable agriculture. Wallingford, United Kingdom：IBSRAM Publication, 151-186.

Akhmedenov K M. 2018. Analysis of the afforestation status in the arid conditions of Western Kazakhstan. Biology Bulletin, 45 (10): 1153-1158.

Ali R V, Abbasi M, Keesstra S, et al. 2017. Assessment of soil particle erodibility and sediment trapping using check dams in small semi-arid catchments. Catena, 157: 227-240.

Appanah S. 2016. Forest landscape restoration for Asia-Pacific forests -a synthesis. Bankok. FAO Regional Office for Asia and the Pacific and RECOFTC.

Bai L C, Wang N, Jiao J Y, et al. 2020. Soil erosion and sediment interception by check dams in a watershed for an extreme rainstorm on the Loess Plateau, China. International Journal of Sediment Research, 35 (4): 408-426.

Bianchi S, Cahalan C, Hale S, et al. 2017. Rapid assessment of forest canopy and light regime using smartphone hemispherical photography. Ecology and Evolution, 7 (24): 10556-10566.

Bishr Y. 1997. Semantic aspects of interoperable GIS. International Institute for Aerospace Survey & Earth Science. The Netherlands: Wageningen Agricultural University.

Boesch D F. 2006. Scientific requirements for ecosystem-based management in the restoration of Chesapeake Bay and Coastal Louisiana. Ecological Engineering, 26 (1): 6-26.

Boix-Fayos C, Barbera G G, Lopez-Bermudez F, et al. 2007. Effects of check dams, reforestation and land-use changes on river channel morphology: Case study of the Rogativa catchment (Murcia, Spain). Geomorphology, 91 (1-2): 103-123.

Bullock J M, Aronson J, Newton A C, et al. 2011. Restoration of ecosystem services and biodiversity: Conflicts and opportunities. Trends in Ecology & Evolution, 26 (10): 541-549.

Cairns Jr J. 1980. The Recovery Process in Damaged Ecosystems. Ann Arbor: Ann Arbor Science Publishers.

Castillo V M, Mosch W M, Conesa C, et al. 2007. Effectiveness and geomorphological impacts of check dams for soil erosion control in a semiarid Mediterranean catchment: El Cárcavo (Murcia, Spain). Catena, 70: 416-427.

Chen C, Park T, Wang X, et al. 2019. China and India lead in greening of the world through land-use management. Nature Sustainability, 2 (2): 122-129.

Chen H, Shao M, Li Y. 2008. Soil desiccation in the Loess Plateau of China. Geoderma, 143 (1-2): 91-100.

Chen T, Tang G P, Yuan Y, et al. 2020. Unraveling the relative impacts of climate change and human activities on grassland productivity in Central Asia over last three decades. Science of The Total Environment, 743: 140649.

Chen X, Jiang L, Zhang G L, et al. 2021. Green-depressing cropping system: A referential land use practice for fallow to ensure a harmonious human-land relationship in the farming-pastoral ecotone of northern China. Land Use Policy, 100: 104917.

Chou W C, Lin W T, Lin C Y. 2007. Application of fuzzy theory and PROMETHEE technique to evaluate suitable ecotechnology method: a case study in Shihmen Reservoir Watershed, Taiwan. Ecological Engineering, 31 (4): 269-280.

Collado A D, Chuvieco E, Camarasa A. 2002. Satellite remote sensing analysis to monitor desertification processes in the crop-rangeland boundary of Argentina. Journal of Arid Environments, 52 (1): 121-33.

Copeland S M, Baughman O W, Boyd C S, et al. 2021. Improving restoration success through a precision restoration framework. Restoration Ecology, 29 (2): e13348.

Daily G C. 1995. Restoring values to the world's degraded lands. Science, 269: 350-354.

Dale V H, Beyeler S C. 2001. Challenges in the development and use of ecological indicators. Ecological indicators, 1 (1): 3-10.

de Costa W, Surenthran P. 2005. Resource competition in contour hedgerow intercropping systems involving different shrub species with mature and young tea on sloping highlands in Sri Lanka. Journal of Agricultural Science, 143 (5): 395-405.

de Jong R, De Bruin S, Schaepman M, et al. 2011. Quantitative mapping of global land degradation using Earth observations. International Journal of Remote Sensing, 32 (21): 6823-6853.

Defries R S, Ellis E C, Chapin F S, et al. 2012. Planetary opportunities: A social contract for global change science to contribute to a sustainable future. Bioscience, 62 (6): 603-606.

Eliott S D, Blakesley D, Hardwick K. 2013. Restoring Tropical Forests a Practical Guide. London: Royal Bontanic Gardens, Kew.

Eshetie M, Gobezie T, Dawd S M. 2020. Effect of exclosure on dryland woody species restoration in northeastern Amhara, Ethiopia. Journal of Forestry Research, 10: 1-9.

Euliss N H, Smith L M, Liu S, et al. 2011. Integrating estimates of ecosystem services from conservation programs and practices into models for decision makers. Ecological Applications, 21 (3): S128-S134.

Fang N, Shi Z, Li L, et al. 2011. Rainfall, runoff, and suspended sediment delivery relationships in a small agricultural watershed of the Three Gorges area, China. Geomorphology, 135 (1-2): 158-166.

Fayemelihin A A. 1986. Effect of alley cropping with woody legume (Leucaena leucocephala) and nitrogen application on intercropped maize (Zea mays). Training Report Ibadan, Nigeria: IITA.

Feng X, Fu B, Piao S, et al. 2016. Revegetation in China's Loess Plateau is approaching sustainable water resource limits. Nature Climate Change, 6 (11): 1019-1022.

Field J P, Breshears D D, Whicker J J. 2009. Toward a more holistic perspective of soil erosion: Why aeolian research needs to explicitly consider fluvial processes and interactions. Aeolian Research, 1 (1): 9-17.

Foggin J M. 2008. Depopulating the Tibetan grasslands. Mountain Research and Development, 28 (1): 26-31.

Fu B, Wang S, Liu Y, et al. 2017. Hydrogeomorphic ecosystem responses to natural and anthropogenic changes in the Loess Plateau of China. Annual Review of Earth and Planetary Sciences, 45: 223-243.

Galaz V, Crona B, Daw T, et al. 2010. Can web crawlers revolutionize ecological monitoring? Frontiers in Ecology & the Environment, 8 (2): 99-104.

Gann G D, Mcdonald T, Walder B, et al. 2019. International principles and standards for the practice of ecological restoration. Second edition. Restoration Ecology, 27 (S1): S1-S46.

Gao G, Ma Y, Fu B. 2016. Temporal variations of flow-sediment relationships in a highly erodible catchment of the Loess Plateau, China. Land Degradation & Development, 27 (3): 758-772.

Ge J, Pitman A. J, Guo W, et al. 2020. Impact of revegetation of the Loess Plateau of China on the regional growing season water balance. Hydrology and Earth System Sciences, 24 (2): 515-533.

Gibbs L, Warren A. 2015. Transforming shark hazard policy: Learning from ocean-users and shark encounter in Western Australia. Marine Policy, 58.

Gong G, Liu J, Shao Q, et al. 2014. Sand-fixing function under the change of vegetation coverage in a wind erosion area in northern China. Journal of Resources and Ecology, 5 (2): 105-114.

Groot R, McLaughlin J. 2000. Geospatial Data Infrastructure: Concepts, Cases and Good Practice. New York: Oxford University Press.

GRZ. 2013. Technology Needs Assessment for Climate Change Adaptation: Barrier Analysis and Enabling Framework Report. Rural Net Associates Limited, Lusaka.

Gurkan Z, Zhang J, Jørgensen S E. 2006. Development of a structurally dynamic model for forecasting the effects of restoration of Lake Fure, Denmark. Ecol Model, 197 (1): 89-102.

Hartmann J, Moosdorf N. 2012. The new global lithological map database GLiM: A representation of rock properties at the Earth surface. Geochemistry, Geophysics, Geosystems, 13 (12): 1-37.

Heberer T, Grunow D, Li H B. 2012. Environmental Governance in China and Germany from A Comparative Perspective. Beijing: Central Compilation and Translation Press.

Helman D, Mussery A. 2020. Using Landsat satellites to assess the impact of check dams built across erosive gullies on vegetation rehabilitation. Science of the Total Environment, (9): 730.

Higgs G, White S D. 1997. Changes in service provision in rural areas. Part 1: The use of GIS in analyzing accessibility to services in rural deprivation research. Journal of Rural Studies, 13 (4): 441-450.

Hobbs R J, Norton D A. 1996. Towards a conceptual framework for restoration ecology. Restoration Ecology, 4 (2): 93-110.

Hobbs R J, Harris J A. 2001. Restoration Ecology: Repairing the Earth's Ecosystems in the New Millennium. Restoration Ecology, 9 (2): 239-246.

Hu X N, Xie X Z, Guo M C, et al. 2018. Research on Evaluation Method and Model of Ecological Technology: The Design of Theoretical Model. Journal of Natural Resources, 33 (7): 1152-1164.

Hu X N, Si M Z, Luo H, et al. 2019. The method and model of ecological technology evaluation. Sustainability, 11: 886.

Hu Y F, Han Y Q, Zhang Y Z, et al. 2017. Extraction and Dynamic Spatial-Temporal Changes of Grassland Deterioration Research Hot Regions in China. Journal of Resources and Ecology, 8 (4): 352-358.

Hu Y F, Han Y Q, Zhang Y Z. 2018. Information Extraction and Spatial Distribution of Research Hot Regions on Rocky Desertification in China. Applied Sciences, 8 (11): 2075.

Hu Y F, Dao R, Hu Y. 2019. Vegetation Change and Driving Factors: Contribution Analysis in the Loess Plateau of China during 2000~2015. Sustainability, 11 (5): 1320.

Hua X B, Yan J Z, Liu X, et al. 2013. Factors influencing the grazing management styles of settled herders: A case study of Nagqu County, Tibetan Plateau, China. Journal of Mountain Science, 10: 1074-1084.

Huete A, Justice C, van Leeuwen W. 1999. MODIS vegetation index (MOD13) algorithm theoretical basis document. NASA: Washington, DC, USA, 35-9.

Hunt E R, Daughtry C S T. 2018. What good are unmanned aircraft systems for agricultural remote sensing and precision agriculture? International Journal of Remote Sensing, 39 (15-16): 5345-76.

IPCC. 2014. Climate Change 2014: Synthesis Report. Switzerland: IPCC, Geneva.

IUCN. 2015. The IUCN red list of threatened species. Switzerland: IUCN.

Jacobs D F, Dalgleish H J, Nelson C D. 2012. A conceptual framework for restoration of threatened plants: the effective model of American chest nut (Castanea dentata) reintroduction. New Phytologist, 197 (2): 378-393.

Jiang Z H. 2008. Best Practices for Land Degradation Control in Dryland Areas of China: PRC-GEF Partnership on Land Degradation in Dryland Ecosystems China-Land Degradation Assessment in Drylands. Beijing: China Forestry Publishing House.

Johnson C N, Balmford A, Brook B W, et al. 2017. Biodiversity losses and conservation responses in the Anthropocene. Science, 356 (6335): 270-274.

Kamilaris A, Kartakoullis A, Prenafeta-Boldu F X. 2017. A review on the practice of big data analysis in agriculture. Computers and Electronics in Agriculture, 143: 23-37.

Kim D H, Lee B K, Sohn S Y, et al. 2016. Quantifying technology-industry spillover effects based on patent citation network analysis of unmanned aerial vehicle (UAV). Technological Forecasting and Social Change,

105: 140-157.

Kondo M C, Triguero-Mas M, Donaire-Gonzalezi D, et al. 2019. Momentary mood response to natural outdoor environments in four European cities. Environment International, 134105237.

Lal R. 2003. Soil erosion and the global carbon budget. Environment International, 29 (4): 437-450.

Lal R, Lorenz K, Hüttl R F, et al. 2012. Recarbonization of the Biosphere: Ecosystems and the Global Carbon Cycle. Dordrecht: Springer.

Larsen R J, Beres B L, Blackshaw R E, et al. 2017. Extending the growing season: Winter cereals in western Canada. Canadian Journal of Plant Science, 98 (2): 267-277.

Lenihan M H, Brasier K J. 2010. Ecological modernization and the US Farm Bill: the case of the Conservation Security Program. Journal of Rural Studies, 26: 219-227.

Li P, Xu G, Lu K, et al. 2019. Runoff change and sediment source during rainstorms in an ecologically constructed watershed on the Loess Plateau, China. Science of the Total Environment, 664: 968-974.

Liao C J, Yue Y M, Wang K, et al. 2018. Ecological restoration enhances ecosystem health in the karst regions of southwest China. Ecological Indicators, 90: 416-425.

Liu X Y, Zhou S, Qi S, et al. 2015. Zoning of rural water conservation in China: A case study at Ashihe River Basin. International Soil and Water Conservation Research, 3 (2): 130-140.

Liu X, Yang S, Dang S, et al. 2014. Response of sediment yield to vegetation restoration at a large spatial scale in the Loess Plateau. Science China (Technological Sciences), 57: 1482-1489.

Lopez-Vicente M, Wu G L. 2019. Soil and Water Conservation in Agricultural and Forestry Systems. Water, 9 (11): 1937.

Lu B, He Y H. 2017. Species classification using Unmanned Aerial Vehicle (UAV) - acquired high spatial resolution imagery in a heterogeneous grassland. Isprs Journal of Photogrammetry and Remote Sensing, 128: 73-85.

Luo H, Xie Y, Lv J. 2019. Effectiveness of soil and water conservation associated with a natural gas pipeline construction project in China. Land Degradation & Development, 30 (7): 768-776.

MA. 2005. Ecosystems and Human Well-Being: Policy Response, Findings of the Responses Working Group. Washington D C: Island Press.

Manfreda S, Mccabe M E, Miller P E, et al. 2018. On the Use of unmanned Aerial Systems for environmental monitoring. Remote Sensing, 10 (4): 641.

Marco D, Jennings M. 2004. Universal Meta Data Models. Indianapolis: Wiley Publishing Inc.

McDonald T. 2016. When ecological 'conversion' behaves like restoration and when it does not. Ecological Management & Restoration, 17 (2): 89.

Meissner R A, Facelli J M. 1999. Effects of sheep exclusion on the soil seed bank and annual vegetation in chenopods shrub lands of south Australia. Journal of Arid Environment, 42 (2): 117-128.

Meyer H, Lehnert L W, Wang Y, et al. 2017. From local spectral measurements to maps of vegetation cover and biomass on the Qinghai-Tibet-Plateau: Do we need hyperspectral information? International Journal of Applied Earth Observation and Geoinformation, 55: 21-31.

Millennium Ecosystem Assessment. 2005. Ecosystems and Human Well-Being: Policy Responses, Findings of the Responses Working Group. Washington D C: Island Press.

Mitsch W J. 2005. Wetland creation, restoration, and conservation: a wetland invitational at the Olentangy River Wetland Research Park. Ecological Engineering, 24 (4): 243-251.

Mitsch W J, Day Jr J W. 2006. Restoration of wetlands in the Mississippi – Ohio – Missouri (MOM) river basin:

experience and needed research. Ecological Engineering, 26（1）: 55-69.

Muralidharan D, Andrade R, Rangarajan R. 2007. Evaluation of check-dam recharge through water-table response in ponding area . Current Science, 92（10）: 1350-1352.

Nawir A A, Gunarso P, Santoso H, et al. 2016. Experience, lessons and future directions for forest landscape restoration in Indonesia. Bangkok, FAO Regional Office for Asia and the Pacific and RECOFTC.

Nearing M A, Foster G R, Lane L J, et al. 1989. A process-based soil erosion model for USDA-Water Erosion Prediction Project technology. Transactions of the Asae, 32（5）: 1587-1593.

Ng W T, Rima P, Einzmann K, et al. 2017. Assessing the Potential of Sentinel-2 and Pleiades Data for the Detection of Prosopis and Vachellia spp. in Kenya. Remote Sensing, 9（1）: 74.

Ning B Y, Ma J Y, Jiang Z D, et al. 2017. Evolution characteristics and development trends of sand barriers. Journal of Resources and Ecology, 8（4）: 398-404.

Nuberg I K, Mitir J A, Robinson B. 2017. Short-rotation coppice agroforestry for charcoal small business in Papua New Guinea. Australian Forestry, 80（3）: 143-152.

Oldeman L R. 1992. Global extent of soil degradation. Bi-Annual Report 1991-1992/ISRIC, 19-36.

Ouyang Z Y, Zheng H, Xiao Y, et al. 2016. Improvements in ecosystem services from investments in natural capital. Science, 352（6292）: 1455-1459.

Parker V T. 1997. The scale of successional modes and restoration ecology. Restoration Ecology, 5（4）: 301-306.

Pedersen M L, Andersen J M, Nielsen K, et al. 2007. Restoration of Skjern River and its valley: Project description and general ecological changes in the project area. Ecol Eng, 30（2）: 131-144.

Phung L D, Ichikawa M, Pham D V, et al. 2020. High yield of protein-rich forage rice achieved by soil amendment with composted sewage sludge and topdressing with treated wastewater. Scientific Reports, 10（1）: 2045-2322.

Piñeiro J, Maestre F T, Bartolomé L, et al. 2013. Ecotechnology as a tool for restoring degraded drylands: A meta-analysis of field experiments. Ecological Engineering, 61: 133-144.

Porada P, Van Stan J T, Kleidon A. 2018. Significant contribution of non-vascular vegetation to global rainfall interception. Nature Geoscience, 11（8）: 563-567.

Previati M, Davide C, Bevilacqua L, et al. 2012. Evaluation of wood degradation for timber check dams using time domain reflectometry water content measurements. Ecological Engineering, 44: 259-268.

Rapport D J, Böhm G, Buckingham D, et al. 1999. Ecosystem health: The concept, the ISEH, and the important tasks ahead. Ecosystem Health, 5（2）: 82-90.

Raveendra S A S T, Nissanka Sarath P, Somasundaram D, et al. 2021. Coconut-gliricidia mixed cropping systems improve soil nutrients in dry and wet regions of Sri Lanka. Agroforestry Systems, 95（2）: 307-319.

Reynolds J F, Stafford Smith D M, Lambin E F, et al. 2007. Global desertification: Building a science for dryland development. Science, 316（5826）: 847-851.

Rivest D, Cogliastro A. 2019. Establishment success of seven hardwoods in a tree-based intercropping system in southern Quebec, Canada. Agroforestry Systems, 93（3）: 1073-1080.

Rojo L, Bautista S, Orr B J, et al. 2012. Prevention and restoration actions to combat desertification An integrated assessment: The PRACTICE Project. Science et Changements Planetaires-Secheresse, 23（3）: 219-226.

Ronkin V, Tokarsky V, Polchaninova N, et al. 2020. Comparative assessment of ecological plasticity of the steppe marmot between Ukrainian and Kazakhstan populations: Challenges of the man-induced environmental Changes. Frontiers in Ecology and Evolution, 8: 219.

Salah A M A, Prasse R, Marschner B. 2016. Intercropping with native perennial plants protects soil of arable fields in semi-arid lands. Journal of Arid Environments, 130: 1-13.

Seefeldt S S, Conn J S, Zhang M, et al. 2010. Vegetation changes in Conservation Reserve Program lands in interior Alaska. Agr Ecosyst Environ, 135 (1-2): 119-126.

Settle T. 1974. The Bicentenary of Technology Assessment. PSA: Proceedings of the Biennial Meeting of the Philosophy of Science Association: 437-447.

Shamsutdinov Z S, Kosolapov V M, Shamsutdinova E Z, et al. 2016. Innovative technology for ecological restoration of degraded rangeland ecosystems based on new varieties of fodder halophytes in arid regions of Russia. Russian Agricultural Sciences, 4: 49-53.

Shen X, Tan J. 2012. Ecological conservation, cultural preservation, and a bridge between: the journey of Shanshui Conservation Center in the Sanjiangyuan region, Qinghai-Tibetan Plateau, China. Ecology & Society, 17: 38-46.

Sheth A P. 1999. Changing focus on interoperability in information systems: From system, syntax, structure to semantics. Springer International, 495 (4): 5-29.

Sun H, Tang Y, Xie J S. 2008. Contour hedgerow intercropping in the mountains of China a review. Agroforest System, 73: 65-76.

Tong X W, Wang K L, Yue Y M, et al. 2017. Quantifying the effectiveness of ecological restoration projects on long-term vegetation dynamics in the karst regions of Southwest China. International Journal of Applied Earth Observation and Geoinformation, 54: 105-113.

Toosi A S, Tousi E G, Ghassemi S A, et al. 2020. A multi-criteria decision analysis approach towards efficient rainwater harvesting. Joournal of Hydrology, 582: 124501.

Tsalyuk M, Kelly M, Getz W M. 2017. Improving the prediction of African savanna vegetation variables using time series of MODIS products. Isprs Journal of Photogrammetry and Remote Sensing, 131: 77-91.

Turner R M. 1990. Long-term vegetation change at a fully protected Sonoran desert site. Ecology, 71 (2): 464-477.

UNCCD. 2016. Land Degradation Neutrality: Transformative Action, Tapping Opportunities. Bonn: Germany.

UNCCD. 2017. Sustainable Land Management Contribution to Successful Landbased Climate Change Adaptation and Mitigation. Paris: UNCCD.

UNDP. 2010. Handbook for Conducting Technology Needs Assessment for Climate Change. http: //unfccc. int/ ttclear/misc _ /StaticFiles/gnwoerk _ static/TNR _ HAB/b87e917d96e94034bd7ec936e9c6a97a1529e639caec 4b53a4945ce009921053. pdf [2022-01-31].

UNDP. 2015. UNDP in Focus 2014/2015—Time for Global Action. New York: UNDP.

UNEP. 2014. UNEP Year Book 2014: Emerging Issues in Our Global Environment. Nairobi: UNEP.

Urbanska K M, Webb N R, Edwards P J. 1997. Restoring Ecology and Sustainable Development. London: Cambrige University Press.

Wang G L, Zhang J H, Kou X M, et al. 2019. Zizania aquatica-duck ecosystem with recycled biogas slurry maintained crop yield. Nutrient Cycling in Agroecosystems, 115 (3): 331-345.

Wang S, Fu B, Piao S, et al. 2016. Reduced sediment transport in the Yellow River due to anthropogenic changes. Nature Geoscience, 9 (1): 38-41.

Weeks A R, Sgro C M, Young A G, et al. 2011. Assessing the benefits and risks of translocations in changing environments: A genetic perspective. Evolutionary Applications, 4 (6): 709-725.

Wiederhold G. 1992. Mediators in the architecture of future information systems. Computer, 25 (3): 38-49.

Williams J. 2015. Soils Governance in Australia: Challenges of cooperative federalism. International Journal of

Rural Law and Policy，（1）：1-12.

Xu K，Milliman J D，Xu H. 2010. Temporal trend of precipitation and runoff in major Chinese Rivers since 1951. Global and Planetary Change，73（3-4）：219-232.

Yang C，Zhu D H，Wang X F. 2017. SAO semantic information identification for text mining. International Journal of Computational Intelligence Systems，10（1）：593-604.

Yue X L，Mu X M，Zhao G J，et al. 2014. Dynamic changes of sediment load in the middle reaches of the Yellow River basin，China and implications for eco- restoration. Ecological Engineering，73：64-72.

Zerbe S. 2002. Restoration of natural broad-leaved woodland in Central Europe on sites with coniferous forest plantations. Forest Ecology & Management，167（1）：27-42.

Zhang C H，Qi X K，Wang K L，et al. 2017. The application of geospatial techniques in monitoring karst vegetation recovery in southwest China：A review. Progress in Physical Geography- Earth and Environment，41（4）：450-477.

Zhao G，Kondolf G M，Mu X，et al. 2017. Sediment yield reduction associated with land use changes and check dams in a catchment of the Loess Plateau，China. Catena，148：126-137.

Zhao X F，Wang N N，Han R C，et al. 2018. Urban infrastructure safety system based on mobile crowdsensing. International Journal of Disaster Risk Reduction，27：427-438.

Zhen L，Routray J K. 2003. Operational indicators for measuring agricultural sustainability in developing countries. Environmental Management，32（1）：34-46.

Zhen L，Routray J K，Zoebisch M A，et al. 2005. Three dimensions of sustainability of farming practices in the North China Plain：A case study from Ningjin County of Shandong Province，PR China. Agriculture，Ecosystems & Environment，105（3）：507-522.

Zhen L，Xie G D，Yang L，et al. 2007. Land use dynamics，farmers' preferences and policy implications in the Jinghe watershed of remote northwestern China. Outlook on Agriculture，36（2）：127-135.

Zhen L，Yan H M，Hu Y F，et al. 2017. Overview of Ecological Restoration Technologies and Evaluation Systems. Journal of Resources and Ecology，8（4）：315-324.

Zuo D P，Xu Z X，Yao W Y，et al. 2016. Assessing the effects of changes in land use and climate on runoff and sediment yields from a watershed in the Loess Plateau of China. Science of the Total Environment，544：238-250.